多媒体技术与应用

段新昱　苏　静　主编

科学出版社

北　京

内 容 简 介

本书基于技术理论与应用实践相结合的宗旨,面向多媒体技术、工具软件应用和多媒体作品创作 3 个领域,从不同层面、不同角度进行较为系统的讲述。对于基本概念和基本原理,力求准确全面、简明扼要;对于多媒体工具软件应用和多媒体作品创作,通过有针对性的知识介绍并配以典型技术实例应用,使本书具有很强的可操作性和实践性。

全书共 13 章。第 1、2 章介绍多媒体技术理论知识;第 3~5 章介绍多媒体常用工具的使用;第 6~13 章介绍 3 款最常用的多媒体作品创作软件的应用,即 Flash、Dreamweaver、Authorware 软件。

本书既有理论讲解,又有实践演练,同时还具体针对多媒体作品创作过程中的专项问题,给出特色开发方案。

本书可作为高等院校本科、专科多媒体技术与作品创作类课程教材,也可作为多媒体基础与应用的各类培训班的教材。

图书在版编目(CIP)数据

多媒体技术与应用 / 段新昱,苏静主编. —北京:科学出版社,2013.11
ISBN 978-7-03-039003-5

Ⅰ. ①多… Ⅱ. ①段… ②苏… Ⅲ. ①多媒体技术-高等学校-教材
Ⅳ. ①TP37

中国版本图书馆 CIP 数据核字(2013)第 255462 号

责任编辑:潘斯斯 张丽花 / 责任校对:朱光兰
责任印制:赵 博 / 封面设计:迷底书装

科学出版社 出版
北京东黄城根北街 16 号
邮政编码:100717
http://www.sciencep.com
北京中石油彩色印刷有限责任公司印刷
科学出版社发行 各地新华书店经销
*
2013 年 11 月第 一 版 开本:787×1092 1/16
2025 年 1 月第九次印刷 印张:22
字数:577 000

定价:66.00 元
(如有印装质量问题,我社负责调换)

前　言

多媒体技术诞生于 20 世纪末，它以传统计算机技术为平台，以现代电子信息技术为先导，成为当代科学、技术领域迅速崛起和发展的一门重要科学。它的出现为传统计算机技术带来了深刻变革，使计算机具有综合处理文本、声音、图形、图像、动画和视频的能力，并在此基础上发展出虚拟现实等前沿学科技术，使现代科技进一步贴近生活、更好地服务社会。

随着多媒体技术的普及和发展，多媒体技术涉及更多的学科领域，已经成为一个横向综合的应用领域。而多媒体课程也正逐渐成为大学各专业学生的必修课程之一。本书将多媒体基础知识、多媒体应用新技术与多媒体作品创作有机联系在一起，以实现低层次的计算机基础教育向创新性计算机应用教育转化，尤其适合于广大本科、专科类院校学生加强多媒体实践应用，进一步提升素质教育效果。

本书中采用的软件版本均为现今最为流行的版本，其中 Adobe 系列设计软件采用的是 CS5 版本。

本书共 13 章，具体内容如下：

第 1、2 章介绍多媒体技术理论知识，将多媒体基础理论知识与多媒体作品创作理论基础相结合，还特别介绍多媒体技术的最新研究领域——虚拟现实技术。

第 3～5 章介绍多媒体常用工具的使用，这 3 章注重多媒体常用工具软件应用技能的培养，为后期创作多媒体作品奠定素材制作基础。

第 6～13 章是本书主体，介绍 3 款最常用的多媒体作品创作软件的使用，包括集动画创作与应用程序开发于一体的多媒体创作工具 Flash 软件(第 6～11 章)、集网站管理和网页设计于一体的多媒体创作工具 Dreamweaver 软件(第 12 章)和基于图标的课件集成式多媒体创作工具 Authorware 软件(第 13 章)。本部分既详细、全面地介绍了 Flash 软件，又简明扼要、有针对性地介绍了 Dreamweaver 和 Authorware 的应用精髓。

本书具体编撰人员如下：第 1～5 章及 6.1、6.2 节由苏静、郝夏斐编写；6.3～6.5 节及第 7～13 章由黄永灿、李俊峰、李敏、刘晓魁及牛红惠编写。段新昱、苏静负责全书的策划、编审与定稿工作。

本书作者均为一线骨干教师，具有多年丰富的教学实践经验。本书是作者结合实际教学经验，在吸收国内外优秀教材特点的基础上精心编写而成的，全书实例典型精彩，编写语言通俗易懂。

本书编写过程中，参考了大量国内外文献，并从互联网上查阅了相关资料，特此对这些文献及资料的作者及出版单位表示衷心的感谢！

由于时间仓促，编写水平有限，书中疏漏和不妥之处在所难免，殷切希望读者和同行专家批评指正。

编　者

2013 年 5 月

目　录

前言

第1章　多媒体技术基础 ……………… 1
 1.1　多媒体技术概述 ……………… 1
  1.1.1　多媒体与多媒体技术 ……… 1
  1.1.2　超文本与超媒体技术 ……… 2
  1.1.3　多媒体关键技术 …………… 3
  1.1.4　多媒体应用领域 …………… 5
 1.2　多媒体创作环境 ……………… 6
  1.2.1　多媒体计算机系统 ………… 6
  1.2.2　多媒体外围设备 …………… 7
 1.3　网络多媒体技术 ……………… 11
  1.3.1　多媒体通信的特点 ………… 12
  1.3.2　多媒体通信面临的问题 …… 13
  1.3.3　多媒体数据压缩技术 ……… 13
  1.3.4　流媒体 ……………………… 15
 1.4　虚拟现实技术 ………………… 17
  1.4.1　虚拟现实的概念 …………… 17
  1.4.2　虚拟技术的发展简史 ……… 18
  1.4.3　虚拟现实系统的分类 ……… 18
  1.4.4　虚拟现实系统设备 ………… 20
  1.4.4　虚拟现实的应用 …………… 22
  1.4.5　虚拟现实的未来展望 ……… 23
 1.5　实践演练 ……………………… 24
 思考练习题 1 ……………………… 24

第2章　多媒体创作基础 ……………… 25
 2.1　多媒体作品设计 ……………… 25
  2.1.1　多媒体作品创作概述 ……… 25
  2.1.2　多媒体作品设计原则 ……… 25
  2.1.3　多媒体作品创作流程 ……… 26
  2.1.4　多媒体 CAI 课件美学基础 … 31
 2.2　常用多媒体作品制作软件 …… 34
  2.2.1　素材制作软件 ……………… 34
  2.2.2　作品创作软件 ……………… 35

  2.2.3　实用工具软件 ……………… 36
 2.3　实践演练 ……………………… 38
  2.3.1　实践操作 …………………… 38
  2.3.2　综合实践 …………………… 38
  2.3.3　实践任务 …………………… 39
 思考练习题 2 ……………………… 39

第3章　文字和声音素材编辑 ………… 40
 3.1　文字素材 ……………………… 40
  3.1.1　文字素材概述 ……………… 40
  3.1.2　使用艺术字 ………………… 41
  3.1.3　公式编辑 …………………… 41
 3.2　数字音频素材 ………………… 42
  3.2.1　数字音频基础 ……………… 42
  3.2.2　声音文件格式 ……………… 44
 3.3　GoldWave 声音处理 ………… 45
  3.3.1　GoldWave 简介 …………… 45
  3.3.2　声音录制 …………………… 47
  3.3.3　特效音频编辑 ……………… 48
 3.4　计算机言语输出 ……………… 52
  3.4.1　概述 ………………………… 52
  3.4.2　常用相关软件 ……………… 52
 3.5　实践演练 ……………………… 53
  3.5.1　实践操作 …………………… 53
  3.5.2　综合实践 …………………… 54
  3.5.3　实践任务 …………………… 54
 思考练习题 3 ……………………… 54

第4章　图形图像素材编辑 …………… 55
 4.1　图形图像基础 ………………… 55
  4.1.1　图形与图像 ………………… 55
  4.1.2　常见的图像文件格式 ……… 57
 4.2　Photoshop 图像处理 ………… 58

4.2.1 概述 ················· 58
4.2.2 创建和编辑选区 ······· 60
4.2.3 图像编辑 ············· 67
4.2.4 图像色调处理 ········· 70
4.2.5 画笔与填充绘图 ······· 72
4.2.6 图层、通道和蒙版 ····· 75
4.2.7 文字编辑 ············· 78
4.2.8 滤镜应用 ············· 80
4.3 CorelDRAW 图形处理 ······· 81
4.3.1 CorelDRAW X3 概述 ····· 81
4.3.2 CorelDRAW 基本形状绘制 ··· 85
4.3.3 对象的基本编辑 ······· 87
4.3.4 图形色彩填充 ········· 89
4.3.5 文本处理 ············· 91
4.3.6 图形特效制作 ········· 93
4.4 实践演练 ················· 96
4.4.1 实践操作 ············· 96
4.4.2 综合实践 ············· 99
4.4.3 实践任务 ············· 99
思考练习题 4 ················· 99

第 5 章 动画视频素材编辑 ········· 100
5.1 动画素材 ················· 100
5.1.1 动画基础 ············· 100
5.1.2 计算机动画技术 ······· 100
5.1.3 计算机动画制作 ······· 101
5.1.4 动画文件格式 ········· 102
5.1.5 3ds Max 动画制作 ····· 103
5.2 视频素材 ················· 106
5.2.1 视频概述 ············· 106
5.2.2 视频编辑中常用的文件格式 ··· 108
5.2.3 视频素材的获取 ······· 109
5.3 视频素材编辑软件 ········· 109
5.3.1 Premiere Pro CS4 视频处理 ··· 109
5.3.2 Premiere Pro CS4 视频编辑 ··· 115
5.3.3 其他视频编辑软件 ····· 119
5.4 实践演练 ················· 121
5.4.1 实践操作 ············· 121

5.4.2 综合实践 ············· 124
5.4.3 实践任务 ············· 125
思考练习题 5 ················· 125

第 6 章 Flash 入门 ················· 126
6.1 Flash 概述 ··············· 126
6.1.1 Flash 的发展与应用 ····· 126
6.1.2 Flash 动画基础 ········· 127
6.2 Flash CS5 工作环境 ········· 127
6.2.1 Flash CS5 工作界面 ····· 127
6.2.2 Flash CS5 工作环境设置 ··· 130
6.2.3 Flash 基本术语 ········· 131
6.3 文件、场景、图层、帧操作 ··· 132
6.3.1 文件操作 ············· 132
6.3.2 场景操作 ············· 133
6.3.3 图层操作 ············· 133
6.3.4 帧操作 ··············· 134
6.4 Flash 动画的测试与发布 ······· 136
6.4.1 Flash CS5 动画测试 ····· 136
6.4.2 Flash 动画发布 ········· 137
6.4.3 Flash 文件导出 ········· 139
6.5 实践演练：第一个 Flash 动画
制作 ················· 141
6.5.1 实践操作 ············· 141
6.5.2 综合实践 ············· 144
6.5.3 实践任务 ············· 145
思考练习题 6 ················· 145

第 7 章 Flash 图形绘制 ··········· 146
7.1 Flash 工具 ··············· 146
7.1.1 绘制基础 ············· 146
7.1.2 图形绘制工具 ········· 147
7.1.3 图形选择工具 ········· 153
7.1.4 图形编辑和色彩工具 ··· 156
7.1.5 文本工具 ············· 160
7.1.6 辅助工具 ············· 165
7.1.7 绘制图形 ············· 166
7.2 Flash 图形对象操作 ········· 171
7.2.1 图形对象的基本操作 ··· 171

7.2.2 图形对象的修改 …………… 173

7.2.3 图形对象的变形、组合 ……… 175

7.2.4 图形对象的 3D 操作 ………… 179

7.3 实践演练 …………………… 181

7.3.1 实践操作 ………………… 181

7.3.2 综合实践 ………………… 185

7.3.3 实践任务 ………………… 191

思考练习题 7 ……………………… 192

第 8 章 Flash 库操作 ………………… 193

8.1 元件、实例和库 ……………… 193

8.1.1 元件和实例概述 ………… 193

8.1.2 库概述 …………………… 194

8.2 元件的操作 …………………… 194

8.2.1 元件的分类 ……………… 194

8.2.2 元件的创建 ……………… 196

8.2.3 元件的使用 ……………… 199

8.2.4 元件的编辑 ……………… 200

8.3 实例的操作 …………………… 201

8.3.1 实例的基本操作 ………… 202

8.3.2 实例的属性 ……………… 203

8.3.3 分离实例与交换实例 …… 206

8.4 库的使用 ……………………… 207

8.4.1 库面板简介 ……………… 207

8.4.2 库面板的基本操作 ……… 208

8.4.3 公用库与外部库 ………… 209

8.5 多媒体素材的导入与应用 …… 209

8.5.1 图像素材 ………………… 210

8.5.2 音频素材 ………………… 211

8.5.3 视频素材 ………………… 212

8.6 实践演练 …………………… 216

8.6.1 实践操作 ………………… 216

8.6.2 综合实践 ………………… 219

8.6.3 实践任务 ………………… 223

思考练习题 8 ……………………… 224

第 9 章 Flash 动画 …………………… 225

9.1 基本动画 ……………………… 225

9.1.1 逐帧动画 ………………… 225

9.1.2 形状补间动画 …………… 226

9.1.3 传统补间动画 …………… 228

9.1.4 补间动画 ………………… 231

9.1.5 使用动画预设 …………… 235

9.2 高级动画 ……………………… 235

9.2.1 引导线动画 ……………… 235

9.2.2 遮罩动画 ………………… 238

9.2.3 多场景动画 ……………… 241

9.3 骨骼动画和 3D 动画 ………… 241

9.3.1 骨骼动画 ………………… 242

9.3.2 3D 动画 ………………… 247

9.4 实践演练 …………………… 248

9.4.1 实践操作 ………………… 248

9.4.2 综合实践 ………………… 252

9.4.3 实践任务 ………………… 258

思考练习题 9 ……………………… 259

第 10 章 Flash 脚本与交互的初级使用 ·· 260

10.1 ActionScript 3.0 简介 ……… 260

10.1.1 ActionScript 3.0 概述 …… 260

10.1.2 工作环境 ……………… 261

10.1.3 编程基础 ……………… 262

10.1.4 脚本实例 ……………… 268

10.2 代码片段的使用 …………… 270

10.2.1 代码片段的基本用法 … 270

10.2.2 代码片段实例 ………… 272

10.3 组件的使用 ………………… 273

10.3.1 组件简介 ……………… 273

10.3.2 组件添加 ……………… 273

10.3.3 常用组件 ……………… 274

10.3.4 组件实例 ……………… 275

10.4 实践演练 …………………… 276

10.4.1 实践操作 ……………… 276

10.4.2 综合实践 ……………… 278

10.4.3 实践任务 ……………… 282

思考练习题 10 …………………… 283

第 11 章　Flash 动画实例·············284

11.1　导航条的制作··············284

11.2　课件制作···············286

　11.2.1　应用组件开发········286

　11.2.2　制作课件············296

11.3　制作 MTV——三个和尚·······304

11.4　制作视频播放器········310

11.5　制作拼图游戏···········312

11.6　实践任务············316

思考练习题 11············317

第 12 章　网页制作 Dreamweaver·····318

12.1　Dreamweaver 概述·········318

　12.1.1　Dreamweaver CS5 界面环境·····318

　12.1.2　Dreamweaver 站点的创建·······319

　12.1.3　创建网页文档··········319

12.2　Dreamweaver 基本操作········320

　12.2.1　插入网页文本与图像··········320

12.2.2　插入 SWF 动画············324

12.2.3　创建表格············325

12.2.4　创建超链接········327

思考练习题 12·············330

第 13 章　课件制作 Authorware········331

13.1　Authorware 概述·············331

　13.1.1　Authorware 7 集成环境·······331

　13.1.2　Authorware 7 程序调试·········333

　13.1.3　Authorware 7 作品发布······334

13.2　Authorware 应用·············334

　13.2.1　Authorware 初级应用········334

　13.2.2　Authorware 中级应用········337

13.3　实践演练·············340

思考练习题 13·············343

参考文献·············344

第1章 多媒体技术基础

多媒体技术是在20世纪末迅速崛起和发展起来的一门新兴技术。它基于传统计算机技术，结合现代电子信息技术，使计算机具有综合处理声音、文字、图形、图像、视频和动画等信息的能力。多媒体技术的应用已经渗透到社会生产、生活的方方面面，正极大地影响和改善着人们的生活，使人们的工作、生活、娱乐的方式和内容更加丰富多彩。多媒体技术已经成为现代计算机应用技术中的一个重要分支。

1.1 多媒体技术概述

1.1.1 多媒体与多媒体技术

我们正生活在一个信息社会中，每时每刻都在传播或接受纷繁多样的信息。而信息是依附于人能感知的方式进行传播的，即信息的传播必须有媒体，媒体就是信息的载体，是人们为表达思想或感情所使用的一种手段、方式或工具。

通常所说的"媒体"（Medium）有两层含义：一是指信息的物理载体（即呈现、存储和传递信息的实体），如书本、图片、录像带、计算机以及相关的媒体处理、播放设备等；二是指承载信息所使用的符号系统，即信息的表现形式（表示媒体），如文本（Text）、图形（Graphic）、图像（Image）、动画（Animation）、音频（Audio）、视频（Video）等。

按照国际电讯联盟（International Telecommunication Union，ITU）下属的国际电报电话咨询委员会（International Telephone and Telegraph Consultative Committee，CCITT）定义，媒体分为五种类型。

（1）感知媒体（Perception Medium）。感知媒体是指直接作用于人的感觉器官，使人产生直觉的媒体，如引起听觉反应的声音，引起视觉反应的图像、文字等。

（2）表示媒体（Representation Medium）。表示媒体是指为了处理和传输感知媒体而人为地研究、构造出来的媒体，即用于数据交换的编码，其目的是更有效地处理和传输感知媒体。例如，图像编码（JPEG、MPEG等）、文本编码（ASCII码、GB2312等）和声音编码（MP3）等，都是表示媒体。

（3）呈现媒体（Presentation Medium）。呈现媒体是指进行信息输入和输出的媒体，即用于将感知媒体进行计算机输入和输出的设备，它又分为输入呈现媒体和输出呈现媒体。键盘、鼠标、扫描仪、话筒、照相机、摄像机等为输入媒体，显示器、打印机、喇叭等为输出媒体。

（4）存储媒体（Storage Medium）。存储媒体是指用于存储表示媒体（即存储将感知媒体数字化以后的代码）的物理介质，如U盘、硬盘、光盘、MP3/MP4存储、手机存储等。

(5) 传输媒体(Transmission Medium)。传输媒体是指用于传输表示媒体的物理介质，如双绞线、同轴电缆、光纤以及其他通信信道，如无线通信、卫星通信等。

"多"(Multi)媒体不仅是指信息从感知、表示到呈现、传输等媒体类型的多样化，更主要的是指以计算机为中心集成、处理多种媒体的一系列技术，包括信息数字化技术、计算机软硬件技术、网络通信技术等。

多媒体技术涉及领域很广，可以简明地定义为：把文本、图形、图像、声音、动画以及活动视频等多种媒体信息通过计算机进行数字化采集、获取、压缩/解压缩、编辑、存储等加工处理，再以单独或合成形式表现出来的一体化技术。

多媒体技术是一个边缘性的交叉学科，把图像、声音、视频处理等技术集成在一起，并建立它们之间密切的逻辑联系，把分离的单一技术综合成为一门多媒体技术。这使得各种消费类的电子产品，如 IP 电话、数码相机/摄像机、数字电视、图文传真机、音响等设备与计算机融为一体，由计算机完成视频、音频信号的采集、压缩/解压缩及实时处理，并通过网络进行数据传输，从而层出不穷地产生各种多媒体电子产品、网络电子产品，为人类的生活和工作带来全新的信息服务形式，如图 1-1 所示的视频立体眼镜和图 1-2 所示的用于手指感觉的数据手套。

图 1-1　视频立体眼镜　　　　图 1-2　用于手指感觉的数据手套

1.1.2　超文本与超媒体技术

(1) 文本(Text)。文本是人们早已熟知的信息表达方式，如一篇文章、一本书、一段计算机程序等，它通常以字符、字、句、段、节、章作为文本内容的逻辑组织单位，无论是一般书籍还是计算机中的文本文件，都是用线性方式加以组织的。读者在阅读时，通常以字、行、页循序渐进的方式进行阅读。

传统的线性组织结构，在存储和检索信息时都是固定的顺序结构，对大型信息系统而言，存在着信息定位困难、检索效率低下等瓶颈问题。科学研究表明，人类记忆具有网状结构，是一种联想式记忆。既然是网状结构，就存在多种可能路径，不同的联想必然使用不同的检索路径。

(2) 超文本(Hyper-text)。超文本与传统文本有很大区别，它是一种以节点作为基本信息单位，具有非线性的网状结构电子文档。文本按其内部固有的独立性和相关性划分成不同的信息块，称为节点。一个节点可以是一个信息块，也可以是若干节点组成一个基本信息块。其中的文字包含可以链接到其他字段或者文档的超链接，允许从当前阅读位置直接切换到超链接所指向的内容。用户在阅读时不必顺序阅读，可以根据实际需要，利用超文本机制提供的联想式查询能力，跳跃式地找到自己感兴趣的内容和相关信息。

(3) 超媒体(Hyper-media)。随着多媒体技术的发展，计算机或网络中表达信息的媒体已不再局限于单纯的数字和文本，而是广泛采用图形、图像、音频、视频等媒体元素来表达思想。此时，人们改称超文本为超媒体。事实上，超媒体的英文 Hyper-media 就是超文本 Hyper-text 和多媒体 Multi-media 的组合词，因此超媒体是超文本与多媒体相互融合的产物。

超文本的信息节点可以存储多媒体信息(文本、图形、图像、音频、视频、动画)，并使用与超文本类似的超链接机制进行组织和管理，就构成了超媒体。超媒体更加着重强调对多种媒体信息的组织和管理，并主要应用于对这些信息的检索和浏览领域。

(4) 超媒体信息组织方式。超媒体是一种信息组织和管理技术，它以节点为基本单位，在信息组织上用链把节点连成一个非线性网状结构。

超媒体技术可简明定义为：由信息节点间相关性的链构成的一个具有一定逻辑结构的语义网络(有向图)，它由节点(Node)、链(Link)和网(Net)三要素组成。

(1) 关于节点。节点是信息表达的最小单元，是描述某个特殊主题的数据集合。节点中表达信息的媒体可以是多种媒体元素：文本、图形、图像、音频、视频、动画，甚至可以是一段计算机程序。节点中可以定义链与其他节点相连接。

(2) 关于链。链是不同节点间的逻辑联系，主要用途是模拟人脑思维的自由联想方式。链形式上是从一个节点指向另一个节点的指针。链的一般结构分为链源、链宿及链属性。链的起始端称为链源(Link Source)，链源的外部表现形式很多，如热字、热区；链宿是链的目的，一般指节点；链属性决定链的类型。链是用户由一个信息节点转移到另一个相关信息节点的方式或手段。

链也就是通常所说的超链接(Hyper Link)，建立相互链接的这些对象不受空间位置的限制，可以在同一个文件内也可以不在同一个文件内，更多的是与互联网上任何计算机中的文件建立链接关系。超文本与超媒体结构示意图如图 1-3 所示。

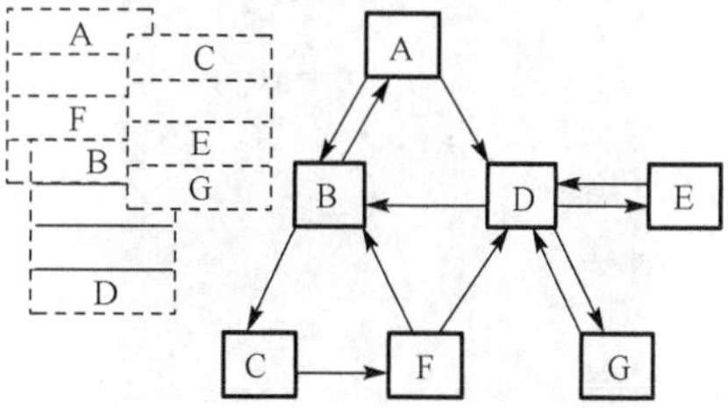

(3) 关于网。网是由节点和链构成的一个网络有

图 1-3　超文本与超媒体结构示意图

向图。在这个网中，节点可以看做是对单一概念或思想的表达，而节点之间的链则表示概念之间的语境关联，所有节点和链组织呈非线性网。

用户在浏览大型超文本与超媒体系统时，存在"迷路现象"，不知道身在何处、心向何方，该现象可以通过改善用户界面、增强导航功能等方法加以解决。超媒体技术具备良好的扩展功能，可以应对不断更新的超媒体管理和查询。

超文本与超媒体技术应用领域非常广泛，如操作系统 Windows 中的"帮助"、电子百科全书、教学 CAI、旅游信息管理、游戏娱乐等。

1.1.3　多媒体关键技术

多媒体是当今计算机研究和生产中热门的领域，很大程度上反映了当代计算机技术发展的最新成就。目前在多媒体领域的研究热点，主要有数据压缩与编码、大容量信息存储、多媒体输入/输出、多媒体网络与通信、多媒体数据库、多媒体信息检索等关键技术。

(1) 数据压缩与编码技术。多媒体计算机要能够实时地综合处理数据量非常大的声音、图像和视频等信息，并且还要求能够快速地传输处理这些视频、音频信号，因此视频、音频数字信号的编码和压缩算法研究成为非常重要的领域。目前常见的相关国际编码标准有JPEG、MPEG、RAW 等。

（2）多媒体专用芯片技术。因为要实现音频、视频信号的快速编码、解码和播放处理，需要大量的高速计算；同时许多图像特效、生成、绘制以及音频信号的处理等，也都需要很快的运算处理速度。很多情况下必须采用专用芯片才能满足系统需求，如图 1-4 所示的声卡芯片。

（3）多媒体系统软件技术。多媒体系统软件技术主要包括多媒体操作系统、多媒体编辑系统、多媒体数据库管理技术、多媒体信息混合与重叠技术等。

（4）多媒体信息存储技术。多媒体的音频、视频、图像等信息虽经过压缩处理，仍需要相当大的存储空间，在大容量只读光盘存储器(CD-ROM)问世后才初步解决了多媒体信息的存储问题。

1996 年推出的 DVD(Digital Video Disc)光盘标准，使得基于计算机的数字光盘驱动器从单个盘面上读取 4.7GB 扩展至双面双层 17GB 的数据量。另外，作为数据备份的存储设备也有了进一步发展，常用的备份设备有磁盘、U 盘和活动式硬盘等。

由于存储在 PC 服务器上的数据量越来越大，为避免磁盘损坏而造成数据丢失，出现了专门的磁盘管理技术。例如，磁盘阵列如图 1-5 所示。

图 1-4　采用 E-MU CA10300-IAT LF DSP 主芯片的 Creative Audigy4 声卡　　　　　图 1-5　　SATA-II RAD NAS 磁盘阵列

（5）多媒体输入/输出技术。多媒体输入/输出技术包括媒体变换技术、媒体识别技术、媒体理解技术和媒体综合技术等。目前来看，前两种技术相对比较成熟，应用也较为广泛；后两种技术只应用于特定场合，还有很大的发展空间。

媒体变换技术是指改变媒体的表现形式，如常见的视频卡、音频卡都属于媒体变换技术的应用。

媒体识别技术是对信息进行一对一的映像过程，如语音识别是将语音映像为一串字、词或句子；触摸屏可以根据触摸屏上的位置坐标识别用户操作，是一种新型的电子输入定位设备。媒体识别技术在平板电脑和智能手机中已经得到广泛应用，如图 1-6 所示。

媒体理解技术是对信息进行进一步分析处理并理解信息内容的技术，如自然语言理解、图像理解、模式识别等。

媒体综合技术是把低维信息表示映像成高维模式空间的过程，如语音合成器就可以把语音的内部表示综合为声音输入。

图 1-6　提供触摸屏技术的平板电脑和智能手机

（6）多媒体网络通信技术。多媒体通信要求能够综合地传输、交换各种类型的媒体信息，而不同的信息类型又呈现出不同的特征，在不同的应用系统中需采用不同的带宽分配方式，多媒体通信技术也需提供必要的支持。

1.1.4　多媒体应用领域

多媒体技术于 20 世纪 80 年代迅速崛起并飞速发展，有人把它称为是继纸张印刷术、电报电话、广播电视、计算机之后，人类处理信息手段的又一次大的飞跃。多媒体技术的出现改变了人类社会的生活、生产和交互方式，促进了各个学科的发展和融合。多媒体技术的应用已经广泛地渗透到国民经济和人类生活的各个方面，下面简述多媒体技术在常见领域中的应用。

（1）办公自动化与教育。多媒体技术为传统的办公环境增加了对信息的控制、处理能力。基于多媒体计算机和网络的现代教育技术可以集成更多的教学信息，使教学内容日益丰富；其教学方式多种多样，打破了几千年来的传统教学模式。同时，各种媒体与计算机结合可以使人类的感官与想象力相互配合，产生前所未有的思维空间与创作资源。实践证明将多媒体技术应用于教育领域所产生的新的教与学模式，具有说服力强、学习效果好、综合效率高等特点。

（2）多媒体电子出版物。电子出版物是指以数字代码方式，将图、文、声、像等信息存储在磁、光、电介质上，通过计算机或相关设备阅读使用，并可复制发行的大众传播媒体。电子出版物的内容可分为电子图书、辞典手册、文档资料、报纸杂志、娱乐游戏、宣传广告、信息咨询等，许多作品还是多种类型的混合。电子出版物具有集成性高和交互性强，信息的检索和使用方式灵活方便等特点，特别是在信息交互性方面，不仅能向读者提供信息，而且能接受读者的反馈意见。

（3）多媒体网络通信。多媒体通信常见的应用有信息点播(Information on Demand)和计算机协同工作系统(Computer Supported Cooperative Work，CSCW)。

信息点播可分为桌上多媒体通信系统和交互式电视(ITV)两类。通过桌上多媒体信息系统，人们可以远距离点播所需信息，而交互式电视和传统电视的不同之处在于用户在电视机前可对电视台节目库中的信息按需选取，即用户主动与电视进行交互以获取信息。

计算机协同工作是指在计算机支持的环境中，一个群体协同工作以完成一项共同的任务，广泛应用于工业产品的协同设计制造、医疗系统的远程会诊、不同地域的学术交流、师生间的协同式学习等领域。例如，多媒体视频会议系统，在高性能网络带宽和传输速率的支持下，实现处于不同地理位置上的人们超越空间进行"面对面"交流的功能。

（4）多媒体家电与娱乐。家用电器是多媒体应用中的一个巨大领域。当前的个人计算机都已经具备看网络电视、浏览多媒体网站的功能，其他家电如电话、音响、传真机、摄像机、数字高清电视等也逐渐走向统一和融合。利用各种适配卡将多媒体计算机与电子琴、音响、数码相机等家用电器连接起来，可以制作电子相册或个人 MTV、作曲、电子游戏等，给人们的业余生活带来全新体验。

多媒体技术的应用还有许多领域，如银行、海关、考场等部门的多媒体监控及监测。以及不断出现的新技术和新产品，如可视电话、视频眼镜、车载 GPS、掌上电脑、智能手机等。

1.2 多媒体创作环境

1.2.1 多媒体计算机系统

多媒体计算机是集声、文、图、像功能于一体的计算机。与普通计算机系统类似，多媒体计算机系统也是由多媒体硬件系统和多媒体软件系统两大部分组成。

1. 多媒体硬件系统

多媒体计算机硬件系统除了包括一个基本的微型计算机以外，还需要具有音频处理设备、视频处理设备、图像输入/输出设备、网络连接设备等，综合如图 1-7 所示。

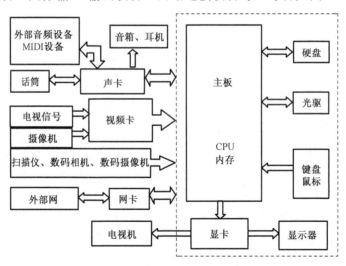

图 1-7 多媒体计算机硬件组成

为促进多媒体计算机的标准化，由 Microsoft、Philips 等 14 家厂商组成的多媒体市场协会分别在 1991 年、1993 年和 1995 年推出第一层次、第二层次和第三层次的多媒体个人计算机（Multimedia Personal Computer，MPC）技术规范，即 MPC1、MPC2 及 MPC3。按照 MPC 标准，多媒体个人计算机包括 PC、光盘驱动器、声卡、音箱或耳机以及 Windows 操作系统等几部分。MPC 对 PC 的 CPU、内存、硬盘、显示功能等作了基本要求，但现在来看，MPC 规定的基本配置是比较低的，随着计算机软硬件技术的迅猛发展，目前市场上销售的 MPC 几乎都高于 MPC 标准。

2．多媒体软件系统

多媒体计算机的软件系统按功能划分为系统软件和应用软件。系统软件在多媒体计算机系统中负责资源的配备和管理、多媒体信息的加工和处理；应用软件则是在多媒体创作平台上设计开发的面向应用领域的软件系统。多媒体计算机软件系统的层次结构如图 1-8 所示。

操作系统是计算机必备的系统软件之一。正是有了操作系统，计算机硬件的功能才能正常发挥，才可以方便地实施多媒体技术所要求的人机交互。多媒体操作系统在上述功能的基础上增加了对多媒体技术的支持，以实现多媒体环境下的多任务调度，保证音频、视频同步及信息处理的实时性，提供对多媒体信息的各种操作和管理。另外，多媒体操作系统还应具有对设备控制的相对独立性，以及可操作性、可扩展性等特点。PC 上运行的多媒体操作系统，常见的有 Microsoft 开发的 Windows 操作系统和 Apple 公司的 Macintosh 操作系统。

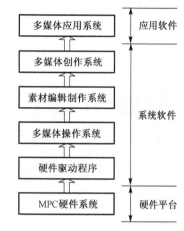

图 1-8　多媒体计算机软件系统的层次结构

多媒体创作系统是帮助开发人员创作多媒体应用程序软件。它们可以是程序设计语言，也可以是具有特定功能的多媒体创作系统，提供将各种类型的媒体对象编辑、集成到多媒体作品中的功能，并支持各媒体对象之间的超链接设置以及媒体对象呈现时的过渡效果设置。常用于多媒体创作的编程语言有 Visual Basic、Visual C++、Delphi 等。

对于多媒体对象，如图像、声音、动画以及视频影像等的创建和编辑，一般需要借助多媒体素材编辑工具软件。多媒体素材编辑工具软件多种多样，包括字处理软件、绘图软件、图像处理软件、动画制作软件、声音编辑软件以及视频编辑软件等，常用多媒体工具软件如表 1-1 所示。

表 1-1　常用多媒体工具软件

功　能	工　具　软　件
文字处理	记事本、写字板、Word、WPS
图形图像处理	Photoshop、CorelDraw、Freehand
动画制作	AutoDesk、Animator Pro、3ds Max、Flash、Maya
声音处理	GoldWave、Ulead Media Studio、Sound Forge、Cool Edit、Wave Edit
视频处理	Ulead Media Studio、Adobe Premiere

1.2.2　多媒体外围设备

多媒体计算机除包括常规计算机硬件设备之外，还包括大容量存储设备、音频设备、视频设备、网络连接设备等。

1．大容量存储设备

(1) CD-ROM。CD-ROM 是只读光盘存储器(Compact Disk Read Only Memory)英文单

词的缩写，是目前应用最为广泛的多媒体数据存储设备。单片 CD-ROM 的标准容量是 650MB，成本低、价格便宜，用它可以存储十分丰富的各种软件和电子读物。

（2）DVD。DVD 是数字视频光盘（Digital Video Disc）英文的缩写，外观与 CD-ROM 类似，但数据密度远高于 CD-ROM。常见的 DVD-5 标准的单面单层盘片容量是 4.7GB，目前最大的 DVD 光盘是蓝光 DVD，单面单层盘片的存储容量可以达到 27GB，主要应用于专业领域。DVD 中数据采用 MPEG-2 压缩标准，可保存一部或多部高清晰度的数字电影。

图 1-9　外置刻录机

（3）刻录机：刻录机有多种分类方法，按接入方法可分为内置式和外置式（图 1-9）。内置式刻录机较便宜，且节省空间；外置式刻录机插装方便，密封性和散热性较好。按刻录介质及是否可重复刻录进行分类，又可分为 CD-R、CD-RW 以及 DVD-R/RW 等多种。按接口可分为 SCSI、IDE、USB 接口等类型。

2. 图形图像设备

1）手写设备

手写笔是一种无需输入法就可以轻松输入文字的输入设备，它同时还兼具鼠标功能，可代替鼠标进行绘画，如图 1-10 所示。手写笔一般都由两部分组成：一部分是与计算机相连的写字板，另一部分是在写字板上写字的笔。其原理是将笔或手指经过的轨迹记录下来，然后通过手写识别软件将轨迹转换为文字。

图 1-10　传统电阻式手写笔和 iPad 使用的感应式手写笔

手写板分为电阻式和感应式两种，电阻式的手写板必须充分接触才能写出字，这限制了手写笔代替鼠标的功能；感应式手写板又分"有压感"和"无压感"两种，有压感的输入板能感应笔画的粗细以及着色的浓淡，是在绘图软件中进行手工绘图时必不可少的设备。

2）扫描仪

扫描仪是一种将静态图像输入到计算机中的图像采集设备，是图形设计与印刷行业必备的外部设备，如图 1-11 所示。利用这个设备结合文字识别（OCR）软件，就可以迅速方便地把各种手写、打印文稿录入计算机内。

(a) 手持式　　　　　　　　(b) 平板式　　　　　　　　(c) 滚筒式

图 1-11　扫描仪

按扫描方式分类，可将扫描仪分为手持式、平板式和滚筒式扫描仪三种。手持式扫描仪体积小、重量轻、携带方便，但扫描精度较低、扫描质量较差。平板式扫描仪主要应用在 A3 和 A4 幅面图纸的扫描。滚筒式扫描仪一般应用在大幅面扫描领域中，如大幅面工程图纸的输入。

3）数码相机

数码相机是一种在半导体存储器中储存图像数据的照相机，如图 1-12 所示。

数码相机的性能指标可分为两部分：一部分是数码相机特有的性能指标；另一部分是与传统相机技术指标类似的性能指标，如镜头形式、快门速度、光圈大小以及闪光灯工作模式等性能指标。

分辨率是数码相机最重要的性能指标之一。相机的分辨率可以直接反映在洗印出的照片的大小上。分辨率越高，在同样的输出质量下可洗印的照片尺寸就越大。

4）数字投影机

数字投影机是将影像投射到屏幕上的设备，如图 1-13 所示。它可分为 LCD 和 DLP 两种。

图 1-12　数码相机　　　　　　　　图 1-13　数字投影机

液晶显示(Liquid Crystal Display，LCD)投影机是将光线透过液晶屏投射到屏幕上，其色彩还原能力强，亮度均匀性好，分辨率高。

数码光线处理器(Digital Light Processor，DLP)投影机利用数字微镜作为成像器件，将光线通过 DLP 反射后投影到屏幕上，产生的画面对比度较高、色彩锐利，其光路系统设计得更紧凑，在体积、重量方面也占有优势。

数字投影机的性能指标主要有亮度(光通量，单位时间内光源辐射产生视觉响应强弱的能力)、分辨率、灯泡寿命等。数字投影机光源部分在开机状态下严禁震动，另外减少开关机次数对灯泡寿命大有裨益，对于光学系统还要注意使用环境的防尘和通风散热。

3．音频设备

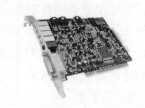

声卡(Sound Card)也称为音频卡，是多媒体技术中最基本的组成部分，是实现声波/数字信号相互转换和处理的一种外围硬件，如图 1-14 所示。声卡多以插件形式安装在计算机扩展槽上，也有的集成在主板上。

图 1-14　Sound Blaster 音霸卡

声卡的主要功能包括声音的录制与播放、编辑与合成、提供 MIDI 接口等。另外，还可以通过语音合成技术使计算机朗读文本；采用语音识别技术，允许用户通过话语指挥计算机操作等。

声卡的主要技术指标主要体现在以下四个方面：①声道数，包括单声道、双声道和多声道等；②总线形式，包括 ISA、PCI 总线等；③MIDI 合成方式，包括简单 FM 合成方式、软件波表合成方式、硬件波表合成方式等；④生成 3D 音效。3D 音效通常采用多扬声器系统，如 5.1 声道、4.1 声道、5 声道、4 声道等，它可以回放出接近于真实世界的各种声音和音乐效果。

如果是双声道声卡，声卡接口主要有：蓝色的线路输入接口；绿色的线路输出接口；红色的话筒输入端口，用于连接麦克风(话筒)进行声音录制，或进行计算机语音识别及控制。

4. 视频设备

1) 显卡

显卡作为主机里的一个重要组成部分，承担着处理、转换并输出显示图形的任务。它是连接显示器和个人计算机主板的重要元件，如图 1-15 所示。对于运行处理游戏或者专业从事图形设计的用户来说，显卡的作用尤显重要。

图 1-15　显卡

现在常见的显卡可以分为三类：主板集成显卡、独立显卡和核芯显卡。

主板集成显卡是将显示芯片、显存及其相关电路都集成融合在主板上；集成显卡的显示芯片有单独的，但大部分都集成在主板的北桥芯片中；一些主板集成的显卡也在主板上单独安装了显存，但其容量较小，集成显卡的显示效果与处理性能相对较弱，不能单独对显卡进行硬件升级，但可以通过 CMOS 调节频率或刷新 BIOS 文件实现软件升级来挖掘显示芯片的潜能。集成显卡功耗低、发热量小、不用花费额外的资金购买，部分集成显卡的性能也可以媲美入门级的独立显卡，在中低端产品应用中比较常见。

独立显卡是把显示芯片、显存及其相关电路做在一块独立的电路板上，安装时需要占用主板的扩展插槽(ISA、PCI、AGP 或 PCI-E)。独立显卡单独安装有显存，一般不占用系统内存，在技术上也较集成显卡先进得多，往往比集成显卡拥有更好的显示效果和性能，硬件升级也比较容易。但独立显卡需花费额外的资金购买，显卡系统的功耗往往会增加，发热量也更大，占用空间也更多一些。

核芯显卡是 Intel 公司推出的新一代图形处理核心产品。和以往的显卡设计不同，Intel 凭借其在处理器方面的先进工艺以及新的架构设计，将图形核心与处理核心整合在同一块基板上，构成一颗完整的处理器。这种设计上的整合大大缩减了处理核心、图形核心、内存及内存控制器间的数据周转时间，有效提升处理效能并大幅降低芯片组整体功耗，有助于缩小核心组件的尺寸，为笔记本电脑、一体机等产品的设计提供了更多选择的空间。

2) 显示器

显示器是计算机最主要的输出设备，通过信号线与显卡连接。通常分为传统的阴极射线管(Cathode Ray Tube，CRT)显示器、液晶显示器(Liquid Crystal Display，LCD)；现在流行的发光二极管(Light Emitting Diode，LED)显示器；最新的三维(Three Dimensional，3D)显示器。显示器的技术指标主要有点距、最高分辨率、扫描频率、带宽、显示面积和色温等。对于液晶显示器的性能，主要看是真彩还是伪彩、色彩度、分辨率、可视角度、响应时间等方面。LED 显示器主要看尺寸、薄度、功耗、亮度、可视角度等参数。3D 显示器现在主要分为需佩戴立体眼镜的快门式 3D 和不需佩戴立体眼镜的裸眼式 3D 两大类。

3) 视频采集卡

视频采集卡又称视频卡，如图 1-16 所示。通过视频采集卡可以接收来自视频输入端的模拟视频信号，将该信号采集并量化成数字信号，经压缩编码，生成数字视频序列。大部分视频采集卡能在捕捉视频信息的同时获得伴音，使音频部分和视频部分在数字化时同步保存，同步播放。视频采集卡还往往提供许多如冻结、淡出、旋转、镜像以及透明色处理等特效的添加。

5. 网卡

网卡是最常用的网络连接设备，又称为通信适配器、网络适配器或网络接口卡（Network Interface Card，NIC），如图 1-17 所示。按照数据链路层控制可将网卡分为以太网卡、令牌环网卡、ATM 卡等；按照物理层可将网卡分为无线网卡、RJ-45 网卡、同轴电缆网卡、光纤网卡等。

图 1-16　视频采集卡　　　　　　　　图 1-17　网卡

网卡是工作在数据链路层的网络组件，是局域网中连接计算机和传输介质的接口，不仅能实现与局域网传输介质之间的物理连接和电信号匹配，还涉及帧的发送与接收、帧的封装与拆封、介质访问控制、数据的编码与解码以及数据缓存的功能等。

1.3　网络多媒体技术

随着信息社会的发展，人们不仅需要传送文本、声音、静态图像和动态影像，同时还需要有交互和高实时性的要求。网络多媒体技术是把多媒体技术和计算机网络通信技术有机结合起来，把计算机的交互性、网络的分布性和多媒体信息的综合性有效融为一体，提供全新的信息服务手段，形成一个新的研究领域。

分布式的网络多媒体计算机系统把多媒体信息的获取、表示、传输、存储、加工、处理集成为一体。它把多媒体信息的综合性、实时性、交互性和分布式计算机系统的资源分散性、工作并行性和系统透明性融为一体，开拓了多媒体应用的新领域。可将网络多媒体定义如下：网络多媒体是端到端的、能够提供多性能服务的网络，它由多媒体终端、多媒体接入网络、多媒体传输骨干网络以及能够满足多媒体网络化应用的网络软件四部分组成。

1.3.1　多媒体通信的特点

网络多媒体技术是分布式多媒体系统的关键技术之一。多媒体信息通信和文本信息通信有不同的特点：文本信息在网络上传输不要求严格的实时性，却要求服务的可靠性；而多媒体信息的传输允许少量信息丢失，但对实时性却非常敏感。归纳起来多媒体信息通信有如下特点。

1．交互性

交互性是分布式多媒体系统最基本的特点。根据应答时间的不同，交互性可分为同步交互和异步交互两种。例如，实时的音频、视频交互和协同编辑就是同步交互，而通过互相发送 E-mail 进行通信就是异步交互。交互可以具备较为规范的交互程序和步骤，也可以是不规范的自由讨论会话。

2．实时性、延时敏感性

语音、视频等信息都要求实时传输。多媒体数据具有等时特性，每一媒体流都是一个有限幅度样本的序列，只有保持媒体流的连续性，才能传递媒体流蕴涵的意义。如连续视频媒体的每两帧数据之间都有一个延迟极限，超过这个极限会导致视频图像的抖动。两个用户建立的语音通道对话，若语音信号在网上的延迟超过 200ms 会让人有谈话不顺畅的感觉，因为讲话的一方要等待 400ms 才能听到对方的回音。若延时超过 2s，几乎就无法进行会话。

3．通信数据量大，持续时间长

其中以视频尤为突出，如可视电话、视频会议、网络电视等，即便是压缩过的数据，若要达到实时的效果，其通信数据量也是文本、数字等媒体无法比拟的。而实现实时的视频传输是分布式多媒体技术必须实现的一个功能，这就要求网络能够提供足够的带宽。多媒体通信有时需要较长的持续时间，如一个几个小时的视频会议，看一部两个小时左右的电影。

4．时间相关性、同步性

音频、视频等对象都是具有时间相关性的媒体。分布式多媒体系统要支持有时间相关性数据的通信，要求网络提供同步业务服务。多媒体信息的同步分为两类，即媒体间的同步和媒体内的同步。媒体间的同步大多为视频和声音的同步，如要求语音和口型的吻合。媒体内部的同步是指让媒体信息在接收方的播放效果与发送方的效果一样。

5．广播服务

在视频会议或在 CSCW 中，需要向所有与会者或参与工作的成员同时传送某种媒体信息。

6．弹性的带宽和服务质量

在分布式多媒体通信系统中，各种不同类型的媒体要求的传输速率差异甚大，从传输数据需要的几比特每秒到高速视频所需的以兆比特每秒计的速率。另外，各种不同类型的媒体的内容相关性不同，其媒体特征差异甚远，每种媒体都具有其特有的服务质量要求。其中，数值数据的传输不允许出现任何错误；对于图形、图像，延迟不会带来重大影响，丢失或错一个像素影响不大，但丢失一个分组则不允许。这些属于不连续媒体，平均速率一般不高，但具有很强的突发性和短时的高速率。语音和视频属于连续媒体。对于语音信号传输，它的速率较低，可接收的位错率和组错率要求相对较低，但实时性要求较高，最大可接收延迟为 0.25s；对视频信号，实践证明在交互视频中，端到端的延迟应小于 150ms。视频和压缩视频信号需要很高的传输率，占有很大的带宽，实时的连续视频为 25～30 帧/秒，因而用于压缩、解压缩时间不能超过 30～40ms。

1.3.2　多媒体通信面临的问题

多媒体通信是一个综合性的问题，涉及多媒体、计算机、电子通信等领域。实现多媒体通信，表现在技术上的关键问题主要有以下几方面。

（1）高速、宽带的多媒体网络。网络的带宽、信息交换方式以及高层协议将直接决定传输及服务的质量。

（2）综合的网络能力。多媒体业务在一个呼叫过程中需要提供多种信息类型的业务，如仅有一次呼叫建立，就可以进行声音、图像、电文和数据的通信。多媒体呼叫中的连接不仅是点到点的，而且涉及多方、多点和多连接的通信。这就要求网络在寻址和管理方面都有较大的灵活性，并且能提供动态的通信连接。

（3）高效的数据压缩编码标准。数据压缩技术对于多媒体通信必不可少。由于各种媒体特性的差异，针对不同媒体需要不同的压缩算法。国际上也有不同的标准化组织在制定各种媒体的压缩标准，其中最有影响的是 JPEG、MPEG、H.261 等。

（4）信息同步技术。多媒体本身就是多种媒体信息的有机组合。在网络环境下，媒体信息来自不同的媒体源，媒体信息通过网络传输会产生不同的延迟和颤动，以及无法预料的网络阻塞，这些不仅影响单一连续媒体传输和播放的稳定性，而且为各媒体间相互配合设置了障碍。在分布式网络环境下，多媒体信息的同步问题比单机环境下更为复杂。

1.3.3　多媒体数据压缩技术

多媒体技术最关键问题是要求计算机能实时地综合处理声、文、图等信息，而网络多媒体技术对高效的数据压缩和实时的网络传播有了进一步的要求。主要集中于图像、视频和音频信号领域的多媒体数据压缩技术，将可能有效地减少多媒体信息存储容量，从而高效地提高网络数据传输率。

1. 数据压缩的可能性

多媒体数据之所以能进行压缩，首先是因为数据中通常存在着很大的冗余。以常用的位图格式的图像存储方式为例，它的一幅画面由若干像素构成，像素与像素之间无论是在行方向还是在列方向都具有很大的相关性，因而整体上有很大的数据冗余，这称为"空域数据冗余量"。另外,视频图像通常反映一个连续的过程,相邻帧之间也存在着很大的相关性,从一帧到下一帧,可能背景没有多大的变化。而对于活动的物体,也可能只是某些部分在变化。因此,相邻帧之间的数据也存在很大的数据冗余量,这称为"时域数据冗余量"。除了空域冗余和时域冗余以外,多媒体信息中还存在着编码冗余、结构冗余、知识冗余等。

其次,在多媒体应用中,信息的主要接收者是人,人的视觉有"视觉掩盖效应",即人眼对图像的亮度敏感而对图像色彩的分辨能力弱;人的听觉也有其固有的生理特性。可以利用这些人类视觉和听觉特性,在不影响人对信息正常接收的前提下,在压缩中丢失一些人类感觉不敏感的内容。

2. 数据压缩方法

数据压缩和编码技术主要涉及静态图像的压缩编码、动态视频的压缩编码以及音频数据压缩编码技术、电视电话/会议编码标准等。数据压缩是通过数学运算将原来较大的信息文件变为较小文件的一种数字处理技术。数据压缩编码的方法很多,按照压缩过程中是否需要丢失一定信息,压缩方法大致可以分为无损压缩和有损压缩两种类型。

无损压缩,又称为无失真压缩,即在数据压缩过程中信息未受到任何损失,仅去掉或减少数据中的冗余。该方法在恢复原始信息时,可以将这些冗余重新插入到数据中,无损压缩是可逆的,完全可以恢复原始数据而不引入任何失真。但是用这种方法进行压缩,压缩率受到数据统计冗余度的限制,压缩比一般为 2:1 到 5:1。主要应用于文本数据、程序数据和特殊指纹图像数据等要求数据完整性较高的情况。这种方法还不可能完全解决图像、音频和数字视频的存储和传输问题。

有损压缩编码利用了人类视觉和听觉器官对图像或声音中的某些频率成分不敏感的特性,允许在压缩过程中损失一定的信息。解压缩时虽然不能完全恢复原始数据,但是所损失的部分对理解原始信息的影响较小,却由此换来了大得多的压缩比。有损压缩广泛应用于语音、图像和视频数据等要求大压缩比的领域。

选择一个好的数据压缩编码算法对于多媒体信息的数据存储和网络传输至关重要。衡量一种压缩编码算法的优劣可以有若干指标,通常要综合权衡。数据压缩编码方法的主要指标一般包括如下。

(1) 压缩比。压缩比指压缩前后信息数据量的比较,如 JPEG 标准对图像的压缩比可以达到 50:1。仅对数据压缩而言,人们总是希望压缩比越大越好。

(2) 信息质量。信息质量指信息经过有损压缩、还原后的效果。有损压缩虽然可以得到较大的压缩比,但是压缩比过高,会造成信息质量的下降。

(3) 压缩与解压缩的速度。特别是在一些实时应用中,要求有非常高的压缩和解压缩速度。压缩与解压缩速度是两项独立指标,它与压缩的方法有关,也与采用的算法有关。

(4) 需要的软硬件支持。数据压缩经常需要依靠强大的专用硬件支持,如采用专用的处理芯片,这将加大压缩和解压缩系统的开销。

3．静态图像压缩编码标准——JPEG

JPEG 图像压缩时，信息虽有损失但压缩比可以很大，如压缩至 20～40 倍时，人眼基本上看不出失真，图像并没有明显的品质退化，如图 1-18 所示。

JPEG2000 作为 JPEG 的升级版。其压缩率比 JPEG 高约 30%，同时支持有损和无损压缩（不产生失真，但压缩比很小）。JPEG2000 可以实现先传输图像的轮廓，然后逐步传输数据，不断提高图像质量，让图像由朦胧到清晰显示；而不必像过去的 JPEG 一样，由上到下慢慢显示。

图 1-18　JPEG2000 压缩效果图

4．动态图像压缩编码标准——MPEG

MPEG 是运动图像专家组（Moving Picture Experts Group）的简称，它致力于提出一套运动图像及其伴音的压缩编码标准，旨在解决视频压缩、音频压缩及多种压缩数据流的复合与同步。该组织相继提出了 MPEG-1 至 MPEG-7 标准。

下面简单介绍 MPEG-1 标准。

MPEG-1 标准包括三部分：MPEG 视频、MPEG 音频和 MPEG 系统（视音频同步）。MPEG-1 的任务是将视频信号及其伴音，以可接受的重建质量压缩到约 1.5Mbit/s 的码率，并复合成单一 MPEG 数据流，同时保证视频和音频的同步。

5．可视电话/电视会议编码标准——H.261

H.261 是国际电报电话咨询委员会（CCITT）第 15 研究组于 1988 年提出的，应用目标是可视电话和电视会议。使用采用混合编码方式的 H.261 标准，可以将声音、文字、图像等多种媒体信息同步传输，即通信双方不仅可以传送文件，而且可以听到声音，以及看到对方的图像。

1.3.4　流媒体

随着 Internet 及多媒体应用的快速普及，人们对网上声音和视频数据的实时传输需求越来越高。流媒体（Streaming Media）技术可以让音频、视频及其他多媒体信息在网络上以实时的、无需下载等待的方式进行传输并播放。面对有限的网络带宽及速率，该技术是目前解决网络视频、音频、动画流畅传输的最好方式。

1．流媒体的特点

流是使音频和视频形成稳定和连续的传输流和播放流的一种技术、方法和协议的总称。它可以实现从 Internet 上获取音频和视频等连续的多媒体流，客户端即可开始播放已经下载多媒体内容，剩余部分可以在后台服务器上继续传输。这种边下载、边播放的流式技术具有以下优点。

（1）观看启动速度快。客户端不必等到整个文件全部下载完毕后再观看，可以边接收数据边播放。通过流方式进行传输，即使在网络拥挤的条件下，也能实时或准实时地播放清晰的影音动画。

（2）充分利用网络带宽。流媒体播放采用边下载、边播放方式进行，不必将下载数据集中在同一时间段完成，致使拥挤的网络更加拥挤；它把下载数据的任务分配到播放过程中的不同时间段完成，均衡了网络的数据传输时间；不但可以充分利用网络带宽，同时也不影响观看质量。

（3）无需占用大量硬盘空间。传统的下载方式需先行将文件下载至本地计算机并保存，占用大量的本地硬盘空间；流方式则边传输边播放，本地硬盘不实际保存所有多媒体信息，不但能节省硬盘空间、有助于保护多媒体数据的著作权，而且可以实现现场直播形式的实时数据传输。

（4）缓存容量需求降低。虽然流式传输仍需要缓存，但由于不需要把所有的动画、视音频内容都下载到缓存中，所以对缓存的要求很低。

（5）需要特定的传输协议。流式传输方式是将动画、音视频等多媒体文件经过特殊的压缩处理成一个个压缩包，再由视频服务器向客户端连续、实时传送。流式传输的实现需要合适的传输协议，一般采用 HTTP/TCP 传输控制信息，而用 RTP/UDP 传输实时多媒体数据。

2．流媒体系统的组成

实现流媒体处理的所有硬件和软件总和称为流媒体系统，主要由以下五部分组成。

（1）采集处理端。用于运行创建、编辑和生成流媒体格式文件的各种处理软件。

（2）媒体服务器。用于存放和控制流媒体数据和提供多媒体服务的计算机。

（3）流媒体数据。以流媒体格式存放的多媒体数据文件。

（4）传输网络。适合多媒体传输协议，甚至实时传输协议的计算机网络。

（5）客户端。用于播放和查看流媒体文件的各种终端。

流媒体系统的组成如图 1-19 所示。

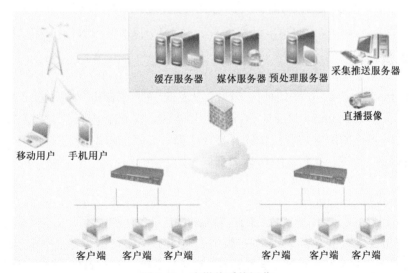

图 1-19　流媒体系统运作

3．流媒体的主流产品

到目前为止，Internet 上使用较多的流媒体产品主要有 RealNetworks 公司的 Real System

系统、Microsoft 公司的 Windows Media Technology 技术以及 Apple 公司的 QuickTime 产品，它们是现行网上流媒体系统的三大流派。

4. 常用流媒体文件格式

不同的流媒体文件，其数据传送方式也有所差异，简单介绍几种常见的格式。

(1) RM 和 RA。RealNetworks 开发的流式视频（Real Video）和音频（Real Audio）文件格式，主要使用在低速网络上以实现实时传输活动视频影像，同时可以根据网络数据传输速率的不同而采用不同的压缩比率。客户端使用 Realplayer、RealOne 播放器进行播放。

(2) ASF。Microsoft 开发的流格式文件，使用 Windows Media Player 播放器播放。ASF 文件具有可扩展、可伸缩的媒体类型，流的优先级化，多语言支持以及可继续扩展的目录信息等功能。

(3) QT。Apple 开发的一种音、视频格式文件，使用 QuickTime Player 播放器。QuickTime 文件具有较高的压缩比率和较完美的视频清晰度等特点，但是其最大的特点还是跨平台性，不仅能支持 MacOS，同样也能支持 Windows 系列。

(4) SWF。是 Macromedia 基于 Shockwave 技术的流式动画格式，由 Flash 创建。由于其体积小、功能强、交互能力好、支持多个层和时间线程等特点，被越来越多地应用到网络动画领域中。客户端安装 Shockwave 插件即可播放。

(5) MTS。MeataCreation 开发的一种新兴的网上 3D 开放文件标准，主要用于创建、发布及浏览可缩放的 3D 图形和电脑游戏。

1.4　虚拟现实技术

虚拟现实技术与多媒体技术、网络技术是 21 世纪最具潜力和前景的三大计算机技术。虽然虚拟现实目前仍存在诸多尚待解决的理论问题和尚待克服的技术障碍，但是虚拟现实已经快速走进人类的生活、工作和娱乐中。可以预见，人们很快会发现自己已经步入了虚拟现实的时代。

1.4.1　虚拟现实的概念

虚拟现实（Virtual Reality，VR），是利用计算机模拟创建一个酷似客观环境又超越客观时空，既能沉浸其中又能驾驭其上的和谐的人机交互环境，也就是一个由多维信息所构造的可操纵的立体空间，提供使用者关于视觉、听觉、触觉等感官的模拟，让使用者如同身临其境一般，可以及时、没有限制地观察三度空间内的事物，是利用计算机生成的虚拟环境进行交互和仿真的一种手段。其主要目标是实现人类在计算机控制的虚拟环境中获得最真实体验，且以方便自然的方式进行人与环境之间的交互。例如，汽车模拟驾驶器（图 1-20）和飞行模拟器（图 1-21）。

关于虚拟现实概念可以典型概括为以下三方面：真实性、沉浸性和交互性。

(1) 真实性是指由计算机生成看起来像真的、听起来像真的、触摸起来像真的的虚拟境界，该境界同时还可以向介入者（即用户）提供视觉、听觉、触觉等多种人类具有的感官刺激。

　　　　图 1-20　汽车模拟驾驶器　　　　　　　　　图 1-21　飞行模拟器

　　（2）沉浸性是指计算机控制下的虚拟境界应给人一种身临其境的沉浸感。

　　（3）交互性是指人能以纯自然方式与虚拟境界中的对象进行交互操作，即不使用鼠标、键盘等常规设备，而要求使用手势、体势、人类语言等自然方式进行交互操作。

　　虚拟现实中人与虚拟环境的交互，本质上意味着它不是预先生成的而是实时生成的、不是因循的而是创新的，空间想象力所要表达的正是虚拟现实的这一秉性。如果说沉浸是使人具有真实感并获得体验的根本、交互是实现人机和谐的关键，那么空间想象力则是辅助人类进行创造性思维、充分发挥主观能动性的基础。可以说，环境沉浸感、人机可交互以及空间想象力的有机结合，使虚拟现实技术达到了一个更高的层次，成为了富有创新内涵的高级认知工具。

1.4.2　虚拟技术的发展简史

　　虚拟现实技术的发展基本上可以分为三个阶段：探索阶段、实际应用阶段和全面发展阶段。

　　（1）探索阶段，在 20 世纪 50～70 年代，这时，虚拟现实技术的基本思想刚刚产生。典型的产品是在 1956 年由 Morton Heileg 开发出一个称为 Sensorma 的摩托车仿真器，它具有三维显示及立体声效果，能产生振动和风吹的感觉。1968 年美国计算机图形学之父 Ivan Sutherlan 在哈佛大学组织开发了第一个计算机图形驱动的头盔显示器 HMD 及头部位置跟踪系统，是虚拟现实技术发展史上一个里程碑。

　　（2）实际应用阶段，在 20 世纪 80 年代初到 80 年代中期，是虚拟现实技术走出实验室，进入实际应用的阶段；这一时期出现了两个比较典型的虚拟现实系统，即 M.W.Krueger 设计的计算机生成的图形环境 VIDEOPLACE 和 1985 年在 M.M.Greevy 领导下完成的虚拟现实系统 VIEW 系统。在 VIDEOPLACE 环境中参与者可以看到屏幕上投影的本人图像，通过计算机生成的静物属性及动体行为的协调，可使它们实时地响应参与者的活动。VIEW 系统装备了数据手套和头部跟踪器，提供了手势、语言等交互手段，使 VIEW 成为名副其实的虚拟现实系统，成为以后虚拟现实典型的体系结构。其他如 VPL 公司开发了用于生成虚拟现实的 RB2 软件和 DataG1OVa 数据手套，也为虚拟现实提供了新的开发工具。

　　（3）从 20 世纪 80 年代末至今，是虚拟现实技术开始全面发展的阶段，在这一阶段虚拟现实技术在医学、航空、教育、商业经营、工程设计等各个领域开始广泛应用。国内许多高校及研究所开始了对虚拟现实技术的应用和研究。例如，浙江大学心理学国家重点实验室开发的虚拟故宫、CAD&CG 国家重点实验室开发出的桌面虚拟建筑环境实时漫游系统等。

1.4.3　虚拟现实系统的分类

　　虚拟现实可以从不同角度进行分类。按照参与者沉浸程度的不同，可将虚拟现实分为四类。

（1）桌面虚拟现实。桌面虚拟现实通常利用个人计算机进行仿真，将计算机的屏幕作为用户观察虚拟环境的窗口。观看者可以通过各种外部输入设备与虚拟现实世界进行交互，并操纵其中的物体。这些外部设备包括鼠标、追踪球、力矩球等。桌面虚拟现实的缺点是，缺乏真正的接近现实的体验，但相对来说成本较低，其应用比较广泛。常见的桌面虚拟现实技术有基于静态图像的虚拟现实 QuickTimeVR，虚拟现实造型语言 VRML 等。例如，上海世博会动态版本的"清明上河图"，如图 1-22 所示。

图 1-22　上海世博会动态版本"清明上河图"

（2）沉浸式虚拟现实。沉浸式虚拟现实是要介入者作为主体感受虚拟境界中的"真实"，也可以通俗地理解为"身临其境"，这表示介入者将不仅以敏锐的双眼和聪慧的大脑感知虚拟环境，更要以完整的生物个体融入虚拟系统中。通过这种融入，作为生物体的各种生理活动，如视觉、听觉和触觉等感知行为，以及喜悦、悲伤与恐惧等心理反应，都将得到充分表达。例如，自行车旅行虚拟场景（图 1-23）和虚拟小区场景漫游（图 1-24）。

图 1-23　自行车旅行虚拟场景　　　　　　图 1-24　虚拟小区场景漫游

（3）增强现实式虚拟现实。增强现实式虚拟现实不仅利用虚拟现实技术来模拟现实世界、仿真现实世界，而且要利用它来增强参与者对真实环境的感受，也就是增强现实中无法感知或不方便感知的感受。例如，飞机或者坦克等车辆上装备的平视显示器，它可以将仪表读数和武器瞄准数据投射到面前的穿透式屏幕，甚至头盔上，使驾驶员不必低头读座舱中仪表的数据，可以更加集中精力调整导航的偏差。飞机中的平视显示器如图 1-25 所示。头盔显示器如图 1-26 所示。

（4）分布式虚拟现实。分布式虚拟现实系统可以将多个用户通过计算机网络连接在一起，同时在一个虚拟空间中活动，共同体验虚拟的经历，这是虚拟现实一个更高的境界。在分布式虚拟现实系统中，多个用户可以通过网络对同一虚拟世界进行观察和操作，以达到协同工作的目的。目前最典型的分布式虚拟现实系统是 SIMNET，该系统由坦克仿真器通过网络连接而成，位于不同地方的仿真器同时运行在一个虚拟世界中，可参与部队的同一场联合作战演习训练。

图 1-25　JAS 39 战斗机中平视显示器

图 1-26　驾驶员的头盔显示器

1.4.4　虚拟现实系统设备

虚拟技术中通常需要使用头盔显示器、数据手套等一系列新型交互设备，来体验或感知虚拟境界。通过这些设备，用户以头的转动、身体的运动以及人类自然语言等自然的技能向计算机发送各种指令，并得到环境对用户视觉、听觉、触觉等多种感官信息的实时反馈。这种计算机软、硬件环境构成了虚拟现实系统。

从硬件设备上讲，虚拟现实系统由四部分组成：虚拟境界生成设备、感知设备、跟踪设备和基于自然方式的人与环境交互设备。

1. 虚拟境界生成设备

虚拟境界生成设备可以是一台或多台高性能计算机，通常又可分为：基于高性能个人计算机、基于高性能图形工作站和基于分布式异构计算机的虚拟现实系统三大类。后两类一般用于沉浸式虚拟系统，而基于个人计算机的系统通常为非沉浸式系统。

虚拟现实系统对于计算机硬件的图形处理性能要求极高。由于在虚拟应用中所涉及的仿真对象的图形结构极为复杂，而且系统还需具备实时的图形反应速度，这不仅涉及主体视角的变化，而且涉及复杂的周边环境变化。这需要性能强悍的巨型或超级计算机进行处理，世界著名的超级计算机系统如图 1-27 所示。

图 1-27　世界著名的超级计算机系统

虚拟境界生成设备的主要功能如下。

（1）视觉通道信号的生成与显示，即三维高真实感图形的建模与实时绘制。包括基于几何的建模与绘制、基于图像的建模与绘制两种方法。

（2）听觉通道信号的生成与展示，即三维真实感声音的生成与播放。所谓三维真实感声音是具有动态方位感、距离感和三维空间效应的声音。

（3）触觉与力觉通道信号，包括以皮肤感知的触摸、温度、压力、纹理信号，以及以肌肉、关节、腱等感知的力信号的建模与反馈。

（4）支持实时人机交互操作，包括三维空间定位、碰撞检测、语音识别以及人与环境实时对话的功能。

2. 感知设备

感知设备是指将虚拟境界各类感知模型转变为人能接受的多通道刺激信号的设备。理论上应包括视、听、触（力）、嗅、味多通道，相对成熟的是视、听、力三觉通道。

（1）视觉感知设备。可分为沉浸式和非沉浸式。立体显示装置是虚拟现实系统最具特色的硬件组成之一。立体宽视场显示的头盔显示器（图 1-28），便是一种常见的视觉感知设备。

（2）听觉感知设备。三维真实感声音的播放设备，如耳机、双扬声器组或多扬声器组。通常由专用声卡将单通道声源信号处理成具有双耳效应的真实感声音。

（3）触觉（力觉）感知设备。触觉和力觉实际上是两种不同的感觉，触觉首先应包括一般的接触感，进一步应包含触摸到的材料的质感（如布料、海绵、橡胶、木材、金属、石料等）、纹理感（平滑或粗糙）以及温度感。但迄今为止，触觉反馈装置仅能提供最基本的"触到了"的感觉，还无法提供如材质、纹理、温度等感觉。对力觉感知设备而言则要求能反馈力的大小和作用的方向，与触觉装置相比，力反馈装置相对较成熟一些。

3. 跟踪设备

跟踪设备是用于跟踪并检测用户位置和朝向的装置，用于虚拟现实系统中基于自然方式的人机交互操作，如基于手势、体势（姿态语言）、眼势（视线方向）等方式的操作。同时，对于系统中的立体显示装置以及空间声播放装置，也需要获得有关用户视点位置、视线方向以及双耳位置和朝向等信息，以便生成正确的虚拟场景和空间。图 1-29 所示为虚拟现实跟踪设备（Flock of Birds Tracker System）。

（a）封闭式 HMD

（b）透视式 HMD

图 1-28　头盔显示器　　　　　　　　　　图 1-29　虚拟现实跟踪设备

跟踪设备一般都由一个或多个信号发射器以及多个接收器组成。发射器安装在虚拟系统中的某个固定位置，接收器则安装在被跟踪部位，如安装在头部以跟踪视线方向，安装在手部以跟踪数据手套的位置及朝向；若将多个接收器安装在贴身衣服的各个关节部位上（数据衣服），还可记录人体各个活动关节的位置，如图 1-30 所示。

4. 人与环境交互设备

一般计算机所使用的交互设备包括键盘、鼠标、操纵杆等，而虚拟现实系统所使用的交互设备包括应用手势、体势、眼势以及自然语言的人机交互设备，常见的有数据手套、数据衣服、眼球跟踪器以及语音综合识别装置等。图 1-31 所示为体势交互环境。

　　　(a) 示意图　　　　　　(b) 实物系统

　　图 1-30　机械臂式数据衣服　　　　　　图 1-31　人与环境中的替身进行交互(体势交互)

1.4.4　虚拟现实的应用

　　虚拟现实早期应用集中在军事仿真系统和航空航天领域，如 VIEW 系统；现在在建筑漫游、产品设计、教育、培训、科学计算可视化和娱乐等领域都有广泛应用。

　　按照虚拟对象的不同，虚拟现实的应用可以分为真实世界仿真、抽象概念建模仿真、科学计算可视化和信息可视化四大类。

　　真实世界仿真类的应用实例有大规模战争战略和战术演练、飞行训练、航天飞机风洞试验仿真、核爆炸模拟以及医学手术模拟等。此类应用主要针对那些采用实物仿真困难或代价巨大，或受条件限制难以实现的场合。例如，虚拟的飞行训练(Lockheed Martin Weapon System)，如图 1-32 所示。

图 1-32　飞行训练

　　抽象概念建模类的应用实例有综合环境模型的建立与评估、自然灾害的预测、大气数据分析、石油勘探、新型药物分子结构合成、虚拟原型设计与制造、远程教育、文物保护等。例如，虚拟的博物馆，如图 1-33 所示。

图 1-33　虚拟博物馆

　　科学计算可视化是要把科学数据的内部规律与计算过程通过虚拟现实的手段生动地表现出来，如天气云图计算(图 1-34)、空气动力学计算研究(图 1-35)等。

图 1-34　天气云图计算

图 1-35　空气动力学计算研究

　　信息可视化技术（Information Visualization）是在科学计算可视化基础上发展起来的，可以进一步表现系统中信息的种类、结构、流程以及相互间的作用等。信息可视化能有效地揭示复杂系统的内部规律，解决无法定量而定性又很难准确表达的科学问题。例如，全球温度信息的可视化，如图 1-36 所示；大气气压分布的信息可视化，如图 1-37 所示。

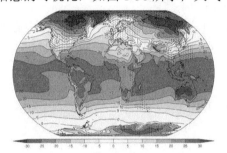

图 1-36　全球温度信息可视化

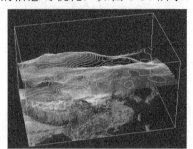

图 1-37　大气气压分布的信息可视化

1.4.5　虚拟现实的未来展望

　　虚拟现实技术涵盖计算机软硬件、传感器技术、立体显示技术等多种技术。总体上看，虚拟现实技术的未来研究仍将遵循"低成本、高性能"的原则，具体主要向以下五个方向发展。

　　1. 交互设备的研发

　　虚拟现实借助头盔显示器、数据手套、数据衣服、三维位置传感器和三维声音产生器等设备，可以使人自由地与虚拟世界中的对象进行交互，犹如身临其境。因此，新型、便宜、精准的数据手套和数据服是未来研究的重要方向。

　　2. 动态环境建模技术

　　虚拟环境的建立是虚拟现实技术的核心内容，动态环境建模技术的目的是获取实际环境的三维数据，并根据需要建立相应的虚拟环境模型。

　　3. 智能化语音虚拟现实建模

　　就是将虚拟现实技术与智能技术、语音识别技术结合起来，对模型的属性、方法和一般特点的描述通过语音识别技术转化成建模所需的数据，然后利用计算机的图形处理技术和人工智能技术进行设计、导航和评价，将基本模型用对象表示出来，并逻辑地将各种基本模型静态或动态地连接起来，最后形成系统模型。在各种模型形成后进行评价，并由人直接通过语言来进行编辑和确认。

4. 实时三维图形生成和显示技术

在不降低图形的质量和复杂程度的前提下，提高刷新频率将是今后重要的研究内容。此外，VR 还依赖于立体显示和传感器技术的发展，现有的虚拟设备还不能满足系统的需要，有必要开发新的三维图形生成和显示技术。

5. 大型网络分布式虚拟现实的应用

网络分布式虚拟现实(Distributed Virtual Reality，DVR)将分散的虚拟现实系统或仿真器通过网络连接起来，采用一致的结构、标准、协议和数据库，形成一个在时间和空间上互相耦合的虚拟、合成环境，参与者可自由地进行交互作用。目前，分布式虚拟交互仿真已成为国际上的研究热点。在航天中极具应用价值，例如，国际空间站的分布式虚拟现实训练环境使得分布在世界不同区域的参与国，不需要在各国重建仿真系统，减少了研制费和设备费用，也减少了人员出差的费用和异地生活的不适。

虚拟现实技术是 21 世纪一门重要的科学和艺术，随着快速的崛起和发展将会更加走向成熟，在各个行业中将得到更加广泛的应用，21 世纪是信息的时代、网络的时代，也将是虚拟现实技术的时代。

1.5　实　践　演　练

1. 实践操作

实例 1：上网搜索与多媒体技术相关的计算机软、硬件产品，多媒体应用，以及网络多媒体技术的最新成果。

2. 综合实践

实例 2：结合网上查询的主流计算机软硬件配置，给出自己理想中的多媒体硬件配置清单，以及主要安装的软件需求清单。

思考练习题 1

1.1　理解 CCITT 定义的五种媒体类型的概念及意义。

1.2　什么是多媒体和多媒体技术？了解多媒体技术的由来及其意义。

1.3　探讨多媒体技术的研究热点以及未来发展方向。

1.4　什么是超文本和超媒体技术？它的主要技术特点及其意义是什么？

1.5　简述超媒体技术的信息组织方式。

1.6　多媒体计算机系统由哪几部分组成？简述每一部分的主要内容。

1.7　CRT 显示器的主要性能指标有哪些？LCD 与 CRT 有何异同？

1.8　衡量投影机的主要性能指标有哪些，简述之。

1.9　什么是网络多媒体技术？它的主要特点有哪些？

1.10　简述流媒体技术及其特点。谈谈流媒体技术对多媒体技术的发展有何影响？

1.11　谈谈你对多媒体数据压缩技术的认识。常见的压缩标准有哪些？

1.12　什么是虚拟现实技术？其令你感受最深的技术特性是什么？

第 2 章 多媒体创作基础

多媒体技术的广泛应用带动了多媒体作品创作的崛起和发展，多媒体作品创作是一个复杂的过程。首先要对作品有一个整体的设计，确定作品的主题和内容；接下来使用各种制作工具准备多媒体作品所需要的文本、图形、图像、动画、音频、视频等素材，采用相应的多媒体编辑软件将这些素材按照需求组合成一个整体，同时建立起各素材之间的逻辑联系，再赋予交互功能，最终形成完整的多媒体作品。

2.1 多媒体作品设计

2.1.1 多媒体作品创作概述

1. 多媒体作品的概念

多媒体作品是以某项活动为目的、以计算机为工具而设计开发的计算机软件。一个典型的多媒体作品包含文本、图形、图像、动画、声音、视频等多种媒体信息，并且能够与用户实现不同程度交互的媒体作品。目前，多媒体作品创作所涉及的应用领域主要有文化教育、电子出版、音像制作、影视特技、通信和信息咨询服务等。

2. 多媒体作品的分类

多媒体作品大致划分为演示型、百科全书型、智能型及综合型等类型。演示型作品就好像是一段影片，用户使用时只是充当观众这种角色，产品介绍、讲演文稿等属于这一类；百科全书型作品主要特点是以图、文、声、像并茂的形式向读者介绍不同学科的知识，作品有很强的交互性，读者可以顺序浏览，也可以根据自己的需要有选择地阅读；智能型作品的代表是电脑游戏，它的最大特色是模拟人工智能，可以根据用户的操作产生各种变化；综合型作品综合了前三种类型的特征，是上述三种类型的有机结合。

2.1.2 多媒体作品设计原则

作品设计的好坏直接影响多媒体作品的最终效果，多媒体作品设计一般要遵循以下原则。

1. 作品选题定位要准确清晰

作品选题时要满足用户的需求，要考虑作品对象的定位、市场需求和效益、创作集体、素材来源等方面。

2. 内容设计模块化

用户可以将一个多媒体作品分成若干模块，每个模块又分为若干层。对各层分别表现什么内容、具备什么特点以及模块之间如何进行交互等，给出一个总的规划。

3. 结构设计要周到合理

结构设计的主要工作是用开发平台具体勾画出作品的总体框架，解决各模块之间的链接，并给出采用的类型模块。

4. 版面设计要有趣味性和独创性

版面构成中的趣味性，主要是指形式美。这是一种活泼的版面视觉语言，充满趣味性的版面更能吸引人、打动人。趣味性可通过采用寓言、幽默或抒情等表现手法来获得。

独创性是指突出个性化特征。鲜明的个性是版面构成的创意灵魂。在版面设计中要敢于思考，敢于别出心裁，敢于独树一帜，在版面构成中多一点个性而少一点共性，多一点独创性而少一点一般性，才能给读者视觉的惊喜，赢得更多的关注。

5. 作品整体设计要兼具科学性与艺术性

多媒体作品设计必须以现代媒体传播理论和相关领域专业理论为指导。目前应用最广泛的传播理论有拉斯韦尔的"5W"传播理论、施拉姆的双向传播理论和贝罗的"SMCR"传播理论。"5W"传播理论是美国学者拉斯韦尔于1948年在《传播在社会中的结构与功能》论文中首次提出构成传播过程的五种基本要素，并按照一定结构顺序将它们排列，形成了后来人们称为"5W模式"或"拉斯韦尔程式"的过程模式。这五个"W"分别是英语中五个疑问代词的第一个字母，即Who(谁)、Says What(说了什么)、In Which Channel(通过什么渠道)、To Whom(向谁说)、With What Effect(有什么效果)。施拉姆的双向传播理论的基本观点：传播过程是一种双向的过程；传播者和接收者都是传播的主体；接收者不仅接收信息，而且对信息应作出积极的反应；传播者不仅可以从接收者那里得到反馈，而且也可以从自己发出的信息中得到反馈。贝罗的"SMCR"传播理论的基本观点：传播过程包括四个基本要素，即信源、信息、信道、受者；传播效果不是由要素中的某一要素决定的，而是由它们之间的关系共同决定的。这些传播理论之间并不矛盾，它们从不同侧面强调了媒体传播中应注意的要素，为多媒体作品设计提供了理论支撑。

所谓艺术性原则，是指多媒体作品的画面、声音等要素的表现要符合审美的规律，要在不违背科学性和教育性的前提下，使内容的呈现具有艺术的表现力和感染力。对多媒体作品进行设计可以从构思、色彩、造型、光线、景物、道具解说词、音乐处理、特技、动画、交互、场景切换等方面进行设计。

2.1.3　多媒体作品创作流程

多媒体创作包含若干环节，主要有编写脚本、素材准备、系统集成等，分述如下。

1. 编写脚本

选定多媒体作品题目后，必须采取有效的方法对作品结构进行描述，以使多媒体创作人员能够了解作品结构，从而设计出符合要求的多媒体作品。对多媒体作品结构进行描述的工具就是脚本，它是多媒体开发人员创作多媒体作品的直接依据。脚本类似影视剧中的剧本，具体应包括多媒体作品中内容如何安排、声音如何表现、是否加入动画或视频以及加在何处、作品如何与用户交互等内容。可以说，脚本编写是整个多媒体作品创作的首要和核心。一个作品的最后效果很大程度上取决于脚本的编写质量，取决于各种文字、声音、图像、动画、视频等要素搭配是否合理，衔接是否流畅、自然。

脚本的编写是一个综合考虑的过程，首先要确定作品的类型是演示型、百科全书型，还是综合型。脚本还应针对作品每一部分的内容和安排以及各部分之间的逻辑关系，设计出具体的表现形式，写出讲解的文稿和显示的内容，当然还要写出场景之间相互连接的交互方式等具体内容。

脚本包括文字脚本和制作脚本。文字脚本根据作品的主题，按照先后顺序描述作品中各部分的内容，其主要目的是规划作品中的内容和组织结构，并对作品的总体框架有一个明确的认识。制作脚本包含作品演示过程中计算机屏幕所呈现的细节，如用各种媒体展示的信息、交互方式和交互过程等。例如，《赤壁之战》多媒体课件作品脚本。

《赤壁之战》多媒体课件脚本设计

【教材】人教版小学语文第十册(五年级)。

【教材说明】《赤壁之战》主要讲东吴大将周瑜针对曹军弱点，采用火攻大败曹军于赤壁的故事。说明只要知彼知己，利用天时地利，扬长避短，就能掌握战争的主动权，以少胜多、以弱胜强。

【设计创意】本课件设计从网络支撑下的课堂教学出发，依据多媒体技术为学生构建学习情境，提供相关学习资料，并为拓展三国知识提供广阔的空间。学生通过浏览校园网上的课件资源，以自学为主学习课文，并可根据个人学习需要自行选择相关内容。

【课件组成】本课件共由七个模块组成，如图 2-1 所示。

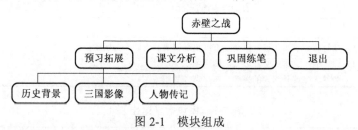

图 2-1　模块组成

【各部分说明】如表 2-1～表 2-7 所示。

表 2-1　模块一〖主界面〗

模块序号	1	页面内容简要说明	课件的封面
屏幕显示	主界面为一张古典背景图，立体字"赤壁之战"。 按钮区为 6 个动画按钮(历史背景、三国影像、人物传记、课文分析、巩固练笔、退出)		
说明	1．题目制作翻转效果。 2．用古典音乐作为背景音乐。 3．在画布下边，设置历史背景、三国影像等按钮。单击按钮可以跳转到相应界面		

表 2-2　模块二〖历史背景〗

模块序号	2	页面内容简要说明	历史背景
屏幕显示	三国简介(略)；按钮区为 3 个按钮(上一页、下一页、返回)。单击"下一页"按钮时，屏幕显示三国演义简介(略)和赤壁之战简介(略)			
说明	1．三国疆域图，以链接方式出现。 2．单击按钮可任意跳转，返回主界面			

表 2-3　模块三〖三国影像〗

模块序号	3	页面内容简要说明	三国影像
屏幕显示	三国影像；按钮区为 4 个按钮(播放、暂停、继续、返回)			
说明	播放多媒体 AVI 文件，展现三国时期的战争场面，及对魏国曹操、西蜀刘备、东吴孙权的印象描述，创设历史情境。学生可根据学习需要自行选择是否观看影像			

表 2-4　模块四〖人物传记〗

模块序号	4	页面内容简要说明	人物传记
屏幕显示	三国人物图像以及曹操、刘备、周瑜等人物文字介绍(略)			
说明	1．可单击人物图像区中的图像进入人物介绍二级界面，并可相互跳转。 2．此部分内容主要是对魏、蜀、吴的重要人物，课文中出现的人物作简介。通过对人物个性的了解以便更深入地理解课文，学生可根据学习需要自行选择			

表 2-5　模块五〖课文分析〗

模块序号	5	页面内容简要说明	课文分析
屏幕显示	课文思考题，答案提示区			
说明	界面为淡色背景图，并分成两个区域，左边由贯穿全文的 5 个思考组成，右边为空白提示区。单击思考题后的提示图标，可看到答案提示			

表 2-6　模块六〖巩固练笔〗

模块序号	6	页面内容简要说明	巩固练笔
屏幕显示	选择题、填空题等(略)			
说明	1．填写有关三国知识，以交互方式出现答案，巩固本课所学生词。 2．通过输入文本的交互方式巩固所学生字。 3．激发学生课外阅读的兴趣，拓展课外知识			

表 2-7　模块七〖退出〗

模块序号	7	页面内容简要说明	退出
屏幕显示	课件说明文字，包括制作人、制作时间等信息(略)			
说明	以"桃园三结义"图片为界面，竖形字幕缓慢移出			

2．素材准备

1）多媒体素材的种类和文件格式

脚本写好后，应根据系统的需求，着手准备脚本中涉及的各种素材，包括说明文字、配音、图片、图像、动画、视频等，有些素材可以直接在素材库中查找；对于素材库中没有的素材，则必须通过创作者自己加工编辑得到。因为素材的种类很多，采集和制作素材过程中所使用的硬件、软件也很繁杂，所以素材的准备是多媒体作品创作中工作量最大、最烦琐的环节，也是花费时间和精力较多的环节。

根据媒体的不同性质，一般把媒体素材划分成文字、声音、图形、图像、动画、视频等类型。在不同的开发平台和应用环境下，即便是同种类型的媒体，也有不同的文件格式，表 2-8 列举了一些常用媒体的文件类型。

表 2-8　常用媒体文件类型

媒体类型	扩展名	说　明
文字	.txt	纯文本文件
	.rtf	Rich Text Format 格式
	.wri	"写字板"文档
	.doc	Word 文档
	.wps	WPS 文档
声音	.wav	标准 Windows 声音文件
	.mid	MIDI 接口音乐文件
	.mp3	MPEG-1 Audio Layer 3 声音文件
	.aif	Macintosh 声音文件
	.vqf	日本 NTT 开发的压缩声音文件
图形图像	.bmp	Windows 位图文件
	.jpg	JPEG 压缩的位图文件
	.gif	图形交换格式文件
	.tif	标记图像格式文件
	.eps	Post Script 图像文件
动画	.gif	图形交换格式文件
	.flc (.fli)	Autodesk 的 Animator 文件
	.avi	Windows 视频文件
	.swf (.fla)	Flash 动画文件
	.mov	QuickTime 动画文件
视频	.avi	Windows 视频文件
	.mov	QuickTime 动画文件
	.mpg	MPEG 视频文件

2) 利用互联网搜索下载各类网上素材资源

互联网上有各种各样的素材资源，可以通过搜索引擎搜索需要的素材。下面以百度搜索为例介绍各种素材的搜索下载。

百度搜索包括新闻搜索、网页搜索、图片搜索、视频搜索、音乐搜索和常用搜索等。其中，百度文档搜索可以搜索和下载论文、PDF 电子书和 PPT 课件等，音乐搜索可搜索 mp3 和 fla 音频。

（1）利用百度文档搜索下载论文、PPT 课件等文字素材。在 IE 地址栏中输入"http://file.baidu.com"打开百度文档搜索网页，在关键词栏输入文档名称，如果文档类型选"WORD"，单击"百度一下"按钮，则可以搜索出大量 Word 格式的文字资料。如果文档的类型选"PPT"，单击"百度一下"按钮，则可以搜索出大量演示文稿。右击搜索结果列表中有"DOC"或"PPT"标志的下载链接，在弹出的快捷菜单中选择"目标另存为"命令，在"另存为"对话框中指定文件名和目标文件夹，单击"保存"按钮，即可下载一篇完整的文档，除了这两种格式，百度文档还提供下载其他格式的文档资料。以"多媒体作品"为例下载文档，如图 2-2、图 2-3 所示。

图 2-2　百度文档搜索网页

图 2-3　"目标另存为"快捷命令

（2）利用百度音乐搜索下载音频素材。在百度主页中单击"音乐"选项，打开百度音乐搜索网页，在关键词栏输入要下载的素材名称，单击"百度一下"按钮，可找到大量 mp3 格式的音频素材，在搜索结果列表中单击要下载音频的"下载"按钮，在"下载"页面选择需要的品质。单击"下载"按钮将素材保存到指定的文件夹。

（3）利用百度图片搜索下载图片素材。在百度主页中单击"图片"选项，打开百度图片搜索网页，在关键词栏输入要下载的图片名称，进行搜索，可从右方"全部尺寸"选择要下载的图片尺寸。单击搜索结果列表中的缩略图，在新窗口中打开原始图片，然后右击原始图片，在弹出的快捷菜单中选择"图片另存为"命令，将图片保存到指定的文件夹。一般应选择分辨率较高、显示质量好的大尺寸图或中尺寸图下载。

（4）利用百度搜索下载 gif 动画素材。gif 动画是一种重要的动画素材，可以起到创设情境、突出事物特征、活化作品画面等作用。在百度主页中单击"图片"选项，打开百度图片搜索网页，在关键词栏输入要下载的图片内容和扩展名.gif，单击"百度一下"按钮，例如，搜索蝴蝶动画，需要在关键词栏输入"蝴蝶.gif"，单击搜索结果列表中的缩略图，在新窗口中打开原始图片，然后右击原始图片，在弹出的快捷菜单中选择"图片另存为"命令，将图片保存到指定的文件夹。

3. 系统集成

素材准备好后，用多媒体创作软件将各种素材按照脚本的要求进行合成，形成一个有机的浏览整体，这一过程事实上是一个多媒体系统设计、多媒体素材集成的过程。系统设计通常采用一种多媒体开发工具将素材有机地组合在一起，并提供一系列智能化的控制策略。多媒体开发工具很多，为提高多媒体作品的质量和性能，有些多媒体开发工具还提供了可编辑的程序设计语言，用户可以根据需要选择多媒体开发工具。

多媒体作品创作完成以后，还需要进行总装与调试。实际创作中，一个较大的作品往往被规划成一系列模块，分别进行设计制作，最后再总装成一个可执行的应用软件。总装完成后，必须对系统进行全面测试，测试的主要目的是检测程序是否可以按要求运行，内部连接是否正确，各种声音、动画是否能正常播放，是否可以正确运行在不同的硬件平台或软件系统上等。如果发现脚本、程序在某些性能方面不理想，还可以相应地修改脚本、设计程序；反复修改、调试，直至多媒体作品完全满足设计要求和用户需求。

2.1.4　多媒体 CAI 课件美学基础

1. 美学基本概念

1）色彩三要素

彩色可用亮度 B（Brightness）、色相 H（Hue）和饱和度 S（Saturation）来描述，人眼看到的任一彩色光都是这三个特性的综合效果。亮度是光作用于人眼时所引起的明亮程度的感觉，它与被观察物体的发光强度有关，由于其亮度不同，有些物体看起来可能亮一些，而另一些会暗一些。亮度高则色彩明亮，亮度低则色彩暗淡；亮度最高得到纯白，亮度最低得到纯黑。色相是当人眼看到一种或多种波长的光时所产生的彩色感觉，如平常所说的红、橙、黄、绿、青、蓝、紫指的都是色相，它反映颜色的种类，是决定颜色的基本特性。饱和度是指颜色的纯度，即掺入白光的程度，或者说是颜色的深浅程度。对于同一种色相的彩色光，饱和度越高，颜色越鲜明，或者说越纯。一般而言，浅色的饱和度较低，亮度较高，而深色的饱和度较高，亮度较低。通常把色相和饱和度统称为色度。

2）三原色和三基色

色彩三原色和三基色实际上是一个意思。

从概念上讲，物体颜色是光作用于物体上，物体选择性吸收后，剩余的光反射到人眼，人眼视觉神经受到一定波长和强度的可见光刺激而引起的心理反应。

任何色光可以通过不多于三个适当的原色，按一定比例混合得到；三原色之间相互独立，即其中任一原色不能由另两个原色混合产生；三原色的选择不是唯一的。

从颜色混合原理上讲，一般分为光学三原色(遵循颜色加法原理)和印刷三原色(遵循颜色减法原理)，下面进行简单介绍。

(1) 光学三原色：红(Red)、绿(Green)、蓝(Blue)，如图 2-4 所示。

组合的颜色：红+绿=黄(Yellow)；绿+蓝=青(Cyan)；红+蓝=品红(Magenta)；红+绿+蓝=白(White)。

这里所写的颜色都是 100%纯色的叠加。随着叠加比例的不同，则会产生不同的色彩。

(2) 印刷三原色：青(Cyan)、品红(Magenta)、黄(Yellow)。

组合的颜色：青+品红=蓝(Blue)；品红+黄=红(Red)；黄+青=绿(Green)；青+黄+品红=黑(Black)，如图 2-5 所示。

图 2-4　光学三原色图　　　　　图 2-5　印刷三原色

由于印刷是通过油墨反射光的原理产生颜色，所以反射光颜色的纯度与所用油墨有很大关系，特别是青、品红、黄三色叠加成黑色在实际应用中无法达到纯黑，所以在印刷上会添加一种黑色，形成青、品红、黄、黑四色。

电视机、显示器采用光学原理的三原色，颜色是通过三色的不同量叠加产生的。

书、宣传画等印刷品采用印刷原理的三原色，则是利用颜色的减法原理产生的。

由于光学上的颜色与印刷上的颜色成色原理不同，所以它们所表达的色彩范围(色域)也不同，一般说光学的色域包含印刷的色域。这就是为什么印刷品颜色有时无法达到显示器或电视机上显示颜色效果的原因。

另外，印刷色中，青色是指一般所说的天蓝色，品红是指一般所说的洋红、玫瑰红，在早期的印刷厂里工人一般称为蓝和红。因此，造成了印刷三色是"红黄蓝"三色的原因，而这与光学的"红绿蓝"三原色造成了混淆，这一点一定要注意。

3) 图像色彩模式

色彩模式是指计算机模拟自然界中各种不同色彩的方法，是计算机图像处理的基础。实际应用中有位图、灰度、RGB、YUV、HSB、CMYK、Lab 等多种色彩模式。

(1) 位图模式。即一般意义上的黑白两值图像，只有黑白两色，常用于制作工程图。

(2) 灰度模式。在这种模式下，没有颜色，只有灰度色，画面上是一幅黑白图像。每个像素用 8 位二进制数表示，取值范围为 0(黑色)～255(白色)。整个画面呈现黑白照片效果。

(3) RGB 模式。这是计算机中经常使用的颜色模式。以 R(红色)、G(绿色)、B(蓝色)三个彩色分量表示颜色，采用"加色"原理，通过三个分量的不同比例，合成所需的颜色。在真彩色中，分别用 8 个二进制位描述 RGB 三个分量，当三种分量的值相等时，结果是灰色；当所有分量的值都是 255 时，结果是纯白色；而当所有值都是 0 时，结果是纯黑色，这样一共可以产生 256×256×256＝16777216 种颜色。

(4) YUV 模式。在电视系统中常用亮度(Y)、色差(U、V)三个值构成电视信号，此即 YUV 彩色模式。

(5) CMYK 模式。CMYK 模式是一种印刷模式，它由分色印刷的四种颜色组成，分别是 Cyan(青)、Magenta(品红)、Yellow(黄)、Black(黑)的缩写(使用 K 而不是 B 是为了避免与蓝色混淆)。CMYK 模式本质上与 RGB 模式相似，但它们产生色彩的方式不同。RGB 模式产生色彩的方式称为加色法，在显示器中，三种不同强度的电子光束叠加在一起产生不同的颜色，三种光束的强度达到最大时为白色，没有光时为黑色。CMYK 模式产生色彩的方式称为减色法，所有油墨加在一起时为黑色，各种油墨减少到一定数量时产生不同的颜色，没有油墨时为白色。CMYK 模式主要用于彩色打印和彩色印刷，通常只有在印刷时才转换为这种颜色模式。

(6) Lab 模式。Lab 模式是国际照明委员会于 1976 年颁布的一种彩色模式。它由三个通道组成，第一个是亮度，用 L 表示；第二个是 a 通道，a 通道包括的颜色从绿色到灰色、再到红色；第三个是 b 通道，b 通道包括的颜色从蓝色到灰色、再到黄色。L 的取值范围是 0～100，a 和 b 的取值范围是－120～120。Lab 模式是目前所有模式中包含色彩最广泛的模式。它是 Photoshop 内部使用的颜色模式，一般在 Photoshop 中进行颜色模式的转换，中间都需要经过 Lab 模式。

2. 色彩的搭配

色彩的搭配是一门艺术，灵活运用色彩搭配能让作品更具亲和力和感染力。作品给读者的第一印象就是作品的颜色，一个作品设计创作的成功与否，在某种程度上取决于色彩的运用与搭配。对于平面图像而言，色彩的冲击力是最强的，它很容易给读者留下深刻的印象。因此在创作作品时，必须高度重视色彩的搭配，在色彩搭配时，需遵循以下原则。

(1) 整体色调统一。如果要使展现的多媒体作品更加生动，要使作品具有温暖、寒冷、平静、轻快、活泼、清新等感觉，就必须从整体色调的角度来考虑。只有控制好整体色调的色相、明度、饱和度关系，才可能控制好整体色调。在对作品进行色彩搭配时，首先要在配色中确定大面积的主色调颜色，并根据这一颜色来选择最合适的配色方案。如果用暖色和纯度高的色彩作为整体色调，则会给人以火热、刺激的感觉；以冷色和纯度低的色彩为主色调，则会给人清冷、平静的感觉；如果选取类似或同一色系的色相，则会显得稳健；如果主色调中色相数多，则会显得华丽；如果主色调中色相少，会显得淡雅、清新。

(2) 特色鲜明。一个作品的用色必须要有自己独特的风格，这样才能使人过目不忘。要想有自己的风格，简单的方法就是用同一个感觉的色彩，如淡蓝、淡黄、淡绿；或者土黄、土灰、土蓝。但如果所有的页面都千篇一律用一个感觉的颜色，虽然有了阶梯变化和统一感，但缺少对视觉的刺激，因此在统一的前提下要考虑色彩的对比性。有了色彩的对比，人的视觉感官就会被积极调动起来。较明显的对比色可以突出重点，产生强烈的视觉效果。通常情况下色彩纯度高、饱和度高、色彩鲜艳，容易引人注目。

(3) 配色平衡。颜色的平衡就是颜色强弱、轻重、浓淡这几种关系的平衡。即使作品使用的是相同的配色，也要根据图形的形状和面积的大小来决定其是否成为调和色。一般来说，同类色配色比较平衡，而处于补色关系且明度也相似的纯色配色，如红和蓝、绿的配色，会因为过分强烈而感到刺眼，成为不调和色。但如果把一个色彩的面积缩小，或加上白色、黑色调和，或者改变其明度和饱和度并取得平衡，则可以使这种不调和色变得调和。

（4）配色时要有重点色。配色时，可以将某个颜色作为重点色，从而使整体配色平衡。在整体配色关系不明确时，需要突出一个重点色来平衡配色关系。选择重点时，要注意：重点色应使用比其他的色调更强烈的颜色；重点色应选择与整体色调相对比的调和色；重点色应用于极小的面积上，而不能大面积使用；选择重点色必须考虑配色方面的平衡效果。

另外，在进行颜色搭配时，还需注意：使用单一色彩设计作品往往会让人觉得色调简单，但是，如果正确地调整色彩的明度或者饱和度，则单一色彩将变得富有层次感；使用邻近色如绿色和蓝色、红色和黄色可以使作品避免色彩杂乱，易于达到页面的和谐统一；在颜色搭配时一般以一种颜色为主色调，使用对比色作为点缀，这样可以起到画龙点睛的作用；在设计作品时不要使用太多颜色，颜色太多容易使作品不能达到和谐统一；在用色时一般控制在三种色彩内，通过调整色彩的各种属性来产生变化。

2.2　常用多媒体作品制作软件

2.2.1　素材制作软件

多媒体素材制作软件是指在计算机中采集、加工和编辑各种文本、图形、图像、声音、动画和视频素材的软件，如文字处理和编辑软件、图像扫描软件、声音录制和处理软件、视频采集和编辑软件、动画生成和编辑软件等。这些素材制作软件种类非常多，下面简单介绍几种常用的素材制作软件。

1. 图形图像处理软件

Adobe Photoshop 是 Adobe 公司的产品，在众多图像软件中以全面的功能和众多的美术处理手法著称。它具有完备的图像功能和各种美术处理技巧，支持多种图像文件格式，并提供多种图像效果，可以制作出生动形象的图像作品，是一个非常理想的图像处理工具。Photoshop 处理图像的方法在本书第 4 章 4.2 节详细讲解。

CorelDRAW 是一款由加拿大Corel 公司开发的矢量图形编辑软件。该软件拥有强大的矢量图形绘制、编辑及设计能力，被广泛应用于商标设计、标志制作、模型绘制、插图描画、排版及分色输出等领域。CorelDRAW 处理图形的方法在本书第 4 章 4.3 节详细讲解。

2. 声音处理软件

GoldWave 是一个功能强大的数字音乐编辑器，它可以对音频内容进行播放、录制、编辑以及转换格式等处理。它是一个声音编辑、播放、录制和音频转换的工具，该软件体积小巧，功能却不弱，支持的音频文件格式也很多，并具有丰富的音频处理特效。GoldWave 处理声音的方法在本书第 3 章 3.3 节详细讲解。

Adobe Audition 是专为在照相室、广播设备和后期制作设备方面工作的音频和视频专业人员设计的软件，它可以提供先进的音频混合、编辑、控制和效果处理功能。无论是录制音乐、无线电广播，还是为录像配音，Audition 中恰到好处的工具均可为用户提供高质量的声音效果。

3. 动画、视频编辑软件

3D Studio Max，常简称为 3ds Max 或 MAX，是 Autodesk 公司开发的基于 PC 系统的三维动画渲染和制作软件。它是目前世界上应用最广泛的三维建模、动画、渲染软件之一，它完全满足制作高质量动画，开发最新游戏等领域的需要。

Premiere 出自 Adobe 公司，是一种基于非线性编辑设备的视频、音频编辑软件，可以在各种平台下和硬件配合使用，被广泛应用于广告制作、电影剪辑等领域，现已成为 PC 和 MAC 平台上应用最为广泛的视频编辑软件之一。Premiere 的使用方法在本书第 5 章 5.3 节进行讲解。

Movie Maker 是 Windows 附带的一个影视剪辑小软件，功能比较简单，可以组合镜头、声音，加入镜头切换的特效，操作简单，适合家用摄像的一些小规模处理。

2.2.2　作品创作软件

多媒体作品的创作软件种类繁多，以下是几种最为常用的软件。

1. Microsoft Office PowerPoint

简单的演示型作品一般通过 Microsoft Office PowerPoint 来制作。PowerPoint 是制作和演示幻灯片的软件，能够制作出集文字、图形、图像、声音、视频剪辑等多媒体元素于一体的演示文稿，把用户所要表达的信息组织在一组图文并茂的画面中。它主要应用于专家报告、教师授课、产品演示、广告宣传、商业演示等领域。

2. Authorware

Authorware 是一款基于流程图标的交互式多媒体制作软件，是常用的多媒体作品创作软件之一。它使非专业人员快速开发多媒体作品成为现实，其强大的功能曾令人惊叹不已。它提供了直观的图标控制界面，利用对各种图标的逻辑结构布局，实现整个应用系统的制作。它无需传统的计算机语言编程，只需通过对图标的调用来编辑一些控制程序走向的活动流程图，将文字、图形、声音、动画、视频等各种多媒体项目数据汇在一起，就可以制作完成多媒体作品。Authorware 的主要特点是通过图标调用来编辑流程图，用以替代传统的计算机语言编程的设计思想。

3. Adobe Flash

Flash 是由 Macromedia 公司推出的交互式矢量图和 Web 动画软件，后由 Adobe 公司收购。Flash 是一款非常优秀的矢量动画制作软件，它以流式控制技术和矢量技术为核心，制作的动画具有短小精悍的特点，广泛应用于网页动画的设计和多媒体作品的创作，已成为当前多媒体创作中最为流行的软件之一。另外，Adobe Flash 包含的 ActionScript 编程语言可以实现强大的交互效果。熟练掌握 ActionScript 语言，可以开发出功能强大的交互型多媒体作品。

2.2.3　实用工具软件

在多媒体作品创作过程中，除了以上介绍的素材制作软件和作品创作软件外，还有一些非常实用的工具软件。利用这些软件，创作者可以方便地进行文件格式的转换、素材的萃取及下载。

1. 格式工厂

格式工厂（Format Factory）是一款万能的多媒体格式转换软件，可以实现大多数视频、音频以及图像不同格式之间的相互转换。它支持几乎所有类型视频转换为 mp4、3gp、mpg、avi、wmv、flv、swf、rmvb 等常用格式，支持几乎所有类型音频转换为 mp3、wma、amr、wav 等常用格式，支持几乎所有类型图像转换为 jpg、bmp、png、tif、ico、gif、tga 等格式，转换过程中可修复某些损坏的视频。

单击格式工厂主界面左侧"视频"栏中的"所有转到 MPG"按钮，如图 2-6 所示。弹出"所有转到 MPG"界面，如图 2-7 所示，单击"添加文件"按钮，弹出"打开"对话框，

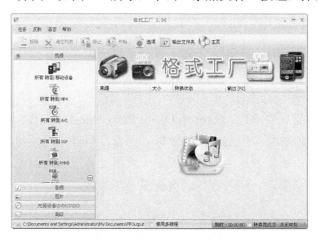

图 2-6　格式工厂主界面

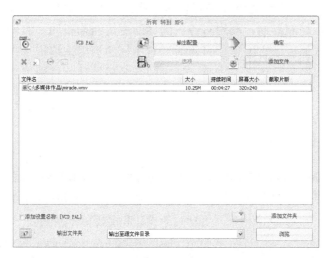

图 2-7　"所有转到 MPG"界面

单击要转换格式的视频文件，单击"打开"按钮。确定输出配置和输出文件夹，单击"确定"按钮。回到"格式工厂"主界面，单击菜单栏下方的"开始"按钮进行转换，一段时间后转换完成，如图 2-8 所示。

图 2-8　转换完成界面

2. 硕思闪客精灵

硕思闪客精灵是一款先进的 Shockwave Flash 影片反编译工具，它不仅可以用来查看别人高水平的 swf 动画是怎样制作出来的，把 Flash 源文件中的素材萃取出来，还可以将 swf 格式文件还原为.fla 格式源文件。图 2-9 为硕思闪客精灵主界面，可以在"快速打开"文本框输入文件的路径打开，也可以通过资源管理器打开 swf 格式文件，打开之后，便可分解出 swf 文件中的图片、声音动画等 SWF 文件的内部结构，并可通过"导出资源"萃取出 swf 文件中的多媒体素材。同时，还可以通过"导出 FLA/"将整个 swf 格式文件还原为.fla 格式源文件。图 2-10 所示为使用硕思闪客精灵打开某一实例的界面。

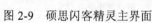

图 2-9　硕思闪客精灵主界面　　　　图 2-10　硕思闪客精灵某一实例界面

3. 硕鼠

硕鼠是由著名 FLV 在线解析网站官方制作的专业 FLV 下载软件。它提供了土豆、优酷、我乐、酷六、新浪、搜狐、CCTV 等 73 个主流视频网站的"解析+下载+合并/转换"
一条龙服务。硕鼠支持多线程下载，具有强大的批量下载能力，配置全面的后期处理工具，
绿色小巧，无插件，无恶意代码。利用这款软件，可以方便地下载音频和视频素材。

2.3　实　践　演　练

2.3.1　实践操作

实例 1：利用格式工厂转换媒体文件格式。

使用格式工厂将该 AVI 格式文件转换成 3GP 格式。

实验目的：使用格式工厂进行不同媒体文件格式之间的转换。

操作步骤：双击格式工厂应用程序，单击左边的视频，选择"所有转到 3GP"，在
新窗口中单击"添加文件"按钮，选择 AVI 格式文件打开；接下来选择输出文件夹，
单击"确定"按钮；最后回到主窗口中，单击上边的"点击开始"按钮，几秒钟后完成
转换。

2.3.2　综合实践

实例 2：多媒体课件作品脚本的编写。（第 3 章 3.5.2 小节实例 4）

实例目的：掌握多媒体作品脚本的编写。

实例如下：

课件题目	古诗三首	
课件整体结构图	封面 目录 三首古诗(关山月、竹、春晓) 习题 封底	
模块序号	1　　　　页面内容简要说明	课件的封面
屏幕显示	用画轴徐徐展开的动画显示题目：古诗三首	
说明	1. 伴随着音乐声，画轴徐徐展开，显示题目，然后画面停止。 2. 用浅灰色的毛笔字作为画布的背景。 3. 在画布的右下角设置"开始"按钮，单击"开始"按钮可以跳转到目录。 4. 在画布外边右下角处，设置目录、音乐、朗诵、习题等按钮	
模块序号	2　　　　页面内容简要说明	目录
屏幕显示	三首古诗的名字，可以单击实现画面跳转	
说明	1. 单击封面的"开始"按钮，画面由右向左推出，逐渐显示出三首古诗的名字。 2. 鼠标指向古诗名字时，字体放大；单击可实现画面跳转	
模块序号	3　　　　页面内容简要说明	古诗 1 ——关山月
屏幕显示	画轴卷上，再徐徐展开，显示古诗赏析，古诗内容、注释、翻译等相关内容	
说明	1. 在画面的左侧，显示古诗赏析。 2. 画面背景是跟古诗内容相关的背景，用一轮圆月作为背景。 3. 画轴展开后，自动播放古诗朗诵。 4. 这个画面上显示的文字内容比较多，可以用带有滚动条的文本框来显示文字内容	

续表

模块序号	4	页面内容简要说明	古诗 2——竹
屏幕显示	画轴卷上，再徐徐展开，显示古诗内容		
说明	1．这个画面只显示古诗内容，画面背景是跟古诗内容相关的竹子。 2．背景竹子设置动画，竹叶徐徐摆动，有零星的竹叶飘落。 3．画轴展开后，自动播放古诗朗诵		
模块序号	5	页面内容简要说明	古诗 3——春晓
屏幕显示	画轴卷上，再徐徐展开，显示古诗内容		
说明	1．这个画面只显示古诗内容，画面背景是跟古诗内容相关的背景。 2．背景中有绿地、大树、小鸟、白云等动画。 3．画轴展开后，自动播放古诗朗诵。 4．单击"赏析"按钮，播放古诗的赏析视频素材		
模块序号	6	页面内容简要说明	习题
屏幕显示	画轴卷上，再徐徐展开，显示习题内容		
说明	1．习题内容为填空、选择等题型，可以查阅答案。 2．习题完成后，可跳转到封底模块，结束课件		
模块序号	7	页面内容简要说明	封底
屏幕显示	画轴卷起来，显示学习结束等字样		
说明	显示结束字样可适当加些特效、动画		

2.3.3　实践任务

任务 1：下载一首 APE 格式音乐，使用格式工厂转换成 MP3 格式。

任务 2：确定一个主题，围绕主题编写作品脚本。

思考练习题 2

2.1　多媒体作品的创作主要包括哪些环节？每个环节的主要任务是什么？

2.2　除了可以使用百度搜索引擎下载多媒体素材外，还有哪些下载途径？

2.3　什么是图像色彩模式？计算机中经常使用的色彩模式是什么？

2.4　除了书中提到的多媒体作品创作软件，你还知道哪些作品创作软件？

第3章 文字和声音素材编辑

多媒体作品中一般包含文字、图形、图像、音频、视频、动画等多种素材，这些素材往往需要经过前期采集和后期编辑，才能应用于多媒体作品的创作中。多媒体素材的基本采集和编辑方法，是多媒体软件创作人员必须掌握的基础知识和应用技能。

不同类型数据文件的制作方法以及所需的软、硬件环境各不相同。对于文本文件，一般是通过文字处理软件录入并编辑，而后在各种文字、图形或多媒体工具软件中加工、处理。对于声音文件，一般是通过声卡或其他录音设备录制，然后使用声卡、Windows 系统或第三方提供的音频工具进行修改、编辑。

本章将对文字素材和音频素材的基本概念、编辑方法及相关工具软件进行概要介绍。

3.1 文 字 素 材

3.1.1 文字素材概述

文字一直是计算机中最主要的信息处理对象，处理字符和文字是计算机必备的基本功能，也是非多媒体计算机最主要的信息交流方式。与其他媒体相比，文字有其固有优点，如易处理、占用存储空间少，从而最适合计算机用于输入、存储、处理和输出操作。

1. 文字编码

文字在计算机中用代码表示，ASCII 码是最常用的表示西文字母和字符的编码。用ASCII 码表示文字，每一个字符占一字节的存储单元。汉字通常采用国家标准总局颁布的"信息交换用汉字编码字符集"(简称国标码)表示，港台地区也有用 BIG5 等编码来表示的。汉字编码长度通常为 16 个二进制位，即存储一个汉字要用两字节的存储空间。

2. 输入输出

文字通常用键盘输入，现在也有用于文字输入的手写板、扫描仪、字符识别和语音识别等技术。输出文字时需要有供文字显示或打印用的字体库。字体库中保存的是每一个文字的形状描述，输出文字时找到文字对应的文字形状，再将其显示或打印出来。

按文字形状的描述方法不同，字体库又分为点阵字体和 TrueType 字体两种类型。点阵字体用点阵组成文字的形状，这种字体在放大、缩小、旋转时会产生失真。TrueType 字体属于矢量字体，每一个文字通过保存在字库中的指令进行绘制，这种字体在放大、缩小、旋转时不会产生任何失真。

3. 文字编辑

计算机中用于文字编辑的软件很多，较其他媒体的编辑工具而言，是比较成熟的技术。

Windows 环境下常用的文字编辑工具有 Microsoft Word、记事本、写字板等。其中 Microsoft Word 是目前较为优秀的文字编辑工具。

对文字的编排有对字体、字号、颜色、修饰方式、对齐方式、字间距、行间距等属性的设定。对文字进行合理的编排，有助于加强文字的表现效果。

不同编辑工具所生成的文件格式不同，如 Windows 记事本生成的是纯文本格式(.txt)，Microsoft Word 的文件为.doc 格式。一般情况下，不同格式的文字文件互不兼容，但可以借助某些文件格式转换器，对文件格式进行转换。

3.1.2　使用艺术字

艺术字越来越多地成为多媒体作品中不可缺少的重要表现形式。有许多软件可以制作艺术字，如 CorelDRAW、Photoshop 等，这里仅介绍 Microsoft Office 套件中内嵌的艺术字制作工具。

在 Microsoft Office 组件环境下，使用如 Microsoft Word、Microsoft PowerPoint、Microsoft Excel 等生成艺术字。例如，在 Microsoft Word 中，单击"插入"面板中的"艺术字"按钮，出现"艺术字库"列表框，如图 3-1 所示，单击需要插入的艺术字形状，然后在 Word 文档中将出现"请在此放置您的文字"的提示框，如图 3-2 所示。在提示框中单击，输入艺术字文字即可。随着艺术字的产生，还会出现艺术字的"格式"选项卡，如图 3-3 所示，使用它可以对艺术字进一步加工。

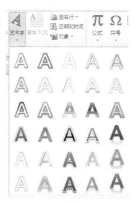

图 3-1　"艺术字库"对话框

图 3-2　放置文字提示框

图 3-3　艺术字"格式"选项卡

3.1.3　公式编辑

在制作数学、物理等多媒体课件时，经常需要输入和编辑各种公式，使用 Microsoft Office 内置的公式编辑器可以高效完成公式的编辑。具体操作如下。

（1）单击"插入"面板的"公式"按钮，弹出"公式"列表框，如图 3-4 所示，单击最下方的"插入公式"选项。在 Word 文档光标处会出现"在此处键入公式"的提示框。

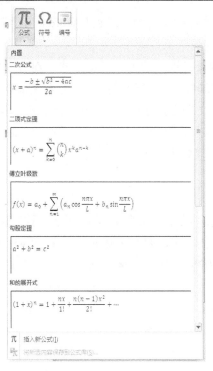

图 3-4　"公式"列表框

（2）随着公式提示框的产生，会出现公式"设计"选项卡，如图 3-5 所示。利用它可以在公式提示框中方便地输入公式内容。

图 3-5　公式"设计"选项卡

3.2　数字音频素材

3.2.1　数字音频基础

1. 声音

当空气发生振动时就产生了声音。例如，讲话时声带的振动、拉琴时琴弦的振动、扬声器纸盆的振动等都会产生声音。

声音可以用声波来表示，声波有两个基本参数：频率和振幅。

频率是指声音信号每秒钟变化的次数，以赫兹（Hz）为单位。例如，人说话的声音频率为 300～3000Hz，频率越高则音调越高。

振幅是指声音波形的最高点和最低点与时间轴之间的距离，它反映了声音信号的强弱程度。为了表示的方便，一般用分贝（dB）来表示声音的振幅，它是对声音信号取对数运算后得到的值。

声音按照频率的不同可分为次声、可听声和超声。低于 20Hz 的为次声，高于 20000Hz 的为超声，位于中间的为可听声。音频(Audio)信号通常指的是 20～20000Hz 频率范围内的可听声。

音频信号可以根据其覆盖的带宽分为电话、调幅广播、调频广播和宽带音频四种质量的声音，它们的频率范围如下：

电话语音	调幅广播	调频广播	宽带音频
200Hz～3.4kHz	50Hz～7kHz	20Hz～15kHz	20Hz～20kHz

一般来说，覆盖频率越大的声音，质量越好。对于通常的语音信号，电话或调幅广播的质量已经基本满足要求，而对于音乐则要求用调频广播或宽带音频的质量。

计算机中的声音素材主要有三种用途：语音、背景音乐和效果声。背景音乐是一种衬托性的声音，一般多采用悦耳悠扬的音乐。效果声音可以提高多媒体作品中的表达效果，如雷声、掌声、鼠标点击时发出的滴答声、动物声、电话铃声等，这些声音通常发声时间短，一般采用 WAV 格式的声音文件。语音主要用于说明、回答、叙述、歌声，也可以用做命令，一般采用直接录制的声音文件。

2. 数字音频三要素

对声音进行采样和量化是获得数字音频最直接和最简便的方式。数字音频的质量与采样频率、量化精度和声道数三个指标密切相关。

(1) 采样频率。为了进行声音信号的转换，就必须以固定的时间间隔对当前的声音波形幅度进行测量，这个过程称为"采样"。采样的作用是把时间上连续的声波信号变成时间上不连续的信号序列，采样后的信号序列称为采样信号。通常把声音信号自身的最高频率称为样本频率，而将采样时每秒钟所抽取声波振幅值的次数称为采样频率。采样频率越高，转换后的数字音频的音质和保真度越好。采样频率的单位用千赫(kHz)表示。为了能正确地重构原信号，采样频率至少要为样本频率的两倍。这就是说，一段频率为 10kHz 的声音，如果要求采样后不失真，采样频率必须大于10kHz×2=20kHz。实际应用中，对于音频信号的采样频率一般取为44.1kHz，这主要是因为音频的最高频率为20kHz。为了满足不同需要，一般提供三种标准采样频率：44.1kHz(高保真效果)、22.05kHz(音乐效果)和 11.025kHz(语音效果)。采样频率越高，声音失真越小，而数字化音频的数据量也就越大，应根据具体需要选择适当的采样频率。

(2) 量化精度。量化就是把采样所得到的值(通常是反映某一瞬间的声波幅度的电压值)加以数字化，用二进制数来表示。量化时采用的二进制数的位数称为量化精度。量化采样值的过程：先将整个幅度划分为有限个小幅度(量化阶距)，把落入某个阶距内的样值归为一类，并赋予相同的量化值。显然所用的二进制位数越多，量化阶距越小，从而量化误差就越小，对原始波形的模拟就越细腻，以后还原出来的声音质量也就越高；但增加量化精度也会增加数字音频的数据量，经常采用的量化精度有 8 位、12 位和 16 位。

(3) 声道数。反映数字化音频质量的另一个因素是声道个数。所谓单声道，是指每一次仅生成一个声波数据。同时生成两个声波数据，即称为立体声或双声道，立体声更能反映人的听觉感受。人通过两个耳朵听声音，从而可以判断声源的方向和位置。立体声就反映了这样一种听觉特性，所以它现场真实感强，在多媒体创作中得到越来越广泛的应用，但立体声数字化以后的数据量却是单声道的两倍。

3.2.2　声音文件格式

声音文件的格式很多，有 WAV、MIDI、MP3、WMA、SWA 等。

1）WAV 格式

它是 Windows 使用的标准数字音频格式，也称为波形文件，文件的扩展名为.wav。利用声卡和相应的软件可以通过录音创建波形文件，可以方便地将它播放出来，也可以通过适当的软件对文件中数字化的音频信号进行编辑处理。WAV 文件比较大，实际使用时常常要将它进行压缩处理。

2）MIDI 格式

MIDI（Musical Instrument Digital Interface）是乐器数字接口的英文缩写。它是由世界主要电子乐器制造厂商建立起来的一个数字音乐的国际标准，对计算机音乐程序、电子合成器和其他电子设备之间的交换信息和信号控制方法进行了规定。它是多媒体计算机所支持的又一种声音产生方式，特别适合于音乐创作和长时间音乐播放的需要。任何电子乐器，只要具有处理 MIDI 信息的处理器并配有合适的硬件接口，符合 MIDI 协议标准，均可以构成一个 MIDI 设备。

MIDI 产生声音的方法与形成数字音频的方法不同。MIDI 文件不记录任何声音信息，而只包含一系列产生音乐的 MIDI 指令，这些指令说明了音高、音长、通道号等音乐的主要信息，并以扩展名为.mid 的文件格式存储。MIDI 信息实际上就是数字化的乐谱，是一段由音符序列、定时以及合成音色的乐器定义组成的音乐描述。

MIDI 文件比波形文件的长度小，在设计多媒体应用和播放指定音乐时有很大的优越性。计算机中可以使用 MIDI 播放器播放 MIDI 音乐，如 Windows 中的媒体播放器就可以播放 MIDI 音乐。

3）MP3 格式

MP3 是 MPEG-1 Audio Layer 3 的简称，它以 MPEG 压缩标准的音频部分为依据进行设计，最大优势是以极小的声音失真换来高达 6～20 倍的压缩比，对于需要大量音乐的多媒体作品可选用此格式。它是目前被广泛使用的一种音乐文件格式，也是创作多媒体作品首选的音乐格式之一。

4）WMA 格式

它是微软公司推出的与MP3格式齐名的一种新的音频格式。WMA 在压缩比和音质方面都超过了 MP3，更是远胜于RA（Real Audio），即使在较低的采样频率下也能产生较好的音质。在 128Kbit/s 及以下码流的试听中 WMA 完全超过了 MP3，低码流之王不是浪得虚名的。但是当码流上升到 128Kbit/s 以后，WMA 的音质却并没有如 MP3 一样随着码流的提高而大大提升。

5）SWA 格式

它是 Authorware 多媒体软件使用的一种高压缩比的数字声音格式，在 Authorware 中，可以将 WAV 格式转换为 SWA 格式的数字声音文件。

声音文件的格式是可以相互转换的，大多数声音处理软件都具有对不同格式的声音文件相互转换的功能。

3.3　GoldWave 声音处理

多媒体作品中使用的声音通常划分为自然声音与合成声音两种类型。采集和制作音频素材需要用到专门的声音编辑软件，如 CoolEdit、SoundForge、WaveEdit、GoldWave 等。使用它们可以对声音进行剪切、加混响、音量调节、降噪、动态控制、变调等高级处理。下面以 GoldWave 为例，介绍声音编辑软件的基本使用方法。

3.3.1　GoldWave 简介

GoldWave 是一款绿色软件，不需要安装且体积小巧，直接启动运行主文件 GoldWave.exe。第一次启动时会出现一个安装提示，如图 3-6 所示，单击"是"按钮，GoldWave 会自动生成一个当前用户的预置文件，并且启动进入编辑界面，如图 3-7 所示。

图 3-6　GoldWave 第一次启动时的提示

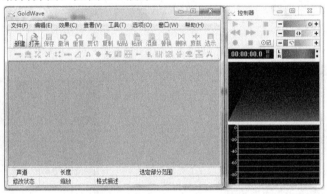

图 3-7　GoldWave 启动界面

启动 GoldWave 以后，常见的基本操作如下。

1. 打开音频文件

在 GoldWave 主界面选择"文件"→"打开"菜单项，打开一个将要进行编辑的音频文件，GoldWave 会显示出这个文件的波形状态，如图 3-8 所示。

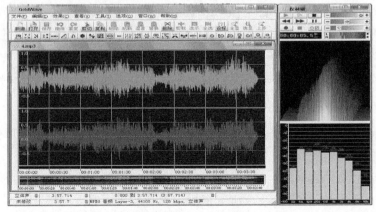

图 3-8　GoldWave 界面

主界面左侧从上到下被分为三个部分。最上面是菜单命令和快捷工具栏；中间是声音的波形显示，如果是立体声文件这个区域会被分为上、下两个部分，分别代表左、右声道；下面状态栏中显示的是文件相关的属性。界面右侧是录放控制和电平指示区。对声音的编辑操作主要集在波形显示的声道区域内，可以对声道进行统一编辑，也可以分声道单独进行编辑。

2. 选择音频事件

对音频进行各种音频处理之前，必须先从中选择一段。GoldWave 的选择方法很简单，在要编辑的起始位置上按下鼠标左键拖动到要结束的位置，就确定了选择部分，被选择的音频将以高亮显示。接下来的编辑操作将只对这个高亮区域起作用，其他部分不受影响。如果选择位置有误或者需要更换选择区域，可以重新进行音频事件的选择。

除了使用鼠标拖动进行音频的选择外，也可以在要选择音频的起点右击鼠标，在弹出的快捷菜单中选择"设置开始标记"命令，在要选择音频的终点右击鼠标，在弹出的快捷菜单中选择"设置结束标记"命令，从而完成音频的选择。

对于立体声音频文件来说，两个声道以平行的水平形式显示，上方的绿色波形代表左声道，下方的红色波形代表右声道。如果只想选择一个声道进行编辑操作，可以使用"编辑"→"声道"菜单项，直接选择将要进行作用的声道，如图 3-9 所示，选择单个声道的波形如图 3-10 所示。

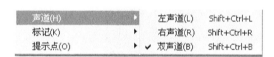

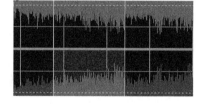

图 3-9　编辑菜单中的声道　　　　　图 3-10　编辑右声道时的选择部分

3. 音频编辑

音频编辑与 Windows 其他应用软件一样，其操作中也大量使用剪切、复制、粘贴、删除等操作命令。执行"编辑"菜单下的命令就可以完成相应的操作，也可以使用常用工具栏中的快捷按钮，还可以使用快捷键操作。比如，要用快捷键进行一段音频事件的剪切和粘贴，首先要选择剪切的部分，然后按 Ctrl+X 快捷键，这段高亮度的选择音频消失，剩下其他未被选择的部分。用鼠标重新设定"开始标记"位置到要粘贴的地方，使用 Ctrl+V 快捷键就能将刚才剪切的部分粘贴上来。同理，也可以用 Ctrl+C 快捷键进行复制、用 Del 键进行删除。如果在删除或其他操作中出现了失误，还可以使用 Ctrl+Z 快捷键进行撤销。

4. 时间标尺和显示缩放

在波形显示区域的下方有一个指示音频文件时间长度的标尺，以秒为单位，清晰地显示出任何位置的时间情况。

打开一个音频文件之后，立即会在标尺下方显示出音频文件的格式以及其时间长短，根据这个时间长短来进行各种音频处理，往往会减少很多不必要的操作。

有的音频文件太长，一个屏幕不能全部显示出来，可以用横向的滚动条进行拖放显示，也可以改变显示比例来显示。在 GoldWave 中，改变显示比例的方法很简单，使用"查看"菜单下的"放大"、"缩小"菜单项就可以完成，更方便的是直接利用鼠标中间的滚动滑轮进行显示比例的放大和缩小。如果想更详细地观测波形振幅的变化，可以加大纵向的显示比例，方法同横向一样。使用"查看"菜单下的"垂直放大"、"垂直缩小"菜单项，这时会纵向放大波形。

5．插入空白区域

在指定位置插入一定时间的空白区域也是音频编辑中常用的一种处理方法。只需要选择"编辑"→"插入静音"菜单项，在弹出的对话框中输入插入的静音时间长度，然后单击"确定"按钮，就可以在"开始标记"位置处插入一段空白区域即静音。原位置上的音频将自动向后顺延。

3.3.2　声音录制

声音录制有两种形式：一种是内录，一种是外录。内录是在计算机内部数字格式之间的转换，外录是通过麦克风采集的模拟信号转化为计算机中的数字格式。

内录和外录的设置方法是：单击"选项"→"控制器属性"菜单项，或按 F11 键打开"控制器属性"对话框，单击"音量"标签，在"音量设备"下拉列表中选择"扬声器"就是内录，选择"麦克风"就是外录，如图 3-11 所示。另外，在"控制器属性"对话框中，还有针对录音的其他拓展性功能，如图 3-12 所示，这里不再赘述。

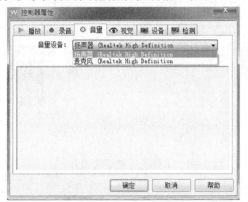
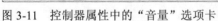
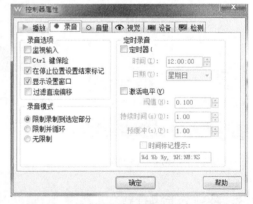

图 3-11　控制器属性中的"音量"选项卡　　　图 3-12　控制器属性中的"录音"选项卡

例 3-1：在 GoldWave 中，使用麦克风录制一段音频。

具体操作步骤如下：

（1）将准备好的麦克风或者话筒插到计算机上红色 MIC 插孔中。

（2）启动 GoldWave，新建空白文件，单击"文件"→"新建"菜单项，弹出"新建声音"对话框。如图 3-13 所示。声道数、采样速率、初始化长度等属性可以根据具体情况进行修改，其中初始长度中的"1:00"代表的是 1 分钟，"1.0"代表的是 1 秒钟，用户可以直接利用下拉列表框进行初始长度的设置，也可以按照"小时:分钟:秒钟"的格式，输入长度。属性设置完成后，单击"确定"按钮创建一个空白声音文件。

（3）单击"选项"→"控制器属性"菜单项。在"控制器属性"对话框的"音量"选项卡中选择"音量设备"中的"麦克风"，调整音量后，单击"确定"按钮，如图 3-14 所示。

图 3-13　新建声音

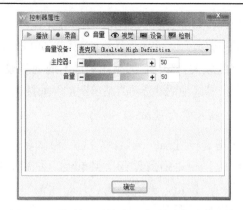

图 3-14　控制器属性中对麦克风音量的调整

（4）在 GoldWave 右侧控制面板上，单击红色"录音"按钮●便可以开始录音，如图 3-15 所示。其中红色的方块按钮■是"停止录音"按钮，两条竖线的❚❚是暂停录音。声音通过麦克风被采集后转换为数字信息，并且自动放到当前创建的空白声音文件中。

（5）单击"文件"→"保存"菜单项，弹出"保存声音为"对话框。在这个对话框中，可以设置文件保存的位置、文件的名称和保存类型，其中文件类型通过选择"保存类型"进行设置，如图 3-16 所示。

图 3-15　右侧控制器面板

图 3-16　保存文件类型的选择

3.3.3　特效音频编辑

GoldWave "效果" 菜单中提供了十多种常用音频特效命令，从压缩到延迟再到回声等，每一种特效都是日常音频应用领域中较为常用的音效，熟悉它们的使用方法，能够更方便制作出合适的音效，如图 3-17 所示。

1. 音量效果

GoldWave 的 "效果" → "音量" 子菜单，如图 3-18 所示。它包含了更改音量、淡出淡入效果、最佳化音量、外形音量等命令，满足了各种音量变化的需求。

更改音量是直接以百分比的形式进行改变的，一般取值不宜过大，否则可能出现音量过载的情况。如果想在避免出现过载的前提下最大范围的提升音量，就可以使用音量最佳化菜单项。这个菜单项非常的方便和实用，在歌曲刻录 CD 之前一般都要做一次音量最佳化的处理。淡入淡出效果是分别在起始和结束的位置设置音量按百分比渐小或渐大来实现的，声音的切入和消失会显得更加的自然。

图 3-17　效果菜单　　　　　　　　　　图 3-18　"音量"子菜单

2. 声音降噪处理

通常录制的声音都是有噪声的。完全去掉声音中的噪声是一件很困难的事，因为各种各样的波形混合在一起，要把某些波形去掉几乎是不可能的，而使用 GoldWave 软件却能将噪声大大减少。

噪声一般有环境噪音、设备噪声和电气噪声。环境噪声一般指在录音时外界环境中的声音。设备噪声指麦克风、声卡等硬件产生的噪声。电气噪声有直流电中包含的交流声、三极管和集成电路中的无规则电子运动产生的噪声，滤波不良产生的噪声等。这些噪声虽然音量不大，但掺杂在语音中却感到很不悦耳，尤其在语音的间断时间中，噪声更为明显。如图 3-19 所示，用白框套住的部分就是语音的间隔时间，该段时间内本来应该没有语音，却有很多不规则的小幅度噪音波形存在。

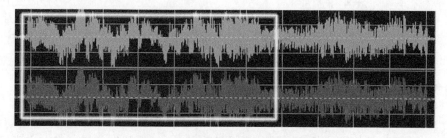

图 3-19　录制声音降噪前波形图

下面使用 GoldWave 的降噪功能。单击"效果"→"滤波器"→"降噪"菜单项，弹出"降噪"窗口，如图 3-20 所示。这个窗口中有诸多选项，在这里直接使用默认值，单击"确定"按钮，处理完成后，观察无声音处的波形幅度就明显减小了，如图 3-21 所示。

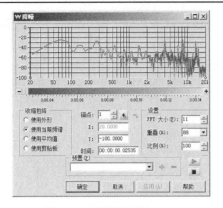

图 3-20 "降噪"窗口

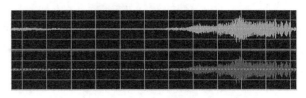

图 3-21 录制声音降噪后波形图

3. 改变音调

在 GoldWave 中能够合理地改变声音的音调。单击"效果"→"音调"菜单项,打开
"音调"对话框,如图 3-22 所示,其中"音阶"表示音高变化到现在的 50%～200%,这是
一种倍数的设置方式。而"半音"表示音调变化的半音数,12 个半音是一个八度,所以用
-12～+12 来降低或升高一个八度。它下方的"微调"是半音的微调方式,100 个单位表示
一个半音。一般变调后音频文件的播放时间也要相应变化,但在改变音调的同时,选中"保
持速度"单选按钮,那么音频的持续时间将保持不变。

4. 回声效果

回声,顾名思义是指声音发出后经过一定的时间再返回被人们听到的声音,这种音效
在很多影视剪辑、配音中被广泛采用。单击"效果"→"回声"菜单项,在弹出的"回声"
对话框中设置延迟时间、音量大小即可,如图 3-23 所示。

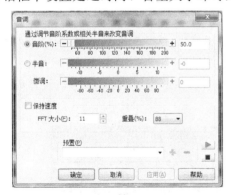

图 3-22 "音调"对话框

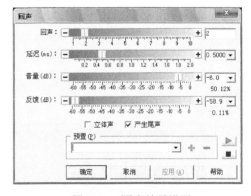

图 3-23 回声效果设置

"回声"用来设置回音的次数;"延迟"用来设置回音与主音或两次回音之间的间隔,
单位是秒;"音量"是指回音的衰减量,以分贝为单位;"反馈"是指回音对主音的影响,
-60dB 即为关闭,就是对主音没有影响;"立体声"设置双声道回音效果,"产生尾音"可让
回音尾部延长。

5. 声道控制

单击"效果"→"立体声"→"声道混音器"菜单项，打开"声道混音器"对话框，如图 3-24 所示。在这个对话框中可以对左右声道音量进行控制，通过改变每个声道的声音在左侧或右侧所占的音量比重，实现左右声道声音的混合，还可以利用"预置"选项实现左右声道数据的交换等特殊操作。

图 3-24　"声道混音器"对话框

6. 混音

打开一个音频文件，先选中需要混音的音频，进行复制操作，然后打开另一个需要混音的音频文件，单击"编辑"→"混音"菜单项，弹出"混音"对话框，在对话框中调节混音的时间和音量，单击"确定"按钮，那么两个文件的音频就同时混在一起，播放第二个文件可听到混合后的效果。

7. 格式转换

声音文件格式有很多种，有时需要在不同的声音格式之间进行转换。在 GoldWave 中，可以通过"文件"→"另存为"菜单项，实现不同文件格式的转换。具体操作为：打开需要进行格式转换的声音文件，然后单击"文件"→"另存为"菜单项，在弹出的"另存为"对话框中，设置文件的"保存类型"为需要转换的类型，最后单击"保存"按钮即可。

除了上面介绍的几种效果之外，GoldWave 还提供了混响、反向、倒转、偏移、回放速率等多种控制，它们的使用更加简单，分别使用一次就能实现需要的效果。

8. 其他实用功能

GoldWave 除了提供丰富的音频效果制作命令外，还有 CD 抓音轨、批量格式转换等非常实用的功能。

图 3-25　"批处理"对话框

（1）CD 抓音轨。通常 CD 音乐光盘中的音频文件是不能直接作为素材引用的，需要通过工具软件抓取 CD 音轨保存为通用的音频格式之后才能被编辑引用。在 GoldWave 中，可以单击"工具"→"CD 读取器"菜单项，选择音轨之后单击"保存"按钮，再确认保存的文件名称和路径就可以将其转换成音频文件。

（2）音频批处理。GoldWave 中的批处理也是一个十分有用的功能，它能同时打开多个所支持格式的文件并较快地转存为其他各种音频格式，还可同时添加音效。具体操作为：单击"文件"→"批处理"菜单项，弹出"批处理"对话框，如图 3-25 所示。利用"添加文件"和"添加文件夹"按钮添加批处理的多个文件，在"转换"标签中设置批量转换的文件格式，在"处理"标签中设置批量添加的音效、音效组合及批量进行的编辑操作，在"文件夹"和"信息"标签中设置有关文件保存的信息。

3.4　计算机言语输出

3.4.1　概述

计算机言语输出就是通过语音的形式输出信息，这使得计算机具有对信息进行讲解的能力，从而提供声文并茂的信息表现形式。

一般讲，实现计算机言语输出有两种方法：一是录音/重放，二是文本转换为语音。若采用第一种方法，首先要把模拟语音信号转换成数字编码，暂存在存储设备中，这个过程称为"录音"；需要时经过解码，重建声音信号，这个过程称为"重放"。录音/重放可获得高音质的声音，同时还能保留特定的音色，但是所需要的存储空间随声音时间线性增长。

文本和语音的转换是基于语音合成的一种先进技术，它能把计算机内的文本转换成连续自然的语音流。采用这种方法输出语音，应首先建立语音参数数据库、发音规则库。需要输出语音时，系统先按需求合成语音单元，然后再按语音学规则连接成自然的语音流。文字和语音转换的参数库不随发音时间的增长而加大。

文字语言转换，是一种智能型的语言合成。它将以文本形式保存的书面语言转换为流利的，可以理解的语音信号。该层次不是由文本到语音的简单映射，还包括对书面语言的理解，以及对语音的韵律处理。目前，世界上已经有汉、英、日、法、德等多种语言的文本语音转换系统，并在许多领域得到了广泛应用。

3.4.2　常用相关软件

现在文本语音转换的软件很多，常见的有能说会道 XP、中英文朗读专家、方正畅听、TTSUU（Text to Speech Universal Utility）等，这些软件都可以把计算机中的文本文件、电子图书、网页，甚至 Word 文档中的文字自动转换为声音信号。下面对"能说会道 XP"语音软件进行简单介绍。

"能说会道 XP"是一款面向专业用户的语音朗读软件，内置独创的中英文双语内核，可以同时设置中文语音角色、英文语音角色及各自的朗读语速，解决了使用单个语音角色不能兼顾多种语言朗读的问题，是真正的中英文混合朗读。"能说会道 XP"还具备播放、暂停、停止、快进、快退、重复等超强朗读控制功能，使其不仅用于阅读新闻、小说等普通场合，还适用于需要丰富控制功能的语言学习等复杂场合。它的运行界面如图 3-26 所示。

"能说会道 XP"支持将朗读内容转换成 MP3 输出，具备制作语音资料的功能。它还支持同步生成 LRC 歌词文件的功能，使人们在使用 iPad 等便携式播放器播放这些资料时也能看到实际的文字内容。

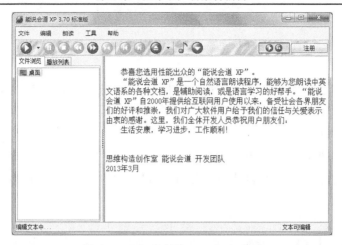

图 3-26　"能说会道 XP"运行界面

3.5　实　践　演　练

3.5.1　实践操作

实例 1：应用 Microsoft Office 的公式编辑器编辑常用的公式：

$$x_{1,2} = \frac{-b \pm \sqrt{b^2 - 4ac}}{2a}$$

实验目的：掌握 Microsoft Office 中公式的制作方法。

实例 2：应用 Microsoft Office 的"艺术字"工具设计一个板报的报头。

实验目的：掌握 Microsoft Office 中艺术字的制作方法。

实例 3：应用 GoldWave 录制一段语音，并进行简单的音频编辑(降噪、生成回声、淡入淡出)。

实验目的：掌握 GoldWave 声音录制及音效编辑技术。

操作步骤：

(1) 启动 GoldWave，创建 一个时长为 1 分钟的文件。

(2) 单击"录音"按钮，使用麦克风进行录音。录音完成后，将文件保存为 MP3 格式。

(3) 对声音进行特性编辑。

降噪处理：

① 用鼠标选中一段杂音，然后单击"编辑"→"复制"菜单项，将其复制到剪贴板。

② 按 Ctrl+A 快捷键，选中所有音波，也就是对所有音波进行降噪处理。

③ 单击"效果"→"滤波器"→"降噪"菜单项，在"降噪"面板中选择"使用剪贴板"，然后单击"确定"按钮回到窗口中，可以发现波形中的锯齿杂音都没了，单击绿色"播放"按钮，试听效果。

生成回声：

① 选择需要产生回声的音频区域，单击"效果"→"回声"菜单项，弹出"回声"对话框。

② 在"回声"对话框中，设置"回声"次数、"延迟"时间间隔、回声"音量"大小等属性，并进行试听。

制作淡入淡出效果：

① 淡入效果，把声音文件开始部分设置成选区，使用"淡入"命令。

② 淡出效果，把声音文件结束部分设置成选区，使用"淡出"命令。

3.5.2　综合实践

实例 4：诗歌朗诵配乐。按照第 2 章 2.3.2 小节综合实践实例 2 的脚本设计，制作课件《古诗三首》的声音素材。

操作步骤：

（1）利用 GoldWave 软件录制三首古诗的朗诵文件。

（2）选择合适的背景音乐，并利用 GoldWave 软件对其长短、音量、音效进行调节。

（3）全选已经编辑好的背景音乐，并复制。

（4）选中刚录制的三首古诗的朗诵文件，单击"编辑"→"混音"菜单项，将朗诵和背景音乐合成，并另存为 MP3 文件格式。

3.5.3　实践任务

任务 1：手机铃声制作。

实践内容：利用 GoldWave 软件，截取喜欢的歌曲部分，加入特效，制作成手机铃声。

任务 2：文本语音转换。

实践内容：利用文本语音转换工具，将文本转换为语音并导出 MP3 文件。然后在 GoldWave 中对这个声音文件进行编辑，使其成为文本 2 的内容。

文本 1：实现计算机言语输出有两种方法：一是录音/重放，二是文本转换为语音。

文本 2：实现计算机言语输出有两种方法：一是文本转换为语音，二是录音/重放。

思考练习题 3

3.1　汉字的字体库有几种类型，各有什么特点？

3.2　如何将模拟音频信号转换成计算机中所使用的数字音频信号？

3.3　两分钟双声道、16 位采样位数、22.05kHz 采样频率声音的不压缩数据量是多少？

3.4　多媒体系统中，常见的文字、声音文件格式有哪些？各自具备什么特点？

第4章　图形图像素材编辑

图形、图像是人类视觉所感受到的一种具象化的信息，是多媒体信息的主要类型，也是信息传递最基本、最常见的方式。它可以形象、生动和直观地表达大量的信息，具有文字和声音无可比拟的优点。图形图像的编辑处理是利用计算机系统来设计、显示、存储、修改、完善图形图像的过程，它可以通过外部设备接收图形、图像、动画、视频等信息，经过计算机加工处理后，输出效果优化的图形或图像。图形图像素材的采集和编辑处理，对提高多媒体作品的主题表达能力和作品的感染力有重要作用，因此，在多媒体作品素材采编中应用最为广泛。

4.1　图形图像基础

4.1.1　图形与图像

1. 图形图像的基本概念

图形与图像从各自不同的角度来表现物体的特性，在计算机科学中，图形和图像这两个概念是有区别的：图形是对物体形象的几何抽象，反映了物体的几何特性，是客观物体的模型化，一般指用计算机绘制的画面，如直线、圆、圆弧、任意曲线和图表等；而图像则是对物体形象的影像描绘，反映了物体的光影与色彩的特性，是客观物体的视觉再现。图像是由扫描仪、摄像机等输入设备捕捉的实际场景画面或以数字化形式存储的任意画面。图形与图像可以相互转换。利用渲染技术可以把图形转换成图像，而边缘检测技术则可以从图像中提取几何数据，把图像转换成图形。

随着多媒体技术的飞速发展，图形与图像的结合日益紧密。图像软件往往包含图形绘制功能，而图形软件又常常具备图像处理功能。

2. 图像的基本属性

1）分辨率

分辨率其实是一个笼统的术语，它既指一个图像文件中所包含的细节和信息的多少，也指输入、输出设备所能够产生的精细程度，相应的就有设备分辨率和图像分辨率之分。

设备分辨率是指输入、输出设备每英寸能产生的点数（DPI），如显示器、打印机、绘图仪的分辨率就是通过 DPI 来衡量的。目前，PC 显示器的设备分辨率为 60～120DPI。而打印设备的分辨率为 360～1440DPI。

图像分辨率是指一幅图像水平和垂直方向所包含的像素个数，它以每英寸的像素数目（PPI）进行计算。图像的精细或粗糙取决于分辨率，在同一幅画面上单位面积里的像素越多图像就越清晰，反之图像就会显得模糊。

设备分辨率与用该设备处理的图像分辨率是两个既有联系又有区别的概念。设备分辨率是由硬件设备的生产工艺决定的，尽管可以通过软件来调整某些设备的分辨率，但它们都有一个局限的最高分辨率，用户不能对它有任何突破。而图像分辨率则是描述图像本身精细程度的一个量度。图像本身是否精细只与图像自身的分辨率有关，而与处理它的硬件设备的分辨率无关，但图像的处理结果是否精细却与处理它的设备分辨率直接相关。例如，一幅 90PPI 的图像是比较精细的，如果将它放在分辨率为 40DPI 的打印机上打印，打印效果是相当糟糕的。因此，在图像处理中选择合适的设备分辨率和图像分辨率，既能保证图像质量，又能提高工作效率。

2）颜色深度

将图像上的每一个像素的颜色（或灰度）信息用若干位二进制数据来表示，这个数据位数就是图像的颜色深度。颜色深度反映了构成图像所用的颜色（或灰度）的总数，如图像的颜色深度为 1 时，只能有两种颜色：黑色和白色，称为单色图像；真彩色图像的颜色深度至少为 24 位，可显示的颜色总数有 16777216 之多。颜色深度和图像可用的颜色数目见表 4-1。

表 4-1　颜色深度与图像类型

颜色深度	颜色总数	图像类型	颜色深度	颜色总数	图像类型
1	2^1	单色图像	16	2^{16}	16 位色（增强色）
4	2^4	16 色图像	24	2^{24}	真彩色图像
8	2^8	256 色图像	32	2^{32}	真彩附加一个 α 通道

3）α通道（Alpha Channel）

真彩图像中，每个像素都包含红、绿、蓝三种色彩信息通道，每个通道有 8 位颜色深度。如果图形卡具有 32 位总线，附加的 8 位信号就被用来保存不可见的透明度信号以方便处理，常称为α通道位，或称为覆盖位（Overlay）、中断位、属性位。它的算法可用一个预乘α通道（Premultiplied Alpha）的例子加以说明：假如一个像素（A、R、G、B）的四个分量都用规一化的数值表示，（A、R、G、B）为（1、1、0、0）时显示红色；当像素为（0.5、1、0、0）时，预乘的结果就变成（0.5、0.5、0、0），这表示原来该像素显示的红色的强度为 1，而现在显示的红色的强度降低了一半。白色的 Alpha 像素用以定义不透明的彩色像素，而黑色的 Alpha 像素用以定义透明像素，黑白之间的灰阶用来定义半透明像素。

3．图形图像数据存储方式

在计算机中，图形和图像是以不同的形式创建和存储的。图形是由外部轮廓线条构成的矢量图，是矢量结构的画面存储形式。图像在计算机的存储方式是像素，是由像素点阵构成的位图。

（1）矢量图。矢量图是用一组指令集合来记录图像的内容，这些指令用来描述构成该图像的所有直线、圆、圆弧、形体、曲线、文字等图元的位置、维数、形状和其他特征，如图 4-1 所示。使用矢量图的一个很大优点是不需要对图上的每一点进行保存，只需要让计算机知道所描述对象的几何特征即可，因此文件的容量较小。同时还容易实现对图形进行的移动、缩放、旋转、扭曲等变换和修改，而且不失真。矢量图常用在画图、工程制图、美术字等方面，绝大多数 CAD 和 3D 造型软件都使用矢量图作为基本图形存储格式。用它来表现人物或风景照片等色调丰富或色彩变化比较大的图像时很不方便，而且每一次显示图像时都要根据图像的描述重新生成图像，当图像比较复杂时，需要花费较多的时间。

（2）位图。位图也称为点阵图，是将图像中每一点上的颜色、亮度等信息保存起来，如图 4-2 所示。这些点被称为像素（pixel），它是构成位图图像的最小单位。图像的大小取决于像素的多少；图像的颜色取决于每个像素点的颜色。扩大位图尺寸其实就是增多像素点阵，从而使线条和形状显得参差不齐；缩小位图尺寸也会使图像变形，因为此举是通过减少像素点阵来使整个图像变小的。同样，对于位图图像的其他操作也只不过是对像素点的操作而已。由于每一个像素都是单独染色的，用户可以通过以每次一个像素的频率操作选择区域而产生近似物理相片的逼真效果，如加深阴影或加重颜色，以逼真地表现自然景观。但用位图表示图像，数据量较大；并且将位图放大、缩小或旋转时都会产生失真。

图 4-1　奥运祥云矢量图　　　　　　　图 4-2　人脸面部表情位图

4.1.2　常见的图像文件格式

图像素材一般以文件形式保存在计算机存储器中。比较流行的图像文件格式有 GIF、TIFF、TGA、BMP、PCX、JPG、PCD、PSD、PNG 等。

（1）GIF。GIF（Graphics Interchange Format）图像交换格式，主要用于网上图像传输，其信息量小，控制方便，支持多种平台，文件扩展名为.gif。GIF 是一种基于 LZW 算法的连续色调的无损压缩格式，其压缩率一般在 50％左右。GIF 格式同时提供对透明色的支持，而且在网络传输中增加了图像渐显方式。

（2）TIFF。TIFF（Tagged Image File Format）标注图像文件格式，支持 Macintosh 平台，文件扩展名为.tif。由于 TIF 文件具有良好的兼容性，而压缩存储时又有很大的选择余地，支持 Photoshop 所有的图像类型、多通道存储及向量通道创建，因此常被用来保存最终图像并在各种应用程序及平台间切换文件格式。

（3）TGA。TGA（Targe Image Format）文件格式是 Truevision 公司为其显示卡 Targa 和 Vista 开发的一种图像文件格式，文件扩展名为.tga，是计算机上应用最广泛的图像格式之一。它在兼顾了 BMP 图像质量的同时又兼顾了 JPEG 的体积优势，并且还有自身的特点：通道效果、方向性，在多媒体领域有很大影响。TGA 图像格式最大的特点是可以做出不规则形状的图形、图像文件，一般图形、图像文件都为四方形，若需要有圆形、菱形甚至是镂空的图像文件时，TGA 就可派上用场了。

（4）BMP。BMP（Bitmap）是标准的 Microsoft Windows 位图格式，其文件扩展名为.bmp。Windows 软件的图像资源多数以 BMP 格式存储。多数图形图像软件，特别是 Windows 环境下运行的软件，都支持这种格式。BMP 格式不支持多通道存储，文件也不压缩。常用的编码格式有 1 位、4 位、8 位、16 位和 24 位，是 Windows 环境下开发多媒体作品的最基本格式。

(5) PCX。PCX 图像文件格式是 Zsoft 公司研制开发的，主要与商业性的 PC-Pain Brush 图形软件一起使用，文件扩展名为.pcx。PCX 图像文件格式与特定图像显示硬件密切相关，PCX 的最新版本支持 24 位色彩，存储方式通常采用 RLE 压缩编码。

(6) JPG。JPG（Join Photographic Experts Group，JPEG）是最常用的静态图像压缩格式，文件扩展名为.jpg。JPEG 格式采用有损压缩，即在形成 JPEG 文件时，会损失原有的一些数据，来换取较高的压缩效率。这种文件格式的最大特点是文件体积非常小，而且可以调整压缩比。JPG 文件的显示比较慢，仔细观察图像可以看出不太明显的失真。因为 JPG 的压缩比很高，所以非常适用于需处理大量图像的场合。

(7) PSD。PSD 是Adobe公司的图形设计软件Photoshop的专用格式，但一般不将它作为最终图像存储格式。PSD 文件可以存储成RGB或CMYK模式，还能够自定义颜色数并加以存储；其最大特点是能在图像文件中保存图层、通道、路径等信息，是目前唯一能够支持全部图像色彩模式的格式。但其体积庞大，在大多数平面软件内部可以通用，在一些其他类型的编辑软件内也可使用。

(8) PNG。便携网络图形格式，是作为 GIF 的无专利替代品开发的，用于在 WWW 上无损压缩和显示图像。PNG 用来存储灰度图像时，图像的深度可多达 16 位；存储彩色图像时，彩色图像的深度可多达 48 位，并且还可存储多到 16 位的α通道数据。PNG 格式具有流式读/写（Stream Ability）功能、逐次逼近显示（Progressive Display）功能以及透明性（Transparency）功能等。

(9) EPS。EPS 标准的图像输出格式，内含两部分数据：支持 PostScript 格式的矢量图形数据和支持图形预览的点阵图像数据。生成 PostScript 图片的 Adobe 应用程序包括 Adobe Illustrator、Adobe Dimensions 和 Adobe Streamline。包含矢量图片的 EPS 文件在打开时会被栅格化，矢量图片中经过精确定义的直线和曲线会转换为位图图像的像素。一般情况下，将矢量图形转换成位图图像之后，图像边缘会呈现阶梯状，Photoshop 可以对 EPS 格式存储的矢量图形自动执行消减阶梯的操作，使其边缘平滑。

(10) PDF。PDF 便携文档格式，是一种灵活的、跨平台、跨应用程序的文件格式。基于 PostScript 成像模型，PDF 文件精确地显示并保留字体、页面版式以及矢量和位图图形。另外，PDF 文件还可以包含电子文档搜索和导航功能（如电子链接）。

(11) RAW。RAW 是一种灵活的文件格式，用于在应用程序与计算机平台之间传递图像。这种格式支持具有 Alpha 通道的 CMYK、RGB 和灰度图像以及无 Alpha 通道的多通道和 Lab 图像。

不同格式图像文件之间的相互转换，可以通过很多图像软件来实现，如 ACDSee。

4.2　Photoshop 图像处理

4.2.1　概述

在计算机二维位图编辑软件中，Photoshop 是首选的功能强大的位图处理软件。Photoshop 是 Adobe 公司在 20 世纪 80 年代推出的一款专业化图形图像处理软件。由于它具有功能强大、界面流畅、操作简单等突出特点，使其一直居于平面设计领域的主导地位。因此，它被广泛应用于美工创作、广告设计、彩色印刷、图像处理、网页设计、名片设计、图书封面和插页设计、贺卡设计、影视特技、产品标识、计算机辅助设计等许多领域。本节以 Photoshop CS5 图像处理软件为例概要介绍 Photoshop 的使用方法。

1.　Photoshop 基本功能

尽管 Photoshop 各版本在功能上有所不同，但对图像的编辑处理保持了一定的兼容性。Photoshop CS5 中除了具有图像编辑、图像合成、特效制作等图像处理的基本功能外，增加了轻松完成精确选择、内容感知型填充、操控变形等功能，添加了用于创建和编辑 3D 和基于动画的内容的突破性工具。在 Photoshop CS5 版本中，各种命令与功能不仅得到了很好的扩展，还最大限度地为用户的操作提供了简捷、有效的途径。Photoshop 基本功能如下。

（1）图像获取。Photoshop 可以与多种数字设备（扫描仪、数码相机等）连接，从而直接得到高品质的数字图像。

（2）图像编辑。对图形、图像进行各种常规编辑处理，如剪切图像或调整图像色彩，这是 Photoshop 的主要用途。

（3）颜色校正。Photoshop 提供了调整图像颜色的基本方法。执行"图像"→"调整"菜单中的命令（如"自动颜色"命令在对图像进行分析基础上即时生成可靠的颜色校正）可永久更改图像。

（4）特效处理。使用 Photoshop 滤镜菜单组，可以实现许多原来需要使用特殊镜头或滤光镜才能得到的光影效果。

Photoshop CS5 标准版的一些新增功能特性和增强的功能特性如下。

（1）先进的选择工具。选择工具全新优化细致到毛发级别，轻击鼠标就可以选择一个图像中的特定区域，轻松选择毛发等细微的图像元素；消除选区边缘周围的背景色；使用新的细化工具自动改变选区边缘并改进蒙版。

（2）内容感知型填充。删除任何图像细节或对象，并静静观赏内容感知型填充神奇地完成剩下的填充工作。这一突破性的技术与光照、色调及噪声相结合，删除的内容看上去似乎本来就不存在。

（3）出众的绘图效果。借助混色器画笔（提供画布混色）和毛刷笔尖（可以创建逼真、带纹理的笔触），将照片轻松转变为绘图或创建独特的艺术效果。

（4）操控变形。对任何图像元素进行精确的重新定位，创建出视觉上更具吸引力的照片。例如，轻松调整一个弯曲角度不合适的手臂。

2.　Photoshop 文件操作

在 Photoshop CS5 中，文件的管理是对图像文件进编辑的先决条件，文件的管理操作包括文件的新建、存储、导入和导出、置入等。

（1）新建文件。执行"文件"→"新建"命令或按 Ctrl+N 快捷键，打开"新建"对话框，如图 4-3 所示。在 Photoshop CS5 工作界面中创建一个自定义尺寸、分辨率和模式的图像窗口。在"名称"文本框中输入图像文件的名称，预设中可以选择默认大小或者根据需要设置，在"宽度"和"高度"文本框中输入相应的宽度和高度值，设置图像的分辨率。颜色模式可以选择位图、灰度、RGB、CMYK 或 Lab Color。设置背景内容为白色、背景色或透明，单击"确定"按钮创建文件。

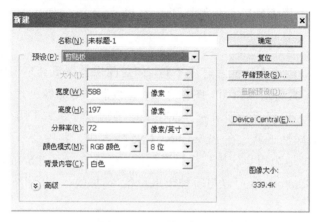

图 4-3　"新建"对话框

（2）保存图像文件。执行"文件"→"存储"命令或按 Ctrl+S 快捷键，可以对新建或修改后的图像进行及时保存，在弹出的"保存文件"对话框中设置以下几个选项的内容："作为副本"选项是指在一幅图像以不同的文件格式或不同的文件名保存的同时，将它的 PSD 文件保留，以方便以后修改。"注释"选项可以将图像中的注释信息保留下来。"Alpha 通道"和"专色"选项是在保存图像时，把 Alpha 通道或专色通道一并保存下来。选择"层"则将各个图层都保存下来。保存图像文件时，系统默认保存类型为 PSD 格式。

（3）导入和导出文件。在 Photoshop CS5 中编辑图像文件时，常常需要使用在其他软件中处理过的图像文件，这些文件因为格式特殊无法被 Photoshop 识别直接打开，因此需要 Photoshop 软件在导入的过程中自动把它转换为可识别格式。在 Photoshop 中直接保存存储的是 PSD 格式文件，执行"文件"→"另存为"或"导出"命令就可以根据需要存储为特殊格式。

（4）置入文件。置入文件是将新的图像文件置入到已新建或打开的图像文件中。它和打开文件有所区别，置入文件只有在 Photoshop 工作界面中已经存在图像文件时才能激活该命令，被置入的图像可以通过拖动控制点将其放大或者缩小。在 Photoshop CS5 中，执行"文件"→"置入"命令还可以将 Illustrator 的 AI 格式文件以及 EPS、PDF、PDP 文件置入到当前操作的图像文件中。

4.2.2　创建和编辑选区

在多媒体作品的设计过程中，需要面对大量的图像调整、图像抠取和图像拼贴等操作。无论是调整图像或拼贴图像，首先在图像中指定一个需要进行编辑操作的区域，被编辑的范围将会局限在选区内，而选区以外的像素将会处于被保护状态，不能够被编辑。根据不同的图像处理要求，可以使用不同的方法创建选区。

1. 使用选框工具建立规则选区

对于具有矩形、正方形、椭圆形或圆形等选区边界较为整齐的图像，Photoshop 提供了选框工具组，其中包含矩形选框工具、椭圆选框工具、单行选框工具和单列选框工具，以便用户快速创建各种规则选区，如图 4-4 所示。

图 4-4　选框工具

（1）矩形选框工具。使用矩形选框工具，可以在图像上创建一个矩形选区。该工具是区域选框工具中最基本且最常用的工具。在 Photoshop 中打开图像，在工具箱中选择矩形选框工具，或者按 M 键，选择矩形选框工具，并在选框工具属性栏中进行相应设置，如图 4-5 所示，在图像中拖动画出一块四周有流动虚线的区域，这样一个矩形选区就创建好了，如图 4-6 所示。在选取过程中如果按 Esc 键将取消本次选取。

图 4-5　选框工具属性栏

选区创建完成后，还可以使用选框工具属性栏上的选区运算按钮来创建由两个以上基本选区组合构成的复杂选区。这四个选区运算按钮分别是：

新选区：新选区会替代原选区，相当于取消后重新选取。

添加到选区：新选区会与原选区相加，合并成一个大的选区。

从选区减去：从原选区中减去新选区。若两个选区不相交则没有任何效果，若两选区有相交部分则最后效果是从原选区中减去了两者相交的区域。注意，新选区不能大于原选区。

与选区交叉：保留两个选区的相交部分，若没有相交部分，则会出现警告框。

（2）椭圆选框工具。选择椭圆选框工具，在图像上拖动鼠标，可以创建椭圆选区，如图 4-7 所示。按住 Shift 键，在图像上拖动鼠标，可以创建一个正圆形选区。

（3）单行选框工具和单列选框工具。使用单行选框工具和单列选框工具能创建 1 像素宽的单行和单列的选区。在工具箱中选择单行选框工具或单列选框工具，在要选择的区域旁边单击，即可创建单行或单列选区，如图 4-8 所示。

图 4-6　创建矩形选区　　　　图 4-7　创建椭圆选区　　　　图 4-8　创建单行选区

2．使用套索工具建立不规则选区

所谓不规则选区指的是随意性强，不被局限在几何形状内，它们可以是鼠标任意创建的也可以是通过计算而得到的单个选区或多个选区。在 Photoshop CS5 中可以用套索工具组来创建不规则选区。

1）套索工具

利用套索工具可以创建形状随意的曲线选区。使用时，在图像中按住鼠标左键沿所需形状边缘拖动，若拖动到起点后释放鼠标，则会形成一个封闭的选区；若未回到起点就释放鼠标，则起点和终点间会自动以直线相连。由于比较难以控制鼠标走向，一般套索工具适合于创建一些精确性要求不高的选区或者随意区域，如图4-9所示。

2）多边形套索工具

多边形套索工具的原理是使用折线作为选区局部的边界，由鼠标连续单击生成的折线段连接起来形成一个多边形的选区。使用时，先在图像上单击确定多边形选区的起点，移动鼠标时会有一条直线跟随着鼠标，沿着要选择形状的边缘到达合适的位置单击创建一个转折点，按照同样的方法沿着选区边缘移动并依次创建各个转折点，最终回到起点后单击完成选区的创建。若不回到起点，在任意位置双击也会自动在起点和终点间生成一条连线作为多边形选区的最后一条边。多边形套索工具相比套索工具来说能更好地控制鼠标走向，所以创建的选区更为精确，一般适合于绘制形状边缘为直线的选区，如图4-10所示。

3）磁性套索工具

磁性套索工具是根据颜色像素自动查找边缘来生成与选择对象最为接近的选区，一般适合于选择与背景反差较大且边缘复杂的对象。具体使用方法与套索工具类似，先单击确定一个起点，然后在沿着对象边缘移动鼠标时会根据颜色范围自动绘制边界。若在选取过程中，局部对比度较低难以精确绘制时，也可以单击添加紧固点，按Delete键将会删除当前取样点，最后移动到起点位置单击，完成图像的选取，如图4-11所示。

图4-9　套索工具选区　　　　图4-10　多边形套索工具选区　　　图4-11　磁性套索工具选区

3. 使用智能选区工具快速选区

1）魔棒工具

魔棒工具和快速选择工具是智能选区工具。魔棒工具是根据相邻像素的颜色相似程度来确定选区的。当使用魔棒工具时，Photoshop将确定相邻近的像素是否在同一颜色范围容许值之内，这个容许值可以在魔棒工具属性栏中定义，所有在容许值范围内的像素都会被选上。魔棒工具属性栏如图4-12所示，其中容差的范围为0～255，默认值为32。输入的容许值越低，则所选取的像素颜色和所单击的那一个像素颜色越接近。反之，可选颜色的范围越大。

图4-12　魔棒工具属性栏

2）快速选择工具

快速选择工具是智能的，它比魔棒工具更加直观和准确。在快速选择工具属性栏中可以选择新选区、添加到选区、从选区减去 3 种方式进行选取操作，如图 4-13 所示。

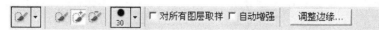

图 4-13　快速选择工具属性栏

新选区：在未选择任何选区的情况下的默认选项。创建初始选区后，此选项将自动更改为"添加到选区"。

添加到选区：新绘制的区域将被包含到已有的选区中。

从选区减去：从已有选区中减去另外拖过的区域。

4．编辑选区

为了让创建的选区更加符合不同的使用需要，在图像中绘制或创建选区后还可以对选区进行多次修改或适当的编辑，这些编辑操作包括取消、隐藏或显示选区、反选、移动、羽化选区、删除选区内容等。

1）取消或重新选择选区

在图像中创建选区后，确定选区工具是选定状态的情况下，在选区内或选区外单击即可取消选区，也可以执行"选择"→"取消选择"命令或按 Ctrl+D 快捷键来取消选区。在取消选区后，执行"选择"→"重新选择"命令或按 Shift+Ctrl+D 快捷键，可以重新选择最近建立的选区。

2）隐藏或显示选区

选区创建后还可以进行隐藏，以避免选区周围的闪烁线条影响对图像细节的观察。按 Ctrl+H 快捷键可以实现选区的隐藏或显示操作。

3）反选选区

在 Photoshop 中创建选区后，很多情况下要对选区外面的区域进行编辑，这时只要执行"选择"→"反向"命令或按 Ctrl+shift+I 快捷键，即可将选区反选。

4）移动选区和选区中的图像

如果需要对选区位置进行调整，可以进行移动选区的操作。将鼠标指针置于选区内，按住鼠标左键拖动到合适的位置释放鼠标。也可以使用键盘的上、下、左、右方向键移动选区，使用方向键可以更精确地控制选区的移动。

要移动选区中的图像，首先选择移动工具 ，移动鼠标指针到选区内部，按下鼠标左键并拖到目标位置，然后松开鼠标左键即可移动所选图像部分。如果当前编辑的是"背景"图层，则移走图像后的空白处将自动填充背景色。

例 4-1：复制、移动选区实例。

要求：选中素材图片中的主体，再用 Alt 键配合移动工具，将选中的内容复制多个，分布在素材图片中适当的位置。

步骤：执行"文件"→"打开"命令打开如图 4-14(a)所示的素材图片，使用选区工具选取其中一个水果，然后选择移动工具 ，按住 Alt 键不放在图像窗口中用鼠标拖动选中的水果，选区中的水果即可被复制和移动。用同样的方法复制几个水果到图像的其他部分，执行"选择"→"取消选择"命令，将选区取消。处理后的图像效果如图 4-14(b)所示。

(a) 选中要复制的内容　　　　　　　　　　　(b) 处理后的图像

图 4-14　复制、移动选区

5) 羽化选区

羽化选区是指对选区边缘进行渐趋透明的柔化处理，让选区边缘变得柔和，从而使选区内的图像与选区外的图像自然过渡。羽化选区后填充选区即可看到羽化后的效果。羽化

图 4-15　"羽化选区"对话框

半径越大，羽化的效果越明显，模糊边缘丢失选区边缘的细节也会越多。

在图像上建立选区后，执行"选择"→"修改"→"羽化"命令，在弹出的对话框中(图 4-15)设置羽化半径即可完成羽化操作。也可以按 Shift+F6 快捷键或直接在选框工具、套索工具属性栏的羽化选项中设置羽化半径(图 4-16)。

图 4-16　选框工具属性栏

例 4-2： 选区羽化实例。

步骤：

(1) 打开素材图片，选取要羽化的图像部分，如图 4-17(a)所示。

(2) 执行"选择"→"修改"→"羽化"命令，设置羽化值为 20px。

(3) 执行"选择"→"反向"命令选择选区外的图像部分，按 Delete 键会弹出"填充"对话框，如图 4-17(b)所示。设置填充"颜色"为白色即可看到羽化后的效果，如图 4-17(c)所示。

(a) 羽化前的选区　　　　　　　(b) "填充"对话框　　　　　　(c) 羽化后的图像

图 4-17　选区羽化

6) 删除选区内容

创建要删除的选区，按 Delete 键即可快速删除选区内的图像。但值得注意的是，在 Photoshop CS5 中增加了内容识别的功能，在"背景"图层锁定的情况下(图 4-18)，按 Delete 键会打开"填充"对话框，如图 4-17(b)所示，起到内容识别快捷键的作用，不能删除选区。要想删除选区，则需要先双击图层，在弹出的"新建图层"对话框中直接单击"确定"按钮，将锁定的"背景"图层转换为普通图层，解锁后的图层才能正常删除选区内容。

图 4-18　图片锁定状态

例 4-3：制作透明背景图片。

步骤：

(1) 打开素材图片，如图 4-19(a)所示。双击图层面板中的"背景"图层(图 4-18)，在弹出的"新建图层"对话框中单击"确定"按钮解除图片锁定状态，用选区工具选取小鸟图像。

(2) 执行"选择"→"反向"命令选取要删除的背景区域，按 Delete 键删除。

(3) 执行"文件"→"存储"命令，在存储类型中可以选择 GIF 或 PNG 格式，其中 GIF 通用性较好，而 PNG 图片质量较好，在 Flash 动画制作中用的较多。单击"保存"按钮，透明背景图片即可制作完成，如图 4-19(b)所示。

(a) 原素材图像　　　　　　　　　　　　(b) 透明背景图像

图 4-19　制作透明背景图片

5. 应用选区

1) 剪切、复制和粘贴图像

选择图像中的全部或部分区域后，执行"编辑"→"拷贝/剪切"命令或按 Ctrl+C/X 快捷键，均可将选区内的图像复制或剪切到剪贴板中。在打开的其他图像窗口或程序中执行"编辑"→"粘贴"命令或按 Ctrl+V 快捷键，即可将剪贴板中的图像粘贴到新的位置，并建立新图层。

例 4-4：图像合成实例。

步骤：

(1) 打开蝴蝶素材图像，用选区工具选择蝴蝶图像，如图 4-20(a)所示。

(2) 执行"编辑"→"拷贝"命令将选区内的图像复制到剪贴板中。

(3) 执行"选择"→"修改"→"羽化"命令，设置羽化值为 5px。

(4) 打开花朵素材图像，如图 4-20(b)所示。执行"编辑"→"粘贴"命令。

　　(5) 执行"编辑"→"自由变换"命令对粘贴后的蝴蝶图像进行大小或方向的变换调整，使它与新的图像融合得更加自然，如图 4-20(c) 所示。

　(a) 选取并复制原图　　　　　(b) 花朵素材图像　　　　　(c) 粘贴并调整图像

图 4-20　图像合成

2) 为选区中的图像描边

　　选取要编辑的区域，执行"编辑"→"描边"命令，在弹出的"描边"对话框中对选区进行描边参数设置(图 4-21)。选区描边后的效果如图 4-22 所示。

图 4-21　"描边"对话框　　　　　　　图 4-22　描边后的效果

3) 为选区填充图像

　　对于选区可以填充前景色或背景色，利用"填充"命令还可以选择更多的填充效果。选择要填充的区域，执行"编辑"→"填充"命令，在 "填充"对话框的"使用"中选择一种填充方式并设置混合效果后单击"确定"按钮，即可完成填充操作。

　　例 4-5：图案填充选区实例。

　　步骤：

　　(1) 打开素材图片，用选区工具选择需要填充的区域，如图 4-23(a) 所示。

　(a) 选取填充区域　　　　　(b) "填充"对话框　　　　　(c) 填充后的效果

图 4-23　图案填充选区

（2）执行"编辑"→"填充"命令，在"填充"对话框中进行参数设置，如图 4-23（b）所示。

（3）填充参数设置完成后，单击"确定"按钮即可得到如图 4-23（c）所示图案填充后的效果。

例 4-6：内容识别填充选区实例（用内容识别填充的方法智能填充选区）。

步骤：

（1）打开素材图像，如图 4-24（a）所示。

（2）使用套索工具选取动物图像，羽化值设为 2px。

（3）执行"编辑"→"填充"命令或按 Shift+F5 快捷键，在弹出的"填充"对话框的"内容"选项中选择"内容识别"，单击"确定"按钮，系统会自动计算出与选区最匹配的图像并填充选区。

（4）图像的内容识别填充效果如图 4-24（b）所示。注意：可多次进行选区和重复利用内容识别来逐步修复图片，达到完美效果。

　　　（a）素材图像　　　　　　　　　　　　　（b）运用内容识别删除动物图像

图 4-24　内容识别填充选区

4.2.3　图像编辑

图像编辑是图像处理的基础，在 Photoshop CS5 中除了可以对图像进行各种变换操作（如放大、缩小、旋转、倾斜等）基本操作外，还能对图像进行复制、去除斑点、修补、修饰图像的残损等处理。这些操作能让图像在更大程度上符合使用环境，让图像根据使用需求而变化，提高其应用度。

1．改变图像大小

使用"图像大小"命令可以调整图像的像素大小、打印尺寸和分辨率。执行"图像"→"图像大小"命令，在弹出的"图像大小"对话框重新设置"像素大小"或"文档大小"值就可以改变当前图像的大小。

2．图像剪裁与旋转

1）图像剪裁

在 Photoshop CS5 中，图像剪裁是在不改变图像文件分辨率的情况下改变图像画面尺寸，只是裁剪图像中不需要的边缘部分，而不影响非裁剪区域的图像部分。可以使用裁剪工具或执行"图像"→"裁剪"命令对图像进行裁剪。图像剪裁工具组如图 4-25 所示。

图 4-25　裁剪工具组

选择裁剪工具，移动鼠标指针到当前图像文件窗口拖动出一个矩形裁切区域，将需要保留的图像部分框起来，拖动控制柄调整裁剪区域到所需大小和位置，然后在选区内双击或按 Enter 键确认，即可完成图像的裁剪操作。

"裁剪"操作是移去部分图像以形成突出或加强构图效果的过程。使用"裁剪"命令可以将图像按照选定的选区进行矩形裁剪。在打开的图像中先创建一个选区，再执行"图像"→"裁剪"命令即可以对图像进行裁剪。

2）旋转图像

要旋转图像，执行"图像"→"旋转画布"命令，在弹出的子菜单中设置相应的选项进行不同角度的旋转。

3. 变换图像

1）变换

在 Photoshop CS5 中，使用"变换"命令可以对图像进行旋转、斜切、扭曲、透视、变形等操作。"自由变换"命令则可以配合功能键对选定的图像区域进行各种变换和调整操作。可将"自由变换"命令和"变换"命令结合使用，使其在功能上有所扩充，让图像的调整具有更多变换。

2）操控变形

"操控变形"命令是 Photoshop CS5 版本的新增功能，使用该命令可在图像上针对某个点进行拖动变形图像，让图像进行快速而细致的变形，从而使其适应各种不同的需求。要进行操控变形的操作，首先解除"背景"图层的锁定状态，然后执行"编辑"→"操控变形"命令，可以在解锁后的图像上建立网格。如果当前图像中存在选区，则只在选区上建立网格，如图 4-26(a)所示。然后使用"图钉"命令固定若干个特定的位置后，拖动需要变形的部位即可完成变形操作。操控变形效果如图 4-26(b)所示。

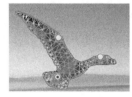 

(a) 操控变形　　　　　　　　　　　　(b) 操控变形效果

图 4-26　操控变形图像

4. 图像修复

修复工具用于校正图像中的瑕疵，不仅可以有效处理图像中的杂质，还可以通过自动调整项目让图像看起来更自然。图像修复工具组如图 4-27 所示。

1）污点修复画笔工具

图 4-27　图像修复工具组

利用污点修复画笔工具可以自动地在图像中进行像素取样，只需在图像中的污点上单击，即可快速移去图像中的污点和其他不理想部分。

2）修复画笔工具

修复画笔工具用于校正瑕疵，可以将复制的图像很自然地融入到周围的图像中，常用于修复图像中的瑕疵。修复画笔工具在复制图像时，将取样点的像素信息融入到要修复图像的位置，并保持复制图像的纹理、层次和色彩，因此能与周围的图像完美融合。

图 4-28 修复画笔工具属性栏

使用修复画笔工具修复图像时，首先选择修复画笔工具，在其属性栏中(图 4-28)选择"取样"单选按钮，然后在"画笔预设"选取器中设置画笔的角度、粗细等属性，在图像中需要修复的区域附近(图 4-29(a))按住 Alt 键并单击，对要复制的源进行取样，最后将鼠标指针移到需要修复的

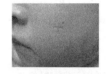 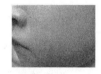

(a) 疤痕修复前素材图像　　(b) 修复后的图像效果

图 4-29 修复图像

地方单击或按下鼠标左键并拖动，即可完成图像的修复操作，如图 4-29(b)所示。

3）修补工具

修补工具的作用与修复画笔工具相似，不同的是，使用修补工具必须在图像中建立选区，在选区的范围内修补图像。修补工具包括"源"和"目标"两种修补方式，可以用其他区域或图案中的像素来修复选取的区域，也可以用选区中的图像修补其他区域。修补工具属性栏如图 4-30 所示。

图 4-30 修补工具属性栏

源：将用采集来的图像替换当前选区内的图像。

目标：把选区内的图像移到目标图像上，并且选区内的图像将会和目标图像融合在一起，达到修复图像的效果。

利用修补工具修补图像时，首先选择修补工具，在其属性栏中选择"源"或"目标"单选按钮，选取图像中需要修复的区域(图 4-31(a))。在选区内按下鼠标左键，将选区拖动到适当的位置(如与修补区相近的区域)，释放鼠标后，即可完成图像的修复操作，如图 4-31(b)所示。

(a) 待修补的素材图像　　　　　(b) 修补后的图像效果

图 4-31 修补图像

4）红眼工具

使用红眼工具可以对图像中因曝光过度等因素而产生的颜色偏差问题进行有效修正。

图 4-32　红眼工具属性栏

利用红眼工具可移去用闪光灯拍摄的人像或动物照片中的红眼，也可以移去用闪光灯拍摄的动物照片中的白色或绿色反光。

红眼工具属性栏如图 4-32 所示。"瞳孔大小"用于设置瞳孔的大小，百分比值越大，修正的范围越广。反之则修正的范围越小。"变暗量"用于设置瞳孔变暗的程度。如果红眼现象严重，则数值可适当设置的大些，但过大的数值也会使瞳孔变得过暗，影响画面的真实感。选择红眼工具，在图像中的红眼上单击，即可自动校正红眼现象。

5. 清除图像

要清除图像，必须先选取图像，指定清除的图像内容，然后执行"编辑"→"清除"命令或按 Delete 键即可，清除"背景"图层中的图像会填入背景色。该命令与"剪切"命令类似，但并不相同，剪切是将图像剪切后放入剪贴板，而清除则是删除且不放入剪贴板。

需要注意的是，不管是剪切、复制，还是删除，都可以配合使用羽化功能，先对选取范围进行羽化操作，然后进行剪切、复制或清除操作。这样可以使选区边缘的图像更好地融合在一起。

4.2.4　图像色调处理

Photoshop CS5 中对图像色彩和色调的控制是图像编辑的关键，它直接关系到图像最后的效果，只有有效地控制图像的色彩和色调，才能制作出高品质的图像。Photoshop CS5 提供了更为完善的色彩和色调的调整功能，这些功能主要存放在"图像"菜单的"调整"子菜单中，使用它们可以快捷方便地控制图像的颜色和色调。

1. 图像色调的基本调整命令

1）亮度与对比度调整

"亮度与对比度"命令可以调整图像的亮度和对比度。该命令可以对图像进行整体调整，也可以针对图像中的选区或是单个通道进行调整，是快速、简单的色彩调整命令，在调整的过程中，会损失图像中的一些颜色细节。

2）去色

"去色"命令是将彩色图像转换为相同颜色模式下的灰度图像，即将图像中所有颜色的饱和度都变为 0，"去色"命令可以对整个图像或图像的某一选择区域进行转换。打开素材图像，执行"图像"→"调整"→"去色"命令即可完成色彩调整。

3）色相/饱和度调整

颜色可以产生对比效果，使图像显得更加绚丽。运用"色相/饱和度"命令对颜色进行适当的调整不仅能够色彩替换，还能使原来黯淡的图像明亮绚丽。

打开素材图像，选取要替换颜色的区域，执行"图像"→"调整"→"色相/饱和度"命令，在打开的"色相/饱和度"对话框（图 4-33）中进行相应的参数设置即可完成色彩替换。

在"色相/饱和度"对话框中有一个"着色"复选框，"着色"是一种单色代替彩色的操作，将原图像中的色彩统一变为单一色，但会保留原图像的像素明暗度。

图 4-33 "色相/饱和度"对话框

4）色彩平衡

在创作中，输入的图像经常会出现色偏，这时就需校正色彩，"色彩平衡"命令是 Photoshop CS5 中进行色彩校正的一个重要工具，使用它可以改变图像中的颜色组成。使用"色彩平衡"命令可以更改图像的暗调、中间调和高光的总体颜色混合，它是靠调整某一个区域中互补色的多少来调整图像颜色，使图像的整体色彩趋向所需色调。

2. 图像色调的特殊调整命令

1）匹配颜色

"匹配颜色"命令可以用源图像匹配目标图像的亮度、色相及饱和度，从而使两幅图像的色调看上去和谐统一。如果使用选区，还可以对指定的区域进行颜色匹配操作。

打开要进行颜色匹配的两幅素材图像，选择要调整的图像为当前图像窗口。执行"图像"→"调整"→"匹配颜色"命令，在打开的"匹配颜色"对话框的"源"列表框中选择要匹配的源图像，进行亮度、颜色强度和渐隐等属性调整即可完成颜色匹配效果。

2）反相

反相即将某个像素的颜色改变为它的互补色。一幅图像上有很多颜色，每种颜色都转成各自的补色，相当于将这幅图像的色相旋转了180°，原来黑色的此时变白色，原来绿色的此时会变成紫色。先选取要设置反相的内容，然后执行"图像"→"调整"→"反相"命令或按 Ctrl+I 快捷键即可。

3）阈值

使用"阈值"命令可以将一幅彩色图像或灰度图像转换成只有黑白两种色调的高对比度的黑白图像。要将一幅图像转换成黑白色调图像，可以执行"图像"→"调整"→"阈值"命令，在弹出的对话框中拖动滑块来定义阈值。滑块越向右偏移，"阈值色阶"数值越大，所得到的图像中黑色区域越大；反之得到的图像中白色区域越大。

4) 阴影/高光

"阴影/高光"命令特别适合于由于逆光摄影而形成剪影的照片，照片背景光线强烈，而主体及周围图像由于逆光而光线暗淡。执行"阴影/高光"命令可以分别对图像的阴影和高光区域进行调节，在加亮阴影区域时不会损失高光区域的细节，在调暗高光区域时也不会损失阴影区域的细节。

执行"图像"→"调整"→"阴影/高光"命令，在打开的"阴影/高光"对话框中分别拖动"阴影"和"高光"滑块，进行图像高光区域和阴影区域的亮度调整。

4.2.5　画笔与填充绘图

Photoshop CS5 提供了强大的绘图与填充工具。"画笔"是绘画工具中最为常用的工具之一，它可以模拟真实的笔触效果，绘制出带有艺术效果的笔触图像。灵活运用"画笔"工具，可以创建出变幻丰富的视觉效果。

1. 选择颜色

颜色设置是进行图像修饰与编辑之前应掌握的基本技能。在 Photoshop CS5 中，可以通过多种方法来设置颜色。

1) 设置前景色和背景色

前景色又被称为图色，背景色则被称为画布色。Photoshop CS5 使用前景色来绘画、填充和描边选区，使用背景色来生成渐变填充和在"背景"图层中填充清除区域。工具箱中的"前景色"和"背景色"按钮在最下面，如图 4-34 所示。在系统默认条件下，前景色和背景色分别为黑色和白色。可以通过"前景色/背景色切换"按钮或按 X 键进行切换。如果颜色发生变化，可以通过单击"默认前景色/背景色"按钮或按 D 键来恢复成原来的设置。单击"前景色"或"背景色"按钮则打开"色板"面板，可以在"色板"面板上选择所需要的颜色。

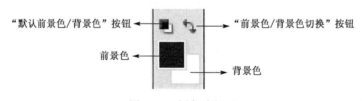

图 4-34　颜色选择区

2) 吸管工具

除了自己定义颜色外，也可以直接使用图像中存在的颜色，方法是使用吸管工具在图像中单击，从而将前景色转换成为单击处的像素颜色，如果按住 Alt 键单击，则吸取的颜色将设置成为背景色。吸管工具属性栏如图 4-35 所示。

图 4-35　吸管工具属性栏

取样点：选择"N×N 平均"选项，可以取得在单击处周围 N×N 像素的平均色值。

样本：可以选择"所有图层"和"当前图层"选项，即将吸取颜色的范围设置为所有图层或限制为当前所选图层。

显示取样环：选择该选项后，使用吸管工具吸取颜色时，将显示一个取样环。其中内圆环的上半部分显示的是本次吸取的颜色，而下半部分显示的是当前的前景色。

2. 绘图工具

在 Photoshop CS5 中常用的绘图工具有画笔工具和铅笔工具，使用它们可以像使用传统手绘的画笔一样，但比传统手绘更为灵活。

图 4-36　绘图工具组

1）画笔工具

运用画笔工具（图 4-36）可以在图像上绘制各种笔触效果，笔触颜色与当前的前景色相同，也可以创建柔和的描边效果。单击工具箱中的画笔工具即可调出画笔工具属性栏，如图 4-37 所示。

图 4-37　画笔工具属性栏

在画笔工具属性栏中可以进行相应的属性设置。

画笔：在此下拉列表中选择一个合适的画笔。

模式：在此下拉列表中选择用画笔工具绘图时的混合模式。

不透明度：用于设置绘制效果的不透明度，其中 100%表示完全不透明，0 表示完全透明。不透明度数值越大，绘画后前景色的覆盖力越强，反之越弱。

流量：设置绘图时的速度，数值越小，用笔刷绘图的速度越慢。

2）铅笔工具

铅笔工具的使用方法与画笔工具类似，但铅笔工具只能绘制硬边线条或图形，和生活中的铅笔功能非常相似。铅笔工具属性栏如图 4-38 所示。

图 4-38　铅笔工具属性栏

"自动抹除"选项是铅笔工具特有的。选中此项后，可将铅笔工具当做橡皮擦使用。一般情况下铅笔工具以前景色绘画，当选中该选项后，在与前景色颜色相同的图像区域绘图时，会自动擦除前景色而填入背景色。

3. 画笔面板

画笔功能在 Photoshop CS5 版本中得到了很大的扩展，单击画笔工具属性栏上的"切换画笔面板"按钮，或执行"窗口"→"画笔"命令均可打开"画笔"面板进行详细的

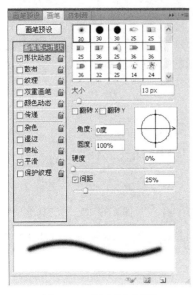

图 4-39　"画笔"面板

属性设置。如图 4-39 所示，在"画笔"面板的参数区，可以控制画笔的"形状动态"、"散布"、"颜色动态"、"传递"、"杂色"、"湿边"等数种动态属性参数，组合这些参数，可以得到多种不同的效果。

1）在面板中选择画笔

若要在"画笔"面板中选择画笔，可以单击"画笔"面板的"画笔笔尖形状"选项，在画笔显示区中选择需要的画笔。

2）设置画笔笔尖形状

"画笔"面板中的每一种画笔都有很多种基本属性，包括"大小"、"角度"、"间距"和"圆度"等，对于圆形画笔，还可对其"柔和度"参数进行编辑。

3）形状动态参数

形状动态用于绘画过程中设置画笔笔迹的变化。形状抖动包括大小抖动、最小直径、角度抖动和圆度抖动等内容。

4）散布参数

通过设置画笔的散布参数，可以控制画笔偏离画笔路径线的程度。

5）颜色动态参数

"颜色动态"控制在绘画过程中画笔颜色的变化情况。需要注意的是，设置动态颜色属性时，"画笔"面板下方的预览框并不会显示相应的效果。动态颜色效果只有在图像窗口中进行具体绘画时才能看到。

例 4-7："画笔"面板的使用实例——用画笔的样式绘制心形白云环绕效果。

步骤：

（1）执行"文件"→"打开"命令，打开素材图像。

（2）新建"图层1"，单击自由钢笔工具，在其属性栏中选择"路径"，绘制心形路径。

（3）设置前景色为白色。

（4）选择画笔工具，在其属性栏中单击"切换画笔面板"按钮，切换到"画笔"面板。设置画笔笔尖形状大小为 100px。

（5）在"形状动态"项目中设置"大小抖动"为 100%，"控制"为"钢笔压力"，"最小直径"为 20%，"角度抖动"为 20%，"圆度抖动"设置为 0，如图 4-40（a）所示。

（6）单击"散布"项目选择"两轴"复选框并设置值为 120%，"数量"值为 5，"数量抖动"设置为 100%，并选择"平滑"项目。如图 4-40（b）所示。

（7）单击"纹理"项目，选择"图案"中的云朵图案（图 4-40（c）），"缩放"为 100%，"模式"为颜色加深。把"为每个笔尖设置纹理"默认的选择状态去掉。

（8）单击"传递"项目，设置"不透明抖动"为 50%，"流量抖动"为 20%。

（9）设置完成后，关闭"画笔"面板，切换到"路径"面板，在"路径"面板中的"工作路径"上右击，从弹出的快捷菜单中选择"描边路径"命令。在"描边路径"对话框的

"工具"选项中选择"画笔"，单击"确定"按钮进行路径描边，如图 4-41 所示，最后按 Ctrl+H 快捷键隐藏路径即可完成最终效果，如图 4-42 所示。

(a) 形状动态设置

(b) 散步参数设置

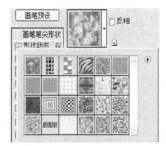
(c) 设置云朵图案

图 4-40　画笔设置

图 4-41　"描边路径"对话框

图 4-42　心形白云效果图

4. 新建画笔

在绘图过程中，"画笔"面板所列出的画笔远远不能满足各种任务的需要，这时可以通过创建画笔的方法来定义新的画笔。要定义画笔，首先绘制所需要的画笔形状，用选区工具选择绘制好的画笔形状，然后执行"编辑"→"定义画笔"命令，在弹出的"画笔名称"对话框中输入画笔名称即可。

除了通过绘制新图像得到画笔外，还可以将素材图像定义为画笔。方法是选取素材图像中要作为画笔的图像部分，执行"编辑"→"定义画笔预设"命令，在弹出的对话框中输入新画笔的名称，即可在"画笔"面板中找到使用素材图像定义的画笔。

4.2.6　图层、通道和蒙版

1. 图层

图层是 Photoshop CS5 中处理图像的关键，是实现绘制与合成的基础，在执行所有的操作中都不能离开它。在实际的绘画中将一幅图画的各个部分画在不同的透明纸上，纸上有图像的地方是不透明的，没有图像的地方是透明的，然后把这些透明纸叠放在一起就可以形成一幅完整的图画。而在 Photoshop CS5 中，图层就相当于这些透明纸，通过图层可以制作出任何想要的效果。

1）创建新图层

执行"图层"→"新建"→"图层"命令或单击"图层"面板下方的"创建新图层"按钮，均可新建一个空白的普通图层。

2）复制图层

在"图层"面板中，右击所需复制的图层，在弹出的快捷菜单中执行"复制图层"命令，在"复制图层"对话框中的"目的"下拉列表框中选择当前文件。

3）删除图层

在"图层"面板中选中所需删除图层，拖动到面板下方的"垃圾箱"按钮上；也可以右击所需删除的图层，在"图层"面板中执行"删除图层"命令。

4）调整图层顺序

选中需要移动的图层，用鼠标直接拖动到目标位置，或执行"图层"→"排列"菜单下的相应命令。

例 4-8：图层应用实例——制作飞机从云团冲出效果。

提示：通过图层的复制和混合选项的调整，制作出飞机从云团中冲出的效果。

步骤：

（1）打开飞机和白云素材图像，如图 4-43（a）、（b）所示。

（2）将飞机图像抠取并复制到白云图像文件中，形成新的图层"图层 1"。

（3）执行"编辑"→"自由变换"命令对抠取的飞机图像进行大小和方向调整。

（4）双击"图层 1"的图层缩览图，弹出"图层样式"对话框，在"混合选项"中按如图 4-44 所示参数指定混合图层的色调范围。单击"确定"按钮完成制作，效果如图 4-43（c）所示。

　（a）白云素材图像　　　　　　　（b）飞机素材图像　　　　　　　（c）合成图像

图 4-43　图层编辑

2. 通道

通道是用来保存颜色信息以及选区的一个载体，它可以存储图像所有的颜色信息，还可以存储选区，调整图像色彩，创建特殊的图像效果。在 Photoshop CS5 中包含有 3 种类型的通道，分别为颜色通道、Alpha通道和专色通道，它们均以图标形式出现在"通道"面板中。

例 4-9：通道应用实例——Photoshop CS5 通道实现调色。

步骤：

（1）打开一幅素材图像。执行"图层"→"复制图层"命令，得到"背景副本"图层。

（2）切换至"通道"面板，分别查看每个通道颜色的状态，选择"绿"通道，并打开 RGB 通道前的眼睛图标，显示图像的全部通道，这样在调整图像时，方便对图像进行观察。

（3）执行"图像"→"调整"→"曲线"命令，在打开的"曲线"对话框中向上拖动曲线调整图像，增加图像中的绿色成分，完毕后关闭对话框。

（4）选择"蓝"通道，再次执行"图像"→"调整"→"曲线"命令，增加图像中的蓝色成分，完成如图 4-45 所示实例制作。

图 4-44　混合选项参数设置

图 4-45　通道调色效果图

3．蒙版

在 Photoshop CS5 中，蒙版就是遮罩，它控制着图层及图层组中的不同区域如何隐藏或显示。通过更改蒙版，可以对图层应用各种特殊效果，而不会影响该图层上的实际像素。

蒙版是灰度图像，可以像编辑其他图像那样来编辑蒙版。在蒙版中，用黑色绘制的内容将会隐藏，用白色绘制的内容将会显示，而用灰色绘制的内容将以各级灰度显示。蒙版分为快速蒙版、矢量蒙版、剪贴蒙版和图层蒙版 4 种。

例 4-10：图层蒙版应用实例。

步骤：

（1）打开背景图像素材和人物图像素材，如图 4-46(a)、(b)所示。

（2）选取复制人物图像素材至背景图像窗口中，然后执行"编辑"→"自由变换"命令或按 Ctrl+T 快捷键调整图像的大小和位置。

（3）单击"图层"面板上的"添加图层蒙版"按钮，为"图层 1"添加图层蒙版。

（4）设置前景色为黑色，选择画笔工具调整合适的画笔大小，在图层周围涂抹编辑图层蒙版。

（5）按住 Alt 键并单击"图层蒙版"缩览图，图像窗口会显示出蒙版图像。如果要恢复图像显示状态，再次按住 Alt 键并单击蒙版缩览图即可。

（6）设置图层的不透明度为 80%即可完成最终制作效果，如图 4-46(c)所示。

（a）素材图像

（b）人物素材图像

（c）效果图

图 4-46　图层蒙版应用

4.2.7 文字编辑

在多媒体创作过程中，常用到一些特殊效果的文字，利用 Photoshop CS5 的文本工具可以快速得到各种效果文字。

1. 文字的输入与编辑

1）创建点文字

点文字的每行文字都是独立的，每行的长度随着编辑过程自动增加或缩短，但不会自动换行，如果需要换行必须按 Enter 键。点文字在多媒体作品中常用来制作标题，方法如下。

（1）新建一个图像文件，选择横排文字工具或直排文字工具，在图像中单击，为文字设置插入点。

（2）在文字编辑属性栏、"字符"面板和"段落"面板中设置文字属性，如图 4-47 所示。

（3）在光标后面输入所需要的文字后，按 Ctrl+Enter 快捷键可完成文字的输入，如图 4-48 所示。

图 4-47　文字编辑属性栏

2）创建段落文字

段落文字与点文字的不同之处在于文字显示的范围由一个文本框界定。当输入的文字到达文本框的边缘时，文字就会自动换行。改变文字框的边框时，文字会自动改变每一行显示的文字数量以适应新的文本框。段落文字创建方法如下：

（1）新建一个图像文件，选择横排文字工具或直排文字工具，在页面中拖动光标创建段落文字定界框。

（2）在定界框内输入文字，输入完成后按 Ctrl+Enter 快捷键确认创建段落文本，如图 4-49 所示。

（3）在工具选项属性栏或"字符"面板和"段落"面板中设置文字属性。

（4）根据需要调整定界框的大小，通过定界框还可以旋转、缩放和斜切文字，如图 4-50 所示。

图 4-48　点文字　　　　　　　图 4-49　段落文字　　　　　　图 4-50　斜切文字

2．创建变形文字

Photoshop CS5 可以对文字进行变形操作，以便转换为波浪形、球形等各种形状，从而创建富有动感的文字特效。在图像中输入文字，单击工具属性栏中的"创建文字变形"按钮 ，在弹出的"变形文字"对话框中选择相应的变形样式即可得到文本变形效果，如图 4-51 所示。执行"窗口"→"样式"命令，通过"样式"面板，可以对文字进行立体效果修饰，如图 4-52 所示。

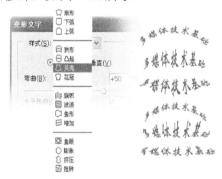

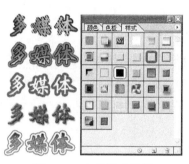

　　　　图 4-51　变形文字效果　　　　　　　　　　　　图 4-52　文字样式效果

如果要重置或取消文字变形，可以在"变形文字"对话框的"样式"下拉列表中重新选择样式或选择"无"，即可改变或取消文字的变形。

3．创建路径文字

路径是指使用钢笔工具或形状工具创建的直线或曲线轮廓。路径绕排文字是多媒体作品中常见的一种文字编排方法。

沿路径排列文字，首先要绘制路径，然后使用文字工具输入文字。具体操作如下：

选择钢笔工具或形状工具，单击工具属性栏上的"路径"按钮 ，使用绘制路径的方法，绘制一段开放或闭合的路径，选择横排文字工具或竖排文字工具，把插入点移至路径上方，单击即可输入文字。文字输入完成后，按 Ctrl+H 快捷键隐藏路径，即得到文字沿路径排列的效果，如图 4-53 所示。

图 4-53　沿路径排列文字

4．创建异形轮廓段落文本

在 Photoshop CS5 中，除了可以将文字沿路径排列外，还可以将文字设置在一个闭合的路径或形状中，从而改变段落文字的外部形状。

打开一幅图像，新建一个图层，利用钢笔工具在图像上绘制出异形轮廓，也可以在工具箱中选择自定形状工具，选择所需形状，然后在图像窗口中按住鼠标左键拖动绘制出一个形状来（图 4-54（a））。异形轮廓绘制完成后，选择横排文字工具，在路径内单击输入文字，文字即可按照路径的形状进行排列。最后按 Ctrl+H 快捷键隐藏路径。最终文字效果如图 4-54（b）所示。

(a) 异形轮廓段落文字

(b) 隐藏路径后的效果

图 4-54　异形轮廓文字效果

4.2.8　滤镜应用

滤镜是按照一定的程序算法对图像中像素的颜色、亮度、饱和度、对比度、色调、分布、排列等属性进行计算和变换处理，以达到对图像进行抽象、艺术化的特殊处理效果。在 Photoshop CS5 中共包含了 15 组，共 100 多种滤镜命令，通过滤镜组的编辑，制作特殊的图像效果。

1．滤镜库

滤镜库是一个集合了多个滤镜的对话框。使用滤镜库可以将多个滤镜同时应用于同一幅图像，或者对同一幅图像多次应用同一幅滤镜，甚至可以使用对话框中的其他滤镜来替换原有的滤镜。

例 4-11：滤镜库应用实例。

步骤：

（1）打开一幅素材图像，如图 4-55（a）所示。执行"滤镜"→"滤镜库"命令，打开"滤镜库"对话框。展开"画笔描边"滤镜组的列表，选择"喷色描边"滤镜。

（2）单击"新建效果图层"按钮，新建一个滤镜效果图层，该图层也会被自动添加"喷色描边"滤镜效果，单击"阴影线"设置阴影线滤镜效果。

（3）再次单击"新建效果图层"按钮，新建一个滤镜效果图层，然后选择"喷溅"滤镜，单击"确定"按钮，3 个滤镜叠加后，创建出如同油画般的效果，如图 4-55（b）所示。

(a) 素材图像

(b) 应用滤镜效果

图 4-55　滤镜库应用

2．液化

"液化"滤镜是修饰图像和创建艺术效果的强大工具，它能够非常灵活地创建推拉、扭曲、旋转、收缩等变形效果，可以修改图像的任意区域。在数码照片处理中，常使用"液化"工具来修饰脸型或身材，得到怪异的变形效果。
打开素材图像，如图 4-56(a)所示，执行"滤镜"→
"液化"命令，在打开的"液化"对话框中进行相应
的设置即可。液化后的效果如图 4-56(b)所示。

(a) 素材图像　　(b) 液化后的效果

图 4-56　液化滤镜效果图

3. 风格化滤镜

"风格化"滤镜组通过置换图像中的像素和通过
查找并增加图像的对比度，使图像产生绘画或印象派风格的艺术效果。利用该滤镜组中的
命令可以制作出闪电、流星等特效图像。

4. 扭曲滤镜

"扭曲"滤镜是一组非常实用的滤镜。可以通过移动、扩展或缩小构成图像的像素，使
图像产生各种各样的扭曲变形，创作出 3D 或其他诸如玻璃、海浪和涟漪等变形效果。

5. 纹理滤镜

"纹理"滤镜组的主要功能是使图像产生各种纹理变形效果，常用来创建图像的凹凸纹
理和材质效果，使图像表面具有深度感或物质感。

6. 渲染滤镜

"渲染"滤镜组可以改变图像的光感效果。使用"渲染"滤镜可以在图像中创建出纤维、
云彩图案(图 4-57)和模拟光线反射，并从灰度文件创建纹理填充以产生类似 3D 的光照效
果，如图 4-58 所示。

图 4-57　云彩滤镜

图 4-58　镜头光晕滤镜

4.3　CorelDRAW 图形处理

4.3.1　CorelDRAW X3 概述

CorelDRAW X3 是由 Corel 公司开发的矢量图形处理和编辑软件。它具有强大的绘图
功能，丰富的特效命令，能够快速地将创意转换为专业结果。使用 CorelDRAW 全面的图
像套件，用户能够轻松地处理广泛的项目方案，包括创建标志、Web 图形、包装设计以及
宣传册等。CorelDRAW X3 拥有 40 多种新功能和 400 多种增强特性，可谓是设计行业的一

项突破。CorelDRAW X3 已经广泛应用于广告设计、包装设计、服装设计、艺术设计、工具设计、文字、排版、美术创建以及分色输出等与平面设计相关的各个领域。

1. CorelDRAW 工作界面

正确安装 CorelDRAW X3 应用程序之后，使用系统"开始"菜单启动，将出现"欢迎"界面，界面中提供了一些建立或编辑图形、模版文件的快捷方式，如图 4-59 所示。若不希望每次启动时都出现欢迎界面，只需在该界面底部的"启动时显示这个欢迎屏幕"复选框中单击，取消该选项即可。下次启动时，系统将以默认的"新建"方式打开一个空白页面，命名为"图1"，整个界面窗口如图 4-60 所示。

图 4-59　CorelDRAW X3 欢迎界面

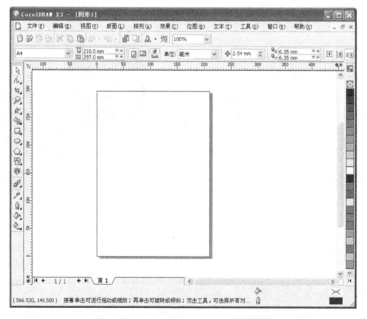

图 4-60　CorelDRAW X3 工作界面

工作界面窗口由标题栏、菜单栏、标准工具栏、属性工具栏、绘图工具箱、标尺、绘图页、绘图窗口、泊坞窗、调色板、状态栏、文档导航器、导航器和滚动条组成。

（1）标题栏。位于界面窗口顶部，显示当前运行的程序名称和用户正在编辑的文件名称。

（2）菜单栏。集成了几乎所有的命令和选项，是进行图形编辑、特效处理、视图管理等操作的基本方式。

（3）标准工具栏。一组可视化按钮，提供常用命令的快捷方式。右击弹出快捷菜单可定制工作界面。

（4）属性工具栏。提供当前所使用工具、操作的相应属性，用于调整对象属性以及对图形对象进行精确定位。右击弹出快捷菜单可定制工作界面。

（5）绘图工具箱。位于界面窗口的左侧，提供了最为快捷的图形工具、效果工具和文本工具。

（6）标尺。编辑页面上一组精确定位的工具，提供横向和纵向二维尺度，用于定位图形位置。

（7）绘图页。绘图窗口中的矩形区域，它是工作区域中可打印的区域。

（8）绘图窗口。绘图页之外的区域，以滚动条和应用程序控件为边界。

（9）泊坞窗。位于界面窗口右侧的一个活动窗口，包含了与特定工具或任务相关的可用命令及其设置。

（10）调色板。包含色样的泊坞栏，为用户图形提供着色。单击颜色块用以填充闭合图形，右击颜色块用以填充闭合图形轮廓色。

（11）状态栏。应用程序窗口的底部区域，包含诸如类型、大小、颜色、填充和分辨率等有关对象属性的信息。状态栏还可提示鼠标指针的当前位置。

（12）文档导航器。应用程序窗口左下方的区域，包含用于页间移动和添加页面等控件，如图 4-61 所示。

（13）导航器。位于绘图窗口右下角、垂直和水平滚动条交叉处的一个正方形按钮，用于打开一个较小的显示屏，如图 4-62 所示，以帮助用户在绘图区上移动。

（14）滚动条。位于图像编辑区的右下边缘，提供页面滚动功能。

图 4-61　文档导航器　　　　　　　　图 4-62　导航器

2. 文件管理

1）新建图形文件

CorelDRAW X3 的"文件"菜单用于进行文件管理的相关操作，可以通过该菜单新建文件或从模板新建文件。在弹出的欢迎界面中单击"新建"图标，或者在启动后执行"文件"→"新建"命令，也可以直接单击工具箱中的"新建"按钮或按 Ctrl+N 快捷键来新建一个文件，此时在工作区中会出现一张空白的绘图纸。

2）打开、保存和关闭图形文件

执行"打开"命令，可以打开或继续编辑以前未完成的文档。执行"保存"命令对当前的图形文件进行保存，将文件保存后，可以直接单击程序窗口右上角的"关闭"按钮，退出程序，也可以执行"文件"→"关闭"命令，关闭当前文件。

3）导入和导出文件

CorelDRAW 不仅可以对矢量图进行创作和编辑，它还可以对位图进行处理。若要将位图图像在 CorelDRAW 中进行处理，则必须执行"文件"→"导入"命令才可以将位图在 CorelDRAW 中打开，对于编辑完成的图形则可以执行"文件"→"导出"命令将其保存为图像格式。

3. 页面基本设置

绘图可以从指定页面的大小、方向与版面样式设置开始。在指定页面版面时选择的选项可以作为创建所有新绘图的默认值，也可以调整页面的大小和方向，以便与打印的标准纸张设置匹配。

1）设置页面大小及方向

通常"新建"文件后，页面大小默认为 A4，但是在实际应用中，要按照最终要求的具体情况来设置页面大小及方向，可以在"属性栏"或者"选项"对话框中进行设置。

2）设置版面样式

当使用默认版面样式时，文档中每页都被认为是单页，而且会在单页中打印，可以选择用于多页出版的版面样式，如小册子和手册等。多页版面样式(书籍、小册子、帐篷卡、侧折卡和上折卡)将页面大小拆分成两个或多个相等部分，每部分都为单独的页。使用单独部分有其优势，可以用竖直的方向编辑每个页面，并在绘图窗口中按序号排序，与打印文档要求的版面无关。准备好打印时，应用程序自动按打印和装订的要求排列页面。

3）设置页面背景

在默认状态下，页面背景是没有颜色的。如果在设计制作时，需要为页面背景指定颜色或图片，可以通过"选项"对话框中的设置为页面指定纯色背景，或为页面设置更复杂的背景、动态背景。

4. CorelDRAW 的辅助工具

CorelDRAW 的一些辅助工具不参与图形创作，但是它们对于图形创作却起到了辅助的作用，使用这些工具可以更加精确和迅速地制作出优秀的作品。

1）缩放工具

在实际绘图工作中，常常需要对视图进行放大或缩小显示的操作，实现该操作可通过两种方式：一种可利用缩放工具；另一种可利用缩放工具的属性栏。

2）手形工具

对于在窗口中显示不完整的绘图页面，可通过手形工具来查看其他部分，其使用方法如下：单击工具箱中的手形工具，然后在绘图页面中拖动鼠标即可。该工具只是移动观察对象的视角，并不是移动对象本身的位置。

3）标尺

执行"视图"→"标尺"命令，显示与隐藏标尺。对标尺的操作方法有以下两种：

（1）移动标尺：按住 Shift 键的同时用鼠标拖动标尺至合适的位置，松开鼠标。

（2）改变标尺上坐标原点的位置：将鼠标指针移动到水平标尺和垂直标尺的相交处，按下鼠标左键不放拖动鼠标至需要定义原点的位置，松开鼠标。

4）网格

执行"视图"→"网格"命令，显示或隐藏网格，网格由一系列的水平和垂直方向上不可打印的直线组成，常用于协助绘制和排列对象。注意：如果需要在绘图过程中对齐网格，则选择"视图"→"对齐网格"命令，系统可实现按格点对齐的效果。

5）辅助线

在绘图过程中可利用辅助线来辅助绘制图形，辅助线由不可打印的直线组成，但可以随着绘制的图形一起保存。执行"视图"→"辅助线"命令，显示或隐藏辅助线。

4.3.2　CorelDRAW 基本形状绘制

1．矩形工具组

对于一般矩形只需要选择矩形工具，然后就可以在页面上拖动出任意形状的矩形，如图 4-63（a）所示。拖动的同时按住 Ctrl 键可以制作正方形，如图 4-63（b）所示；拖动的同时按住 Shift 键，将以拖动的起点为中心制作一个矩形。实现圆角矩形的方法有两种：一是画出矩形后再把指针移动到方形某个角的关键节点上，按住这个节点进行拖动；二是使用属性工具栏设置 4 个角的圆滑度以绘制圆角矩形，如图 4-63（c）所示。

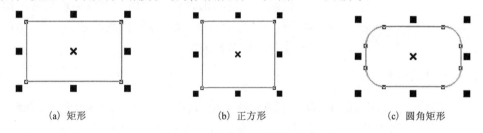

(a) 矩形　　　　　　　　　　　(b) 正方形　　　　　　　　　　(c) 圆角矩形

图 4-63　矩形工具组图形绘制

2．椭圆形工具组

选择椭圆形工具，可以画出任意形状的椭圆形状，如图 4-64（a）所示。按下 Ctrl 键，将画出正圆；拖动的同时按住 Shift 键，将以拖动的起点为圆心画一个椭圆。扇形和弧线都是从圆形修改而来的，把指针移到圆上方的节点上，然后拖动即可，如图 4-64（b）、（c）所示；当然也可以在属性工具栏中设置弧形和饼形起始点的度数而得到。

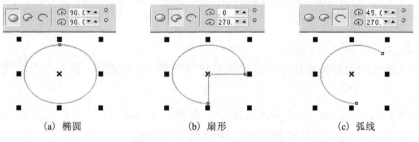

(a) 椭圆　　　　　　　　　　　(b) 扇形　　　　　　　　　　　(c) 弧线

图 4-64　椭圆形工具组图形绘制

3. 多边形工具组

绘制其他多边形，可使用多边形工具、智能绘图工具和形状工具等，如图 4-65 所示。利用基本几何图形，使用"排列"菜单中的"修整"选项(包括焊接、修剪、相交、简化、前减后、后减前等)也可以制作特殊的图形。

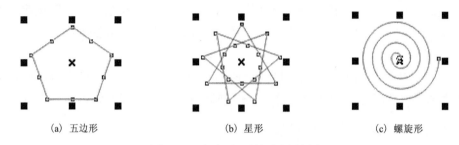

(a) 五边形   (b) 星形   (c) 螺旋形

图 4-65　多边形工具组图形绘制

4. 手绘工具组

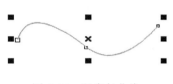

图 4-66　贝塞尔曲线

手绘工具可以制作直线，最主要的用处还是画曲线。选择手绘工具，按住鼠标左键拖动鼠标，就像在一张纸上使用铅笔一样。释放鼠标完成绘制曲线。CorelDRAW会根据鼠标拖动的路径计算出一条近似的贝塞尔曲线，如图 4-66 所示。有时画出来的曲线和预想的有一定差异，还会有一些多余的节点。

5. 基本形状绘制

在基本形状工具组中(图 4-67)，选择一种预设形状工具，在工具属性栏中选择一种图形样式，然后在页面中单击并拖动鼠标，至合适位置释放鼠标，即可绘制出所选的图形，如图 4-68 所示。

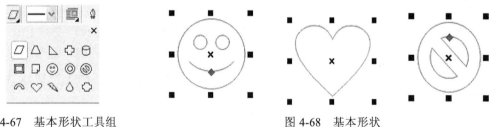

图 4-67　基本形状工具组   图 4-68　基本形状

例 4-12：制作相机快门图案。

相机快门制作的主要技术线路是：使用多边形工具、3点椭圆工具、组合工具加以实现。

步骤：

(1) 选择多边形工具，在工作区内拖动，得到一个有 12 个节点的正六边形。

(2) 选择形状工具，然后选择其中一个节点向中心拖动，得到快门片图案。

（3）选择 3 点椭圆工具，按下 Ctrl 键，拖动出一个正圆。

（4）二者重叠后，按 Ctrl+G 快捷键组合对象，如图 4-69 所示。

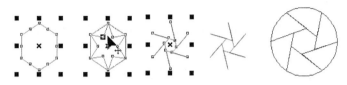

图 4-69　相机快门图案制作过程

4.3.3　对象的基本编辑

1. 选择对象

用矩形、椭圆、多边形等基本绘图工具绘制对象后，系统会自动选取所绘对象。也可以在工具箱中选择挑选工具，在图形上单击，便可将其选中。如果要选取多个对象，可以配合 Shift 键来完成或者用选择工具在要选取的对象外围拖动出一个蓝色虚线方框，释放鼠标后，被框选的一个或多个对象处于选取状态。

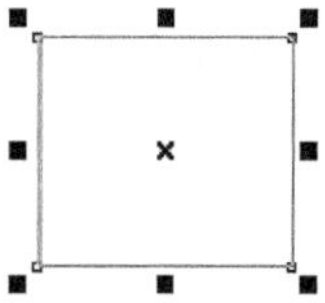

对象被选取后周围会出现 8 个控制点，拖动控制点，可改变对象的大小，如图 4-70 所示。

图 4-70　选取对象

2. 移动和旋转对象

将移动鼠标指针到选择对象上，拖动鼠标即可实现对象的移动。如果在拖动对象时，按下 Ctrl 键，对象就会按着水平或垂直方向移动。要旋转对象，首先单击选中对象，然后再次单击对象，对象四周会出现旋转的控制点，将移动光标到控制点上当鼠标指针变为旋转形状时拖动即可完成旋转操作。

3. 缩放对象

在选择对象后，将光标移到对象四周的控制点上，然后按住左键进行拖动，就能把对象放大缩小。如果按着 Ctrl 键，对象的缩放比例按着对象的整倍数缩放。

4. 复制和再制对象

在 CorelDRAW 中，再制与复制类似，将对象放到剪贴板上，然后将复制的对象放入绘图区，不需要粘贴，再制对象与复制对象之间有较小的位移。

5. 对象的运算

CorelDRAW 为对象编辑提供了功能强大的造形操作，造形命令可以将绘图窗口中选择的多个图形进行焊接、修剪、相交、简化等运算，从而生成新的图形。执行"排列"→"造形"命令，在弹出的子菜单中选择相应的造形命令即可。

1）焊接

"焊接"命令用于将两个或多个重叠或分离的对象焊接在一起，形成一个单独的对象。当在绘图窗口中同时选择两个或两个以上的图形时，选择此命令或单击属性栏中的按钮，可以将选择的图形焊接为一个图形。此命令相当于多个图形相加运算后得到的形态。不是任何对象都可以焊接的，其中段落、文本、仿制的原对象和导入的位图不能进行焊接操作，但可以对仿制的对象进行焊接。

·绘制一个椭圆，然后稍微旋转一点角度。按 Ctrl+D 快捷键再制一个。运用属性工具栏上的"水平镜像"按钮，将再制的椭圆翻转过来。然后同时选择两个图形，单击"焊接"按钮，两个图形就合为一个图形，给图形填充上色，如图 4-71 所示。

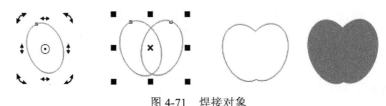

图 4-71　焊接对象

2）修剪

"修剪"命令用于将一个对象多余的部分去掉，如果修剪的两个部分是重叠的，则先选择的对象为来源对象，要编辑的对象为目标对象，修剪后对象的属性保持不变。当在绘图窗口中同时选择两个或多个图形时，可以对选择的图形进行修剪运算，即下方的图形减去与上方图形重合的部分生成相减后的形态。

·绘制一个小圆，和图 4-71 制作的图形重叠。然后同时选择两个图形，单击"修剪"按钮即可使用小圆切割红色的图形。操作后，把小圆删除即可。也可以直接使用"后减前"按钮来切割修剪图形，如图 4-72 所示。

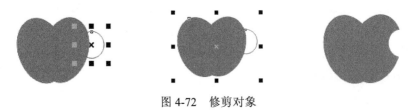

图 4-72　修剪对象

3）相交

"相交"命令用于来源对象和目标对象的重叠部分，它能把多个重叠的对象成为一个单独的对象，单击对象的属性就取决于目标对象的属性，前提是一定要相交，否则无法进行编辑。

·绘制一个椭圆，旋转一点角度，按 Ctrl+D 快捷键再制一个，水平镜像。同时选择两个椭圆，单击"相交"按钮，两个椭圆相交的部分生成一个新的图形，然后删除两个椭圆，剩下中间的相交部分。填充为绿色，作为苹果的叶子，如图 4-73 所示。

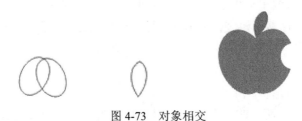

图 4-73　对象相交

4) 其他编辑造型功能

简化、前减后、后减前 3 种造型命令，是修剪命令的简化操作，简化是来源对象和目标对象相交的部分会被修剪掉，上面的对象被默认为来源对象，下面的对象被默认为目标对象。

6. 对象的对齐与分布

使用"对齐和分布"命令能使多个对象按照需要对齐位置，按照指定的命令方式分布于页面。

7. 对象的群组操作

将图像结合与群组是 CorelDRAW 中常用的功能。不过群组中的图形，还保持原有图形的属性，解组后，各图形与群组前没有变化；而多个图形结合后，图形各自原有的属性会发生变化，只有选中"拆分曲线"复选框，才能将图形分开，拆分后，各图形不再具备结合前图形的属性。

4.3.4　图形色彩填充

1. 图形填充

图形的填充是在某一封闭形状的对象内填入单一颜色、渐变色、位图或图案等内容。默认状态下，绘制的图形只有黑色轮廓线，而无填充色。选择工具箱中的填充工具组，使用图形填充相关工具为轮廓和图形内部设置不同的填充属性。填充工具组如图 4-74 所示。

例 4-13：制作彩色叶子水滴。

步骤：

（1）选择基本形状工具，在属性栏中的"完美形状"下拉列表中选择"水滴"形状，在空白页面绘制出如图 4-75（a）所示形状。

（2）单击填充工具栏中的"PostScript 填充"按钮，在弹出的"PostScript 底纹"对话框中设置底纹样式为"彩叶"，数目为 30。

（3）设置完成后，单击"确定"按钮，即可得到如图 4-75（b）所示填充效果。

图 4-74　填充工具组

（a）绘制水滴形状

（b）填充效果

图 4-75　制作彩色叶子水滴

2. 交互式填充

交互式填充工具组包括交互式填充工具和交互式网状填充工具，如图 4-76 所示。利用交互式填充工具可以制作一系列特殊效果，通过变形对象，给对象添加新的元素或改变对象外观等多种操作，使其达到不同的效果。

1) 交互式填充

交互式填充是通过在中间添加过渡色来进行的操作，使用交互式填充工具可以直接在对象上设置填充参数并进行颜色调整，其填充方式有均匀填充、线性填充、射线填充、圆锥填充、底纹填充等。用该工具在所要填充的图形上拖拽，可以将图形填充默认的黑白渐变色。选取调色板中的色标，并拖拽到交互式填充工具的边缘，或直接拖拽到图形颜色渐变控制点上设置渐变色，对填充的图形进行更改，如图 4-77 所示。

图 4-76　交互式填充工具组

图 4-77　交互式射线填充

图 4-78　交互式网状填充

2) 交互式网状填充

交互式网状填充工具可以为对象应用复杂多变的网状填充效果，同时，在不同的网点上可填充不同的颜色并定义颜色的扭曲方向，从而产生各异的效果。网状填充只能应用于封闭对象或单条路径上。应用网状填充时，可以指定网格的列数和行数，以及指定网格的交叉点等，如图 4-78 所示。

例 4-14：利用 CorelDraw 的绘制工具、造形工具、交互式工具绘制如图 4-79(f)所示齿轮图案。

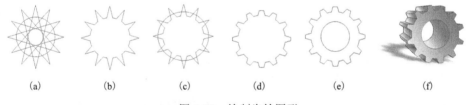

　(a)　　　　　(b)　　　　　(c)　　　　　(d)　　　　　(e)　　　　　(f)

图 4-79　绘制齿轮图形

步骤：

(1) 选择工具箱中的复杂星形工具，在工具属性栏中设置边数为 12，锐度为 4，绘制一个 12 边的复杂星形。然后按 Ctrl 键绘制一个正圆，如图 4-79(a)所示。

(2) 选中两个图形，执行"排列"→"造形"→"焊接"命令进行焊接，如图 4-79(b)所示。

(3) 再次绘制一个大圆，如图 4-79(c)所示，选择这两个图形，执行"造形"→"相交"命令。移除两个源图形，保留目标图形，效果如图 4-79(d)所示。

(4) 在图 4-79(d)所示的图形中心绘制一个小圆，选择两个图形，执行"造形"→"修剪"命令。移除中心小圆，目标图形如图 4-79(e)所示。

(5) 利用交互式填充工具进行颜色填充。

(6) 利用交互式立体化工具和交互式阴影工具设置图形的立体效果，如图 7-79(f)所示。

4.3.5　文本处理

在进行平面设计创作时，图形、色彩和文字是最基本的三大要素。文字的作用是任何元素都不可替代的，它能直观地反映出诉求信息，让人一目了然。

1. 文本工具

1）输入美术文本

选择文本工具字，在绘图窗口中任意位置单击，出现输入文字的光标后，选择合适的输入法，在文本属性栏中设置文字属性，直接输入文字即可。在输入的过程中按 Enter 键进行段落换行，如图 4-80 所示。

图 4-80　在图片上输入美术文本

图 4-81　段落文本

2）输入段落文本

在绘图页面按住鼠标左键，并沿对角线拖动鼠标，制出一个矩形的虚线框，在文本属性栏中设置文字属性后，即可在虚线框中直接输入段落文本，如图 4-81 所示。

2. 字符与段落格式化

1）选择文本

选择文本工具，在文本中按住鼠标左键拖动可选中所需文本。也可以使用选择工具单击文本对象，即可选中整个段落文本或美术字文本，被选中的文本将高亮反显。

2）字符与段落格式化

选中文本，执行"文本"→"编辑文本"命令，在打开的"编辑文本"对话框中可设置文本的字体、字号等属性，还可执行查找、替换、更改大小写等操作。也可以直接在"文本"菜单下选择"字符格式化"命令或"段落格式化"命令，在字符或段落泊坞窗口中进行相应的属性设置。

拖动段落文本的文本框，可以按文本框大小改变段落文本的大小；单击属性栏中的方向更改按钮，可改变文本的排列方向。

使用形状工具单击选择文本，在每个文字的左下角将出现一个空心节点，单击空心节点，空心节点将变为黑色，表示该字符被选中。此时可利用属性栏选择新的字体或字号等，改变该字的属性。

3. 文字特效编辑

1) 沿路径排列文本

在进行设计创作时，为了使文字与图案造型更紧密地结合在一起，通常会应用将文本沿路径排列的设计方式。创建美术字文本后，用贝塞尔工具创建一条路径，用选择工具将文本与路径同时选中，执行"文本"→"使文本适合路径"命令，将美术字文本沿路径排列，如图 4-82 所示。沿路径排列完成后，选择路径并右击，在弹出的快捷菜单中选择"删除"命令删除路径。

2) 重新对齐文本

利用 CorelDRAW 系统提供的"对齐基准"和"矫正文本"功能，可以将某些移动位置的文本串，或沿路径分布的文本重新对齐。

3) 内置文本

在 CorelDRAW 中，用户可利用"内置文本"命令将文本放置到设计好的图形对象中。用选择工具选择文本，右击并拖动文本至图形中，释放鼠标后，在弹出的菜单中选择"内置文本"命令，如图 4-83 所示。文本内置后效果如图 4-84 所示。

图 4-82　沿路径排列文字　　　　　　　　图 4-83　绘制基本形状

4) 使段落文本环绕图形

文本沿图形排列，是指沿着图形的外框形状进行文本的排列。创建段落文本与图形后，右击图形，从弹出的菜单中选择"段落文本换行"命令，段落文本环绕图形效果如图 4-85 所示。

图 4-84　内置文本　　　　　　　　　　图 4-85　段落文本环绕图形

例 4-15：封面设计。

本例将制作一个实用的教材封面，采用的技术路线是：渐变填充、文字阴影、几何划线、曲线对象、文字轮廓。

步骤：

（1）双击矩形工具，创建页面图文框。

（2）单击交互式填充工具，在属性栏选择"射线填充方式"按钮，首选填充颜色设置为绿松石，终止填充颜色设置为白，调整圆心和半径得到一个满意的渐变比例。

（3）在绘图区的中上方绘制一个与页面宽度相同的紫色矩形。选择文本工具，输入文字"多媒体技术与应用"；选择输入的文本，在属性栏中分别调整字体属性；单击挑选工具，选择文本，调整文本大小及位置；单击调色板，选择文本填充色。

（4）选择交互式阴影工具，在文本上单击并拖动到合适的地点作为投射阴影的位置；如果阴影的位置不理想，还可以拖动阴影的末端色块进行调整；阴影的颜色、边缘及羽化方向可以在属性栏中调整；阴影控制手柄中间的滑块用以调整阴影的透明度，距离末端色块越远，阴影越淡。

（5）选择手绘工具划线，分别在起始点和终止点处单击；右键选择轮廓颜色；在属性栏中设置轮廓宽度为 5mm。

（6）执行"文件"→"导入"命令，导入一幅素材图像，调整图像大小，并移至合适的位置。

（7）选择文本工具，输入文字"科学出版社"并设置好文字的各种属性；执行"排列"→"转换为曲线"命令，或按 Ctrl+Q 快捷键，将文字转换为曲线对象。

（8）执行"效果"→"轮廓图"命令，打开轮廓图泊坞窗；在第一个选项卡中选择"向外"命令，设置偏移量和步长值分别为 1.24 和 1；在第二个选项卡中选择"逆时针路径"命令，设置轮廓图的轮廓色及填充颜色；执行"应用"命令。

（9）保存并导出位图文件如图 4-86 所示。

图 4-86　教材封面

4.3.6　图形特效制作

1．调和工具

调和效果也称为混合效果。应用交互式调和效果，可以在两个或多个对象之间产生形

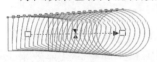

图 4-87　形状调和

状和颜色上的过渡，如图 4-87 所示。在两个不同对象之间进行调和时，对象的填充方式、排列顺序和外形轮廓等都会直接影响调和效果。在实际的设计创作中，交互式调和工具是一个应用非常广泛的工具。

2．轮廓图工具

轮廓图效果可以使选定对象的轮廓向中心、向内或向外增加一系列的同心线圈，产生一种放射的层次效果，如图 4-88 所示。不同的方向产生的轮廓图效果也会不同。用绘图工具在页面中绘制任意图形，然后用交互式轮廓图工具从图形中心向边缘拖动，释放鼠标后，可得到放射的层次效果。轮廓图工具也可以用来编辑美术字。

图 4-88　用轮廓图工具绘制的轮廓图

3. 变形工具

使用交互式变形工具可以不规则地改变对象外观。在工具箱中选择交互式变形工具，然后在属性栏中会出现推拉变形、拉链变形、扭曲变形三个变形方式，选择相应的变形工具并对其进行属性设置，即可对所选对象进行各种不同效果的变形，如图 4-89～图 4-91 所示。

图 4-89　推拉变形效果　　　　图 4-90　拉链变形效果　　　　图 4-91　扭曲变形效果

4. 阴影工具

交互式阴影效果可以为对象创建光线照射的阴影效果，增加景深，使对象产生较强的立体感。在工具箱中选择交互式阴影工具，然后选中需要制作阴影效果的对象，在对象上按下鼠标左键，然后往阴影投映方向拖动鼠标至适当位置，此时会出现对象阴影的虚线轮廓框，释放鼠标即可完成阴影效果的添加。交互式阴影工具也可以应用于图形和文本对象，如图 4-92、图 4-93 所示。

　　　　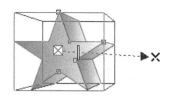

图 4-92　图形阴影效果　　　　图 4-93　文本阴影效果　　　　图 4-94　立体图形

5. 立体化工具

交互式立体化工具是利用三维空间的立体旋转和光源照射的功能产生明暗变化的阴影，从而制作出仿真的 3D 立体效果，使对象具有很强的纵深感和空间感。立体效果也可以应用于图形和文本对象，如图 4-94 所示。

6. 透明度工具

交互式透明工具可为对象创建透明图层的效果。在 CorelDRAW X3 中，使用交互式透明工具可以很方便地对图形对象应用标准、渐变、图案或底纹等透明效果。在对物体的造型处理上，应用交互式透明效果可以很好地表现出对象的光滑质感，增强对象的真实效果。交互式透明效果可应用于矢量图形、文本和位图图像。操作方法如下：导入两幅素材图像，如图 4-95(a)、(b)所示，调整好两幅图像的位置，选择交互式透明工具在上层图像上拖动，即可完成透明效果，如图 4-95(c)所示。

（a）素材图片 1

（b）素材图片 2

（c）透明效果

图 4-95　透明工具应用

例 4-16：凤凰的制作。

步骤：

（1）绘制八边形，如图 4-96 所示。用变形工具把八边形调为星形，如图 4-97 所示。

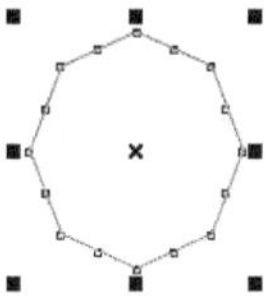

图 4-96　绘制八边形

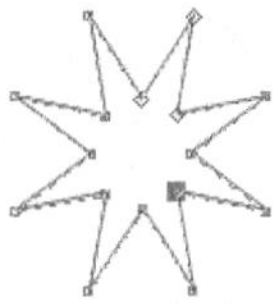

图 4-97　调整为星形

（2）选择交互变形工具，在属性栏里选择"扭曲变形"。

（3）在交互变形工具中的属性栏上填上旋转 1 周，附加角度为 30，如图 4-98 所示。

（4）单击交互变形工具栏上的中心变形，再将鼠标指针移到已变形的八边形的中心，按住鼠标左键，向左下角拖动（不要旋转），看到有凤凰鸟模样的雏形时松开鼠标，如图 4-99 所示。

（5）调整图形的位置，再绘制一个椭圆转成曲线后变形，焊接在凤凰鸟的头上，做成冠，如图 4-100 所示。

图 4-98　交互变形参数设置

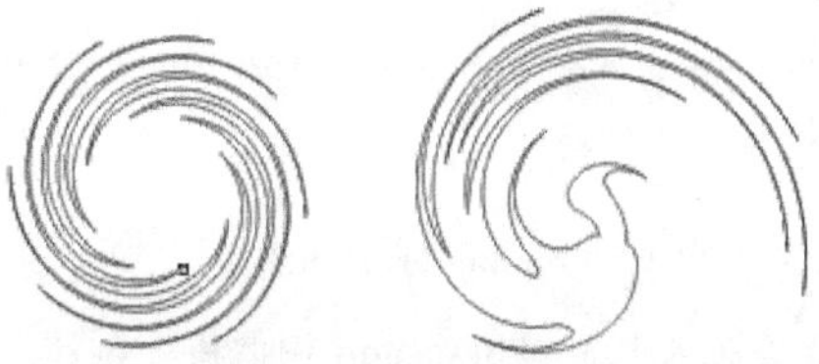

图 4-99　中心变形

图 4-100　制作凤凰头冠

（6）选择交互式填充颜色。选择交互式阴影工具进行阴影设置，如图 4-101 所示。

（7）选择凤凰，执行"编辑"→"再制"命令，再制一只凤凰。选择再制的那只凤凰，在变换泊坞窗中选择"水平镜像"命令，然后选择"应用"命令，制作出两只凤凰相对效果，最后对再制的那只凤凰进行阴影设置，如图 4-102 所示。

图 4-101　颜色填充及阴影设置

图 4-102　再制后效果

4.4 实 践 演 练

4.4.1 实践操作

实例 1：在 Photoshop 中制作图像特效。

实验目的：本实例通过对画笔工具的应用，将一张平淡无奇的照片制作出绚丽的效果。

操作步骤：

（1）打开一幅素材图像，如图 4-103（a）所示。

（2）设置前景色为#09faf6 和背景色为#dc8eec。

（3）选择画笔工具，打开"画笔"面板，设置"间距"为 25%、"大小抖动"为 100%、"散布"为 1000%、"前景/背景抖动"为 100%。

（4）单击"创建新图层"按钮创建新图层，在图层中用刚才设计好的画笔涂抹。

（5）设置"图层 1"的混合模式为"颜色"。

（6）打开一幅花纹素材图像，如图 4-103（b）所示。执行"选择"→"色彩范围"命令，在打开的对话框中选择"颜色容差"为 48，选中"反相"复选框，然后点取图像白色背景区域即可完成花纹素材区域选取。

（7）运用复制、粘贴将花纹素材添加至文件中，再调整至合适大小和位置。设置花纹素材的图层混合模式为"线性减淡"。特效完成如图 4-103（c）所示。

（a）素材原图   （b）花纹素材图像   （c）特效完成图

图 4-103　Photoshop 图像特效制作

实例 2：在 Photoshop 中制作 1 寸的证件照。

实验目的：本例的实验过程是先按需要的尺寸裁切图像，把图像背景选取出来；然后用红色填充背景，给照片加上白边，把制成的照片定义成图案；最后按 5 寸照片规格新建一个白色背景的画布，用图案填充画布。通过本例的操作综合掌握图形图像的基本编辑技巧。

操作步骤：

（1）打开素材图像，按 1 寸证件照的尺寸对图片进行裁切（一定要注意把分辨率设为 300），参数设置如图 4-104 所示。

| 🔳 ▾ | 宽度: 2.78 厘米 | ⇄ | 高度: 3.8 厘米 | 分辨率: 300 | 像素/... ▾ |

图 4-104　裁切工具及参数设置

确定裁切的范围选框的位置,如不太理想可把裁切工具移到框内,这时它变成一个箭头,可以随意拖动选框;细微调整可用方向键;按 Enter 键确认,要想取消选框可按 Esc 键。

(2) 用选框工具选择人物图像,然后反选,选择需要置换颜色的背景部分。

(3) 把背景填充为红色。有两种方法可以实现背景填充:一是先按 Delete 键把背景删除,之后再填充红色;二是直接填充,使用不透明度为100%的红色,完全可以把背景掩盖住。在填充之前要把工具箱中的前景色(或背景色)设为红色。然后执行"编辑"→"填充"命令,在弹出的"填充"对话框中设置"内容"选项为"前景色",即可完成背景颜色填充。取消当前选择,证件照初步完成。

(4) 给照片加白边:照片边框的颜色,由工具箱中的背景色决定。所以,首先要把背景色设为白色。然后执行"图像"→"画布大小"命令,在"画布大小"对话框中设置 1 寸证件照加白边后的尺寸为 3.1 厘米×4.2 厘米。单击"确定"按钮后即可得到加了白边的照片效果。

(5) 在 5 寸相纸上"排版"。这里所说的"5 寸相纸",是指同样大小的画布。印成的照片是 5 寸的,上面有 8 张 1 寸的证件照。排版的方法是把带白边的那张照片定义成图案,往 5 寸大小的画布上填充图案即可完成。执行"编辑"→"定义图案"命令,在弹出"图案名称"对话框中,确认"图案名称"名称是这张照片的标题,单击"确定"按钮,完成图案定义。

(6) 建立一个 5 寸大小的新画布。执行"文件"→"新建"命令,在弹出的"新建"对话框中设置宽度为 12.7 厘米,高度为 8.9 厘米,分辨率为 300,颜色模式为 RGB,背景内容为白色。单击"确定"按钮,得到了一张 5 寸的"相纸"。

(7) 填充图案。执行"编辑"→"填充"命令,在"填充"对话框里选"使用图案",在"自定图案"下拉菜单中选择自定义的照片,单击"确定"按钮即可完成照片图案填充。

实例 3:在 CorelDRAW 中制作酒杯轮廓。

实验目的:通过酒杯轮廓的制作了解辅助线的建立方法,掌握使用 3 点椭圆工具、再制工具、对齐工具、交互式调和工具、填充工具的方法。

操作步骤:

(1) 创建一个新的图形文档。

(2) 从标尺位置处拉出一条垂直方向的辅助线作为中轴线,然后按照杯身的各部分比例拉出水平方向的 4 条辅助线,如图 4-105(a)所示。

(3) 使用点椭圆工具,从辅助线交点处制作出 3 个大小各不相同的椭圆,中间的椭圆利用"编辑"→"再制"命令制作。

(4) 执行"排列"→"对齐和分布"→"垂直居中对齐"命令,将 4 个椭圆沿中轴线对齐。

(5) 单击工具箱中的交互式调和工具,单击属性栏上的"使用确定步数和固定间距的调和"按钮,从最上边开始点击第一个椭圆后向下拖动,分别沿直线调和相邻的两个椭圆对象。在调和过程中应该适当增加属性栏内"步数或调和形状之间的偏移量"的值,效果如图 4-105(b)所示。

(6) 按下 Ctrl 键,选中调和组中的每个调和进行调整,最后效果如图 4-105(c)所示。

（7）用选择工具选中最上层的椭圆对象，打开填充工具栏中"交互式填充"对话框，使用"线性渐变式填充"命令进行填充，得到一个完整的酒杯轮廓图，如图 4-105（d）所示。

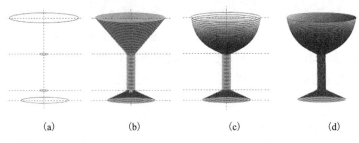

(a)　　　　　　(b)　　　　　　(c)　　　　　　(d)

图 4-105　酒杯轮廓制作

实例 4：在 CorelDRAW 中制作卷页效果。

实验目的：本例将设计一个标准的页面模式，该页面既可以用于 CAI 课件中的章、节选页，也可以用于其他固定的页面框架，在其上放置文本或其他信息。通过本例的操作了解标准填充、转换位图、卷页效果、添加符号、对象排列的操作方法。

操作步骤：

（1）执行"版面"→"页设置"命令，在页面窗口中选择"横向"页面模式；双击矩形工具，创建页面图文框；选择交互式填充工具进行页面颜色填充。

（2）执行"位图"→"转换为位图"命令，将页面转换为位图模式。

（3）执行"位图"→"三维效果"→"卷页"命令，打开如图 4-106 所示的"卷页"对话框；在左边"页角"视图按钮选择要卷起的页角；"定向"选项组可以选择从图像的顶边或底边（垂直的）、左边或右边（水平的）开始卷动；"宽度"与"高度"滑块确定卷动的程度；"颜色"选项组可选择卷起部分的颜色以及留下的背景颜色；如果要使卷动部分是纯色，选择"不透明"单选按钮，如果要在卷动时看到隐藏在下面的图像，选择"透明的"单选按钮；单击"预览"按钮可以预览效果；最后单击"确定"按钮。

（4）卷页后的位图可以存盘或导出，以备用于页面的背景图。

（5）执行"工具"→"对象管理器"命令，新建一个图层。选择艺术笔工具，用艺术笔刷、艺术笔对象喷涂等工具绘制金鱼、水草、泡泡等图形元素。

（6）选择文本工具输入文本，设置字体属性，沿路径排列文字，并使用交互式阴影工具设置字符的阴影。

（7）按住 Shift 键选择同一类对象，执行"排列"→"对齐和分布"命令排列各对象；执行"排列"→"群组"命令组合各对象。导出的位图文件如图 4-107 所示。

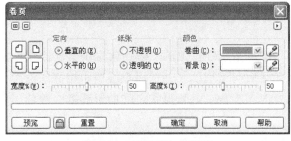

图 4-106　"卷页"对话框

图 4-107　卷页模式效果

4.4.2　综合实践

实例 5：按照 2.3.2 小节综合实践的脚本设计，准备课件《古诗三首》的图形图像素材。（前接 3.5.2 小节实例 4，后续 5.4.2 小节实例 3）

操作步骤：

（1）收集素材。从网上下载收集跟课件主题相关的图像素材。

（2）利用 Photoshop 软件，对收集到图像素材进行截取、抠图、设置透明背景、导出 PNG 图像等操作，为后续的课件制作做准备。

（3）根据脚本设计，这里至少要准备以下图像素材：具有古典风格的画轴、画框和控制按钮，如图 4-108 所示。其中画轴、画框、控制按钮都是独立的、背景透明的 PNG 格式的图片素材。

图 4-108　图像素材

4.4.3　实践任务

任务 1：抠像。

实践内容：从网上下载人物图像和背景图像，在 Photoshop 中抠取人物图像合成到背景图像上。

任务 2：海报制作。

实践内容：在 Photoshop 中利用学过的知识设计一张海报。

任务 3：封面制作。

实践内容：利用应用 CorelDRAW 设计制作你所用教材中的一幅封面。

任务 4：环保图形制作。

实践内容：利用学过的 CorelDRAW 知识绘制环保主题图形。

思考练习题 4

4.1　尝试采用不同的方法采集图像并保存为不同的图像文件格式。

4.2　Photoshop 中如何解锁背景？

4.3　CorelDRAW 中的变形、渐变类工具在 Photoshop 中有没有对应或者类似的功能，为什么？

4.4　和 Photoshop 相比，CorelDRAW 在进行图像处理时，提供的功能和 Photoshop 有什么不同？

第 5 章　动画视频素材编辑

在多媒体作品的设计过程中，与文字、图片相比，动画、视频素材适于表达事物的动态变化过程，渲染效果更强，在表达思想上具有更直观、具体的特点。动画在对真实的物体进行模型化、抽象化、线条化后，生成再造画面，用于动态模拟，展示虚拟现实等；视频处理侧重于研究如何将客观世界中原来存在的实物影像处理成数字化动态影像，研究如何压缩数据、如何还原播放。

动画和视频有着同样的视觉特征，但在具体的制作、加工上却是不同的，各自有自己的一些工具，根据主题和表达的需求，恰当地选择图片、动画、视频，才能达到最佳效果。

5.1　动　画　素　材

5.1.1　动画基础

动画是通过一系列连续的画面来表现运动的技术，它以一定的速度播放以达到视觉上连续运动的效果。科学已经证明，人类具有视觉暂留特性：当人们看到一个物体时，即使它马上消失，在人的视觉中仍会停留大约0.1秒。利用这一原理，如果连续画面播放的间隔不超过这个时间，人就会体验到一种连续变化的视觉效果。常见的电影、电视技术都利用了这一原理，如电影播放的速度是每秒 24 个画面。

以前，动画是电影的类型之一，如用户看到过的剪纸片、木偶片等。随着多媒体技术的发展，计算机动画逐步渗透到各个领域，已成为多媒体作品中不可缺少的表现形式。

计算机动画由一系列静止画面按一定顺序连续播放而成，这些静态的画面称为动画的"帧"。每一帧与相邻的帧略有不同，当帧画面以一定的速度连续播放时，由于视觉暂留现象，从而形成连续的动态效果。为了帮助计算机用户制作和使用动画，涌现出许多动画制作软件，它们各有自己的技术特点，其中以美国 Autodesk 公司的 3d Studio、3d Studio Max 和 Adobe 公司的 Flash 最具代表性。

计算机动画的制作技术很多，也有不同的分类方法。按空间视觉效果分类，可以分为二维的平面动画和三维的立体动画。按动画制作方法来分类，可分为帧动画(即用计算机绘制动画中的每幅画面)和造型动画(先对动画中的角色进行造型，然后给出角色的运动方式和轨迹，最后由计算机按照一定的算法自动计算并绘制出动画中的画面)。它们是计算机动画制作的基本方法。

5.1.2　计算机动画技术

现行的计算机动画技术很多，这里仅简单介绍其中的三种。

1. 关键帧动画

关键帧动画技术是指由动画设计者设计出物体运动过程中的关键画面，关键画面之间的画面由计算机通过计算完成。这种动画在技术上要解决的问题是：给定一条物体运动的轨迹，求物体某一帧在轨迹上的位置、比例、角度等属性值，一般可使用插值方法来完成。

2. 变形动画

变形动画主要应用在一些影视特技上，如一辆汽车变成了一只老虎，一个老人变成了一个小姑娘。二维图像的变形技术主要有交融技术和 Morphing 技术。交融技术是在一个图像淡出的同时，另一个图像淡入。Morphing 技术是指定一种变换，把第 1 幅图像变换为第 2 幅图像；也可以进行逆变换，即把第 2 幅图像变换为第 1 幅图像。在变换生成的连续图像中，前面部分很像第 1 幅图像，后面部分越来越与第 2 幅图像相似。

3. 过程动画

过程动画是用一个过程控制物体运动的动画。一个球按照抛物线运动的动画，就是一个简单的运动动画例子，比较复杂的实例还可以描述单摆、物体碰撞等物理现象。

另两类过程动画是粒子系统和群体动画。

粒子系统可以用来表现不规则、模糊的物体。如果一个物体由一系列粒子来表示，每一个粒子可以根据自己的规律随机地出现、运动、消失，而且每一个粒子可以有自己的颜色、造型、位置等属性，充分体现了不规则物体的动态性和随机性，从而使得模拟自然界中水、云、火等现象成为可能。

在生物界，有很多动物如鸟、鱼等，以某种群体的方式运动，这种运动是随机的，但有一定的规律性。群体动画技术解决了这个问题。在群体动画中，群体成员有自己的属性，同时它们之间又互相联系，从而形成一个整体。

5.1.3　计算机动画制作

由于二维动画和三维动画在效果上有很大区别，它们的制作步骤也各有不同。

1. 二维动画制作

二维计算机动画制作可以大致分为制作关键画面、生成中间画面、着色、预演、合成与后期制作 5 个步骤。

(1) 制作关键画面。在整个动画中选择若干关键画面，这些画面是整个动画变化中的关键点。可以利用绘图工具或数字化输入设备输入、编辑这些画面。

(2) 生成中间画面。利用计算机对关键画面进行插值计算，自动生成中间画面，这是计算机动画的最大优势之一。

(3) 着色。为了提高效率，计算机动画系统开始生成的画面可能是单色的或仅用线条表现轮廓。要生成最后画面，还需对每一幅画面按照一定的规则着色。用计算机进行着色具有精度高、速度快的特点，可以由计算机自动完成。

（4）预演。在着色和制作特殊效果之前，可以直接在计算机屏幕上演示已经生成的动画，若不满意可以及时进行修改。

（5）合成与后期制作。比较复杂的动画可能需要分别设计每一个角色的动画，还要创作动画的背景，最后还需对各个角色、背景进行合成，以形成一个完整的动画。需要时还应进行特殊效果处理、配音等，最后完成动画的制作。

2. 三维动画制作

三维动画设计不仅可以逼真地模拟真实的三维空间，构建三维造型及其运动，还可以设计灯光的强弱、位置、运动，设计虚拟摄影机的拍摄场景，最终生成一系列可供动态实时演播的连续图像，甚至还可以产生一些真实世界不存在的特殊效果。以下是三维动画制作过程中的几个基本步骤。

（1）几何造型。造型是三维动画的基础，一个三维动画系统必须提供对象的造型工具，包括造型编辑器、造型变换工具、数据文件管理、可视化界面环境等。

（2）表面材料编辑。三维动画常常需要生成一些视觉效果逼真的形体，因此表面材料编辑系统在三维动画软件中必不可少。利用它可以建立和修改物体的表面特性，包括颜色、纹理、光照特性参数等。

（3）动画设计。动画设计部分包括动画场景的布局、物体的物理属性、物体随时间变化的描述、灯光随时间变化的描述、摄影机运动的描述等。

（4）成像。成像又称渲染，是三维动画软件必备的关键功能，是采用某种光照模型对设计好的动画计算出一系列真实感图像的技术处理过程。

5.1.4　动画文件格式

常见的动画文件格式有 FLIC、GIF 和 SWF 等。

（1）GIF 格式。GIF（Graphics Interchange Format），即图形交换格式，是 20 世纪 80 年代由美国著名的在线信息服务机构 CompuServe 开发而成。GIF 格式的特点是压缩比高，便于在网络上传输。GIF 图像格式增加了渐显方式，用户可以先看到图像的大致轮廓，然后随着传输过程的继续而逐步看清图像中的细节部分，从而适应了用户“从朦胧到清楚”的观赏心理。目前 Internet 上大量采用的彩色动画文件多为这种格式的文件，很多图像浏览器如 ACDSee 等都可以直接观赏这类动画文件。

（2）FLIC（FLI/FLC）格式。FLIC 格式由 Autodesk 公司研制而成，在 Autodesk 公司出品的 Autodesk Animator、Animator pro、3D Studio 和 3ds Max 等动画制作软件中均采用了这种动画文件格式。FLIC 是 FLC 和 FLI 的统称：FLI 最初是基于 320×200 分辨率的动画文件格式；FLC 进一步扩展，采用了更高效的数据压缩技术，所以具有比 FLI 更高的压缩比，其分辨率也有很大提高。

（3）SWF 格式（Flash 动画）。Flash 是 Adobe 公司的产品，它是一种动画编辑软件，能制作出扩展名为.swf 的动画文件。这种格式的动画能用比较小的体积来表现丰富的多媒体形式，并且还可以与 HTML 文件达到水乳交融的境界。Flash 动画其实是一种“准”流（Stream）形式的文件，用户不必等到动画文件全部下载到本地后再行观看，可以边下载边播放。Flash

动画基于矢量技术制作，因而不管将画面放大多少倍，画面仍然清晰流畅，质量一点儿也不会因此而受到影响。

5.1.5　3ds Max 动画制作

1. 3ds Max 概述

3ds Max 的雏形是当时运行在 DOS 系统下的 3DS，1996 年正式转型为 Windows 操作系统下的程序后被命名为 3D Studio Max。1999 年，Autodesk 公司将收购的 Discreet Logic 公司和旗下的 Kinetix 公司合并，吸收了 3d Studio Max 软件的设计人员，并成立了 Discreet 多媒体分公司，专业致力于提供用于视觉效果、3D 动画、特效编辑、广播图形和电影特技的系统和软件。2005 年 3 月，Discreet 3ds Max 更名为 Autodesk 3ds Max。其版本包含两个产品：用于游戏及影视制作的 3ds Max Entertainment 和用于建筑、工业设计及视觉效果制作的 Autodesk 3ds Max Design。

2. 3ds Max 2011 界面组成

3ds Max 2011 界面组成如图 5-1 所示。

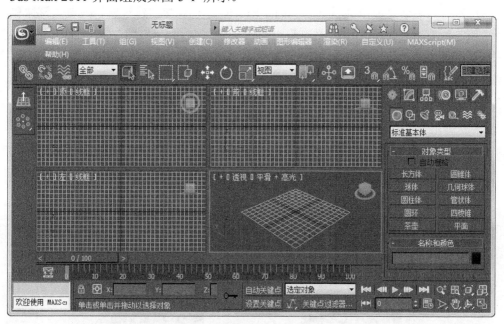

图 5-1　3ds Max 2011 界面组成

1）视图

3ds Max 用户界面的最大区域被分割成若干个矩形区域，用于呈现不同视角，称为视口（Viewports）或者视图（Views）。视口是主要工作区域，每个视口的左上角都有一个标签，启动 3ds Max 后默认的 4 个视口的标签是 Top（顶视图）、Front（前视图）、Left（左视图）和 Perspective（透视视图）。

每个视口都包含垂直线和水平线，这些线组成了 3ds Max 的主栅格。主栅格包含黑色垂直线和黑色水平线，这两条线在三维空间的中心相交，交点的坐标是 $X=0$、$Y=0$ 和 $Z=0$，其余栅格都为灰色显示。顶视图、前视图和左视图显示的场景没有透视效果，这就意味着在这些视口中同一方向的栅格线总是平行的，不能相交。透视视图类似于人的眼睛和摄像机观察时看到的效果，视图中的栅格呈近大远小的透视效果。

2）菜单栏

菜单栏(Menu Bar)位于窗口的最上端。菜单栏包含文件、编辑、工具、组、视图、渲染等 12 个菜单，3ds Max 的菜单栏与标准的 Windows 软件中的菜单栏很相似。

3）工具栏

菜单栏下面是工具栏(Main Toolbar)。工具栏包括主工具栏和浮动工具栏。主工具栏包括各种选择工具、捕捉工具、渲染工具等，还有一些是菜单中的快捷键按钮，可以直接打开某些控制窗口，如"材质编辑器"、"轨迹控制器"等，如图 5-2 所示。

图 5-2　工具栏

4）命令面板

用户界面的右边是命令面板(Command Panels)，它包含创建对象、处理几何体和创建动画需要的所有命令。每个面板都有自己的选项集。例如，创建(Create)命令面板包含创建各种不同对象(如标准几何体、组合对象和粒子系统等)的工具。而修改(Modify)命令面板包含修改对象的特殊工具，如图 5-3 所示。

(a)

(b)

图 5-3　命令面板

5）视图导航控制

用户界面的右下角包含视图的导航控制(Viewport Navigation Controls)按钮，如图 5-4 所示。使用这个区域的按钮可以调整各种缩放选项，控制视口中的对象显示。

6）时间控制

视图导航控制按钮的左边是时间控制(Time Controls)按钮，如图 5-5 所示，也称为动画控制按钮。它们的功能和外形类似于媒体播放机里的按钮。单击  按钮可以播放动画，单击 或 按钮每次前进或者后退一帧。在设置动画时，单击"自动关键点"按钮，时间线将同时变红，表明处于动画记录模式。这意味着在当前帧进行的任何修改操作将被记录成动画。在动画部分还要详细介绍这些控制按钮。

图 5-4　视图导航控制 　　　　　　　　　　　　　　图 5-5　时间控制

7）状态栏和提示行

时间控制按钮的左边是状态栏和提示行（Status bar and Prompt line），如图 5-6 所示。状态栏有许多用于创建和处理对象的参数显示区。

图 5-6　状态栏和提示行

3. 三维动画的主要应用范围

随着计算机三维影像技术的不断发展，三维图形技术越来越被人们所重视。三维动画比平面图更直观，更能给人以身临其境的感觉。三维动画的主要应用范围有建筑领域、规划领域、产品设计与演示、影视动画、片头动画、游戏开发、虚拟现实、模拟动画、医疗卫生、军事科技与教育等。

（1）建筑领域。3D 技术在我国的建筑领域得到广泛的应用。建筑领域主要包括建筑室内外设计、建筑漫游动画，建筑漫游动画包括房地产漫游动画、小区浏览动画、楼盘漫游动画、三维虚拟样本房、楼盘 3D 动画宣传片、地产投标动画、房地产电子楼书、房地产虚拟现实等。

（2）规划领域。规划领域的动画制作包括道路、桥梁、隧道、立交桥、街景、景点、市政规划、城市规划、数字化城市、虚拟城市、城市数字化工程、场馆建设、机场、车站、数字校园建设等。

（3）园林景观领域。园林景观动画涉及景区宣传、旅游景点开发、地形地貌表现、国家公园、森林公园、自然文化遗产保护、历史文化遗产记录、园区景观规划、场馆绿化、楼盘景观等动画表现的制作。目前，动画在三维技术制作大量植物模型上有了一定的技术突破和制作方法。

（4）影视、片头动画。影视三维动画涉及影视特效创意、前期拍摄、影视 3D 动画、特效后期合成、影视剧特效动画等，随着计算机在影视领域的延伸和制作软件的增加，三维数字影像技术扩展了影视拍摄的局限性，在视觉效果上弥补了拍摄的不足，在一定程度上降低了成本、节约了时间。如《终结者》系列电影中经常出现的机械战士和人类对战的计算机特技画面，《阿凡达》电影中的人物和场景特效。

片头动画创意制作，包括宣传片片头动画、游戏片头动画、影视片头动画、节目片头动画、广告片头动画、产品演示片头动画等。

（5）模拟现实。模拟动画制作，通过动画模拟事件过程，如制作生产过程、交通安全演示动画(模拟交通事故过程)、煤矿生产安全演示动画(模拟煤矿事故过程)、能源转换利用过程、水处理过程、水利生产输送过程、电力生产输送过程、化学反应过程、植物生长过程等演示动画的制作。

5.2　视　频　素　材

在人类接收的信息中，有70%来自视觉，其中视频是最直观、最具体、信息量最丰富的。人们在日常生活中看到的电视、电影、VCD、DVD以及用摄像机、手机等拍摄的活动图像等都属于视频的范畴。视频在多媒体创作中占有非常重要的地位，利用其声音与画面同步、表现力强的特点，大大提高了多媒体作品的直观性和形象性。

5.2.1　视频概述

1. 视频的基本概念

视频一般是指用摄像机摄制的连续画面。在电视系统中，摄像机的功能是把镜头前的图像转换为电子信号，而电视机的功能是把电子信号转换为活动的图像。由于电子信号是一维的而图像是二维的，一维电子信号和二维图像间的转换需要采用光栅扫描方法来完成。电子束从屏幕的左上角开始逐行扫到右下角，在整个屏幕上扫完一遍就形成了一幅完整的图像，称为一帧图像。一帧就是一幅静态画面，快速连续地显示帧，便能形成运动的图像，每秒钟显示帧数越多，即帧频越高，所显示的动作就越流畅。

扫描方式主要有逐行扫描和隔行扫描两种。逐行扫描即一帧图像从上到下一次扫描完成。而隔行扫描时，一帧图像由两次扫描完成，一次扫奇数行，即 1、3、5…行，称为奇数场；另一次扫偶数行，即 2、4、6…行，称为偶数场。两场合起来形成一幅图像。电视中每秒扫描的行数称为行频，每秒扫描的场数称为场频，每秒扫描的帧数称为帧频。典型的帧频从每秒 24 帧到每秒 30 帧，这样的视频图像看起来是平滑和连续的，使观察者真实体验到图像连续运动的感觉。

目前的电视系统大都采用隔行扫描，因为隔行扫描所占用的信号传输带宽要比逐行扫描减少一半，且硬件实现简单。但逐行扫描能获得更好的图像质量和更高的清晰度，不过这是以增加带宽和成本为代价的。

2. 模拟视频和数字视频

按照处理方式的不同，视频分为模拟视频和数字视频。

1）模拟视频

模拟视频用于传输图像和声音等随时间连续变化的电信号。早期视频的记录、存储和传输都采用模拟方式,如在电视上所见到的视频图像是以一种模拟电信号的形式来记录的,并依靠模拟调幅的手段在空间传播,再用盒式磁带录像机将其作为模拟信号存放在磁带上。

传统的视频信号都以模拟方式进行存储和传送,然而模拟视频不适合网络传输,在传输效率方面先天不足,而且图像随时间和频道的衰减较大,不便于分类、检索和编辑。

2) 数字视频

数字视频就是以数字形式记录的视频,和模拟视频相对,数字视频有不同的产生方式、存储方式和播出方式。比如,通过数字摄像机直接产生数字视频信号,存储在数字带、P2 卡或蓝光盘或者磁盘上,从而得到不同格式的数字视频。然后通过计算机或特定的播放器等播放出来。

3. 视频信号数字化

计算机中采用的是基于数字图像技术的显示标准。为了把模拟的电视视频图像显示在计算机屏幕上,必须把模拟的视频信号转换为数字信号,这称为"视频信号数字化"。

视频信号数字化以后,从表面上看只是将模拟信号变成了数字信号,而实际上经过这样一个变化以后,就能完成许多模拟信号不能完成的事情,如不失真地进行无限次的复制,用新的、更有效和更方便的方法对视频进行编辑、创作和艺术再加工,以产生更加美妙和生动的效果等。

视频信号数字化技术主要涉及视频信息的获取、视频信息的压缩以及视频信息处理、播放等方面。视频信息的获取通常是通过视频采集卡完成。视频采集卡可以从模拟的视频信号中实时或非实时地捕获静态画面或动态画面,将它们转换为数字图像或数字视频,存储到计算机中。

目前,数字视频的应用已经非常广泛,并带来一个全新的应用局面。首先,包括直接广播卫星、有线电视、数字电视在内的各种通信应用均需要采用数字视频。其次,近年出现的一些产品,如 VCD、DVD、数字式便携摄像机都是以 MPEG 视频压缩为基础的。

4. 视频制式

电视信号是视频处理的重要信息源,电视信号的标准也称为电视的制式。目前各国的电视制式不尽相同,不同制式之间的主要区别在于不同的刷新速度、颜色编码系统、传送频率等。目前世界上常用的电视制式有 PAL 制、NTSC 制和 SECAM 制。

1) NTSC 制

NTSC(National Television Standard Committee)是美国国家电视系统委员会在 1953 年制定的一种兼容的彩色电视制式,是目前常用的视频标准,在美国、日本和其他国家广为使用。它定义了彩色电视机对于所接收的电视信号的解码方式、色彩的处理方式、屏幕的扫描频率。NTSC 制规定水平扫描线有 625 条,以 30 帧/秒速率传送。NTSC 采用隔行扫描方式,每一帧画面由两次扫描完成,每一次扫描画出一个场需要 1/60s,两个场构成一帧。

2) PAL 制

PAL(Phase Alternate Lock)是联邦德国 1962 年制定的一种兼容电视制式。PAL 意指"相位逐行交变",我国和大部分西欧国家都使用这种制式。PAL 制规定水平扫描 625 行、25 帧/秒、隔行扫描,每场需要 1/50s。

3) SECAM

SECAM(Sequential Color and Memory)称为顺序传送彩色与存储,是用于法国、俄罗斯及几个东欧国家的彩色电视制式,其基本技术及广播方式与 NTSC 和 PAL 有很大的区别。

不同制式的电视机只能接收和处理其对应制式的电视信号,也有多制式或全制式的电视机,这为处理和转换不同制式的电视信号提供了极大的方便。全制式电视机可在各国各地区使用,而多制式电视机一般为指定范围的国家生产。

5. 线性编辑与非线性编辑

线性编辑:指在指定设备上编辑视频时,每插入或删除一段视频就需要将该点以后的所有视频重新移动一次的编辑方法。该方法编辑视频耗费时间长,非常容易出现误操作。

非线性编辑:用户可以在任何时刻随机访问所有素材。

本节将要讲解的是一款非常优秀的非线性视频编辑软件 Premiere Pro CS4。

5.2.2　视频编辑中常用的文件格式

经过压缩的数字视频信息以特定的文件格式保存在磁盘或光盘上,常见的数字视频文件格式有 AVI、QuickTime、MPEG 和 RealVideo 等。

1. AVI 文件

AVI 是音频视频交错(Audio Video Interleaved)的英文缩写,它是 Microsoft 公司开发的一种符合 RIFF 文件规范的数字音频与视频文件格式。AVI 格式允许视频和音频交错在一起同步播放,支持 256 色和 RLE 压缩,AVI 文件并未限定压缩标准,因此 AVI 文件格式只作为控制界面上的标准,不具有兼容性。用不同压缩算法生成的 AVI 文件,必须使用相应的解压缩算法才能播放出来。AVI 文件目前主要应用在多媒体光盘上,用来保存电影、电视等各种影像信息,有时也出现在 Internet 上,供用户下载、欣赏影片的精彩片断。

2. QuickTime 文件

QuickTime 文件的扩展名为.mov,是 Apple 公司开发的一种音频、视频文件格式,用于保存音频和视频信息。它具有先进的视频和音频功能,被 Apple Mac OS、Microsoft Windows 95/98/NT/XP 等所有主流操作系统支持。新版的 QuickTime 进一步扩展了原有功能,包含了基于 Internet 应用的关键特性,能够通过 Internet 提供实时的数字化信息流、工作流与文件回放功能,此外 QuickTime 还采用了一种为 QuickTime VR(QTVR)技术的虚拟现实技术,用户通过鼠标或键盘的交互式控制,可以观察某一地点周围 360°的景象,或者从空间任何角度观察某一场景。QuickTime 目前已成为多媒体软件技术领域事实上的工业标准。

3. MPEG 文件

MPEG(Motion Pictures Experts Group)文件格式是运动图像压缩算法的国际标准,文件扩展名为.mpeg、.mpg 或.dat。它采用有损压缩方法减少运动图像中的冗余信息,同时保证 30 帧/秒的图像动态刷新率,已被几乎所有的计算机平台共同支持。MPEG 标准包括 MPEG 视频、MPEG 音频和 MPEG 系统(视频、音频同步)三个部分。MPEG 的平均压缩比为 50:1,最高可达 200:1,压缩效率非常高,同时图像和音响的质量也非常好,并且在微机上有统一的标准格式,兼容性相当好。

4. RealVideo 文件

RealVideo 文件是 RealNetworks 公司开发的一种新型流式视频文件格式,文件扩展名为.rm。它包含在 RealNetworks 公司所制定的音频、视频压缩规范 RealMedia 中,主要用来在低速率的广域网上实时传输活动视频影像。它可以根据网络数据传输速率的不同而采用不同的压缩比率,从而实现影像数据的实时传送和实时播放。目前,Internet 上已有不少网站利用 RealVideo 技术进行重大事件的实况转播。

5.2.3　视频素材的获取

视频素材的采集方法很多,最常见的是用视频采集卡配合相应的软件(如 Ulead 公司的 Media Studio 以及 Adobe 公司的 Premiere)来采集录像带上的素材。因为录像带的使用非常普及,所以采用这种方法,其素材的来源较广;其缺点是硬件投资较大。另一种方法是利用视频播放、处理等软件来截取 VCD、DVD 上的视频片段(截取成 MPG 文件或 BMP 图像序列文件),或把视频文件 DAT 转换成 Windows 系统通用的 AVI 文件。这种方法的特点是无需额外的硬件投资,有一台多媒体计算机就可以。用这种采集方法得到的视频画面的清晰度要明显高于用一般视频采集卡从录像带上采集到的视频画面。

5.3　视频素材编辑软件

5.3.1　Premiere Pro CS4 视频处理

1. Premiere Pro CS4 概述

Premiere Pro CS4 是 Adobe 公司 2008 年推出的一款基于非线性编辑设备的视音频编辑软件,可以在各种平台下和硬件配合使用,被广泛应用于电视台、网络视频、动画设计、广告制作、电影剪辑等领域,成为 PC 和 MAC 平台上应用最为广泛的视频编辑软件,为制作高效数字视频树立了新的标准。

Premiere Pro CS4 融视频和音频处理为一体,功能十分强大,既可以用于非线性编辑,也可以用于建立 Adobe Flash Video、Quick Time、Real Media 或者 Windows Media 影片。使用 Premiere Pro CS4 可以实现以下功能。

(1) 视频、音频剪辑:将原始素材中的片断重新组合,以产生新的视频音频文件。

(2) 音频、视频组合:将原始素材中的音频、视频分离,与其他素材中的音频、视频重新组合。

（3）视频叠加：将一个视频片断放置在另一个视频片断的上方，通过不同的叠加方式，以产生各种特殊效果。

（4）音频合成：将多个声音通道以各种方式合成为单声道或双声道音频。如果系统支持多个声道，且配备了 DVD 刻录机，则无需第三方 DVD 刻录软件，可以轻松制作 DVD 影片。

（5）字幕叠加：制作静止字幕和滚动字幕，并将其叠加在任何视频素材上。

（6）视频转场：Premiere 中有 10 大类 70 余种视频切换效果，用于连接两个视频片段。

（7）运动特技：运动特技是指动态改变视频素材的大小、方向、位置等参数以产生特殊效果，Premiere 可以方便地使用运动特技。

（8）滤镜效果：Premiere Pro CS4 中有上百种滤镜可应用于各种素材处理。

（9）广泛的格式支持：Premiere Pro CS4 支持几乎所有常见的媒体类型的导入和导出，包括 FLV、F4V、MPEG-2、QuickTime、Windows Media、AVI、BWF、AIFF、JPEG、PNG、PSD、TIFF 等，并可以直接编辑来自 DV、HDV、Sony XDCAM、XDCAM EX、Panasonic P2 和 AVCHD 等摄像机文件，不用转码或重新封装。工作时，编码过程在后台进行，大大提高了工作效率。

（10）与 Adobe 系列软件更好地整合：Premiere Pro CS4 同 Adobe Premiere Pro、Adobe OnLocation、Encore、Soundboot 的结合更加紧密，使端到端的工作流程变得高效、平滑。

2．Premiere Pro CS4 工作界面

1）启动及预置界面

启动 Premiere Pro CS4 后，首先出现一个欢迎屏幕(图 5-7)，在其中单击"新建项目"或"打开项目"按钮分别进行新建或打开项目，而在最近使用项目列表中会列出 5 个最近使用过的项目，单击项目名称可以将其打开。

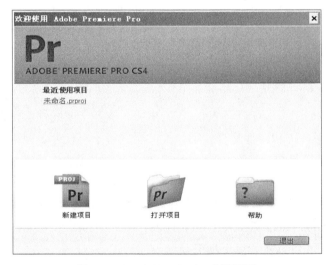

图 5-7　Premiere Pro CS4 欢迎界面

单击"新建项目"选项，打开"新建项目"对话框，如图 5-8 所示。在对话框中要求选择视频、音频编辑方法，一般情况下多选择时间码方式和音频采样方式，视频捕获方式

默认为 DV 方式，最后输入项目要保存的地址和项目名称，单击"确定"按钮进入"新建序列"对话框。

在"新建序列"对话框中要求选择模式，除了 DV-NTSC 和 DV-PAL 等常用制式外，还有专门为移动设备制定的"移动设备"模式等，如图 5-9 所示。我国采用的是 DV-PAL 制式，一般来说，在新建项目时大多选择 DV-PAL 制式中"标准 48kHz"模式。用户还可以对更详细的内容进行自定义设置。

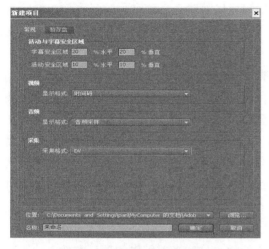

图 5-8　"新建项目"对话框　　　　　　　　图 5-9　"新建序列"对话框

2）Premiere Pro CS4 集成界面

Premiere Pro CS4 的工作界面（图 5-10）是由三个窗口（项目窗口、监视器窗口、时间线窗口）、多个控制面板（媒体浏览、信息面板、历史面板、效果面板、特效控制台面板、调音台面板等）以及主声道电平显示、工具箱和菜单栏组成。

图 5-10　Premiere Pro CS4 的工作界面

（1）项目窗口。

项目窗口（图5-11）主要用于导入、存放和管理素材。编辑影片所用的全部素材应事先

存放于项目窗口里，然后再调出使用。项目窗口的素材可以用列表和图标两种视图方式来显示，包括素材的缩略图、名称、格式、出入点等信息。也可以为素材分类、重命名或新建一些类型的素材。导入、新建素材后，所有的素材都存放在项目窗口里，用户可以随时查看和调用项目窗口中的所有文件（素材）。在项目窗口双击某一素材可以打开素材监视器窗口。

项目窗口按照不同的功能可以分为几个功能区：

预览区：项目窗口的上部分是预览区。在素材区单击某

图5-11 项目窗口

一素材文件，就会在预览区显示该素材的缩略图和相关的文字信息。对于影片、视频素材，选中后单击预览区左侧的"播放/停止"切换按钮，可以预览该素材的内容。当播放到该素材有代表性的画面时，单击"播放"按钮上方的"标识帧"按钮，便将该画面作为该素材缩略图，便于用户识别和查找。此外，还有"查找"和"入口"两个用于查找素材区中某一素材的工具。

素材区：素材区位于项目窗口中间部分，主要用于排列当前编辑的项目文件中的所有素材，可以显示包括素材类别图标、素材名称、格式在内的相关信息。默认显示方式是列表方式，如果单击项目窗口下部的工具栏中的"图标视图"按钮，素材将以缩略图方式显示；再单击工具栏中的"列表视图"按钮，可以返回列表方式显示。

工具栏：位于项目窗口最下方的工具栏提供了一些常用的功能按钮，如素材区的"列表视图"和"图标视图"显示方式图标按钮，还有"自动匹配到序列"、"查找"、"新建文件夹"、"新建分项"和"清除"等图标按钮。单击"新建分项"图标按钮，会弹出快捷菜单，用户可以在素材区中快速新建如"序列"、"脱机文件"、"字幕"、"彩条"、"黑场"、"彩色蒙版"、"通用倒计时片头"、"透明视频"等类型的素材。

下拉菜单：单击项目窗口右上角的小三角按钮，会弹出快捷菜单。该菜单命令主要用于对项目窗口素材进行管理，其中包括工具栏中相关按钮的功能。

（2）监视器窗口。

监视器窗口（图5-12）分左右两个视窗（监视器）。左边是素材源监视器，主要用来预览或剪裁项目窗口中选中的某一原始素材。右边是节目监视器，主要用来预览时间线窗口序列中已经编辑的素材（影片），也是最终输出视频效果的预览窗口。

素材源监视器：素材源监视器的上部是素材名称。单击右上角三角按钮，会弹出快捷菜单，包括关于素材窗口的所有设置，可以根据项目的不同要求以及编辑的需求对素材源窗口进行模式选择。中间部分是监视器，可以在项目窗口或时间线窗口中双击某个素材，也可以将项目窗口中的某个视窗直接拖至素材源监视器中将它打开。

节目监视器：节目监视器很多地方与素材监视器相类似或相近。节目监视器控制器用来预览时间线窗口选中的序列，为其设置标记或指定入点和出点以确定添加或删除的部分帧。

（3）时间线窗口。

时间线窗口（图 5-13）是以轨道的方式实施视频音频素材组接编辑的场所，用户的编辑工作都需要在时间线窗口中完成。素材片段按照播放时间的先后顺序及合成的先后层顺序在时间线上从左至右、由上及下排列在各自的轨道上，可以使用各种编辑工具对这些素材进行编辑操作。时间线窗口分为上下两个区域，上方为时间显示区，下方为轨道区。

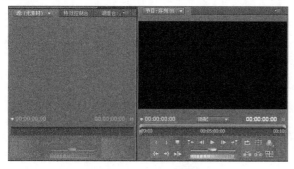

图 5-12 监视器窗口

图 5-13 时间线窗口

时间显示区：时间显示区域是时间线窗口工作的基准，承担着指示时间的任务。它包括时间标尺、时间编辑线滑块及工作区域。左上方的时间码显示的是时间编辑线滑块所处的位置。单击时间码，可以输入时间，使时间编辑线滑块自动停到指定的时间位置。也可以在时间栏中按住鼠标左键并水平拖动来改变时间，确定时间编辑线滑块的位置。时间码下方有"吸附"图标按钮（默认被激活），在时间线窗口轨道中移动素材片段时，可使素材片段边缘自动吸引对齐。此外还有"设置 Encore 章节标记"和"设置未编号标记"图标按钮。时间标尺用于显示序列的时间，其时间单位以项目设置中的时基设置（一般为时间码）为准。时间标尺上的编辑线用于定义序列的时间，拖动时间线滑块可以在节目监视器窗口中浏览影片内容。时间标尺上方的标尺缩放条工具和窗口下方的缩放滑块工具效果相同，都可以控制标尺精度，改变时间单位。标尺下是工作区控制条，它确定了序列的工作区域，在预演和渲染影片时，一般都要指定工作区域，控制影片输出范围。

轨道区：轨道用来放置和编辑视频、音频素材。用户可以对现有的轨道进行添加和删除操作，还可以将它们任意的锁定、隐藏、扩展和收缩。在轨道的左侧是轨道控制面板，里面的按钮可以对轨道进行相关的控制设置。它们是："切换轨道输出"按钮、"切换同步锁定"按钮、"设置显示样式（及下拉菜单）"、"显示关键帧（及下拉菜单）"按钮、"到前一关键帧"和"到后一关键帧"按钮。轨道区右侧上半部分是 3 条视频轨，下半部分是 3 条音频轨。在轨道上可以放置视频、音频等素材片段。在轨道的空白处右击，弹出的菜单中可以选择"添加轨道"、"删除轨道"命令来实现轨道的增减。

（4）工具箱。

工具箱（图 5-14）是视频与音频编辑工作的重要编辑工具，可以完成许多特殊编辑操作。除了默认的选择工具外，还有轨道选择工具、波纹编辑工具、滚动编辑工具、速率伸缩工具、剃刀工具、错落工具、滑动工具、钢笔工具、手形把握工具和缩放工具。

图 5-14 工具箱

（5）信息面板。

信息面板（图 5-15）用于显示在项目窗口中所选中素材的相关信息，包括素材名称、类型、大小、开始及结束点等信息。

（6）媒体浏览面板。

媒体浏览面板（图 5-16）可以查找或浏览用户计算机中各磁盘的文件。

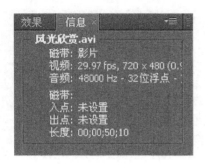

图 5-15　信息面板

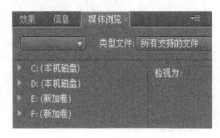

图 5-16　媒体浏览面板

（7）效果面板。

效果面板（图 5-17）里存放了 Premiere Pro CS4 自带的各种音频、视频特效和视频切换效果，以及预置的效果。用户可以方便地为时间线窗口中的各种素材片段添加特效。按照特殊效果类别分为五个文件夹，而每一大类又细分为很多小类。如果用户安装了第三方特效插件，也会出现在该面板相应类别的文件夹下。

（8）特效控制台面板。

当为某一段素材添加音频、视频特效之后，还需要在"特效控制台"面板（图 5-18）中进行相应的参数设置和添加关键帧。制作画面的运动或透明度效果也需要在这里进行设置。

图 5-17　效果面板

图 5-18　特效控制台面板

（9）调音台面板。

调音台面板（图 5-19）用于完成对音频素材的各种加工和处理工作，如混合音频轨道、调整各声道音量平衡或录音等。

（10）主音频计量器面板。

主音频计量器面板（图 5-20）是显示混合声道输出音量大小。当音量超出了安全范围时，在柱状顶端会显示红色警告，用户可以及时调整音频的增益，以免损伤音频设备。

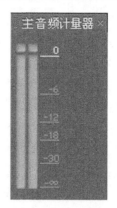

图 5-19　调音台面板　　　　　　　　图 5-20　主音频计量器面板

5.3.2　Premiere Pro CS4 视频编辑

用非线性编辑软件制作视频文件，一般需要这样几个步骤：首先创建一个项目文件，再对拍摄的素材进行采集，存入计算机，然后再将素材导入到项目窗口中，通过剪辑并在时间线窗口中进行装配、组接素材，还要为素材添加特技、字幕，再配好解说、添加音乐、音效，最后把所有编辑（装配）好的素材合成影片，导出文件（输出）。这个过程就是影片制作流程。

1. 创建项目

创建项目是编辑制作影片的第一步，用户应该按照影片的制作需求，配置好项目设置以便编辑工作顺利进行。启动 Adobe Premiere Pro CS4，在弹出的欢迎对话框中单击"新建项目"选项，弹出"新建项目"对话框。

项目参数设置：在"常规"页签中的"视频"栏中，把"显示格式"设置为"时间码"，"音频"栏的"显示格式"设置为"音频采样"，"采集"栏的"采集格式"设置为"DV"。在"位置"栏设置项目保存的盘符和文件夹名，在"名称"栏填写制作的影片片名。在"暂存盘"页签中，保持默认状态。单击"确定"按钮后，弹出"新建序列"对话框。

序列参数设置：在"序列预置"页签的"有效预置"项目组单击"DV-PAL"文件夹前的小三角按钮，选择"标准 48 Hz"（如果制作宽屏电视节目，则选择"宽银幕 48 Hz"），在"常规"页签和"轨道"页签为默认状态，最后在"序列名称"栏填写序列名称。单击"确定"按钮后，就进入了 Adobe Premiere Pro CS4 编辑工作界面。

2. 导入素材

通过导入的方式获取计算机硬盘里的素材文件。这些素材文件包括多种格式的图片、音频、视频、动画序列等。执行"文件"→"导入"命令，在弹出的"导入"对话框中，选择计算机硬盘中编辑所需要的素材文件，单击"打开"按钮后，就可以在 Premiere Pro CS4 项目窗口中看到导入的素材文件。

3. 编辑与整合素材

在时间线窗口组织素材，是影视作品制作的关键步骤，包括素材的裁剪和素材的组织。

一般情况下，在最终作品中出现的并不是原始素材的全部，而是原始素材的片断，如视频片断、静止图像、声音等。素材裁剪就是在原始素材中选择合适的片断，然后将这些片断按照合适的顺序排列，即素材组织。

在素材源监视窗口进行素材裁剪。先设置素材的切入点和切出点，具体方法如下。

1）在素材源监视窗口中打开原始素材

选择项目窗口，双击项目窗口下面的某个素材图标或直接单击素材并拖入监视窗口左边的素材源监视器窗口中，同时该素材第 1 帧图像出现在监视器窗口左侧的素材源监视器窗口中，并表明该素材的长度。通过原始视图左上方的下拉式列表框也可以选择要处理的素材，该素材的第 1 帧便出现在监视窗口中。

2）选择画面（给素材设置入点、出点）

有三种方法可以进行画面选取：

（1）单击素材源监视器下的"播放/停止"切换按钮 ▶️，播放该素材，对影片需要用到的画面，单击"设置入点"按钮 ，给素材设置入点；再单击"播放/停止"切换按钮，继续播放素材，到影片需要用到的画面结束时，再单击"设置出点"按钮 ，给素材设置出点。素材入点、出点之间的内容就是影片所需要的画面。

（2）直接在素材源监视器的时间标尺上单击（将鼠标直接放在时间标尺上可以显示素材的时间、帧信息），再单击"设置入点"按钮，来确定素材的入点；用同样的方法，再单击鼠标左键，单击"设置出点"，确定素材的出点。

（3）直接拖动时间标尺上的编辑线滑块 ，单击"设置入点"按钮，来确定素材的入点；用同样的方法，再单击"设置出点"按钮，来确定素材的出点。

如果要精确确定画面的入、出点，可以通过单击素材源监视器窗口右下侧的播放控制栏里"步退"按钮、"步进"按钮和单击"设置入点"按钮、"设置出点"按钮，进一步修改素材的入、出点。

素材的入点和出点设置好以后，单击 按钮可以预览切入点和切出点 之间的内容，如图 5-21 所示。

3）将素材添加至时间线窗口

在素材源监视器窗口中选择的素材片段，最终要放入时间线窗口序列的轨道上。在时间线窗口序列中，确定 "视频 1"和"音频 1"轨道被选中（默认为选中状态），再将时间编辑线拖至需要安排素材的起始位置（默认为"00:00:00:00"时位置），直接拖动素材源监视器窗口中预览画面到时间线窗口的"视频 1"轨道上即可。也可以点击素材源监视器窗口右下方的"覆盖"按钮

图 5-21　素材选取

，所选的入、出点之间的素材片段，会自动添加到时间线窗口序列编辑线的右侧轨道里，同时时间编辑线会自动停靠在这段素材的最后一帧的位置。再按照上述步骤，重新选择好新的素材入、出点，再点击素材源监视器窗口右下方的"覆盖"按钮，新选取的素材片段就会在时间线窗口中接在原先素材的后边，完成了两个镜头间的组接。以后可以按照此方法在时间线窗口中组接更多的素材片段。

各素材的持续时间可以调整，方法是：将鼠标移动到素材的边缘，鼠标指针变成 ⊡ 或 ⊡ 箭头状，按下左键拖动鼠标，素材的持续时间会随之变化。通过调整，可以保证视频和音频素材的同步播放。

4）解除视频音频链接

如果要清除时间线窗口中视频素材的原始音频，首先右击视频素材，在弹出的属性菜单中选择"解除视音频链接"命令，即可取消视频与音频之间的链接。单击时间线窗口空白处，解除音频、视频同时被选中的状态。然后在要清除的音频上右击鼠标，在弹出的属性菜单中选"清除"命令即可清除所选音频。最后根据实际需要重新给视频进行音频配置。

4. 添加视频转场特效

视频转场特效泛指影片镜头间的衔接方式，分为"硬切"和"软切"两种。"硬切"是指影片各片段之间首尾直接相接；"软切"是指在相邻片段间设置丰富多彩的过渡方式。"硬切"和"软切"的使用要根据实际的需要来决定。使用视频切换必须在相邻的两个片段间进行。

视频切换有很多特技效果，在 Premiere Pro CS4 中的"效果"面板"视频切换"文件夹中，存放了系统自带的多种视频切换效果。用户可以选择某个视频切换效果，将其拖放到时间线窗口相邻的两个片段间释放，添加一个过渡效果，在节目监视窗口中可以预览效果。

5. 视频特效设置

在 Premiere Pro CS4 中，可以使用视频特效对素材片段进行特效处理。例如，调整影片色调、进行抠像以及设置艺术化效果等。在"效果"面板中展开"视频特效"文件夹，再展开"生成"子文件夹，选择"镜头光晕"效果，如图 5-22 所示。按住鼠标左键，将其拖到时间线窗口中某段素材片段上释放。单击"特效控制台"面板，在"镜头光晕"栏设置"光晕中心"的位置(画面 Y 轴坐标)和"光晕亮度"比例。设置完成后在节目监视器窗口中预览效果，如图 5-23 所示。

图 5-22　视频特效设置

图 5-23　镜头光晕特效设置效果

6. 添加音频素材

直接把导入到项目窗口中的音频素材拖到时间线窗口中的音频轨道上进行相应的音频编辑。在时间线窗口中，选择音频轨道上的音频素材，再单击"效果"面板中的"音频特效"文件夹 "立体声"子文件夹，选择相应的音频特效，将其拖到音频素材上；在素材源监视器窗口上方打开"特效控制台"面板，展开音频特效，进行音频素材的特效编辑。调音台主要是对各轨道音频素材进行美化和调节音量大小。执行"窗口"→"调音台"命令，弹出"调音台"面板，在该对话框中对素材进行高低音以及音量调整。

7. 制作并添加字幕

给影片添加字幕需要事先在字幕窗口设计好字幕内容，然后在项目窗口将字幕素材拖入到时间线窗口需要添加字幕视频的轨道中。执行"文件"→"新建"→"字幕"命令，弹出"新建字幕"对话框，如图 5-24 所示。"视频设置"项目组为默认状态：即宽为 720、高为 576；时间基准为 29.97fps；像素纵横比为 D1 / DV PAL（1.0940）。在"名称"栏给字幕文件取名，单击"确定"按钮，"字幕"设计面板被打开，如图 5-25 所示。默认"文字工具"图标按钮被选中，在字幕编辑区中单击，选择"字体"，输入文字，然后用选择工具将文字拖到字幕编辑区中央，在"字幕样式"区单击想要的某个文字样式风格方块，设置字幕的滚动或游动属性，单击"关闭"按钮，退出"字幕"设计面板。"字幕"设计完成以后会自动添加到项目窗口中。最后，在项目窗口中把刚才制作的字幕文件拖到时间线窗口的"视频 2"轨道上。至此就为作品添加了一个字幕。

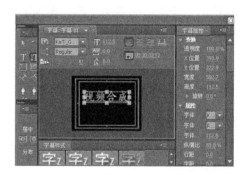

图 5-24　新建字幕　　　　　　　　　图 5-25　"字幕"设计面板

8. 视频输出

影视作品的制作很难一次成功，所以在生成最后的作品之前，应在监视窗口右半部分的节目视图中反复预览，对不满意的地方进行修改。

制作效果满意后，可将视频整体合成输出，以视频文件格式保存在硬盘。使用"文件"→"导出"→"媒体"命令，调出"导出设置"对话框，如图 5-26 所示。在格式中选择所需的文件格式，并根据实际应用在预置中选择一种预置的编码规格，或在下面的各项设置栏中进行自定义设置；在输出名称中设置存储路径和文件名称。设置完毕，单击"确定"按钮。Premiere Pro CS4 提供 Adobe Media Encoder 是一个由 Adobe 视频软件共同使用的高级编码器，属于媒体文件的编码输出。系统自动调出独立的 Adobe Media Encoder，设置好的项目会出现在输出列表中，如图 5-27 所示。单击"开始队列"按钮，就可以将序列输出到指定的磁盘空间。

影片的输出包括"输出到磁带"、"输出到 EDL"和"输出到 OMF"。如果将影片输出到磁带上，以供播出或保存，用户只需要将计算机采集卡上的视频、音频信号(或者 DV 信号)送入录像机，在节目监视器中播放影片的同时，用录像机直接录制到 DV 磁带上。

图 5-26 "导出设置"对话框

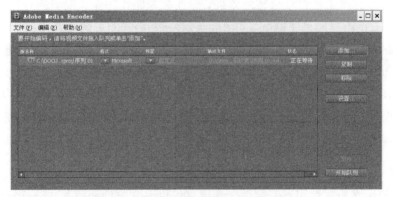

图 5-27 Adobe Media Encoder 编码窗口

输出结束后使用相应的视频播放工具观看最终的影视作品，从播放器中看到的是所创作作品的一帧帧画面。

5.3.3　其他视频编辑软件

1. Movie Maker

Windows Movie Maker 是 Windows 自带的一个进行多媒体录制、组织、编辑等操作的应用程序，是一款很适合于家庭和个人的视频编辑软件。

其版本也随着 Windows 系统的更新而不断升级。Windows Movie Maker 从支持 Windows 2000 的 2.1 版本升级到支持 Windows XP、Windows Vista、Windows 7 的目前最新的 2.6 版本。其功能不断完善，兼容性不断加强。

Windows Movie Maker 最大的特点就是操作简单，使用方便。它可以实现简单视频编辑与压缩，如片头片尾、片段之间的过渡、背景音乐、字幕等。Windows Movie Maker 包括以下主要功能：①按照时间顺序排列视频片断；②对视频效果进行润色；③对视频过渡进行处理；④为视频添加完整信息。

利用 Windows Movie Maker 将录制的视频素材导入到计算机中，经过剪辑、配音等编辑加工，制作成富有艺术魅力的个人电影。也可以将大量照片进行巧妙编排，配上背景音乐，加上录制的解说词和一些精巧特技，制作成电影式的电子相册。在 Windows Movie Maker 中编辑的音频和视频内容，可以通过 Web、电子邮件、PC 或 CD、DVD 进行发布与他人分享，或者上传到网络供大家下载收看。这些多媒体文件浏览起来也非常方便，使用 Windows 自带的媒体播放器即可随时欣赏，如果是把文件上传到网页，在 IE 6.0 以上的浏览器中可以自动播放。

2. 会声会影

"会声会影"（Ulead VideoStudio）也称为绘声绘影，是友立公司出品的一套操作简单，功能强大的 DV、HDV 视频编辑软件。"会声会影"首创双模式操作界面以适应不同制作水平的初学者和制作高手，使入门新手或高级用户都可轻松体验快速操作、专业剪辑、完美输出的影片剪辑乐趣。"会声会影"创新的影片制作向导模式不仅完全符合家庭或个人所需的影片剪辑功能，甚至可以挑战专业级的影片剪辑软件，轻松实现视频编辑和 DVD 制作。

"会声会影"提供了一百多个转场效果、专业标题制作功能和简单的音轨制作工具，采用了逐步式的工作流程，只要撷取、套用、刻录三个步骤即可快速制作出 DVD 影片。要制作影片作品，首先从摄像机或其他视频来源捕获节目，然后对捕获的视频进行修整编辑，排列它们的顺序，应用转场并添加覆叠、动画标题、旁白和背景音乐，这些元素被安排在不同的轨道上。在完成影片作品后，可以将它刻录到 VCD、DVD 或 HD DVD，或将影片转存到摄像机中，还可以将影片输出为视频文件，用于在计算机上回放。

3. After Effects

After Effects 是用于视频特效的专业特效合成软件，隶属美国 Adobe 公司。After Effects 保留有 Adobe 优秀的软件相互兼容性。利用它可以非常方便地调入 Photoshop、Illustrator 的层文件，Premiere 的项目文件也可以近乎完美的再现于 After Effects 中。After Effects 支持大部分的音频、视频、图文格式，甚至还能调入记录三维通道的文件进行更改。

理论上，把影视制作分为前期、中期和后期，将已获取的大量素材和半成品结合起来的 After Effects 软件，无疑属于后期制作软件。After Effects 是后期制作软件中使用较为广泛的一款软件，安装使用十分简单。早期的影视合成技术主要在胶片、磁带的拍摄过程及胶片洗印过程中实现，工艺虽然落后，但效果很好。诸如"扣像"、"叠画"等合成的方法和手段，都在早期的影视制作中得到了较为广泛的应用。与传统合成技术相比，数字合成技术则将多种源素材采集到计算机中，并用计算机混合成单一复合图像，然后输入到磁带、胶片或者光盘上。

2012 年 4 月 26 日 After Effects CS6 正式发布，作为一款用于高端视频特效系统的专业合成软件，After Effects CS6 在众多的后期动画制作软件中独具特性。After Effects CS6 主要功能如下：

（1）有丰富的视觉效果。

（2）3D 摄像机跟踪功能。

（3）基于光线追踪的挤压文本与形状。

（4）矢量图形直接转换成 Shape 图层。

（5）可变宽度的遮罩羽化。

利用 After Effects CS6 可以制作三维模型，渲染三维场景，进行 3D 摄影机追踪以及随意控制 Mask 的羽化边缘等。

5.4　实　践　演　练

5.4.1　实践操作

实例 1：在 Premiere Pro CS4 中对视频素材进行合成编辑，制作绿色环保主题宣传片。

实验目的：能够学会利用 Premiere Pro CS4 创建项目，制作片头，并对视频素材进行合成编辑，最后输出编辑完成的视频作品。

操作步骤：

（1）新建项目。启动 Adobe Premiere Pro CS4 软件，单击"新建项目"按钮新建一个项目文件，打开"新建项目"窗口。在打开的"新建项目"窗口中"位置"项的右侧单击"浏览"按钮，打开"浏览文件夹"对话框，选择存放项目文件的目标位置。在"名称"栏输入所建项目文件的名称，这里为"绿色环保宣传片"，单击"确定"按钮进入"新建序列"界面，选择国内电视制式通用的 DV-PAL 下的标准 48kHz。单击"确定"按钮完成项目文件的建立，进入 Adobe Premiere Pro CS4 的操作界面。

（2）制作字幕。执行"文件"→"字幕"命令，在打开的"字幕设置"对话框中进行字幕的设置。首先选择字体为楷体，在文本编辑区域中输入"绿色家园"，拖动文本可以调整字号，选择文本的样式，设置动态字幕的滚动方向。单击"关闭"按钮，动态字幕就设置好了。

（3）制作片头。这里介绍"彩条"和"倒计时"两种片头的制作方法。

① 创建彩条和音调文件。右击项目窗口的空白处，在弹出的快捷菜单中选择"新建分项"→"彩条"命令，在弹出的"彩条"对话框中进行常规设置，如图 5-28 所示。把完成的彩条素材拖到时间线窗口的"视频 1"和"音频 1"轨道上，如图 5-29 所示。

 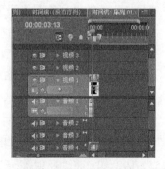

图 5-28　"新建彩条"对话框　　　　图 5-29　把彩条和倒计时片头插入到时间线

② 制作倒计时片头。右击项目窗口的空白处，在弹出的快捷菜单中选择"新建分项"→"通用倒计时片头"命令，在弹出的"通用倒计时片头"对话框中按实际需要进行常规设置。

把做好的倒计时片头插入到时间线轨道上跟彩条文件相连。片头做好后可以在节目监视窗口中播放预览，如图 5-30 所示。

（4）导入视频、音频素材。在项目窗口中双击，打开"导入"对话框，选择素材图片所在的文件夹，选择"导入文件夹"选项把整个文件夹导入到项目窗口中。用同样的方法，导入制作好的背景音乐文件。

（5）在素材源监视器窗口中打开原始素材，选取要合成的素材片段，并拖到时间线窗口中的"视频 1"轨道上。用同样的方法对其他几段视频进行处理，拖到"视频 1"轨道上。解除原始素材视频的音频链接。

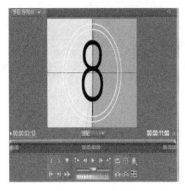

图 5-30　在节目监视器窗口中预览片头

（6）为时间线窗口中的视频添加转场效果。

（7）把背景音乐拖到时间线的"音频 1"轨道上，在工具栏中单击剃刀工具，将音频轨道上的素材分割，清除多余部分，还可以为音乐素材设置淡出效果。

（8）在节目监视器中预览一下最终效果，然后执行"文件"→"导出"→"媒体"命令，选择影片输出位置，编码输出即可。

实例 2：制作立体文字动画。

实验目的：通过该实例掌握建模的创建、材质的设置、摄影机的创建及调整，以及动画的制作。

操作步骤：

（1）在 3ds Max "动画控制区"中单击"时间配置"按钮，打开"时间配置"对话框，在"帧速率"区域选择"PAL"选项，在"动画"区域设置"结束时间"为 220，单击"确定"按钮，如图 5-31 所示。

（2）执行"创建" →"图形" →"文本"命令，在"参数"卷展栏的文本框中输入"多媒体基础"文字，设置字体，在前视图中单击鼠标创建文本，如图 5-32 所示。

（3）在前视图中选中文本，单击"修改"按钮，在"修改器列表"中选择"倒角"修改器，在"倒角值"卷展栏中将"级别 1"下的"高度"值设置为 30，选中"级别 2"复选框，将"高度"和"轮廓"值分别设置为 2 和 -2。

（4）为文本设置材质。单击"材质编辑器"按钮，打开"材质编辑器"对话框，选择材料样本球，将选择的样本球命名为"文本"，在"明暗器基本参数"卷展栏中将阴影模式定义为"金属"，在"金属基本参数"卷展栏中将"环境光"的 RGB 值都设置为 0，将"漫反射"的 RGB 值设置为 255、192、0，将"反射高光"区域中的"高光级别"

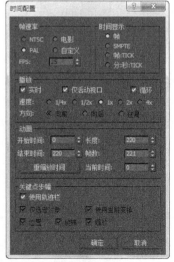

图 5-31　"时间配置"对话框

和"光泽度"分别设置为 100 和 68，在"贴图"卷展栏中选择"反射"通道后的 None 按钮，在弹出的"材质/贴图浏览器"对话框中选择"位图"贴图，单击"打开"按钮，选择贴图图像的路径、文件名，单击"打开"按钮，进入反射层级通道，在"输出"卷展栏中将"输出量"设置为 1.2。

（5）单击"转到父对象"按钮，回到父级材质面板，单击"将材质指定给选定对象"按钮，将材质指定给场景中的"文本"对象。

（6）执行"创建" →"摄影机" →"目标"命令，在顶视图中创建摄影机，在场景中调整摄影机的位置，激活透视视图，按 C 键，将透视视图转换为摄影机视图，如图 5-32 所示。

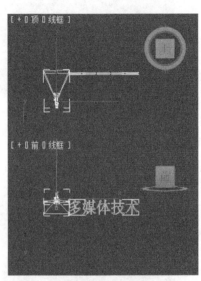

(a) 创建摄影机   (b) 创建摄影机后视图

图 5-32 创建摄影机

（7）激活摄影机视图，按 Shift+F 快捷键为视图添加安全框。按 F10 键，在弹出的对话框中设置"输出大小"，如图 5-33 所示。

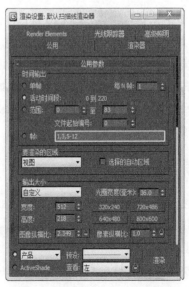

(a) 为视图添加安全框   (b) 设置输出大小

图 5-33 添加安全框及设置输出大小

（8）调整摄影机，单击"修改"按钮 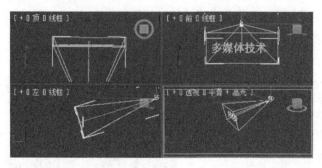，在"参数"卷展栏中将"镜头"参数设置为
42.57，然后在场景中调整摄影机的位置。

（9）在动画控制区单击"自动关键点"按钮，将时间滑块拖到 50 帧，然后在场景中调整摄影机的位置，如图 5-34 所示。

图 5-34　摄影机在 50 帧位置

（10）将时间滑块分别拖到 100 帧、150 帧、200 帧和 220 帧，在场景中调整摄影机的位置，最终效果如图 5-35 所示。设置完成后单击"自动关键点"按钮，关闭关键帧的设置。

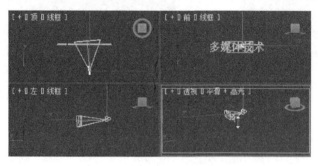

图 5-35　摄影机在 220 帧位置

（11）激活摄影机视图，按 F10 键，打开"渲染设置"对话框，在"公用参数"中选择"时间输出"区域下的"活动时间段：0-220"选项，在"输出大小"区域下选择"35mm 失真（2.35：1）"，将"宽度"和"高度"分别设置为 512 和 218，然后在"渲染输出"区域下单击"文件"按钮，在弹出的对话框中选择保存路径、命名、文件类型，单击"保存"按钮；在弹出的对话框中设置压缩参数，单击"确定"按钮，最后单击"渲染"按钮进行渲染。

（12）保存场景。

5.4.2　综合实践

实例 3：按照 2.3.2 小节综合实践的脚本设计，准备课件"古诗三首"的视频素材。（前接 4.4.2 小节实例 5，后续 6.5.2 小节实例 6）

操作步骤：

（1）收集视频素材。从网上下载跟课件主题相关的图片、视频素材。

（2）编辑整理素材。利用 Premiere Pro 软件，对收集到图片、视频素材进行编辑整理，导出需要的素材内容。

（3）根据"古诗三首"的脚本设计，从网上下载了一段有关古诗《春晓》视频介绍，并截取了其中的一段视频的部分画面，最后将剪辑好的视频文件转换成 FLV 视频文件格式，方便后期在 Flash 中导入该视频。

5.4.3　实践任务

任务 1：制作音乐 MV。

实践内容：利用网络下载的视频素材，在 Premiere Pro CS4 中合成制作音乐 MV。

任务 2：制作宣传片。

实践内容：自行选择一部电影，在 Premiere Pro CS4 中为其制作宣传片。

任务 3：制作电子相册。

实践内容：用自己的生活照片在 Premiere Pro CS4 中制作电子相册。

任务 4：制作视频短片。

实践内容：以"我的大学"为主题，自己动手拍摄视频片段，编辑背景音乐，制作一段影视作品。

思考练习题 5

5.1　如何从一段素材中选取一个片断并调入时间线窗口？

5.2　如何删除时间线上的素材？

5.3　如何在时间线窗口上调整视频、音频素材的长度？

5.4　如何为视频素材添加特殊效果(如马赛克、纹波、扭曲、镜像等)？

5.5　如何创建滚动字幕(包括垂直和水平滚动)？

第6章 Flash 入门

Adobe Flash Professional CS5（以下简称 Flash CS5）是一款集动画创作与应用程序开发于一体的多媒体创作工具，为创建数字动画、交互式 Web 站点、桌面应用程序以及手机应用程序开发提供了功能全面的创作和编辑环境。目前已经广泛应用于制作网页、教学课件、MTV 和 Flash 游戏等领域。

6.1　Flash 概述

Flash 可以包含动画、视频、演示文稿、应用程序以及介于这些对象之间的任何内容，通过动画设置、代码编写，可创建出包含丰富媒体的应用程序。

6.1.1　Flash 的发展与应用

1. Flash 发展历史

Flash 是一种交互式矢量多媒体技术，其前身叫 FutureSplash Animator，是早期网上流行的矢量动画插件。1996 年 11 月，Macromedia 公司收购了 FutureSplash Animator，并将其改名为 Flash。2005 年 12 月，Adobe 公司收购了 Macromedia，并将 Flash 融进 Adobe Creative Suite 产品家族中，推出了 CS 系列版本。目前，其最新版本为 2012 年 4 月推出的 Adobe Flash CS6，本书以 Adobe Flash CS5 为版本进行介绍。

2. Flash 的特点

Flash 主要具有以下特点：
（1）功能强大，操作方便灵活。
（2）文件较小，与同等长度的视频文件比较 Flash 所创建的矢量图形及生产的动画文件占用磁盘空间很小。
（3）交互性强，可做成课件、产品展示、知识测试和应用程序等。
（4）有较高的媒体集成性，可加入音频、图像、动画和视频等多种媒体素材。
（5）可采用流式数据传输技术，便于网络传输。

3. Flash 应用

Flash 作为多媒体创作工具，可以根据用户的实际需要在不同的领域发挥作用。
（1）网页开发：为网页的设计增添更多的魅力。
（2）课件创作：为课件创作提供良好的工作环境和强大的技术支持。
（3）产品展示：由于 Flash 具有强大的交互功能，互动展示比传统的展示方式更胜一筹。

（4）开发网络应用程序：目前 Flash 可以直接通过 XML 读取数据，加强与 ColdFusion、ASP、JSP 和 Generator 的整合，用 Flash 开发网络应用程序被越来越广泛地采用。

6.1.2　Flash 动画基础

1. 动画的基本原理

动画就是将精致的画面变成动态画面的艺术。无论电影、电视还是其他形式的动画，实现由静止到动态主要是利用人们眼睛的视觉残留效应。研究表明，人眼中看到的物体突然消失之后，它的影像仍会在视网膜上残留 1/16s 的时间。因此，把一连串的静态图像按一定的速率连续播放，人们看到的影像就成了连贯的没有间隙的动画。利用人的这种视觉生理特性，把静止的画面进行有目的的组织，可制作出具有高度想象力和表现力的动画作品和影视作品。

在 Flash 中，一般用"帧"的概念来描述动画中的每一幅静态图像，每秒钟播放的帧数就是动画的播放速率。Flash CS5 默认的播放速率是 24 帧/秒。

2. 动画要素

要制作 Flash 动画，首先需要了解动画对象的哪些属性可以设置为动态，不同的属性分别可以创作成哪种形式的动画。Flash 动画设计包含以下四个基本要素。

（1）对象的运动和物理变化：对象位置的变化，可使人感觉物体在移动；对象比例的变化，可使人感觉物体在改变大小或距离；对象倾斜度的变化，可使人感觉物体在透视空间的不同状态；对象角度的变化，可使人感觉物体的旋转。

（2）对象形状的变化：对象形状的变化，使物体从一种状态变为另一种状态，或从一个物体变为另一个物体。常用来表现柔软物体的运动和变化，或者图形的有机转换。比如，秀发的飘舞、不同图形之间的演化等。

（3）对象的亮度、透明度和清晰度的变化：这种变化常用来表现对象的闪烁、显隐和虚实。比如，制作一个对象逐渐消失的动画，就可以用改变对象透明度属性的方法来实现。

（4）对象色彩的变化：色彩变化使动画具有更强的表现力，常用来展示物体的视觉特点。

6.2　Flash CS5 工作环境

Flash CS5 是 Adobe CS5 系列软件之一，它也秉承了 CS5 的特点，整个界面中包含了很多面板、工具。本节将对 Flash CS5 的工作环境及基本操作进行概要介绍。

6.2.1　Flash CS5 工作界面

1. Flash CS5 的启动

从"开始"菜单启动事先安装好的 Flash CS5，出现如图 6-1 所示的启动界面，等待几秒钟后，出现如图 6-2 所示的开始界面。这个界面中包含四项内容："打开最近的项目"，

"从模板创建"文件，直接"新建"不同类型的文件，"学习"Flash 的用法。在这里可直接单击"新建"区域的 ActionScript 3.0 选项，进入 Flash 操作界面中。

图 6-1　Flash CS5 启动界面

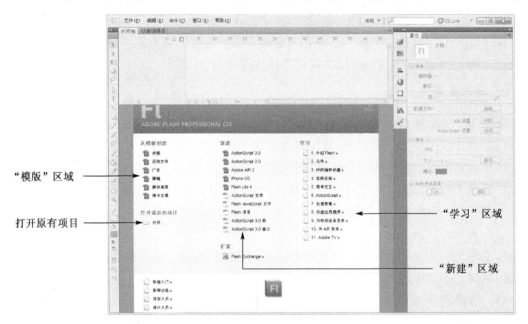

图 6-2　Flash CS5 开始界面

2. Flash CS5 工作界面

Flash CS5 的"传统"工作界面如图 6-3 所示，为了满足不同用户的工作需求，Flash CS5 提供了 7 种不同的工作界面布局，用户可以通过执行"窗口"→"工作区"命令，来选择适合自己的工作界面。本书采用"传统"工作区界面为默认界面进行介绍。

Flash CS5 的工作界面主要由以下几部分组成：菜单栏、工具面板、时间轴、舞台和面板区。

菜单栏：菜单栏中包括文件、编辑、视图、插入、修改、文本、命令、控制、调试、窗口和帮助共 11 个菜单，这些菜单包含了 Flash 的所有操作命令。对于常用的菜单命令都设有相应的快捷键，熟练掌握这些快捷键的使用可以大大提高工作效率。

菜单栏

时间轴

面板区

工具面板

舞台

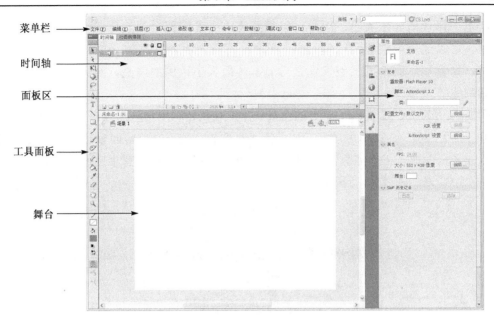

图 6-3　Flash CS5 "传统" 工作界面

　　工具面板：在 "传统" 界面中，工具面板位于窗口的左侧，包含了 Flash 绘制和编辑图形的各种工具。具体功能如图 6-4 所示。

　　时间轴：它分为图层操作区和时间线操作区两部分，如图 6-5 所示。图层相当于透明的玻璃纸，图层操作区中的图层由上至下排列，上面的图层叠加在下面图层之上。每一个图层都有一个独立的时间线，时间线中包含了许多帧，时间线上的一个小格就代表一帧，每一帧就相当于这个图层上的一格画面。时间轴上红色的指针就是播放头，播放头在哪一帧上，舞台上显示的就是这一帧的画面。

　　动画的每一个画面就是由所有图层的同一帧相叠加后的画面效果，动画效果就是时间轴上的帧从左到右顺序播放的效果。

　　舞台：现实生活中的舞台是指演员演出的场所，而 Flash 的舞台就是指形成电影画面的矩形区域，也就是界面中间的白色区域。它是编辑和播放动画的区域。一般来说舞台上面的内容可以在播放的时候正常显示出来，舞台外边的灰色区域相当于幕后，上面的内容在播放时是不能显示出来的。舞台的

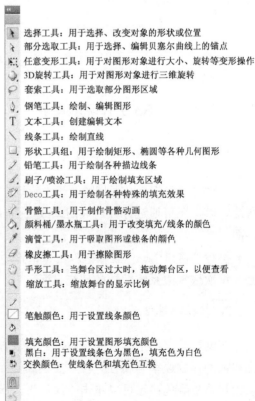

选择工具：用于选择、改变对象的形状或位置
部分选取工具：用于选择、编辑贝塞尔曲线上的锚点
任意变形工具：用于对图形对象进行大小、旋转等变形操作
3D旋转工具：用于对图形对象进行三维旋转
套索工具：用于选取部分图形区域
钢笔工具：绘制、编辑图形
文本工具：创建编辑文本
线条工具：绘制直线
形状工具组：用于绘制矩形、椭圆等各种几何图形
铅笔工具：用于绘制各种描边线条
刷子/喷涂工具：用于绘制填充区域
Deco工具：用于绘制各种特殊的填充效果
骨骼工具：用于制作骨骼动画
颜料桶/墨水瓶工具：用于改变填充/线条的颜色
滴管工具：用于吸取图形或线条的颜色
橡皮擦工具：用于擦除图形
手形工具：当舞台区过大时，拖动舞台区，以便查看
缩放工具：缩放舞台的显示比例

笔触颜色：用于设置线条颜色

填充颜色：用于设置图形填充颜色
黑白：用于设置线条色为黑色，填充色为白色
交换颜色：使线条色和填充色互换

图 6-4　"工具面板" 按钮基本功能

大小决定了影片的显示大小，用户可以根据需求去设置舞台的颜色和大小。在编辑舞台对象时，可以通过调整显示比例、显示网格、显示标尺等操作来设置舞台环境。需要注意的是，舞台显示比例的调整仅仅是对显示画面大小比例的调整，对舞台的实际大小是没有影响的。

面板区：Flash CS5 提供了丰富的面板供用户使用，利用这些面板可以更好的处理、编辑对象。使用"窗口"菜单可以打开或关闭各种面板，也可以单击面板右上角的 **▶▶** 或者 **◀◀** 来隐藏或显示面板。在"传统"工作区中，系统默认打开的面板有"属性"、"颜色/样板"、"对齐/信息/变形"和"库/动画预设"。

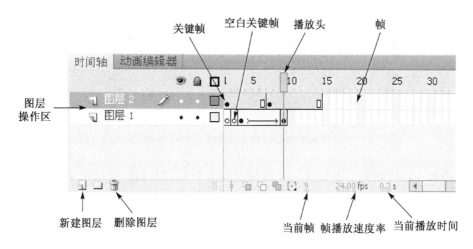

图 6-5　时间轴

6.2.2　Flash CS5 工作环境设置

1. "传统"工作界面的设置

执行"窗口"→"工作区"→"传统"命令，可将工作区界面调整到"传统"状态下，在此基础上还可通过打开、关闭或改变面板位置，来设置适合自己使用习惯的个性化工作界面。

执行"窗口"→"工作区"→"重置'传统'"命令，可以将设置的个性化"传统"界面，再次恢复成系统默认的传统界面。

2. 文档属性设置

在创建新文档中，首先要做的就是设置文档属性，它包括设置舞台尺寸、舞台背景颜色和帧的播放速率等属性。在"文档属性"面板的"属性"区域中，可以直接修改文档的帧频和背景颜色；也可以单击"属性"区域的 编辑… 按钮，出现如图 6-6 所示的"文档设置"对话框。在这个窗口中，设置文档的尺寸、背景颜色以及帧频。

图 6-6 "文档设置"对话框

6.2.3 Flash 基本术语

1．帧、关键帧与图层

（1）帧。帧就是时间轴上的一个个小格子▯▯▯，是动画的一个最小时间片断。在默认状态下，Flash 在时间轴上每隔 5 帧进行数字标示。

（2）关键帧。关键帧就是时间轴上带有标记的帧▯、▯。在 Flash 中只能编辑关键帧，普通帧不能编辑处理。如果想要编辑某个帧的画面，则要将其转换为关键帧，再进行编辑处理。

关键帧还可以用来设置动作开始和结尾的状态。比如，在制作一个动作时，可以将一个开始动作状态和一个结束动作状态分别用关键帧表示，再告诉 Flash 动作的方式，Flash 就可以生成一个连续动作的动画。也就是说，只要设置好关键帧的画面，而中间的普通帧画面可由计算机自动完成。Flash 的动画编辑，其实就是编辑各个关键帧。

（3）图层。"帧"是 Flash 动画的最小时间单位，每一个帧就是一幅组成动画的静态图像。把这些帧按时间先后的顺序排列起来，构成一条"时间线"，这条"时间线"就是图层。把一个动画里面的多个同时进行的"时间线"即图层叠加起来，就组成了这个动画的时间轴。

一个个图层的叠加效果，就像透明的塑料纸叠加，透过上面的透明区域可以看到下面图层上的内容。在一个普通图层上进行涂抹修改，不会影响其他图层上的对象。

2．场景

表演对象所处的环境就是场景，如电影需要很多场景，并且每个场景的对象可能都是不同的。与拍电影一样，Flash 可以将多个场景中的动作组合成一个连贯的电影。一般开始编辑电影时，都是从第一个场景"场景 1"开始，场景可以添加、删除，场景的数量也没有限制。

3．元件与实例

在 Flash 文档中，有些对象会反复多次地被使用，如天空中的一片雪花、人走路的动作、按钮等。这时就可以将这个对象建成一个元件，然后在 Flash 文档中反复多次使用这个元件。就相当于先创建了一个模具，然后使用这个模具制作出许多成品一样。在这里的元件就是模具，使用元件产生的对象就是用模具制作出的成品，把它们称为实例。这些实例可以分别进行颜色、大小、透明度等属性的设置，从而具有自己的个性。

在文档中使用元件可以显著减小文件的大小。这是因为不管创建了多少个参考实例，Flash 在文档中只保存一份副本，保存一个元件的几个实例比保存该元件内容的多个副本占用的存储空间小。另外，使用元件可以加快动画播放的速度，因为在播放时，一个元件只需导入到 Flash Play 中一次即可。此外，元件还可以作为共享库资源在 Flash 文档之间共享。

4. 动作脚本

Flash 的动作脚本语言是 ActionScript，这是一种面向对象的编程语言。目前它的最高版本为 ActionScript 3.0。Flash CS5 中支持 ActionScript 3.0 和 ActionScript 2.0 的脚本语言。

ActionScript 是一种强大的面向对象的脚本语言，它具有函数、变量、语句、操作符、条件和循环等基本的编程概念，可以控制元件、舞台、场景、帧等一系列 Flash 对象，并可以绘制矢量图形和制作位图等。它也是制作交互动画必不可少的元素。

6.3　文件、场景、图层、帧操作

本节将从文件到场景再到图层和帧，这样一个由面及点、由大及小的顺序去介绍 Flash CS5 中的一些基本操作。

6.3.1　文件操作

Flash CS5 的所有文件操作都可由"文件"菜单来完成。下面是 Flash CS5 中最基本的两个文件操作。

1. 新建文件

执行"新建"→"文件"命令，出现"新建文档"窗口。在这个窗口中可以直接创建各种类型的 Flash 文件，如图 6-7(a)所示；也可以利用模板创建具有相应动画效果的文件，如图 6-7(b)所示。

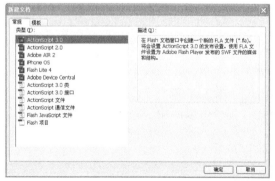
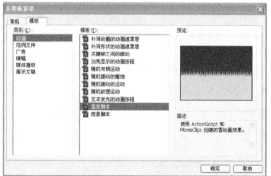

(a)　　　　　　　　　　　　　　　　　　　　(b)

图 6-7　"新建文档"窗口

选择文件类型后，单击"确定"按钮，在 Flash 的工作区中就会出现一个新的文件，系统默认的文件名为"未命名-1"。舞台编辑区左上角的灰色标签 未命名-1* ✕ 即为当前编辑的文件名。

2. 保存文件

执行"文件"→"保存"命令，弹出"另存为"对话框，在这个对话框中设置文件保存的位置、文件的名字以及文件的类型，最后进行保存。保存后，在 Flash CS5 的舞台标签上就会显示出相应的文件名 第一个Flash文件 ✕ ，而不再是"未命名-1"了。

注意：Flash CS5 默认的文件保存类型是"Flash CS5 文档"，其扩展名虽然是.fla，但是在低版本的 Flash 中是打不开 Flash CS5 文档的。

6.3.2　场景操作

场景主要用来制作环境差别较大的片段。Flash 文档默认只有一个场景，名为"场景 1"。

场景的操作比较简单，如果需要制作新的场景，只需要执行"插入"→"场景"命令即可。新场景按序号自动命名为"场景 2"、"场景 3"等。

编辑文件时，可以通过单击舞台上的"场景切换"按钮 ▣ 来跳转到不同的场景进行编辑。

动画播放时，默认情况下是按场景的序号顺序自动播放的；也可以使用动作脚本，实现播放时的场景跳转。

执行"窗口"→"其他面板"→"场景"命令，调出"场景"面板，如图 6-8 所示。在这个面板中可以很方便地实现添加场景、复制场景、删除场景、场景改名、改变场景播放顺序等操作。

在"场景"面板中，用鼠标拖动可以改变场景的排列顺序。需要注意，"场景"面板中的排列顺序就是动画播放时的播放顺序。

图 6-8　"场景"面板

6.3.3　图层操作

在 Flash 中，图层操作通过时间轴上的图层操作区来完成，如图 6-9 所示。

图 6-9　图层操作区

✐：表示当前图层为可编辑图层，不论当前有多少个图层，只有一个是当前编辑的图层。切换编辑图层很简单，只要单击图层名称即可 ▫ 图层3 。

◉：所对应的列为"显示/隐藏图层"列，单击此按钮切换设置所有图层的隐藏或者显示属性；单击该列上的·将设置对应这一个图层的隐藏或者显示属性。

▥：所对应的列为"锁定/解除锁定图层"列，单击此按钮将设置所有图层的锁定或解除锁定的属性；单击该列上的·将设置对应的这一个图层的锁定或解除锁定的属性。锁定后的图层将不能进行任何修改，可将需要保护的图层锁定，从而有效地防止对这个图层上的对象产生误操作。

□：所对应的列为"显示图层轮廓"列。正常的状态下，图层上的对象都能全部、完整地显示出来，如图 6-10(a)所示。当单击某个图层上的显示轮廓按钮后，这个图层上的所有对象将按设置的颜色显示轮廓，而不再显示全部内容，效果如图 6-10(b)所示。

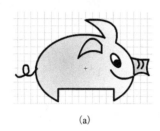

(a)

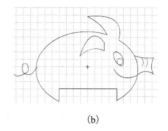

(b)

图 6-10　显示轮廓效果对比

在图层操作区的左下角有 3 个按钮 ⊔ ▭ 🗑，即"新建图层"、"新建文件夹"和"删除"按钮，利用它们可以对图层进行相应的操作。其中"新建文件夹"是为了更好地分类管理图层，将相关的图层放到同一个文件夹中，方便图层的查看。在图 6-9 中，"文件夹 1"中就存放了两个图层——"图层 2"和"图层 4"。

图 6-11　"图层属性"对话框

在图层操作区上，直接拖动图层名称，可以改变图层的叠放顺序；双击图层名称，可以编辑修改图层名称。

在图层按钮上右击，在弹出的菜单中选择"属性"命令，弹出如图 6-11 所示的"图层属性"对话框。在这个对话框中还可以设置图层名字、图层类型、轮廓颜色等属性。

图层的相关操作也可以通过菜单来实现，这里就不一一叙述了。

6.3.4　帧操作

1. 帧的分类

帧是 Flash 动画编辑的最小单位，编辑 Flash 文档的基础就是编辑帧。在 Flash 中，帧被分为了两类——普通帧和关键帧。其中，关键帧又分为有内容的关键帧●和空白关键帧○。空白关键帧上添加了内容，就会自动成为有内容的关键帧●，动画的编辑操作都是针对关键帧进行的。普通帧的内容取决于关键帧。在没有动画时，普通帧的画面跟它前面最近的关键帧一模一样；当含有动画时，普通帧的内容由系统根据它前后的关键帧以及动画类型决定。

新建的空白 Flash 文档，默认情况下只有第 1 帧是空白关键帧，其他的都是帧位而没有帧。如果影片要持续 10 帧，则需要在第 10 帧的位置执行"插入帧"命令的操作，这样时间线上就含有 10 个帧。时间轴上所有帧的下边都有一条明显的底边线，而没有帧的位置是一片空白。在一条时间线上，所有帧都是相衔接的，在帧与帧之间不可能出现没有帧的空帧位。

2．选择帧

对帧操作之前，首先应选择帧。单击帧就能选择这一帧，选择的帧呈蓝色小格的样子；如果需要选择多个连续的帧，则需要从开始帧拖动鼠标到结束帧。注意选择多帧时，开始帧应该是未选择状态，否则拖动鼠标就不是选择多个帧，而是移动开始帧。在选择帧时，还可以利用 Shift 键选择多个连续的帧，利用 Ctrl 键选择多个不连续的帧。

取消选择的帧很简单，只要单击鼠标即可，也可以按 Esc 键取消帧的选择状态。

3．帧操作菜单

选择帧以后就可以对这些帧进行操作了。在选择的帧上右击，弹出如图 6-12 所示的快捷菜单。在这个快捷菜单中可以进行帧的插入、删除、复制、剪切、粘贴和清除等操作，也可以对关键帧进行插入、转换和清除等操作。当选择的帧区域中有多个关键帧时，还可以利用"翻转帧"命令将这多个关键帧的出现顺序进行掉转。

Flash 为常用的帧操作设置了相应的快捷键以方便用户使用。"插入帧"命令的快捷键是 F5 键，"转换为关键帧"命令的快捷键是 F6 键，"转换为空白关键帧"命令的快捷键是 F7 键，"清除关键帧"命令的快捷键是 Shift+F6 键。

（1）剪切帧。无论是对关键帧还是普通帧，执行"剪切帧"命令后，该帧将转换为空白关键帧，其后相邻的那一帧如果是普通帧也将自动转换为关键帧。

（2）复制帧。可以复制关键帧，也可以复制普通帧，但复制普通帧得到的内容是当前帧前面最邻近的关键帧的内容。

图 6-12　帧操作快捷菜单

（3）粘贴帧。把复制或剪切到剪贴板的内容粘贴到当前位置。如果当前位置是普通帧，则自动转换为关键帧；如果当前位置是空白关键帧，则将内容置入该帧，成为有内容的关键帧；如果当前位置的帧本身就是关键帧，则会用剪贴板上的内容替换原有内容。

（4）清除帧。清除当前帧上的所有对象、动作代码和帧标签等。无论是关键帧还是普通帧，执行"清除帧"命令后都将转换为空白关键帧。该帧到下一个关键帧之间的帧成为空白的普通帧。右键菜单中的"转换为空白关键帧"命令与"清除帧"命令作用相同。清除帧不改变原有帧的数量。

（5）删除帧。删除帧将会减少帧的数量，使动画内容的持续时间缩短。删除帧之后，右侧的帧自动向左移动与前面的帧衔接补齐。

例 6-1：在时间轴上插入帧、插入关键帧和插入空白关键帧。

具体操作步骤如下：

（1）新建一个 ActionScript 3.0 的 Flash 文档。选择第 1 帧即一个空白关键帧，然后单击矩形工具，在舞台上绘制一个矩形，第 1 帧有了内容成为关键帧。这时的播放头只能停留在第 1 帧，因为其他位置都没有帧。

（2）在第 5 帧处插入帧，用鼠标拖动播放头，发现播放头可以在 1～5 帧之间进行移动，2～5 帧显示的内容和第 1 帧完全一样。

（3）在第 10 帧处插入关键帧，帧自动延伸到第 10 帧。用鼠标拖动播放头，发现 2～10 帧显示的内容和第 1 帧完全一样。

（4）在第 10 帧处，用椭圆工具在舞台上的矩形一侧绘制一个圆形，用鼠标拖动播放头，发现 1～9 帧显示的内容和第 1 帧完全一样，而播放到第 10 帧则出现了一个新圆形。

（5）在第 20 帧处插入空白关键帧，帧自动延伸到第 20 帧。用鼠标拖动播放头，1～9 帧显示的内容和第 1 帧完全一样，10～19 帧显示的内容和第 10 帧完全一样，而第 20 帧则没有显示任何内容。

6.4　Flash 动画的测试与发布

为了将 Flash 动画应用到各个领域，就需要对制作好的 Flash 动画进行发布和导出操作，使其能够生成脱离 Flash 环境而运行的文件。Flash CS5 为用户提供了多种可供发布的文件格式，用以满足用户不同的需求。

6.4.1　Flash CS5 动画测试

在发布和导出动画之前，需要对 Flash 动画进行测试，查看动画是否产生了预期的动画效果。

在动画的制作过程中，经常是制作与测试同步进行，用户可以在编辑动画的环境中直接进行一些简单动画效果的测试，执行"控制"→"播放"命令，就可以在舞台编辑区直接预览动画效果。这个菜单项对应的快捷键是 Enter 键，这也是进行动画测试最常用的方法。

因为有些特殊的动画效果在编辑环境中预览呈现不出最终效果，为了更加接近真实的播放效果，就需要在编辑环境外进行测试，具体操作步骤如下：

（1）创建好动画后，在菜单栏中执行"控制"→"测试影片"→"测试"命令，即可打开测试窗口，如图 6-13 所示。这个菜单项的快捷键是 Ctrl+Enter 键。

（2）在测试窗口中执行"视图"→"下载设置"命令，在其子菜单中选择一种带宽来测试动画的下载性能，如图 6-14 所示。

图 6-13　测试影片窗口　　　　　　　　　　图 6-14　"下载设置"子菜单

（3）在测试窗口中执行"视图"→"带宽设置"命令，就可以通过带宽状况图查看动画的下载性能，如图 6-15 所示。该窗口的下方是"播放区域"，左上方是"传输数据列表"，右上方是"数据流图表"。在"数据流图表"中的横线是流式时间轴，灰色的颜色块为传输数据图。

其中"传输数据列表"中会显示当前正在测试动画的数据；"流式时间轴"显示当前正在测试动画的时间轴，其中有一条时间轴线为红色；"传输数据图"中交错的深灰色和浅灰色方块代表动画的帧，方块的大小表示了该帧所含数据的多少。若方块超过了红线，则表示动画的下载速度低于播放速度，动画播放时将会在这些地方停顿。

（4）在传输数据图中单击代表帧的色块，动画就会在此帧停下，同时在数据传输列表中也会相应地显示该帧的下载性能。

（5）用户也可以在测试窗口中执行"视图"→"帧数图表"命令，改变图表显示模式，使窗口右上方的"数据流图表"切换为"帧数图表"。

（6）测试完成后，单击"关闭"按钮，关闭测试窗口。

6.4.2　Flash 动画发布

Flash 动画制作完成后，需要将其发布为独立的作品。

1. 设置发布选项

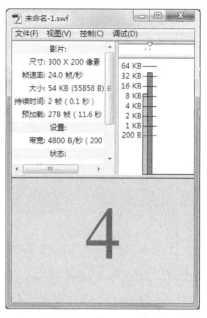

图 6-15　带宽状况图

在动画发布之前，应进行发布设置。执行"文件"→"发布设置"命令，弹出如图 6-16 所示的"发布设置"对话框。在"类型"列选中要发布的文件类型，在"文件"列设置发布以后生成的文件名，单击文件名后的 按钮，设置发布生成的对应文件存放的位置。

系统默认发布生成的文件类型为 Flash 和 HTML。用户每选择一个要发布的文件类型，在"发布设置"对话框中都会添加一个对应文件类型的标签，然后就可以在对应的标签中对发布产生的文件进行设置。

1) 设置 Flash 发布选项

在"发布设置"对话框中单击 Flash 标签，出现如图 6-17 所示的选项卡。该选项卡中各个选项的含义如下：

（1）播放器：输出的 Flash 影片适用的播放器版本，从 Flash Playcr 1～10 以及 Flash Lite 1.0～4.0。现在通用的是 Flash Play 10 的版本。

（2）脚本：用于设置使用的编程语言 ActionScript 的版本，在 Flash CS5 中一般使用 ActionScript 3.0 的版本。

（3）图像和声音：用于设置"JPGE 品质"、"音频流"和"音频事件"属性。其中，"JPGE 品质"设置导入文件输出的默认压缩率，它的范围为 0～100。品质越高，文件越大。"音频流"和"音频事件"用来设置音频的压缩格式和传输速度。"覆盖声音设置"忽略所有的个别音频流或音频事件的设置，对它们全部按照当前设置进行处理。"导出设备声音"在影片中将导出适合设备的声音而不是原始库声音。

（4）SWF 设置：用于设置导出的 Flash 影片 SWF，如设置是否"压缩影片"，若设置了该选项则将对生成的影片进行压缩。

图 6-16　"发布设置"对话框

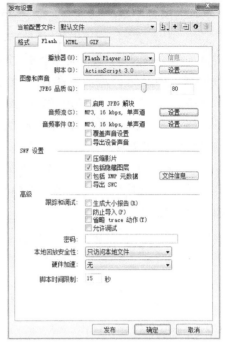

图 6-17　发布设置 Flash 选项卡

（5）高级：设置是否"生成大小报告"，它将与输出的影片同名；在这个区域中可以对影片的权限进行设置，如设置"防止导入"、"允许调试"、"只访问本地文件"和"只访问网络"等权限。

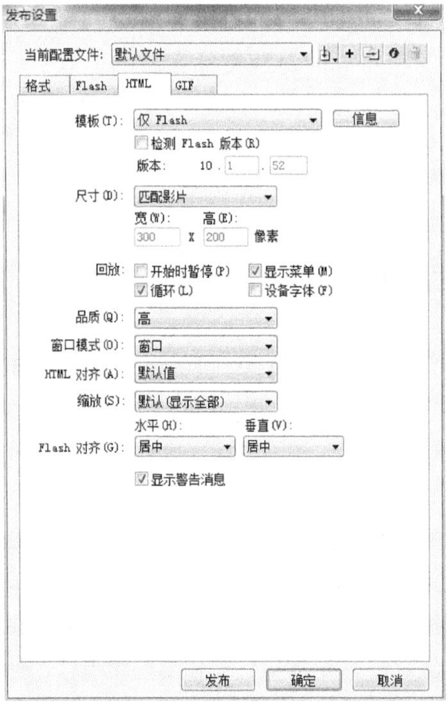

2）设置 HTML 发布选项

在"发布设置"对话框中单击 HTML 标签，如图 6-18 所示。该选项卡中各个选项的含义如下：

（1）模板：用于选择发布所使用的模板，Flash CS5 中共有10种模板供用户选择。单击"信息"按钮，在弹出的对话框中显示当前所选模板的相关信息。

（2）尺寸：用于设置动画的宽度和高度值，共有"匹配影片"、"像素"和"百分比"3 个选项。"匹配影片"使发布的动画尺寸为动画的实际尺寸大小，它的大小不能改变；若选择"像素"或者"百分比"，则可以通过设置相应的数值来改变动画的显示尺寸。

（3）回放：该选项中有 4 个选项。"开始时暂停"设置是否需要用户单击鼠标或者选择右键菜单中的 Play 才播放；"循环"设置是否需要循环播放；"显示菜单"设置动画是否显示相应的快捷菜单操作；"设备字体"设置是否将用消除锯齿的系统字体替换用户系统尚未安装的字体。

图 6-18　发布设置"HTML"标签

（4）品质：用于设置动画的播放质量，品质越高，生成的发布文件也就越大。

（5）窗口模式：用于设置显示动画的窗口模式。默认选项为"窗口"模式，在"窗口"模式下，动画将在网页的矩形窗口中以最快的速度播放；"不透明无窗口"模式将不允许其他元件透过 Flash 的透明部分显示出来；"透明无窗口"模式允许其他元件透过 Flash 的透明部分显示出来，但是播放速度会变慢。

（6）HTML 对齐：用于确定动画窗口在浏览器窗口中的位置。该项设置有 5 个选项。其中"默认"会使 Flash 动画在浏览器窗口内居中显示，并将截去大于浏览器窗口的动画边缘；"左对齐"、"右对齐"、"上对齐"和"下对齐"选项将会使动画与浏览器窗口的相应边框对齐，并根据需要对其余的 3 个边进行裁剪。

（7）缩放：用于设置缩放参数，在其下拉列表中有 4 个选项。其中"默认"将在指定的区域中显示整个文档，并保持动画的原始高宽比；"无边框"将对文档进行缩放，以便它能填充到指定的区域中，在缩放的过程中它将保持动画文件原始的高宽比，并根据需要对动画文件的边缘进行裁剪；"精确匹配"将在指定的区域中显示整个文档，它不能保持原始的高宽比，动画可能会发生扭曲；"无缩放"将禁止文档在调整 Flash Player 窗口大小时进行缩放。

（8）Flash 对齐：用于设置动画在播放区域中的位置。

2．发布预览与发布

设置发布选项后就可以对作品进行发布，在发布之前可以通过发布预览对最终效果进行查看。执行"文件"→"发布预览"命令，在弹出的下级菜单中，选择需要预览的文件格式即可对 Flash 动画的最终效果进行预览。

对动画预览后，如果效果已经达到设计要求，就可以对它进行发布操作。执行"文件"→"发布"命令，会弹出"正在发布"窗口，发布完成后该窗口自动消失。

6.4.3　Flash 文件导出

在 Flash 中导出和发布是两个不同的概念。发布可以同时制作出不同格式文件的动画，而导出每次只能导出一种格式的文件。其中，Flash 的导出又分为导出图像、导出所选内容和导出动画。

1．导出图像

将动画中的某个图像导出并存储为图片格式，可以使其成为制作其他动画的素材。导出动画图像的具体操作如下：

（1）在 Flash 文件中，选择要导出图像的帧。

（2）执行"文件"→"导出"→"导出图像"命令，弹出如图 6-19 所示的"导出图像"对话框。

（3）在"导出图像"对话框的"保存类型"下拉列表中选择导出图像文件的类型，并设置好导出文件的名字和文件的保存位置，单击"保存"按钮，就会弹出相应文件类型的设置对话框，图 6-20 所示为"导出 JPEG"对话框。

2．导出所选内容

选择舞台上要导出的内容，执行"文件"→"导出"→"导出所选的内容"命令，弹出"导出图像"对话框，此框与图 6-19 雷同，不同的是导出文件类型中只有一种 Adobe FXG (*.fxg) 格式，FXG 文件是 Flash XML Graphics 的缩写。存储为 FXG 格式时，图像的总像素必须少于 6777216 像素，并且长度或宽度应限制在 8192 像素范围内。它类似于 SVG，不过 FXG 主要针对 Flash 平台，更为切合 Flash 的渲染机制。

图 6-19 "导出图像"对话框

3. 导出影片

　　导出影片的操作跟导出图像的操作相类似，执行"文件"→"导出"→"导出影片"命令，弹出如图 6-21 所示的"导出影片"对话框。在这个对话框中选择导出文件的类型，设置文件导出的位置和文件名字，单击"保存"按钮，在弹出的"导出文件格式"对话框中进行相应设置即可。导出影片的操作是比较常用的操作，按 Ctrl+Alt+Shift+S 快捷键也可以进行影片的导出操作。

图 6-20 "导出 JPEG"对话框

图 6-21 "导出影片"对话框

6.5　实践演练：第一个 Flash 动画制作

6.5.1　实践操作

实例 1：利用蜡烛模板创建如图 6-22 所示的 Flash 文件。

实例目的：能够学会利用模板创建文件，并在此基础上进行简单修改。

操作步骤：

（1）创建文件。执行"文件"→"新建"命令，在弹出的对话框中选择"模板"选项卡，选择"动画"类别中的"随机缓动的蜡烛"模板，如图 6-23（a）所示，单击"确定"按钮。自动创建出一个包含蜡烛动画效果的文件。从文档"属性"面板中，可以看出这个文件的尺寸是 320×240像素，播放速率为 31 帧/秒，舞台背景为黑灰色。

图 6-22　生日快乐

（2）保存文件。执行"文件"→"保存"命令，在弹出的"保存"对话框中，设置保存的文件位置和文件名字，在这里将文件保存为"生日快乐"，文件类型采用默认的 FlashCS5 文档。保存文件后，工作区上文件的标签名字已经变成 生日快乐.fla ⊗ 。按 Ctrl+Enter快捷键，进行影片测试，此时效果如图 6-23（b）所示。

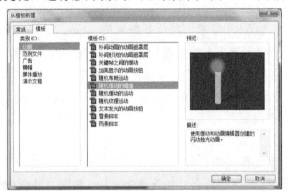

（a）从模板新建

（b）蜡烛测试效果

（c）"图层属性"对话框

（d）文本"属性"面板

（e）"滤镜"的"投影"属性

图 6-23　实例 1 步骤设置图

(3) 添加图层。利用模板直接创建的文件中已经包含了 3 个图层，分别为"背景"、"影片剪辑动画"和"说明"图层。其中"说明"图层中的内容为红色的说明文字，因为这个图层为引导图层，它不是普通图层，所以在测试影片时，这个图层上的内容不会显示出来。选择"影片剪辑动画"图层，单击时间轴面板下方的"新建图层"按钮 ，在"影片剪辑动画"图层上方创建一个新的图层，系统自动命名为"图层 1"，右击"图层 1"，在弹出的快捷菜单中选择"属性"命令，系统弹出"图层属性"对话框，将图层的名称修改为"生日快乐"，如图 6-23(c)所示。也可以直接在时间轴面板上的"图层 1"名字处双击，修改图层名称。

(4) 添加文字。选择"生日快乐"图层的第 1 帧，然后单击工具面板中的文本工具 ，在舞台右侧的合适位置单击，输入"生日快乐"文字。接下来单击舞台上的"生日快乐"文字对象，在 Flash 窗口右侧的文本"属性"面板中进行设置，如图 6-23(d)所示。设置文本引擎为"传统文本"、文本类型为"静态文本"，单击"静态文本"后的"文字方向按钮" ，将文本方向设置为"垂直"，设置文本的字体为"华文彩云"，大小为"35 点"，颜色为橘黄色#FFCC33。

(5) 为文字添加滤镜效果。选择舞台上的文字，在文字"属性"面板中单击 ，将其展开，在展开的"滤镜"面板最下方找到"添加滤镜"按钮 ，在弹出的菜单中选择"投影"命令，此时文字的滤镜属性如图 6-23(e)所示。设置投影"模糊 X"和"模糊 Y"均为 6 像素，"角度"为 27°，距离为 80 像素，颜色是透明度 Alpha 为 60%的绿色#66FF99；再次单击"添加滤镜"按钮，添加第 2 个"投影"滤镜，设置第 2 个投影滤镜的"模糊 X"和"模糊 Y"为 5 像素"角度"为 240，距离为 80 像素，颜色是透明度 Alpha 为 70%的蓝色#6699FF；为文字添加第 3 个投影滤镜，设置第 3 个投影滤镜的"模糊 X"和"模糊 Y"为 5 像素，"角度"为 120，距离为 80 像素，颜色是透明度 Alpha 为 80%的红色#FF3366。

(6) 测试与发布。对文件进行保存，然后按 Ctrl+Enter 快捷键进行影片测试，单击"文件"→"发布设置"命令，在弹出的"发布设置"对话框中，选择 Flash 类型，单击该对话框下方的"发布"按钮，就可生成对应的 Flash 影片文件(SWF 文件)。该文件默认生成的位置和 Flash 的源文件(fla 文件)在同一个文件夹中。

实例 2：创建一个 Flash 文件并保存，设置它的舞台环境为 550×300 像素、蓝色舞台背景、帧频为 6 帧/秒。

实例目的：掌握文件的创建、保存等基本操作，并对舞台环境进行设置改变。

操作步骤：

(1) 执行"文件"→"新建"命令，在弹出的对话框中选择"常规"选项卡中的 ActionScript3.0 类型，单击"确定"按钮，创建了一个新的 Flash 文件。

(2) 执行"文件"→"保存"命令，在弹出的"另存为"对话框中，设置文件保存的位置、文件保存的名字，文件保存的类型，默认的文件类型为 "Flash CS5 文档"，需要注意的是，高版本中创建的 Flash 文档不能被低版本 Flash 所兼容。

(3) 查看"属性"面板是否已经调出，如果没有调出，可以通过单击"窗口"→"属性"命令，将其调出来。在文档"属性"面板中，修改舞台的 FPS、大小和背景颜色。

实例 3：按步骤进行图层操作。

实例目的：掌握基本的图层操作，如创建图层、删除图层、改变图层位置、改变图层名称和锁定图层等操作。

操作步骤：

(1) 打开实例 2 所创建的文件。

(2) 双击时间轴面板中的"图层 1"图层，将其改名为"背景"；或者右击"图层 1"，在弹出菜单中选择"属性"命令，在弹出的"属性"对话框中修改图层的名称。

(3) 单击时间轴面板左下角的"新建图层"按钮，创建一个新的图层"图层 2"，将这个图层命名为"字母二"。

(4) 选择"字母二"图层，再次单击"新建图层"按钮，在"字母二"图层上方创建一个新的图层并改名为"字母一"。

(5) 用鼠标拖动"字母一"图层，将"字母一"图层拖动到"字母二"图层的下方。

(6) 选择"字母二"图层，单击图层区域的"新建文件夹"按钮，在"字母二"图层的上方创建一个图层文件夹，并将该图层文件夹命名为"Hello"。将"字母一"图层和"字母二"图层拖动到文件夹中。

(7) 在"字母二"图层上依次创建"字母三"、"字母四"和"字母五" 3 个图层。

实例 4：按步骤进行帧操作。

实例目的：掌握基本的帧操作，如插入帧、删除帧、插入关键帧和复制帧等操作。

操作步骤：

(1) 打开实例 3 创建好的文件，选择"背景"图层中的第 1 帧，单击工具箱中的文本工具，在舞台上输入一个字母"H"；右击时间轴上该图层的第 4 帧，在弹出的菜单中选择"插入空白关键帧"命令，在该帧上输入字母"E"，并调整其位置，放置在字母"H"的右边。

(2) 右击第 7 帧，在弹出的菜单中选择"转换为关键帧"命令，此时第 7 帧与第 4 帧是一模一样的，将第 7 帧的字母"E"向右移动，并利用文本工具将字母"E"修改为"L"；将第 10 帧转换为关键帧，并将第 10 帧的字母"L"向右移动；将第 13 帧设为关键帧，并在该帧上输入字母"O"，在第 16 帧的位置选择"插入帧"命令，让画面持续到第 16 帧。

(3) 按 Ctrl+Enter 快捷键，对影片进行测试。效果为"HELLO"这 5 个字母逐个显示并消失。

(4) 右击"背景"图层第 1 帧，在弹出的菜单中选择"复制帧"命令；右击"字母一"图层的第 17 帧，在弹出的菜单中选择"粘贴帧"命令。

(5) 仿照上法，将"背景"图层第 4 帧复制到"字母二"图层的第 20 帧；将"背景"图层第 7 帧复制到"字母三"图层的第 23 帧；将"背景"图层第 10 帧复制到"字母二"图层的第 26 帧；将"背景"图层第 13 帧复制到"字母二"图层的第 29 帧。

(6) 选择"字母一"到"字母五"这 5 个图层的第 32 帧，右击选择的帧，在弹出的菜单中选择"插入帧"命令。这样"背景"图层到第 16 帧就结束了，其他 5 个图层到第 32 帧画面才会结束。

(7) 按 Ctrl+Enter 快捷键再次对影片进行测试，将会看到两种不同的字母显示效果。

6.5.2 综合实践

实例 5：创建"Flash"字母动画文件，效果如图 6-24 所示。

实例目的：能够将文件的基本操作、图层的基本操作、帧的基本操作、影片的测试等操作融会贯通，掌握创建一个动画文件的基本过程。

操作步骤：

(1) 创建文件。执行"文件"→"新建"命令，在弹出的对话框中选择"常规"选项卡中的 ActionScript 3.0 类型，单击"确定"按钮，创建了一个新的 Flash 文件。对刚创建的新文件进行保存，命名为"Flash 字母.fla"。

(2) 设置环境。执行"窗口"→"工作区"→"传统"命令，将 Flash 工作区布局调整为传统布局，在 Flash 窗口右侧的属性面板设置文档属性。其中帧频 FPS 设置为 6，即每秒播放6 帧；舞台大小设置为 300×200 像素；舞台背景设置为黑色。

(3) 创建图层。在时间轴图层面板区进行图层的创建。因为要制作"Flash"这个单词的显示效果，一个图层显示一个字母，这就需要 5 个图层。单击"图层"面板区下方的"新建图层"按钮，创建 4 个新图层。将这 5 个图层从下至上依次改名为"F"、"1"、"a"、"s"和"h"，如图 6-25(a) 所示。

图 6-24 "Flash"字母动画效果

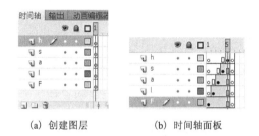

　　(a) 创建图层　　　　　(b) 时间轴面板

图 6-25 实例 2 步骤设置图

(4) 设置帧。单击选择时间轴上"F"图层的第 1 帧，这表示将在此帧上进行编辑。单击工具面板中的文本工具，在右侧的文本工具属性面板中设置字体为"红色"、"100 点"的"华文琥珀"，在舞台左侧单击，输入字母"F"。右击"F"图层的第 5 帧，在弹出的菜单中选择"插入帧"命令。这样字母"F"就从第 1 帧持续到第 5 帧画面。

右击时间轴上"1"图层的第 2 帧，在弹出的菜单中选择"插入空白关键帧"命令，选择"1"图层上的第 2 帧，在这一帧上添加字母"1"，并将其颜色改为黄色。用鼠标拖动调整舞台上字母"1"的位置，使其在"F"的右边。同样在这个图层的第 5 帧上插入帧，让画面能够持续到第 5 帧。

仿照上面的方法，在"a"图层的第 3 帧插入空白关键帧，输入蓝色字母"a"，在第 5帧处插入帧；在"s"图层的第 4 帧插入空白关键帧，并输入绿色字母"s"，在第 5 帧处插入帧；在"h"图层的第 5 帧插入空白关键帧，并输入橙色字母"h"；最后调整舞台上这 5个字母的位置。

利用鼠标拖动将时间轴上的 5 个图层的第 6 帧全部选择，右击选择的帧区域，在弹出的菜单中选择"插入空白关键帧"命令。这样所有图层的画面都到第 6 帧成为空白。最终时间轴面板如图 6-25(b)所示。

（5）测试发布。对文件进行保存，然后按 Ctrl+Enter 快捷键进行影片测试，单击"文件"→"发布设置"命令，将其 SWF 文件发布出来。

实例 6：按照 2.3.2 小节综合实践的脚本设计，创建 Flash 文件。（前接 5.4.2 小节实例5，后续 7.3.2 小节实例 9）

操作步骤：

（1）新建一个 ActionScript 3.0 文件，保存文件名为"古诗三首.fla"。

（2）设置舞台大小为 720×450 像素、舞台背景为淡黄色"#FFFF99"、帧频 fps 为 12 帧/秒。

（3）创建如图 6-26 所示图层。

图 6-26 课件图层

6.5.3 实践任务

任务 1：创建图层。

实践内容：创建如图 6-27 所示的图层结构。

任务 2：利用模板创建下雪动画。

实践内容：利用模板，创建如图 6-28 所示的 Flash 文件。

图 6-27 图层结构

图 6-28 "雪花飞舞"效果图

任务 3：倒计时。

实践内容：创建一个具有倒计时效果的 Flash 文件。

思考练习题 6

6.1 Flash CS5 是一个可以用来做什么的软件？

6.2 Flash CS5 为用户提供了几种工作界面，它们分别有什么特点？

6.3 Flash CS5 的工具面板中有哪些常用的工具？

6.4 什么是帧、关键帧、空白关键帧？什么是时间轴？什么是图层？

6.5 Flash 文档可以发布成什么类型的文件？

第 7 章　Flash 图形绘制

Flash 软件制作的各种作品都是由基本图形构成的，Flash 提供了各种工具来绘制线条和图形，熟练掌握这些工具并能绘制出各种图形是制作 Flash 作品的前期基础。

7.1　Flash 工具

Flash 的工具面板是进行 Flash 对象绘制和编辑的重要面板，利用这个面板可以进行绘图、选取和修改图案，以及缩小、放大舞台等操作。用户可以通过单击"窗口"→"工具"命令对其进行调用，详见图 6-4 "工具面板"按钮基本功能。调出的工具面板分为四个区域：

工具区：该区域包含选取、绘图与编辑工具。

辅助区：该区域包含手形工具和缩放工具，利用这两个工具可以对应用程序窗口的显示比例和位置进行调整。

颜色区：该区域包含笔触与填充颜色的修改选项。

选项区：该区域包含当前正在使用的工具修改选项，这些选项会影响工具的绘制或编辑。

7.1.1　绘制基础

1. 矢量图与位图

矢量图和位图在第 4 章中已经介绍了，这里不再赘述。在 Flash 作品制作过程中，应该考虑这两种图各自的特点，进行综合运用。比如，在部分场景设计图中可以使用位图图像，在角色设计中可以使用矢量图形。

2. 轮廓和填充

轮廓就是线条，填充就是形状。在 Flash 中绘制的基本对象就是由轮廓和填充构成的。在选择对象时，应分清两者，它们是能分开单独进行编辑的。它们的颜色可以通过工具面板上的按钮进行设置。

笔触颜色 ╱▇ 用来设置线条、轮廓的颜色；填充颜色 ◇□ 用来设置填充形状、颜色块的颜色。纯色、渐变色或位图都可以设置成笔触颜色或填充颜色。单击笔触颜色或填充颜色旁边的颜色块，出现如图 7-1 所示的调色板。

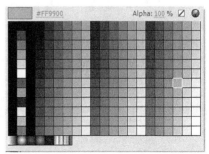

▇▇ #FF9900 ，代表当前选择的颜色，后边的"#FF9900"是颜色的数字表示，利用颜色编码可以很精确地选择颜色。

图 7-1　调色板

Alpha: 100 %，用来设置颜色的透明度。

☑，代表无色。绘制图形时，如果笔触为无色，则绘制的图形没有轮廓；若填充为无色，则绘制的图形没有填充颜色只有轮廓。

3．对象绘制模式

在 Flash 绘制图形前，应先设置好图形绘制的模式。Flash 的绘制模式分为普通模式和对象绘制模式。用户可以利用工具面板上的"对象绘制"按钮 进行切换。

普通模式下，这个按钮处于未选中状态，绘制的对象是分散的图形，当位于同一图层的图形或线条发生重叠时，会产生融合与切割现象。其中相同颜色的填充形状叠加会产生融合效果，不同颜色的填充形状叠加就会产生切割效果，所有的线条叠加都产生切割效果。利用这种特性，可以很方便地绘制一些图形，如图 7-2(a) 所示，几个白色椭圆的叠加就形成一朵白云的形状；图 7-2(b) 中一个黄色的圆和一个白色的圆叠加，删除白色圆以后，就形成一弯月牙。

(a) 叠加后的融合　　　　　　　　　　　(b) 叠加后的切割

图 7-2　图形叠加

单击"对象绘制"按钮，切换到对象绘制模式。此时，绘制的每一个对象都将是一个独立的个体，选择对象后会显示蓝色的矩形框。当位于同一图层的对象重叠时，也不再相互影响。

本章在默认的普通模式下绘制对象，如果用到对象绘制将在文中标注出来。

7.1.2　图形绘制工具

Flash 作品的基本构成元素就是图形，下面介绍 Flash 中的图形绘制工具。

1．线条工具

利用线条工具绘制线条的步骤如下：

(1) 选择线条工具 ╲，其对应快捷键为 N 键。

(2) 在 Flash 窗口右侧的"线条工具"属性面板中设置要绘制的线条属性，如图 7-3 所示。其中，╱� 用来设置线条的颜色；"笔触"用来设置线条的粗细；"样式"用来设置线条的形状；"端点"用来设置直线端点的形状；"接合"用来设置任意两条直线连接处转角的轮廓形状，设置的尖角锐度越大，尖角轮廓也就越明显；"端点"和"接合"的效果如图 7-4 所示。

(3) 将鼠标移动到舞台上，在要绘制线条的起点处按下鼠标左键，拖动到线条的终点松开鼠标左键，一条直线就绘制出来了。

利用选择工具选择绘制好的线条后，可以在"线条工具"属性面板中改变它们的属性。

图 7-3 "线条工具"属性面板   图 7-4 各种"端点"和"接合"效果图

提示：按下 Shift 键可以绘制出垂直、水平或者 45°的斜线；按下 Ctrl 键，可以直接切换到选择工具。

例 7-1：用直线工具绘制如图 7-5 所示的蜘蛛网。

具体操作步骤如下：

（1）单击直线工具，再单击工具面板最下方的"贴紧对象" ⓝ ，以便绘制的对象能够连接在一起。

（2）在"线条工具"属性面板中设置直线的属性，黑色、"1.0"笔触、"实线"；在舞台上，绘制 5 条起点在一起的直线，然后绘制离起点最近的小多边形。

（3）在"线条工具"属性面板中将线型修改为"虚线"，然后绘制余下的两个虚线多边形。

2. 铅笔工具

铅笔工具 ✐ 的快捷键是 Y 键，在舞台上拖动鼠标，系统会自动根据鼠标运动的轨迹生成一条曲线。单击铅笔工具后，在工具面板的下方，多出一个"铅笔模式"按钮 ⌇，单击此按钮右下角三角，弹出"伸直"、"平滑"和"墨水"三种模式可供选择，如图 7-6 所示。

伸直：这种模式具有较强的线条形状识别能力，可以对绘制的线条形状进行自动校正。线条自动伸直，尽量直线化。

平滑：可以在绘制过程中将线条自动平滑，使其尽可能成为有弧度的曲线。在该模式下容易绘制出平滑的曲线。

墨水：在绘制过程中保持线条的原始状态，常用于手绘线条。

图 7-5 蜘蛛网   图 7-6 铅笔绘图模式

3. 钢笔工具

钢笔工具 ✎ 又叫贝塞尔曲线工具，单击"钢笔工具"按钮右下角的黑三角，展开钢笔工具箱，其中包含 4 个工具，如图 7-7 所示。利用这 4 个工具，用户可以很方便地绘制精确、光滑的曲线，或是进行曲线曲率的调整，改变曲线形状等操作。

钢笔工具：可以在舞台上绘制线条或不规则图形。

添加锚点工具：可以给线条添加锚点，在线条上需要添加锚点的位置单击即可。

删除锚点工具：利用这个工具，单击曲线上的锚点可以将该锚点删除。

转换锚点工具：实现带弧度的锚点和平直的锚点的切换，还可以显示用其他绘图工具绘制的图形上的锚点。

1）绘制直线

选择钢笔工具，在舞台上用鼠标 ✎× 单击直线起点位置，移动鼠标指针到需要转折的地方再次单击 ✎，每次单击都会产生一个转折点，到终点处双击就可结束本次绘制。若绘制的是个封闭线条，当鼠标指针重新移动到起点时，鼠标指针会变成 ✎₀，单击即可结束本次绘制。

2）绘制曲线

用钢笔工具绘制直线和曲线的最大的区别是，绘制直线时，在转折点直接单击即可，而绘制曲线时，在转折点按下鼠标左键后要进行拖动操作，通过调整转折点（锚点）切线的长度和角度实现对曲线弧度的调整，如图 7-8 所示。需要注意的是，当按下鼠标左键，鼠标指针形状为 ▶，此时拖动鼠标才能改变曲线的形状。

图 7-7 钢笔工具箱

图 7-8 钢笔工具绘制曲线

例 7-2：使用铅笔工具和钢笔工具绘制如图 7-9（a）所示的花朵。

具体操作步骤如下：

（1）选择钢笔工具，在舞台上选择第 1 个花瓣的左侧起点处按下鼠标左键，进行拖动，如图 7-9（b）所示。当切线拖动到合适位置时，按下 Alt 键，继续拖动鼠标，将下方向的切线调整到图 7-9（c）所示位置，松开鼠标左键。

（2）在第 1 个花瓣的右侧结束点按下鼠标左键，同样先拖动鼠标调整整条切线的长短和方向，再按下 Alt 键，继续调整下方向的切线，如图 7-9（d）所示。这样第一个花瓣就绘制出来了。

（3）在第 2 个花瓣的结束点按下鼠标左键，仿照上法进行调整，将第 2 个花瓣绘制出来，效果如图 7-9（e）所示。

（4）仿照步骤 3，绘制第 3 个、第 4 个花瓣。

（5）绘制第 5 个花瓣，使第 5 个花瓣的结束点与第 1 个花瓣的起点相吻合，将鼠标指针移动到起点，按鼠标下左键进行切线调整，效果如图 7-9（f）所示，整个花朵的 5 个花瓣绘制完成。

（6）用铅笔工具绘制花朵中心的圆，效果如图 7-9（g）所示。

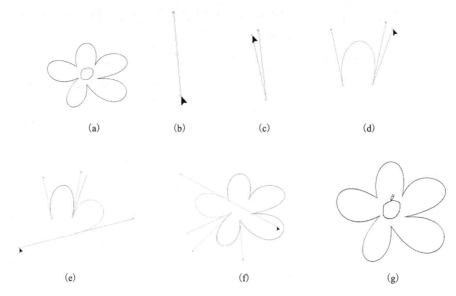

(a)　　　　　　　(b)　　　　　　　(c)　　　　　　　(d)

(e)　　　　　　　　　(f)　　　　　　　　　(g)

图 7-9　　例 7-2 花朵的绘制

4. 矩形/椭圆/多角星形工具

单击矩形工具右下角的三角形标志，出现如图 7-10 所示几何形状工具组。利用这些工具按钮可以绘制矩形、椭圆、多边形和星形。这些几何形状均由线条和填充两部分构成。通过属性面板可以设置线条颜色和填充颜色，以及线条的各种属性，它的"填充和笔触"属性与线条属性的设置基本相似。选择不同的形状工具，也会出现不同的选项设置。

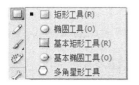　　　　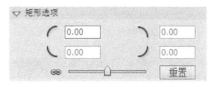

图 7-10　几何形状工具组　　　　图 7-11　"矩形选项"的矩形边角半径

对于矩形工具，还可以通过调整属性面板中"矩形选项"的矩形边角半径来绘制圆角矩形，如图 7-11 所示。当设置不同的"矩形边角半径"值，绘制的矩形效果如图 7-12 所示。

边角半径小于 0　　　　边角半径等于 0　　　　边角半径大于 0

图 7-12　不同的边角半径矩形绘制效果

"椭圆工具"属性面板"椭圆选项"如图 7-13 所示，在这个区域中，可以通过设置"开始角度"和"结束角度"来绘制扇形。当两个角度设置的值一样时，绘制的就是一个完整的椭圆，否则就是扇形。"内径"用来设置同心椭圆的半径，当"内径"值大于 0 时，绘制的图形就是同心椭圆，内径值越大，同心椭圆内部的圆也就越大。椭圆工具绘制图形效果如图 7-14 所示。

图 7-13　椭圆选项

椭圆　　　扇形　　　同心椭圆　　　同心扇形

图 7-14　椭圆工具绘制图形效果

多角星形的"工具设置"区域只有一个"选项"按钮，单击这个按钮，出现如图 7-15 所示的"工具设置"对话框。在这个对话框中可以通过"样式"设置绘制图形是多边形还是星形；"边数"用来设置多边形的边数或者星形的角数；"星形顶点大小"用来设置星形角的尖锐程度，值越小，角的度数越小，角也就越尖锐。

图 7-15　"工具设置"对话框

基本矩形(椭圆)工具绘制的图形跟一般图形的区别在于，它们的图形不再是分散的，而是一个整体，相互叠加没有切割效果，与对象模式下绘制对象类似；不同之处是利用鼠标拖动控制点可以调整基本矩形(椭圆)形状。将基本矩形(椭圆)进行分离后，它就和普通图形一样了。

在绘制矩形(椭圆)时，按下 Shift 键可以绘制正方形(正圆)；按下 Alt 键绘制，将以按下鼠标处为中心点绘制图形。

例 7-3：绘制如图 7-16 所示的图形。

具体操作步骤如下：

(1) 创建一个新的 Flash 文件，对它进行保存。设置文档尺寸为 550×400 像素，背景颜色为深蓝色"#003366"。

(2) 单击矩形工具，单击工具面板中的"对象绘制"按钮，切换到对象绘制模式。在"矩形"属性面板中设置"笔触颜色"为无 ，"填充颜色"为深灰色"#666666"；接下来在舞台下方从左到右绘制一个长方形马路。

(3) 单击线条工具，在属性面板中，设置"样式"为"虚线"，然后单击样式后边的"编辑笔触样式"按钮 ，弹出如图 7-17 所示的"笔触样式"对话框，在此框中设置"虚线"的两个取值均为 9 点。其中第 1 个数字代表虚线的线段长度，第 2 个数字代表虚线的线段间距。设置好笔触样式后，继续在属性面板中设置线条颜色为白色、笔触为 1；按下 Shift 键，在灰色矩形中间绘制一条线型为虚线的直线，效果如图 7-16 所示。

图 7-16　绘制图形

图 7-17　"笔触样式"对话框

（4）再次单击线条工具，设置其"样式"为"斑马线"，单击其后的"编辑笔触样式"按钮，在"笔触样式"对话框中设置"斑马线"为"细"，"间隔"为"非常远"；设置线条颜色为白色，笔触为20；按下Shift键，在灰色的矩形右侧绘制白色斑马线。效果如图7-16所示。

（5）单击多角星形工具，在其属性面板中首先设置线条颜色为无，填充颜色为黄色，然后单击"工具设置"中的"选项"按钮，在弹出的"工具设置"对话框中，设置"样式"为"星形"，"边数"为4，"星形顶点大小"为0.2。设置完成后，在舞台路面上方，绘制多个大小不同的星星。

（6）单击椭圆工具，取消"对象绘制"模式。在属性面板中设置线条颜色为无，填充颜色为黄色。按着Shift键，在路面上方绘制一个正圆；修改椭圆工具的填充颜色为其他任意一种颜色，再次绘制一个正圆；单击选择工具 ↖ 拖动刚刚绘制的圆叠加到黄色圆上方的合适位置，松开鼠标左键，在空白处单击，取消圆的选中状态。再次单击选中刚刚移动过的圆，按Delete键，将其删除，一个弯弯的月亮就绘制成功。

5．刷子/喷涂刷工具

单击刷子工具 ✐ 右下方的黑三角，弹出如图7-18所示的笔刷工具箱，它含有"刷子工具"和"喷涂刷工具"两种工具。

图7-18　笔刷工具箱

1）刷子工具

Flash中绘制的图形是由线条和填充构成的。利用铅笔工具可以绘制线条，而利用刷子工具则可以随意绘制出各种填充色块。单击刷子工具，在工具面板的下方会出现刷子工具的相关设置选项，如图7-19所示。

锁定填充 🔒：当填充色为渐变色时，单击这个按钮后，将刷出渐变过渡一致的填充形状。

刷子模式 ⊙：单击此按钮会弹出5种模式，如图7-20所示。这五种模式的功能见表7-1，它们绘制的效果如图7-21所示。

表7-1　刷子工具的绘制模式

刷子模式	功能
标准绘画	在工作区的任何区域绘制，不管是线条还是填充色，只要是刷子经过的地方，都变成了刷子的颜色
颜料填充	只影响填充的内容，不会遮盖住线条
后面绘画	在同层舞台的空白区域绘制，不会影响已经存在的线条和填充
颜料选择	绘制的内容只能在预先选择的区域内保留
内部绘画	若刷子的起始点在空白区域，则刷子只能在空白区域绘制，对其他对象没有影响；若刷子的起点位于图形内部时，则只能在图形内部绘画

刷子大小 ●：用来设置笔刷大小。

刷子形状 ➖：用来设置笔刷形状。

图7-19　刷子工具选项　　　图7-20　刷子工具绘图模式　　　图7-21　刷子工具5种绘图模式效果

2）喷涂刷工具

利用喷涂刷工具🖼可以绘制出具有喷涂装饰效果的图形组。它跟普通的 Flash 绘制工具不太一样，它绘制的图形自动成组，不再是分散的线条和填充。它的属性面板如图 7-22 所示。喷涂的内容可以是默认形状的点，也可以是做好的元件，喷涂的效果如图 7-23 所示。

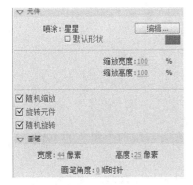

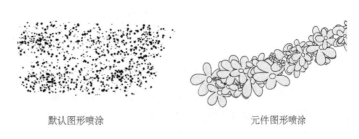

默认图形喷涂　　　　　　　　元件图形喷涂

图 7-22　喷涂刷属性　　　　　　　　　图 7-23　喷涂效果图

6. Deco 工具

Deco 工具类似喷涂刷工具，使用它既可以快速完成大量相同元素的绘制，也可以制作出很多复杂的动画效果。将其与图形元件和影片剪辑元件配合，可以制作出效果更加丰富的动画。它的属性面板如图 7-24 所示。

在 Flash CS5 中，Deco 工具的功能得到进一步增强。它有 13 种绘制效果，包括藤蔓式填充、网格填充、对称刷子、3D 刷子、建筑物刷子、装饰性刷子、火焰动画、火焰刷子、花刷子、闪电刷子、粒子系统、烟动画和树刷子。每一种绘制效果都有相应的高级选项设置。图 7-25 所示为 Deco 工具的部分绘制效果。

图 7-24　"Deco 工具"属性面板

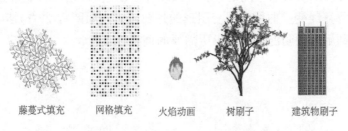

藤蔓式填充　　网格填充　　火焰动画　　树刷子　　建筑物刷子

图 7-25　Deco 工具部分绘制效果

7.1.3　图形选择工具

在 Flash 中对绘制的对象进行编辑处理，首先要选中对象。Flash 的工具面板中提供了 3 个选择工具，方便用户进行对象选择操作。

1. 选择工具

选择工具 ▸ 是工具面板中的第一个按钮，快捷键是 V 键。该工具有选择、移动、修改线条的功能，当鼠标指针形状不同时，代表的功能也不同，如图 7-26 所示。

移动状态　　　　框选状态　　　　移动端点　　　　曲线变形

图 7-26　选择工具的鼠标指针形状

单击选择工具，工具面板下方的选项区中出现 3 个按钮。

贴紧至对象 🔳：单击该按钮后，拖动对象时鼠标指针下方会出现一个黑色的小环。当对象与另一个对象紧贴时，黑色小环会变大。

平滑 ⁻⁵：选中对象后，此按钮才能使用。单击它使选中对象的线条或轮廓变平滑。

伸直 ⁻⁽：选中对象后，此按钮才能使用。单击它使选中对象的线条或轮廓变得更加平直。

（1）选择对象。单击选择工具，在对象上单击鼠标即可选中对象；也可以按着 Shift 键，连续单击鼠标选择多个对象；还可以利用鼠标拖动框选多个对象。选中的对象上会出现网点状或蓝色选中框。

（2）移动、复制对象。利用选择工具选中需要移动的对象后，按下鼠标左键拖动，即可移动对象。在拖动过程中按下 Alt 键后，再松开鼠标左键，即可复制选中对象。需要注意的是，这种鼠标拖动实现的移动和复制操作只能在同一个图层上进行。如果要跨图层进行对象的移动和复制，就要利用"编辑"菜单中的"剪切"、"复制"、"粘贴到中心位置"或"粘贴到当前位置"等菜单项来完成。

（3）修改对象。单击选择工具，然后移动鼠标指针到线条的端点处，指针右下角变成直角状 ⌐，这时拖动鼠标可以改变线条的方向和长短，如图 7-27（a）所示。

如果鼠标指针移动到线条中间的任意处或填充区的边缘，指针右下角会变成弧线状 ⌐ᵎ，拖动鼠标，可以将直线变成曲线或改变图形的外部轮廓，如图 7-27（b）所示。这是一个很有用处的功能，利用这项功能可以画出所需要的曲线或形状。

（a）改变端点位置　　　　　　　（b）改变线条弧度

图 7-27　利用选择工具修改图形

提示：除了钢笔工具和部分选取工具外，使用其他工具时，按下 Ctrl 键后都会临时切换到选择工具。"粘贴到中心位置"命令的快捷键是 Ctrl+V 键；"粘贴到当前位置"命令的快捷键是 Ctrl+Shift+V 键。

例 7-4：绘制树叶轮廓。

具体操作步骤如下：

（1）打开 Flash，建立一个 Flash 文档。

（2）单击线条工具，属性设置笔触大小为 2，颜色为深绿色的实线；在舞台上画一条直线，然后用选择工具将它拉成曲线，如图 7-28（a）所示。

（3）再用线条工具绘制一条直线，用这条直线连接曲线的两端点，用选择工具将这条直线也调整成曲线，如图 7-28（b）和（c）所示。

（4）画叶脉。将线条笔触大小设为 1.5。在两端点间画直线，然后拉成曲线，再画旁边的细小叶脉，可以全用直线，也可以略加弯曲，这样，一片简单的树叶就画好了，如图 7-28（g）所示。

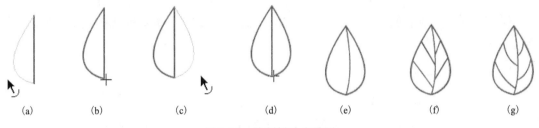

（a）   （b）   （c）   （d）   （e）   （f）   （g）

图 7-28 绘制树叶步骤图

2. 部分选取工具

部分选取工具 主要用于选择和调整路径。使用它可以选择线条和填充的外部轮廓。被选中对象显示出的每一个可调整节点，称为锚点，如图 7-29 所示。

被选中的锚点呈实心，没选中的呈空心。每个锚点两侧都带有调节句柄，可分别调整两侧不同的曲率和影响范围。

部分选取工具和选择工具一样，不同的鼠标指针形状，代表不同的功能。

: 代表鼠标指针已经指向一个对象，此时单击鼠标则选择对象，拖动鼠标则移动对象。

: 代表鼠标指针没有指向任何对象，此时单击鼠标将取消对象的原有选中状态。

图 7-29 用部分选取工具选中对象效果

: 代表鼠标指针已经指向一个锚点，此时单击鼠标将选定这个锚点，拖动鼠标将移动这个锚点。

: 代表鼠标指针已经指向某个锚点的切线调节句柄，按着鼠标进行拖动，将改变切线的方向和长度，从而改变曲线的弧度和方向。

3. 套索工具

套索工具 用来选择部分线条、填充色或分离的位图。当选用套索工具时，在工具面板最下方的选项区会出现 3 个按钮，分别是魔术棒 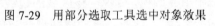、魔术棒设置 、多边形模式 。

使用默认套索工具时只需圈选要选择的图形区域即可。

魔术棒：此按钮用于在分离的位图上选择相似色彩的连续区域。单击此按钮后，再单击要选择的填充色彩，即可选中和鼠标单击处颜色相似的连续区域。

魔术棒设置：单击此按钮，在弹出的"魔术棒设置"对话框，设置允许的色彩误差范围和边缘的处理模式。

多边形模式：用来选择多边形区域。单击此按钮后，在编辑区单击一次鼠标产生一个节点，两个节点间用线段构成直边；在需要结束选择的位置双击鼠标，则终点和起点间会自动用线段连接，构成一个封闭的选择区域。

7.1.4 图形编辑和色彩工具

使用绘制工具绘制的图形一般比较单调，为此还需要结合编辑和色彩工具来创造出多样化的图形效果。

1. 颜料桶/墨水瓶工具

单击工具面板中的颜料桶工具 🖍️，出现填充工具箱。其中颜料桶工具用于填充封闭区域的形状；墨水瓶工具用于设置线条轮廓。下文将分别介绍两个工具的具体用法。

1）颜料桶工具

单击颜料桶工具，将鼠标指针移动到舞台上，鼠标指针成为 🖍️ 形状。这时在工具面板的选项区中会出现"空隙大小" 🔘 和"锁定填充" 🔒 两个按钮。其中"锁定填充"对渐变色填充才有作用。单击"空隙大小"按钮，会弹出空隙设置选项，如图7-30所示，通过它可以设定填充对象外部轮廓空隙的大小。

图7-30 填充空隙选项

不封闭空隙：只有在完全封闭的轮廓区域内才能使用颜料桶填充颜色。

封闭小空隙：填充颜色区域的边线轮廓允许出现很小的空隙。

封闭中等空隙：填充颜色区域的边线轮廓允许出现中等的空隙。

封闭大空隙：填充颜色区域的边线轮廓允许出现较大的空隙。

使用颜料桶工具填充一个区域时，如果已经选了"封闭大空隙"后，仍然不能在该区域中填充颜色，就说明该区域的边线轮廓有空隙，且此空隙非常大，大于系统所认为的"封闭大空隙"。此时，需要将图形适当放大，找到没有封闭的地方，将其封闭后再填充。

2）墨水瓶工具

该工具主要用于添加或更改图形的轮廓线。选择墨水瓶工具，鼠标指针形状成为 🖋️，此时在图形上单击，即可为这个图形添加轮廓线；若此图形已有轮廓线，则会用当前设置的线条替换图形原有的轮廓线。

使用颜料桶工具或墨水瓶工具对形状和线条进行填充时，填充的内容可以是纯色、线线性渐变、径向渐变和位图填充。具体的设置可以通过"颜色"面板进行调整，如图7-31所示。执行"窗

图7-31 "颜色"面板

口"→"颜色"命令,即可打开"颜色"面板;或者单击面板缩小区域中的"颜色"按钮 ,
也可打开"颜色"面板;该面板是 Flash 中较为常用的一个面板,它的快捷键为 Alt+Shift+F9。

在"颜色"面板中,首先单击 或者 ,从而决定设置的是"笔触颜色"还
是"填充颜色";接下来单击 [径向渐变 ▼],在弹出的下拉列表框中选择填充颜色的种类"纯
色"、"线线性渐变"、"径向渐变"还是"位图填充";最后根据选择填充颜色的种类再进行
相应颜色的设置。当选择渐变填充时,可通过设置面板下方颜色条上的颜色滑块来调节具
体的渐变颜色。

提示:将渐变填充和渐变变形工具联合起来用,可以得到更合适的渐变填充效果。

2. 任意变形工具/渐变变形工具

变形工具主要有两个:一个是任意变形工具 ,用于改变图形的大小、旋转图形、扭
曲图形等操作;另一个是渐变变形工具 ,用于对渐变填充效果进行设置。

1) 任意变形工具

单击任意变形工具后,在工具面板的选项区边就会出现相应的选项,如图 7-32 所示。
选择任意变形工具后,除了"贴紧对象"按钮,其他按钮都以灰色显示,只有在场景中选
择了具体的对象以后,其他 4 个按钮才变成可用状态。

选择任意变形工具单击舞台上的对象,对象就会被一个方框包围着,中间有一个小圆圈,
这个圆圈是变形对称点,对对象进行缩放旋转时,就以它为中心旋转。将鼠标指针移近这个小
圆圈,鼠标指针会成为 形状,此时按住鼠标拖动,即可改变对称点的位置。然后再把鼠标
指针移到方框的右上角,鼠标指针变成圆弧状 时,按着鼠标拖动就可以进行对象旋转操作。
拖动鼠标,叶子绕对称点旋转到合适位置松开鼠标,即完成旋转操作,如图 7-33 所示。

图 7-32　任意变形工具组　　　　　　　图 7-33　旋转树叶

使用任意变形工具,移动鼠标到对象外围的控制点上,鼠标成为双向箭头就可以将对
象放大或缩小,甚至翻转对象。当移动鼠标到对象外围边线上,鼠标指针成为 时,可以
在相应方向上扭曲图形。

2) 渐变变形工具

渐变变形工具只能对具有渐变填充的形状或线条进行操作。选择渐变变形工具后,单
击需要调整的渐变填充对象,就会出现渐变填充调整句柄,如图 7-34 所示。

其中, 为渐变中心点,改变它的位置就能改变渐变位置; 用来调整渐变的水平范
围; 可以旋转,用来改变渐变的方向; 用来改变径向填充的半径大小,调整径向渐变
范围; 用来对填充的位图进行水平或垂直方向的扭曲操作。

提示:在进行渐变变形修改时,有时渐变变形范围比较大,不便于渐变调整,此时可
以通过缩放舞台显示比例来调整渐变句柄。

 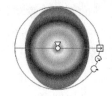

(a) 线性填充   (b) 径向填充   (c) 位图填充

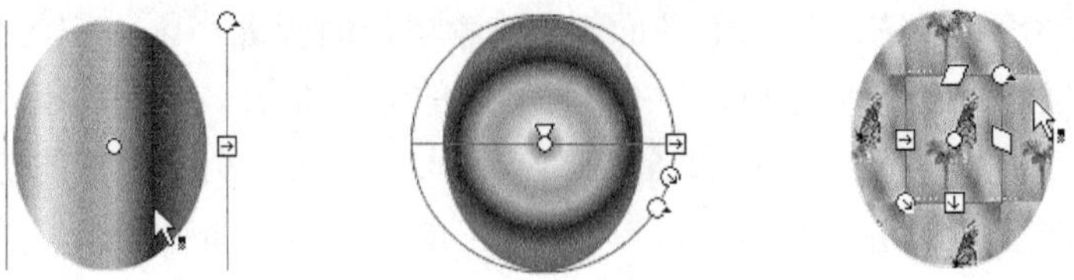

图 7-34   渐变填充调整句柄

例 7-5: 给例 7-2 的花朵和例 7-4 的树叶填充颜色，效果如图 7-35 所示。

具体操作步骤如下：

(1) 将例 7-2 和例 7-4 所绘制的对象进行复制并排列成如图 7-36 所示的效果。

图 7-35   花朵、树叶填充效果   图 7-36   复制效果图

(2) 单击颜料桶工具，为第 1 朵花的花瓣填充粉色"#FF66FF"，第 1 朵花的花心填充黄色"#FFFF00"。

(3) 将颜料桶工具的填充颜色修改为绿色"#33FF33"，填充第 1 片树叶。

(4) 对第 2 朵花填充渐变效果。单击颜料桶工具调出"颜色"面板。在"颜色"面板中，单击"填充颜色"按钮，对填充颜色进行设置；设置渐变类型为"径向渐变"；在渐变颜色条中设置两个颜色滑块，分别放在渐变颜色条左右两端,左边滑块设置透明度 Alpha 为 60%的白色，右边滑块设置透明度为 100%的红色；设置完成后，在舞台上，用"颜料桶工具"单击第 2 朵花的花瓣，整个花瓣区域填充为白到红的渐变效果。

(5) 选择渐变变形工具，用该工具单击第 2 朵花的渐变填充区；将渐变区的中心圆点移动到花的中心，调整渐变范围跟花朵大小一致，效果如图 7-37 所示，第 2 朵花的填充完成。

(6) 仿照第(4)步，对第 2 片叶子设置一个由浅绿到深绿的径向渐变；因为树叶的填充是由多个区域组成，为了使渐变过程一致，所以在使用颜料桶工具填充之前，首先要单击"锁定填充" 按钮，确保填充的多个区域的渐变效果连贯一致。单击"锁定填充"按钮后，在舞台的第 2 个树叶上单击进行填充；填充完成后，用渐变变形工具进行渐变调整，如图 7-38 所示。

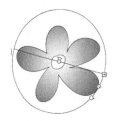   

图 7-37   第 2 朵花的渐变填充控制图   图 7-38   第 2 片树叶的渐变填充控制

3. 橡皮擦工具

橡皮擦工具 用于擦除图形或分离位图上不需要的部分。在工具面板下方的选项区里有"橡皮擦模式" 、"水龙头" 和"橡皮擦形状" 3 个按钮。

（1）橡皮擦模式共有 5 个，如图 7-39 所示。利用它们绘制的擦除效果如图 7-40 所示。

标准擦除：可以擦除同一层的线条和填充形状。

擦除填色：只能擦除填充色的内容，不能擦除线条。

擦除线条：只能擦除线条，不能擦除填充色的内容。

擦除所选填充：需要先用选择工具选中要擦除的填充，然后用橡皮擦除；只能擦除选中的区域，没有选中的区域不能擦除。

内部擦除：在擦除时，起点必须是在轮廓线以内，而且橡皮的范围也只作用在轮廓线以内。

　　标准擦除　　擦除填色　　擦除线条　　擦除所选填充　内部擦除

图 7-39　橡皮擦模式　　　　　　图 7-40　五种擦除模式的擦除效果

（2）水龙头 ：用于大面积的擦除线条或填充区域。

（3）橡皮擦形状 ：用于设置橡皮擦的形状和大小。

4. 滴管工具

滴管工具 用于获取已存在的线条、文本、矢量图或位图的颜色属性，并将该颜色应用于其他对象。选择滴管工具后，鼠标指针变成 形状，当鼠标指针指向不同对象时，鼠标指针的形状也会发生相应变化。

：滴管工具正常状态，此时单击鼠标将取当前指向的颜色为填充色。

：滴管工具指向线条，此时单击鼠标将取指向线条的颜色属性为笔触颜色属性。

：滴管工具指向填充、分离的位图，此时单击鼠标将取指向的填充属性或分离的位图作为填充属性。

：滴管工具指向文本，此时单击鼠标将会使填充颜色与指向的文本颜色一样。

例 7-6：在例 7-5 中，用第 2 朵花和叶子的渐变填充效果去修改第 1 朵的纯色填充效果，如图 7-41 所示。

图 7-41　用滴管工具修改填充效果

具体操作步骤如下：

（1）打开例 7-5 的文件。

（2）单击滴管工具，将鼠标指针移到第 2 朵花的花瓣处，此时鼠标指针为 形状，单击鼠标左键，此时鼠标指针变成具有"锁定填充"功能的颜料桶 ，单击"锁定填充"按钮，取消锁定填充，然后在第 1 朵花瓣上单击进行填充，最后通过渐变变形工具进行渐变填充调整。

（3）单击滴管工具，将鼠标指针移到第 2 片树叶填充区域，单击鼠标左键，提取该区域的填充属性；单击"锁定填充"按钮，去掉锁定状态后，在树叶的第 1 个区域单击进行填充；再次单击"锁定填充"按钮，加上锁定填充状态，然后在树叶的其他区域单击进行填充，这样就保证了这片树叶的多个区域的渐变过程是统一的。最后用渐变变形工具调整树叶的填充效果。

7.1.5　文本工具

文字是 Flash 影片中很重要的组成部分，利用文本工具可以在 Flash 影片中添加各种文字。因此熟练使用文本工具也是掌握 Flash 的一个关键。一个完整而精彩的动画或多或少的都需要一定的文字来修饰，而文字的表现形式又非常丰富。因此，合理地使用文本工具，可以增加 Flash 动画的整体效果，使动画显得更加丰富多彩，更具有表现力和感染力。

1. Flash CS5 文本

Flash CS5 中有两种文本引擎："传统文本"和"TLF 文本"。Flash CS5 以前版本中的文本引擎统称为"传统文本"。"TLF 文本"是 Flash CS5 中提供的一种新型文本引擎，它支持更丰富的文本布局和文本属性。在 Flash CS5 中 TLF 文本的属性控制要比传统文本的属性控制更多且更精细，如图 7-42 所示。另外，TLF 文本还可按顺序排列在多个串接文本容器内。

（a）TLF 文本属性面板

（b）传统文本属性面板

图 7-42　两类文本的属性面板

TLF 文本的文本类型为"只读"、"可选"和"可编辑"。"只读"在影片播放时只能读；"可选"在影片播放时文字可用鼠标选择；"可编辑"在影片播放时可以修改文字内容。

传统文本的文本类型为"静态文本"、"动态文本"和"输入文本"。"静态文本"相当于 TLF 的"只读"，在影片播放时只能显示文字；"动态文本"是由程序控制文字内容，在

影片播放时文字内容动态显示随时更新；"输入文本"在影
片播放时可以由用户输入文字，相当于 TLF 中的"可编辑"
文本。

2．创建文本

1）输入文本

单击工具面板中的文本工具 **T**，在"文本"属性面板中
设置要输入的文本字体、大小、颜色等属性。设置好字体
属性后，在舞台上单击或拖动鼠标，就会出现文本输入框，
在此框中输入文字即可。单击鼠标输入的文本会自动扩展
行宽，而拖动鼠标形成的文本框则是固定宽度，文本超出
文本框的范围会自动换行。

2）文字方向

不管是 TLF 文本还是传统文本，用户都可以通过属性
面板的"改变文字方向"按钮 ，设置文本的字体方向。
其中 TLF 的文本方向只有两个："水平"和"垂直"；传统
文本的文字方向有"水平"、"垂直"和"垂直，从左向右"。

3）文字属性

"传统文本"的"静态文本"属性面板如图 7-43 所示，
其中共有 5 个区域，每个区域的主要属性如表 7-2 所示。

图 7-43　"静态文本"属性面板

表 7-2　"传统文本"属性面板的区域属性

区域名称	基本设置
位置和大小	通过 X 和 Y 设置文本的在舞台上的位置；"宽"和"高"设置文本区域的宽度和高度
字符	设置字体、大小、颜色、字间距等属性
段落	设置段落对齐方式、段间距、段落离边界的距离等属性
选项	对于静态文本而言，在这个区域中可以对文本设置超链接
滤镜	对文本添加滤镜效果，从而达到美化文字的作用

"TLF 文本"属性面板如图 7-44 所示，其中共有 10 个区域，各区域的主要属性如表 7-3
所示。

表 7-3　"TLF 文本"属性面板的区域属性

区域名称	基本设置
位置和大小	X 和 Y 显示 TLF 文本在舞台上的位置；"宽"和"高"设置文本区域的大小
3D 定位和查看	设置 3 D 坐标的位置、透视角度、消失点位置等属性
字符	与"传统文本"属性区域基本相同，可以对部分文字设置字体背景以便实现"加亮显示"，还可以对文字实现 270°旋转
高级字符	对文本设置超链接，设置字母大小写、数字格式、数字宽度、文本的主题基线、连字、中断排版、字符区域设置等属性
段落	设置段落对齐方式、段间距、段落离边界的距离等属性
高级段落	设置段落对齐的规则，如标点挤压、避头尾法，以及行距基准和行距模型的段落格式
容器和流	设置文本容器如何随文本量的增加而扩展，设置文本显示形式是否以密码形式显示，设置文本容器中的最多字符数、对齐方式、文本分几列显示(1～50)，文本容器边框、背景色等属性
色彩效果	设置文本容器的亮度、色调、透明度等属性
显示	设置文本容器的混合显示模式，如图层、变暗、正片叠底、Alpha 等模式
滤镜	对文本添加滤镜效果，从而达到美化文字的作用，如添加投影、发光、模糊等滤镜

图 7-44 "TLF 文本"属性面板

4）文本滤镜

在 Flash CS5 中可以利用 Flash 的文本滤镜来得到更多的文字效果。Flash 的文本滤镜有 7 个，它们分别为投影、模糊、发光、斜角、渐变发光、渐变斜角和调整颜色。

在"滤镜"区域的最下方有"添加滤镜"按钮 、"预设"按钮 、"剪贴板"按钮 、"启用或禁用滤镜"按钮 、"重置滤镜"按钮 和"删除滤镜"按钮 6 个按钮。

选择文本后，单击"添加滤镜"按钮，弹出如图 7-45 所示的菜单。在这个菜单中可以对滤镜进行全部删除、全部启用或禁用、添加滤镜等操作。下面以"投影"滤镜为例，进行简单介绍。

单击"添加"滤镜，在弹出的菜单中选择"投影"命令，在"滤镜"属性区域中会出现关于"投影"滤镜的设置，如图 7-46 所示。"模糊 X"和"模糊 Y"用于设置投影的模糊度；"强度"用于设置投影颜色的浓淡度，最低为 0，此时为无色，最高为 25500%；"品质"用于设置投影效果，有"低"、"中"、"高" 3 个选项，品质越高投影越粗越明显；"角度"和"距离"用于设置投影与文本的角度与位置；"挖空"是将文本挖空，挖空的文本与投影叠加在一起可以起到某种特殊的文字效果；"内阴影"是将投影效果设置成内部阴影的效果；"隐藏对象"将文本隐藏起来，只显示投影；"颜色"用于设置投影的颜色。

一个文本对象可以添加多个滤镜，这多个滤镜可以是不同的滤镜也可以是相同的滤镜，即一个滤镜可以反复多次的对同一个对象使用。用户可以单击"启用或禁用滤镜"按钮 ，对已经添加的滤镜进行效果查看；还可以单击"删除滤镜"按钮 ，将已添加的滤镜单独删除。

图 7-45 添加滤镜菜单

图 7-46 "投影"滤镜设置

5）TLF 文本串接

TLF 文本可以让文本按顺序存放在多个文本容器中，形成文本串接。

在舞台上插入一个 TLF 文本容器后，它的左上角和右下角分别有一个小矩形，这两个小矩形就是这个文本容器的入口和出口，利用入口和出口可以实现文本串接。当鼠标指针指向出口时，如图 7-47（a）所示，鼠标指针会变形为►，单击鼠标；然后将鼠标指针移到需要添加第 2 个文本框的位置，按下鼠标左键进行拖动，绘制出第 2 个文本容器，如图 7-47（b）所示；松开鼠标，这两个文本容器已经实现了文本串接，如图 7-47（c）所示。当第 1 个文本容器内文字填满时，多出的文字会自动移到第 2 个文本容器中。

另外，也可以直接对已经存在的 TLF 文本容器进行串接，单击第 1 个文本容器的出口，然后将鼠标指针移动到要串接的第 2 个文本容器上，鼠标指针变为 形状，此时单击第 2 个文本容器即可实现两个文本容器的串接。

串接的文本容器也可以断开连接，单击第 1 个文本容器的出口处，将鼠标指针移动到要断开串接的第 2 个文本容器，此时鼠标指针为 ，单击就可断开两个文本容器的串接。

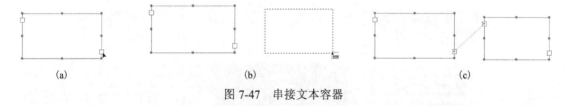

(a)   (b)   (c)

图 7-47 串接文本容器

6）文本分离

Flash CS5 对文本对象的操控能力虽然增强了很多，但为了得到更多的效果还需要将文字转换为图形进行编辑，此时就需要对文字进行分离操作。文字分离以后将变成图形，不能再进行文字编辑。

选择需要分离的文本容器，单击"修改"→"分离"命令，将文本分离成单个的字符，再次单击"修改"→"分离"命令将单个字符分离成图形。变成图形的文字就可以对其轮廓和填充进行编辑。

例 7-7：制作如图 7-48 所示的文本界面。

具体操作步骤如下：

图 7-48 例 7-7 效果图

（1）创建一个新文件，将舞台背景颜色设置为灰色"#CCCCCC"。

（2）单击文本工具，设置文本引擎为"TLF 文本"，文本类型为"只读"，字体为"华文仿宋"，字号为 47，颜色为黑色并适当调整字间距。在舞台上单击输入"欢迎您的光临!"，调整它在舞台的位置，同时为这个文字添加"投影"滤镜并设置投影效果。

（3）在舞台上创建两个"TLF 文本"、"只读"文本容器，分别输入"用户名："和"密码："；它们的字体均为"华文仿宋"，字号均为 24。

（4）单击文本工具，在"用户名："后创建一个"TLF 文本"、"可编辑"文本容器，并利用鼠标拖动调整这个文本容器的大小；设置其字体大小为 24；然后在"容器和流"属性区域中设置"行为"为"单行"，线条为 1.0 点的黑色。

（5）在"密码："后创建一个"TLF 文本"、"可编辑"文本容器，其属性设置与步骤（4）基本相同，但需要将"行为"设为"密码"。

立体文字

图 7-49　例 7-8 立体文字效果

（6）保存文件，测试影片效果。

例 7-8：制作如图 7-49 所示的立体文字。

具体操作步骤如下：

（1）单击文本工具，在舞台中间输入"立体文字"；设置字体为"微软雅黑"、字大小为 70、字距调整为 80。

（2）添加"投影"滤镜，设置"模糊 X"和"模糊 Y"均为 2、品质为"中"、角度为 45°、距离为 5 像素、颜色为深灰色"#999999"。

（3）再次添加"投影"滤镜，设置"模糊 X"和"模糊 Y"均为 2、角度为 45°、距离为–2 像素、颜色为深灰色"#666666"。

例 7-9：利用 TLF 文本制作宣传文稿，如图 7-50 所示。

图 7-50　例 7-9 宣传文稿效果

具体操作步骤如下：

（1）新建 Flash 文档，并进行保存。设置舞台大小为 800×600 像素，背景颜色为淡绿色 "#E6FFFF"。

（2）单击文本工具，在舞台上方分两行输入 "西双版纳" 和 "理想而神奇的乐土"，其中 "西双版纳" 为 "蓝色"、"微软雅黑"、68 点字、字距为 350；"理想而神奇的乐土" 为 "华文新魏"、41 点字、字距为 60。

（3）调整好标题的位置和间距后，为其添加发光滤镜，设置 "模糊 X" 和 "模糊 Y" 均为 13 像素，颜色均为黄色；再添加一个渐变发光滤镜，设置渐变颜色依次为红、黄、蓝、绿、白。

（4）在舞台左侧插入一个 TLF 文本容器，并设置字体为 12 点的黑色华文新魏，将事先准备好的文字粘贴到文本容器中，设置 "高级字符" 中的 "间断" 属性为 "无间断"。设置文本容器的宽度为 230 像素，高度根据文本内容适当调整；X 坐标为 10，Y 坐标根据舞台位置适当调整。

（5）将事先准备好的图片通过执行 "文件" → "导入" → "导入到库" 命令，导入到库中；将导入到库中的一幅图片拖动到舞台上，在属性面板中调整其位置和大小，使它的宽度为 230 像素，X 坐标跟步骤(4)中的文本容器一样，这样就保证了两个对象左边对齐，宽度也是一致的。

（6）使用文本工具在图片下边再插入 1 个 TLF 文本容器，这个容器要跟第 1 个容器进行串接。单击步骤(4)制作的 TLF 文本容器的出口，然后在刚创建的文本容器上单击，将两个文本容器串接起来，此时就可以看到，第 1 个文本容器的文字自动显示到第 2 个文本容器中；设置第 2 个文本容器的宽度和文字。

（7）仿照步骤(5)和步骤(6)继续添加图片和文本容器，并将文本容器依次串接起来。

（8）在标题左右两边添加两幅图片，并调整其大小和位置。

（9）保存文件，测试影片效果。

7.1.6　辅助工具

Flash 面板中有两个辅助工具：手形工具 和缩放工具 。利用它们可以方便地调整工作区窗口的显示内容。

1. 手形工具

工作区窗口大小是一定的，但工作区内要编辑内容的显示比例和所处位置却是不同的。手形工具就是为方便把要编辑的内容呈现在工作区窗口而设置的。使用时，单击手形工具鼠标指针变为 形状，然后在工作区窗口内按下鼠标拖动，直到把需要的内容显示在合适的位置时松开鼠标。手形工具的快捷键是 H 键。

此功能在编辑较大场景时使用频率很高，如果总是更换工具会很麻烦，所以 Flash 提供了一个非常方便的快捷操作：在使用其他工具时，只要按下空格键不松开，即可临时切换为手形工具；当把视图位置调整好之后松开空格键，即可恢复为刚才使用的工具。

2. 缩放工具

缩放工具包括两个不同的工具选项，即 🔍 是放大视图，🔍 是缩小视图。无论缩小还是放大，改变的只是工作区内容在窗口中显示的比例，而并非修改对象本身的大小。

单击缩放工具，默认状态为放大状态，单击鼠标即可放大视图；按下 Alt 键可以切换到缩小状态，此时单击鼠标就是缩小视图。另外，也可以单击工具面板的"选项区"按钮来选择放大或缩小状态。

7.1.7 绘制图形

例 7-10：绘制卡通树，效果如图 7-51(a)所示。

具体操作步骤如下：

(1) 使用钢笔工具，绘制如图 7-51(b)所示的多边形，笔触为 2，颜色为黑色实线。

(2) 使用直线工具，在步骤(1)绘制的多边形内部绘制如图 7-51(c)所示的直线。

(3) 使用选择工具，将直线变成曲线，勾勒出树冠的形状，如图 7-51(d)所示。

(4) 使用颜料桶工具，为树冠填充绿色和深绿色，两种明暗不同的绿色，如图 7-51(e)所示。

(5) 新建一个图层，将这个图层移动到"树冠"图层下方，在这个新图层上用钢笔工具勾勒出树干的轮廓，如图 7-51(f)所示。为了方便勾勒树干轮廓，可以锁定"树冠"图层，并设置为只显示出轮廓，这样既可以看到树冠轮廓，也不会对树冠进行误操作。

(6) 使用颜料桶工具，给树冠填充明暗不同的深棕色，如图 7-51(g)所示。

(7) 删除树冠和树干上的线条，最后效果如图 7-51(a)所示。

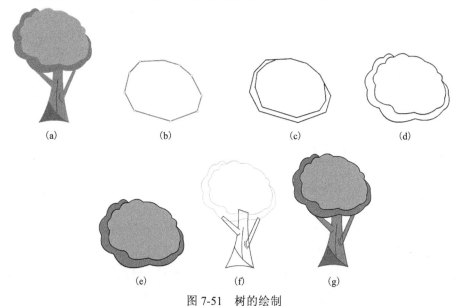

(a)　　　　(b)　　　　(c)　　　　(d)

(e)　　　　(f)　　　　(g)

图 7-51　树的绘制

例 7-11：绘制雪人，效果如图 7-52(a)所示。

具体操作步骤如下：

(1) 将舞台背景修改为非白色的背景，并将当前图层命名为"雪人身体"。

(2) 在对象绘制模式下,绘制一个没有线条的橙红色正圆;再绘制一个比橙红色圆稍小一些的白色圆,如图7-52(b)所示;再绘制一个大一些的白色正圆作为雪人的身体,效果如图 7-52(c)所示。

(3) 在"雪人身体"图层的下方创建一个新图层——"帽子",在这个图层上绘制雪人的红帽子。为了方便在"帽子"图层上进行对象绘制,首先在"图层"面板中将"雪人身体"图形设置为只显示轮廓 <u>雪人身体</u> ;选择"帽子"图层,将铅笔工具的"铅笔模式"设为"平滑",在舞台上绘制如图 7-52(d)所示的曲线轮廓,并使用颜料桶工具为其填充深红色,效果如图 7-52(e)所示;将"帽子"图层的线条删掉,然后取消"雪人身体"图层的只显示轮廓,此时舞台整体效果如图 7-52(f)所示。

(4) 在"雪人身体"图层的上方创建一个图层——"雪人五官";在这个图层上利用椭圆工具,绘制雪人的黑眼睛和身体上的红色纽扣;利用线条工具,在雪人嘴巴的位置绘制一条斜线,在斜线两端绘制两条短短的直线作为雪人的嘴角,然后利用选择工具将嘴巴斜线拖动成弧线,如图 7-52(g)所示。

(5) 在"雪人五官"图层中绘制雪人的鼻子。使用线条工具或者钢笔工具,绘制一个和鼻子形状类似的长三角形;使用选择工具,将三角形最短的边拖动成弧线,效果如图 7-52(h)所示;设置填充色为颜色面板最下方的红到黑的径向渐变色,使用颜料桶工具,给鼻子填充颜色;填充完成后,选择鼻子的轮廓线,将其删除,然后使用渐变变形工具对渐变效果进行调整,效果如图 7-52(i)所示。

(6) 绘制黄色围巾,为了防止对其他对象误操作,可先将其他图层锁定;在"雪人五官"图层上创建一个新图层——"围巾",使用钢笔工具,绘制围巾轮廓,效果如图 7-52(j)所示;绘制完成后可以使用选择工具进行局部形状调整。使用颜料桶工具为围巾填充黄色,并将围巾轮廓线条删除,最终效果如图 7-52(a)所示,绘制完成。

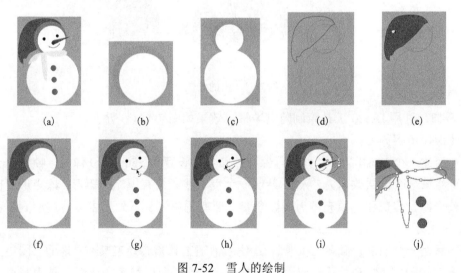

图 7-52 雪人的绘制

例 7-12:绘制如图 7-53(a)所示的图形。

具体操作步骤如下:

(1) 新建一个 Flash 文件,并进行保存;设置文档尺寸为 550×400 像素。

（2）将第 1 个图层名改为"天"，利用矩形工具绘制一个没有线条只有填充的矩形，这个矩形要比舞台大，能够将整个舞台覆盖住；矩形的填充为"线性渐变"，设置其线性渐变为从浅蓝"#6699FF"到白色的渐变，如图 7-53（b）所示。绘制完成后，将该图层锁定。

（3）在"天"图层上方，新建一个图层，命名为"云"；选择椭圆工具，设置线条色为无，填充色为 Alpha 为 78%的白色，在舞台上绘制云朵，效果如图 7-53（c）所示。

（4）在"云"图层上方，创建一个新图层命名为"深山"；选择铅笔工具，设置"铅笔模式"为"平滑"，在舞台上绘制闭合的深山轮廓，如图 7-53（d）所示；使用颜料桶工具为闭合的轮廓填充深绿色"#305830"；填充完毕后，将深山轮廓删除，如图 7-53（e）所示。

（5）在"深山"图层上方，再创建一个新图层命名为"近山"；仿照步骤（4）进行绘制，其中填充色为绿色"#2B7A2B"，如图 7-53（f）所示。

（6）保存文件，进行影片测试，效果如图 7-53（a）所示，图 7-53（f）中舞台区域以外的内容，在以默认窗口大小进行测试时不会显示出来。

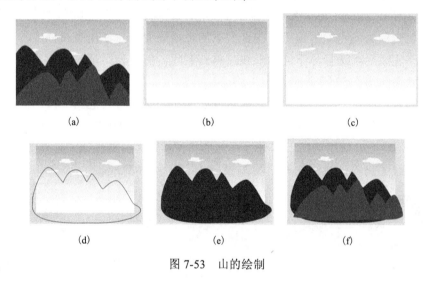

图 7-53　山的绘制

例 7-13：利用 Demo 工具绘制闪电场景，效果如图 7-54（a）所示。

具体操作步骤如下：

（1）新建一个 Flash 文件，并进行保存；其文档设置为 550×400 像素，帧频 fps 为 6。

（2）将第一个图层改名为"天"，绘制一个没有线条只有填充的矩形，该矩形要比舞台大，把整个舞台覆盖住，填充色为线性渐变，渐变颜色为从下到上由深蓝过渡到黑色，如图 7-54（b）所示。

（3）新建一个图层，命名为"地面"；使用钢笔工具和选择工具在"地面"图层上绘制路面轮廓，如图 7-54（c）所示；使用颜料桶工具、颜色面板和渐变变形工具为其填充线性渐变，线性渐变颜色为从下到上由深绿过渡到黑色，效果如图 7-54（d）所示。

（4）在绿色的地面上绘制两条直线，并使用选择工具调整为曲线，为其填充渐变颜色为从下到上由深灰色过渡到黑色，效果如图 7-54（e）所示。

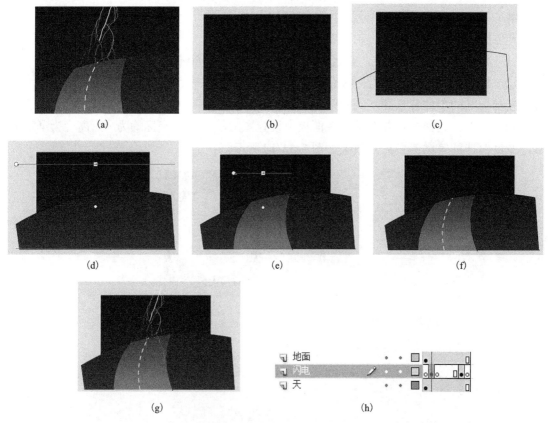

图 7-54　闪电场景的绘制

(5) 在灰色路面中间，绘制一条直线，该直线的"样式"为虚线，单击"样式""虚线"后的"编辑笔触样式"按钮 ✐，在弹出的对话框中设置虚线的两个点值均为 19；设置线条笔触为 2.9；颜色为白色。效果如图 7-54(f)所示。

(6) 在"地面"图层的上方创建一个新图层，命名为"闪电"。右击该图层的第 2 帧，在弹出的菜单中选择"插入空白关键帧"命令，将第 2 帧设置为关键帧；选择第 2 帧，单击工具栏中的 Deco 工具，在其属性面板中设置"绘制效果"为"闪电刷子"，颜色为白色，大小为 100%，光束宽度为 5，复杂性为 100%，不要选中"动画"复选框。设置好以后，在舞台上方按下鼠标左键进行拖动绘制，效果如图 7-54(g)所示。

(7) 右击"闪电"图层第 3 帧，在弹出的菜单中选择"插入空白关键帧"命令，将第 3 帧设置为空白关键帧；右击该图层第 7 帧，同样执行"插入空白关键帧"命令，将第 7 帧设为关键帧，然后仿照步骤(6)，在第 7 帧上再次绘制一个闪电，这个闪电的光束宽度修改为 2；右击第 8 帧，将第 8 帧设置为空白关键帧。

(8) 选择"天"、"地面"两个图层的第 8 帧，右击选择的两帧，在弹出的菜单中选择"插入帧"命令，让这两个图层的画面持续到第 8 帧。此时"图层"面板如图 7-54(h)所示。

(9) 将"闪电"图层拖动到"地面"图层的下方，保存文件，测试影片效果，如图 7-54(a)所示。

例 7-14：绘制如图 7-55(a)所示的古诗赏析。

具体操作步骤如下：

（1）新建一个 Flash 文件，设置文档的属性为 800×450 像素。

（2）将第 1 个图层改名为"图片背景"；单击"文件"→"导入"→"导入到库"命令，将事先准备好的图片背景导入到库中；单击"库"按钮 ![按钮]，打开"库"面板，将库中图片拖动到舞台上；选择图片并在其属性面板中设置图片的 X、Y 坐标均为 0，高度为 450 像素，宽度保持同等比例变化，效果如图 7-55(b)所示。

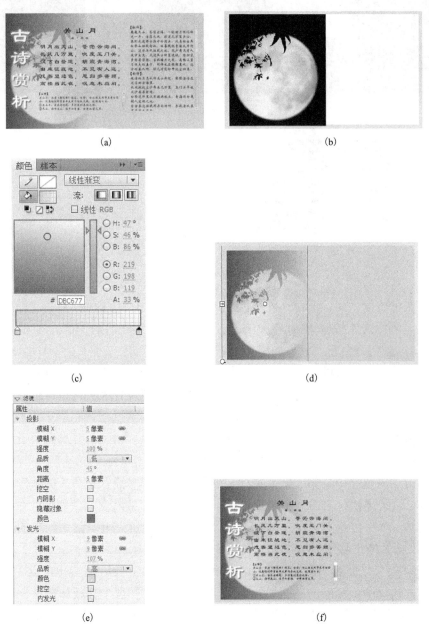

图 7-55　古诗赏析的绘制

（3）在"图片背景"图层上新建一个图层，命名为"矩形背景"；单击矩形工具，设置

线条为无 ⟋▢，单击填充颜色并将鼠标指针移到图片右侧土黄色区域，此时鼠标指针为滴管形状 ✐，单击将其设置为填充颜色 ◔▇，并查看土黄色的颜色值，在这里取值为"#DBC677"。单击颜色面板，设置填充颜色类型为"线性渐变"，渐变的两个颜色滑块值均为"#DBC677"，设置右侧滑块的 Alpha 值为 33%，左侧的为 100%，具体设置如图 7-55(c)所示。最后，在这个图层上绘制一个能够覆盖住整个舞台、没有线条的线性渐变的矩形；利用渐变变形工具对矩形的渐变进行调整，使矩形透明度由左侧到中间实现半透明状态(33%)到不透明状态(100%)的过渡效果，具体如图 7-55(d)所示。

(4) 在"矩形背景"图层上新建一个图层，命名为"文字层"；单击文本工具，在舞台左侧输入"古诗赏析"；选择"古诗赏析"文字对象，在其属性面板中进行设置：文本引擎为"TLF 文本"、文本类型为"只读"、文本方向为"垂直"、文本颜色为"白色"、文本字体为"隶书"、并添加了投影和发光两个滤镜，具体滤镜设置如图 7-55(e)所示。其中投影颜色数值为"#6E613C"，发光颜色数值为"#E5D489"。文字对象的其他属性可根据画面效果进行适当调整。

(5) 在"文字层"图层上添加一个文本容器，输入"关山月"这首古诗，并设置字体属性。

(6) 在"关山月"下方，再添加一个文本容器，输入"关山月"的注释内容，并设置字体和字号；因为注释内容比较多，文本容器比较小，所以内容不能全部显示出来，就需要为这个文本容器添加滚动条。执行"窗口"→"组件"命令，弹出"组件"面板，将组件滚动条 ⛶ UIScrollBar 拖动到文本容器右侧，松开鼠标左键，效果如图 7-55(f)所示。选择滚动条，在其属性面板的"色彩效果"区域中，将"样式"设为 Alpha，并设置 Alpha 值为 30%。

(7) 在"文字层"图层右侧添加一个文本容器，输入翻译内容，并设置文本容器的相应属性，仿照步骤(6)为这个容器添加滚动条，并设置滚动条的透明属性。

(8) 保存文件，测试影片效果，如图 7-55(a)所示。

7.2　Flash 图形对象操作

Flash 对象操作是进行 Flash 动画作品创作的基础，本节介绍图形对象的基本操作、图形对象的变形、图形对象的组合排列和图形对象的 3D 操作。

7.2.1　图形对象的基本操作

熟练掌握图形对象的基本操作，对以后编辑制作 Flash 作品是非常必要的。

1. 选择对象

要对对象进行编辑修改，必须先选择对象，在 Flash CS5 中提供了多种选择对象的工具，比较常用的是选择工具、部分选取工具和套索工具，这 3 个工具的具体用法，已在 7.1 节中进行了较为详细的介绍，这里就不再赘述。

2. 移动、复制、删除对象

选择对象后就可以对这些对象进行移动、复制或删除操作了。具体操作方法可以通过鼠标拖动或者菜单快捷键来实现。

1) 鼠标拖动

直接使用鼠标拖动来进行对象的移动操作或者按下 Alt 键拖动来进行对象的复制操作。需要注意的是，鼠标拖动只能在同一个图层的同一帧上进行。如果需要跨图层、跨帧进行复制或移动就需要用菜单命令来实现。

2) 菜单快捷键

如果在同一个图层的同一帧上进行对象的复制，只需要选择要复制的对象，执行"编辑"→"直接复制"命令，即可对选择对象进行复制，生成的新对象和原来的对象处于同一个图层的同一帧。这个菜单项对应的快捷键为 Ctrl+D 键。

跨图层、跨帧、跨元件、跨文件移动或复制对象时，需要先选择对象，然后执行"编辑"→"剪切"或"复制"命令，选中要粘贴的帧，然后根据要粘贴的位置执行不同的菜单命令。如果需要粘贴到中心位置，可以执行"编辑"→"粘贴到中心位置"命令，该菜单命令的快捷键为 Ctrl+V 键，如果需要粘贴到对象原来对应的位置，可以执行"编辑"→"粘贴到当前位置"命令，该菜单命令的快捷键为 Ctrl+Shift+V 键。

提示："粘贴到当前位置"命令非常有用，调整对象相对位置时，可以先把对象放置在不同的图层中，当位置调整好以后，再通过这个菜单，将放置在两个不同图层的对象移动到同一个图层中，且两个对象的相互位置关系没有任何改变。

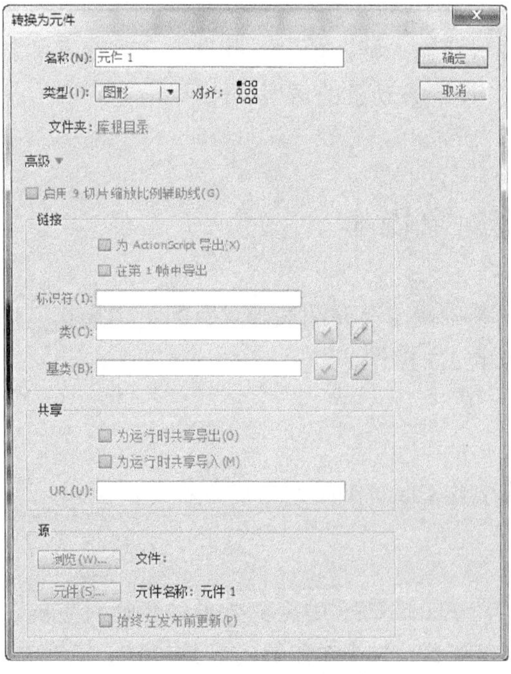

图 7-56　转换为元件

3. 转换为元件

元件是 Flash 作品中重要的元素，当一个对象在作品中反复被使用时，就可以将这个对象创建成元件，然后调用元件进行创作动画。创建元件的相关内容将在后文中介绍。

对于已经在舞台上绘制好的对象，可以很方便地将其转换为元件。具体方法为：

（1）选择要转换为元件的对象。

（2）右击对象，在弹出的快捷菜单中选择"转换为元件"命令，或者直接执行"修改"→"转换为元件"命令，弹出如图 7-56 所示的"转换为元件"对话框。在这个对话框中，设置元件的名称、元件的类型即可。在前文中绘制创建的对象，都可以设置成"图形"或者"影片剪辑"类型元件。"转换为元件"命令的快捷键为 F8 键。

7.2.2　图形对象的修改

在 Flash 中绘制好图形以后，可以根据其应用场合的不同对图形的形状进行修改。

1. 形状的平滑、伸直和优化

平滑操作将减少曲线整体方向上的突起或其他变化，使曲线变得柔和；伸直操作将减少曲线的弯曲程度，让形状的几何外观更加平直完美。下面介绍高级平滑和高级伸直菜单的简单应用。

(1) 使用铅笔工具任意绘制一条曲线，如图 7-57(a)所示。

(2) 选择对象后，执行"修改"→"形状"→"高级平滑"命令，在弹出如图 7-58 所示的"高级平滑"对话框中选择"上方的平滑角度"为 0，"平滑强度"为 100，高级平滑后的效果如图 7-57(b)所示。

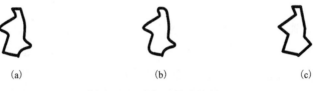

| (a) | (b) | (c) |

图 7-57　平滑、伸直效果

(3) 选择对象后，执行"修改"→"形状"→"高级伸直"命令，在弹出如图 7-59 所示的"高级伸直"对话框中设置"伸直强度"为 100，高级伸直后的效果如图 7-57(c)所示。

图 7-58　"高级平滑"对话框　　　　　　　图 7-59　"高级伸直"对话框

在 Flash 中，一条线段是由很多"段"组成的。优化曲线就是通过减少曲线的"段"数，即通过将若干相互连接的小段曲线用一条相对平滑的曲线段来代替的方式，达到平滑曲线和填充轮廓的目的。优化曲线将会减小 Flash 文档和导出影片文件的大小。

选择需要优化的对象，执行"修改"→"形状"→"优化"命令，弹出如图 7-60 所示的"优化曲线"对话框，将"优化强度"设置为 100，单击"确定"按钮，弹出如图 7-61 所示的提示信息对话框，从这个对话框中可以看到优化的相关信息。

图 7-60　"优化曲线"对话框　　　　　　图 7-61　优化信息对话框

2. 线条转化为填充

在 Flash 中只能对线条进行粗细、颜色等属性设置，有时为了更好地对线条进行编辑或者进行动画设置，可以将线条转换成填充图形后再对它进行操作。将线条转换为填充的具体操作步骤如下：

(1) 单击选择工具，然后选择舞台上的线条。

(2) 执行"修改"→"形状"→"将线条转化为填充"命令，即可将线条转化为填充区域。

将线条转化为填充区域以后就可以对填充区域进行柔化等操作。

3. 柔化填充边缘

在 Flash 中可以对填充形状的边缘进行柔化从而达到模糊的特殊效果。具体操作步骤如下：

(1) 单击选择工具，选择舞台中需要进行柔化操作的填充形状。

(2) 执行"修改"→"形状"→"柔化填充边缘"命令，弹出如图 7-62 所示的"柔化填充边缘"对话框。

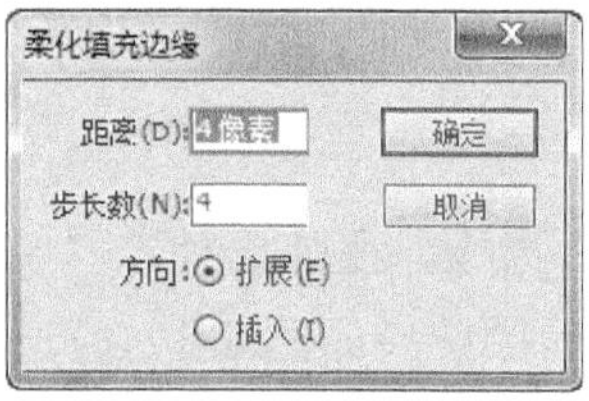

其中，"距离"选项用于设置柔化边缘的宽度；"步长数"选项用于设置柔化边缘的曲线数量；"方向"选项用于设置柔化边缘时的方向，"扩展"选项将使柔化的方向向外扩展，"插入"选项将使柔化效果向内扩展。

图 7-62 "柔化填充边缘"对话框

提示："柔化填充边缘"只能对填充形状进行操作，线条是不能进行柔化填充的；如必须对线条柔化，可先将线条转换为填充形状后，再进行柔化。

例 7-15：利用"线条转换为填充"绘制如图 7-63(a)所示的竹子。

具体操作步骤如下：

(1) 选择直线工具，绘制一条比较粗的深绿色直线，作为竹子的树干。然后使用选择工具，将直线弯曲成树干的形状，如图 7-63(b)所示。

(2) 选择曲线，单击"修改"→"形状"→"将线条转换为填充"命令，此时曲线将不再是线条，而变成填充形状了。使用部分选取工具，单击该绿色区域，对树干顶端部分的锚点进行微调，使树干下粗上细，更加形象。

(3) 选择橡皮擦工具，设置橡皮擦的形状为圆形，橡皮擦的大小根据竹子的粗细进行调整，在竹子树干上擦出竹节，如图 7-63(c)所示。

(4) 新建一个图层，仿照步骤(1)～(3)绘制其他竹子的树干，效果如图 7-63(d)所示。

(5) 绘制竹叶。绘制两条非常细的直线，并使用选择工具进行弯曲拖动，将曲线闭合成为叶子的形状，填充颜色为绿色。将绘制好的叶子转换为元件，将库中的"叶子"元件多次拖动到舞台上，并利用任意变形工具对竹叶进行翻转、缩放、旋转等操作，最后效果如图 7-63(a)所示。

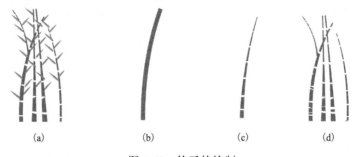

图 7-63　竹子的绘制

例 7-16：对绘制的太阳、月亮、云朵对象进行柔化填充边缘操作。

具体操作步骤如下：

（1）在舞台上绘制出太阳、月亮和云朵；其中太阳是个红色的正圆，月亮通过两个圆的叠加产生一个弯弯的月牙，云朵是由几个白色的椭圆进行叠加而形成的，如图 7-64（a）所示。

（2）选择太阳，执行"修改"→"形状"→"柔化填充边缘"命令，在弹出的对话框中设置"距离"为 20 像素，"步长"为 20，"方向"为扩展，单击"确定"按钮，查看柔化效果。仿照太阳的柔化，依次给月亮、云朵进行柔化，最后效果如图7-64（b）所示。可以看出图 7-64（b）的效果比图 7-64（a）的效果更加形象。

图 7-64　例 7-16 效果图

7.2.3　图形对象的变形、组合

对于舞台上的对象，用户可以通过变形、组合等操作编辑创作出更多的图形效果。

1. 对象变形

在 Flash 中，既可以利用工具面板的任意变形工具对舞台上的对象进行变形操作，也可以利用菜单进行更多功能的变形，还可以通过变形面板进行变形操作。通常情况下，把这三者结合起来使用，能够达到更多的效果。

执行"修改"→"变形"命令，弹出的子菜单项如图 7-65 所示，根据需要选择相应的命令进行操作。执行"窗口"→"变形"命令，或者单击面板区的"变形面板"按钮，弹出如图 7-66 所示的"变形"面板。

其中↔选项用于设置横向伸缩比例；↕选项用于设置纵向伸缩比例；用于设置横向和纵向的伸缩是否同比例进行；"旋转"用于设置对象的旋转角度，正数按顺时针旋转，负数按逆时针旋转；"倾斜"用于设置水平方向和垂直方向的倾斜角度；"3D 旋转"用于设置旋转的 X、Y、Z 的度数；"3D 中心点"用于设置 3D 旋转的中心点位置；为"重置选区和变形"按钮，每单击一次就会按已有的设置参数变形一次；为"取消变形"按钮。

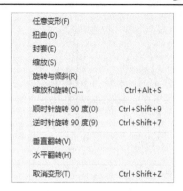

图 7-65 "变形"菜单

图 7-66 "变形"面板

例 7-17: 绘制如图 7-67(a)所示的卡通太阳。

具体操作步骤如下:

(1) 在舞台上绘制卡通太阳的轮廓,如图 7-67(b)所示,其中脸和眼睛用椭圆工具绘制,眉毛、鼻子、嘴巴由直线绘制,然后使用选择工具将其调整为曲线。

(2) 新建一个图层,在这个图层上绘制一条直线和一个填充色为橙色的小圆圈,选择绘制好的直线和圆圈并右击,在弹出的菜单中选择"转换为元件"命令,在弹出的"元件"对话框中为元件命名和分类。

(3) 使用任意变形工具选择舞台上的元件实例,并将其中心点拖动到太阳中心位置,如图 7-67(c)所示。单击"变形"按钮 打开"变形"面板,在这个面板中设置"旋转"角度为 15°,多次单击面板下方的"重置选区和变形"按钮 ,直至画面如图 7-67(d)所示。

(4) 将这图层拖动到步骤(1)所绘制的图层的下方,给太阳涂上黄色,最终效果如图 7-67(a)所示。

| (a) | (b) | (c) | (d) |

图 7-67 例 7-17 卡通太阳

2. 对象排列、对齐

对于位于同一个图层上的对象,Flash 会根据对象创建的先后顺序叠放对象,最先创建的对象放置在最底层,最后创建的对象放置在顶层。如果两者发生重叠,则顶层的对象会遮挡住底层的对象。

如果需要调整对象的叠放顺序,从而达到某种显示效果,用户可以利用"修改"→"排列"命令来改变对象的叠放顺序,它的子菜单如图 7-68 所示。利用这个子菜单可以调整对象之间的叠放次序。需要注意的是,只有在对象绘制模式下绘制的对象才能直接进行叠放次序调整,在普通模式下绘制的分散图形不能直接进行叠放次序调整,需要先将分散图形进行"组合"操作后才能进行叠放次序调整。

当舞台上有多个对象时,可以利用"对齐"面板,根据需要对对象进行对齐的操作。执行

"窗口"→"对齐"命令，调出"对齐"面板，如图 7-69 所示。该面板分为 4 个区域："对齐"、
"分布"、"匹配大小"和"间隔"。利用该面板可以对舞台上的对象进行对齐、分布等操作。

对齐区域包含 6 个按钮，即左对齐、水平中齐、右对齐、顶对齐、垂直中齐和底对齐。

分布区域包含 6 个按钮，即顶部分布、垂直居中分布、底部分布、左侧分布、水平居
中分布和右侧分布。利用它们可以调整对象在舞台上的布局。

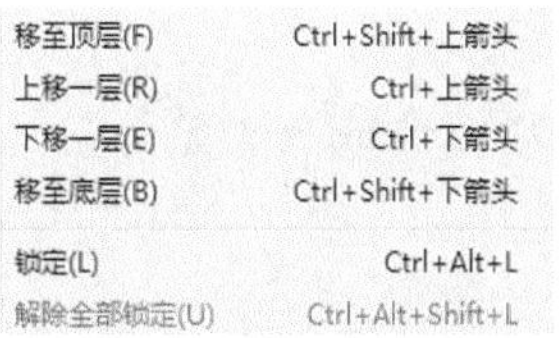

图 7-68　"排列"菜单　　　　　　　　　图 7-69　"对齐"面板

匹配大小区域包含 3 个按钮，即匹配宽度、匹配高度、匹配宽和高。利用它们可以调
整各个对象的大小。

间隔区域包含 2 个按钮，即垂直平均间隔和水平平均间隔。利用它们可以调整各个对
象之间的间隔。

3. 合并对象

在 Flash CS5 中为了得到更多形状的对象，可以利用 Flash 提供的合并对象功能，通过
对不同对象进行合并操作来创建新的图形。其中，对象之间的叠放次序决定了操作的工作
方式。执行"修改"→"合并对象"命令，弹出如图 7-70 所示的合并子菜单。

联合：合并两个或多个形状或绘制对象。生成的形状由
联合前的形状上所有可见的部分组成，并删除形状上不可见
的重叠部分。

交集：创建由两个或多个绘制对象交集的对象。生成的
形状由合并的形状重叠部分组成，并删除形状上任何不重叠
的部分。生成的形状使用叠放在最上面形状的填充和笔触。

图 7-70　"合并对象"子菜单

打孔：删除选择对象的某些部分。将选择对象中叠放在最上面的那个对象作为删除区
域，将其他的选择对象在该区域的部分都删除掉。作为删除区域最上面的对象也会被删除。

裁切：删除选择对象的某些部分。将选择对象中叠放在最上面的那个对象作为保留区
域，其他选择对象在该区域的部分保留，在区域外的全部删除，作为保留区域最上面的对
象也会被删除。该菜单跟打孔菜单的保留区域刚好相反。

各个菜单项执行的效果如图 7-71 所示。

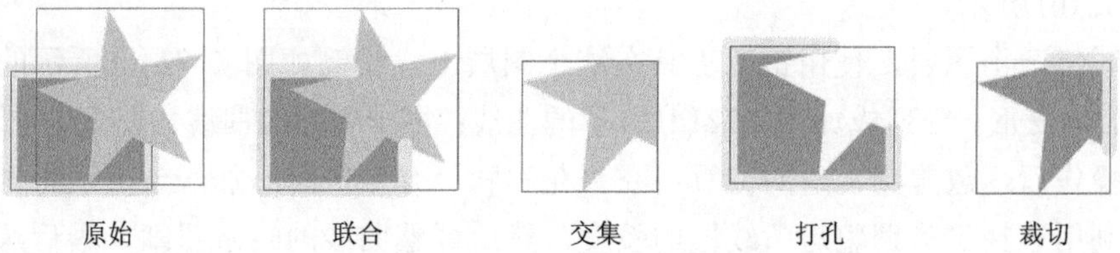

原始　　　　　　联合　　　　　　交集　　　　　　打孔　　　　　　裁切

图 7-71　合并对象效果

4. 对象组合、分离

在制作 Flash 动画时，有时为了对多个图形进行整体操作，需要将其组合成一个整体，这时需要用到组合功能；有时又需要将组合图形或位图等对象进行分离，转换成分散的图形，这时需要用到分离功能。

组合操作的具体步骤如下：

(1) 单击选择工具，选择需要组合的多个图形。

(2) 执行"修改"→"组合"命令，即可将图形组合成一个整体。

分离操作的具体步骤如下：

(1) 单击选择工具，选择需要分离的图形。

(2) 执行"修改"→"分离"命令，即可将图形分离成一个个像素点，分离后就可以对图像中的部分内容进行编辑。

例 7-18：制作如图 7-72(a)所示的文字效果。

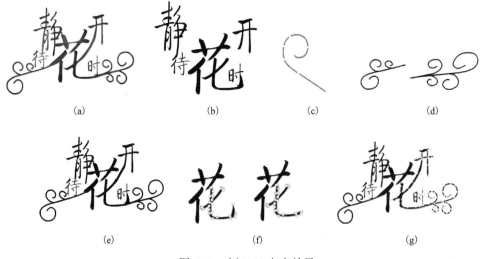

(a)　　　　　　(b)　　　　　　(c)　　　　　　(d)

(e)　　　　　　(f)　　　　　　(g)

图 7-72　例 7-18 文字效果

具体操作步骤如下：

(1) 单击文字工具，在舞台上创建文字"静待花开时"，并设置字体为"迷你简启体"，大小为 120 点。选择文字对象，先执行一次"修改"→"分离"命令，将文字对象"静待花开时"分离成 6 个独立的绘制对象，此时这些文字已经成为绘制对象，可以作为图形对线条和填充进行设置；利用选择工具和任意变形工具，调整这 5 个文字的位置和大小，效果如图 7-72(b)所示。

(2) 新建一个图层，使用钢笔工具在这个图层上，绘制如图 7-72(c)所示的曲线，将此曲线复制、变形，排列成如图7-72(d)所示的曲线；将排列好的曲线，进行"优化"和"高级平滑"操作后，放置到合适的位置；在"花"和"开"中间添加一条直线将两个字连接起来，并利用选择工具调整这条线段的弧度，然后调整曲线的线条粗细，最后选择这条曲线，将线条转换为填充，效果如图 7-72(e)。

（3）选择"文字"图层的"花"，对其再一次进行"分离"操作，使其成为分散的图形；利用部分选取工具选择"花"，删除最后一笔的勾的控制点，使"花"成为如图 7-72（f）所示的效果。此时文字与花边曲线仍分布在两个图层上。

（4）将"文字"图层上的其他文字图形再次进行"分离"操作，分离成分散图形；将"图层 2"的曲线填充，原位置不变的移动到文字图层；使用部分选取工具选择最后效果的图形，将图形中交接处多余的控制点删除掉，让交接位置更为平滑，效果如图7-72（g）；选择全部图形，取消线条，设置其填充为由红到黑的径向渐变，最终效果如图 7-72（a）所示。

7.2.4　图形对象的 3D 操作

Flash CS5 为用户提供了两个 3D 工具，即 3D 旋转工具(W) 和 3D 平移工具(G)，利用这两个工具，可以进行简单的 3D 操作，为原本 2D 的动画元件增加空间感或透视效果。这两个工具只对 TLF 文字对象和影片剪辑元件实例有效。

利用 3D 旋转工具和 3D 平移工具，可以将对象在三维空间中任意移动或旋转。此外，还可以通过"3D 定位和查看"区域和"变形"面板进行相应的 3D 设置，如图 7-73 所示。

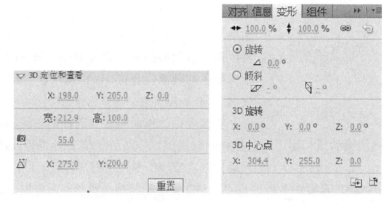

图 7-73　"3D 定位查看"区域和"变形"面板

Flash 使用 X 轴、Y 轴和 Z 轴划分空间。X 轴水平穿越舞台，左边缘 X 为 0；Y 轴垂直穿越舞台，上边缘 Y 为 0；Z 轴则进、出舞台平面，舞台平面上 Z 为 0。由此可见，舞台左上角的 3D 坐标为（X=0,Y=0,Z=0）。

1. 3D 对象的位置改变

用户可以通过改变对象的 3D 坐标来改变对象在 3D 空间的位置。在对象的"3D 定位和查看"区域中可以设置对象的 X、Y、Z 坐标值；也可以利用选择工具直接拖动对象来改变位置，这种拖动都是在舞台平面上进行的，因此只能改变 X 和 Y 坐标值，Z 坐标值不能改变；若要在 3D 空间中拖动对象改变位置，就要使用 3D 平移工具进行拖动。

单击 3D 平移工具，选择需要平移的对象，效果如图 7-74 所示。红色线代表 X 轴方向，绿色线代表 Y 轴方向，中心的黑点代表 Z 轴方向。当鼠标指针指向红色箭头时，鼠标指针变成 ▶×，此时拖动鼠标，选择对象将沿红色线所在的水平方向上移动；由此可见，当鼠标指针指向对应箭头或黑点时，拖动鼠标就能使对象沿指定轴进行平移。其中，鼠标指针指向中心黑点时，拖动鼠标对象将沿 Z 轴平移；鼠标指针向下拖动，对象将沿 Z 轴向"出舞台"的方向移动，用户看到的对象也就越大；鼠标指针向上拖动，对象将沿 Z 轴向"进舞台"的方向移动，对象远离用户，看到的效果也就越小。如图 7-75 所示，矩形影片剪辑元件实例沿 Z 轴向远离我们的方向移动，移动越远看到的效果越小。

图 7-74　3D 平移效果　　　　　　　　　　图 7-75　沿 Z 轴的平移

2. 3D 空间的旋转

利用 3D 旋转工具或"变形"面板，可以在 3D 空间旋转对象。选择 3D 旋转工具，单击舞台上需要旋转的对象，效果如图 7-76(a)所示。

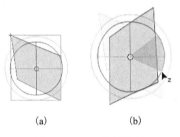

图 7-76　3D 空间旋转

中间的白色圆圈代表 3D 旋转的中心点，对象围绕此点进行旋转；指向红色的直线代表绕中心点所在的 X 轴旋转；指向绿色的直线代表绕中心点所在的 Y 轴旋转；指向蓝色的圆圈代表绕中心点所在的 Z 轴旋转；指向橙色的圆圈代表在 3D 空间中自由旋转，可以同时绕 X 轴和 Y 轴旋转。

将鼠标指针指向相应要选择的轴线，鼠标指针会自动改变形状，然后拖动鼠标即可让对象绕轴线旋转。拖动对象绕 Z 轴进行旋转的效果，如图 7-76(b)所示。拖动旋转不能十分精确地确定旋转的角度，用户可以通过"变形"面板的"3D 中心点"中精确地设置中心点的位置，"3D 旋转"精确地设置相应方向上旋转的度数。

3. 3D 对象的透视角度

Flash 文件的透视角度是控制 3D 影片剪辑视图在舞台上的外观视角。增大透视角度可使影片剪辑对象看起来更接近观察者；减少透视角度可使对象看起来更远。此效果与通过镜头更改视角的照相机镜头类似，如图 7-77 所示。

对象属性面板中的 📷 55.0 即为透视角度设置，其默认透视角度为 55°，取值的范围为 1°～179°。需要注意的是，修改透视角度会影响应用了 3D 旋转或平移的所有对象。

此外，透视角度会随着舞台大小的变化自动更改，透视角度的更改会使用户看到的 3D 对象外观有相应变化。如果不想产生这种变化，可以在"文档设置"对话框中取消"调整3D 透视角度以保留当前舞台投影"复选框。

4. 3D 对象的消失点

对象属性面板的 △ X: 300.0　　Y:200.0 是用于设置 3D 对象的消失点。消失点用于控制舞台上 3D 对象的 Z 轴方向。Flash 文件中 3D 对象的 Z 轴都朝着消失点方向后退。通过重新定位消失点，可以更改沿 Z 轴平移对象时的移动方向。另外，调整消失点还可以控制对象外观和动画。消失点与透视角度一样，会影响到舞台上的所有 3D 对象，更改消失点也就更改了沿 Z 轴平移的对象位置。更改消失点的效果如图 7-78 所示。

透视角度：10°　　　　透视角度：120°　　　　　　消失点：2,365　　　　消失点：2,−320

图 7-77　透视角度的变化效果　　　　　　　　　图 7-78　消失点更改效果

7.3　实　践　演　练

7.3.1　实践操作

实例 1：绘制如图 7-79 所示的小猪图形。

实验目的：能够熟练掌握椭圆工具、直线工具和渐变填充工具的使用。

操作步骤：

（1）绘制轮廓。

① 设置线条为黑色，填充为无色，在舞台上绘制一个黑色椭圆、一个大矩形、一个小矩形，效果如图 7-80(a)所示；删除下部多余的线条，效果如图 7-80(b)所示；使用选择工具

图 7-79　实例 1 效果图

将小猪鼻子的线条向内部拖动成曲线，如图 7-80(c)所示；使用线条工具在鼻子内部绘制两条短竖线，并使用选择工具拖动成曲线，效果如图 7-80(d)所示，在这里可以将画面放大后再进行编辑。

② 绘制耳朵。选择钢笔工具，在舞台空白处绘制一个三角形，使用选择工具进行拖动弯曲，完成后将这个曲线移动到小猪身体合适的位置上；使用线条工具在猪背上绘制两条直线，使用选择工具进行拖动弯曲，效果如图 7-80(e)所示。

③ 最后绘制眼睛、尾巴和嘴巴。选择椭圆工具，绘制一个椭圆，作为眼睛轮廓，然后使用任意变形工具将其进行适当旋转；绘制一个实心的黑圆，将其作为小猪的黑眼珠，放在椭圆的眼睛中，将这两者一起移动到小猪身上合适的位置；使用铅笔工具在"平滑"模式下绘制一条自由曲线作为小猪的尾巴；使用线条工具在小猪嘴巴位置绘制一条直线，使用选择工具将其拖动成曲线，效果如图 7-80(f)所示。

（2）填充颜色。

单击颜料桶工具，设置选项为"填充大空隙"和"锁定填充"；打开"颜色"面板，在"颜色"面板中设置填充色为从粉红色到白色的径向渐变，"颜色"面板设置如图 7-80(g)所示；设置完成后，对小猪的身体、鼻子和耳朵进行填充；使用渐变变形工具，对渐变填充进行控制，效果如图 7-80(h)所示，小猪绘制完成的效果如图 7-79 所示。

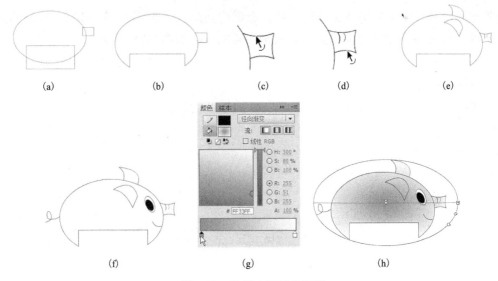

图 7-80　实例 1 步骤效果图

实例 2：绘制如图 7-81 所示的小鸟。

实验目的：能够熟练掌握线条工具和选择工具的使用，了解分图层绘制对象。

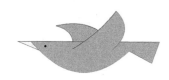

图 7-81　实例 2 效果图

操作步骤：

（1）绘制小鸟身体轮廓。

① 在舞台上使用线条工具绘制两条长短不一样的线条，如图 7-82（a）所示；使用选择工具，将下面较短的线条拖动成曲线，如图 7-82（b）所示；使用选择工具，将曲线的左端点移动到另一条直线的靠左位置，如图 7-82（c）所示。

② 使用线条工具，从曲线的右端开始绘制小鸟的尾巴，交接的地方可以使用选择工具拖动端点改变线段的长短，绘制效果如图 7-82（d）所示；使用线条工具绘制一条直线，形成小鸟的嘴巴，效果如图 7-82（e）所示；在小鸟的头部绘制一个实心的小圆作为小鸟眼睛。

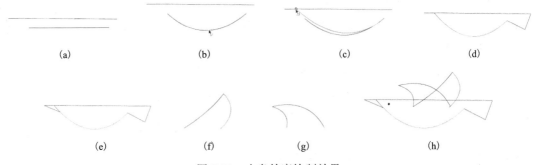

图 7-82　小鸟轮廓绘制效果

（2）绘制小鸟翅膀。

小鸟的翅膀在飞动的过程中是不断改变的，所以应将小鸟翅膀绘制在单独的图层上，考虑到小鸟翅膀位于身体两侧，这里要将两个翅膀绘制在两个不同的图层上，这两个图层分别位于"小鸟身体"图层的上边和下边。

①　在"小鸟身体"图层的上方创建一个新图层，选择这个新图层的第 1 帧，使用线条工具在该帧上绘制两条直线，并使用选择工具将其拖动弯曲，效果如图 7-82(f)所示；

②　在"小鸟身体"图层的下方创建一个图层，选择这个新图层的第 1 帧，用同样的方法绘制小鸟的翅膀曲线，效果如图 7-82(g)所示。此时小鸟的整体轮廓如图 7-82(h)所示。

提示：在多图层操作时，为了防止误操作别的图层，可以先将其他图层锁定，锁定的图层不能被编辑，需要编辑这个图层时，再将图层解锁即可。

（3）填充颜色。

使用颜料桶工具可以很容易地给小鸟的嘴巴和身体填充颜色，当给小鸟的翅膀填充颜色时，就会发现无论怎么单击鼠标，翅膀都不会被填充颜色，这是因为虽然从整体上看到的小鸟轮廓包括翅膀都是封闭区域，可以填充颜色，但是实际上小鸟的两个翅膀如图 7-82(f)和图 7-82(g)所示，只包含两条单独的线段，不是封闭的区域，要给小鸟的翅膀顺利填充颜色，首先需要将翅膀轮廓变成封闭区域。在这里，可以在对应翅膀的两个图层上，使用线条工具绘制一条直线将翅膀的两个端点连接起来，为了使这条绘制的直线不影响图形的外观，需要将绘制的两条直线的颜色设置为和小鸟身体相同的颜色。

绘制好两条直线后，就可以使用颜料桶工具对两个翅膀分别进行填充，效果如图 7-81所示。

（4）实验拓展：绘制后续翅膀动作。

上面步骤绘制的一帧静态的小鸟画面，如果想得到一个不断挥舞翅膀的小鸟，还需要绘制后续的几帧画面。

右击小鸟翅膀的第 2 帧，在弹出的菜单中选择"插入关键帧"命令，将第 2 帧设置为关键帧；使用选择工具去修改翅膀的形状，使其成为第 1 帧的后续画面；设置第 3 帧和第 4 帧，将一个翅膀的 4 帧画面做好；仿照此法做另一个翅膀的 4 帧画面，在"小鸟身体"图层的第 4 帧右击，在弹出的菜单中选择"插入帧"命令，让该层的画面持续到第 4 帧。

至此整个文件有 4 帧画面，如图 7-83 所示。按 Ctrl+Enter 快捷键测试影片效果。

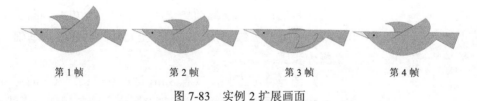

第 1 帧　　　　　　第 2 帧　　　　　　第 3 帧　　　　　　第 4 帧

图 7-83　实例 2 扩展画面

实例 3：绘制如图 7-84 所示的空心字。

图 7-84　实例 3 效果图

实验目的：能够掌握文字到图形的转换，以及位图填充等基本操作。

操作步骤：

（1）创建文字。在舞台上输入"空心字"，并设置字体及大小，这里设置字体为"经典综艺体简"，字号为 120 点，效果如图 7-85（a）所示。

（2）分离文字，填充位图。选择文字，执行两次"修改"→"分离"命令，其对应快捷键为 Ctrl+B 键，第一次分离将文字分离成 3 个图形，如图 7-85（b）所示，第 2 次分离将 3 个图形打散成分散的图形，如图 7-85（c）所示。使用选择工具将舞台上的文字填充全部选中，打开"颜色"面板，设置"填充"为"位图填充"，单击其下方的"导入"按钮，导入要填充的位图，设置完填充后效果如图 7-85（d）所示；单击颜料桶工具并设置"锁定填充"，在整个空心字区域进行锁定填充，效果如图 7-85（e）所示；单击渐变变形工具对填充的位图进行渐变控制，效果如图 7-85（f）所示，需要注意的是，因为对文字的所有区域进行了锁定填充，所以调整任意一个区域的渐变变形，都会影响文字的所有区域。

（3）添加边框。使用墨水瓶工具为填充区域添加边线。单击墨水瓶工具，在属性面板中设置线条的颜色、笔触等属性，设置完成后，在需要添加边线的区域"空"字上单击，效果如图 7-85（g）所示。最后为所有区域添加边线，最终效果如图 7-84 所示。

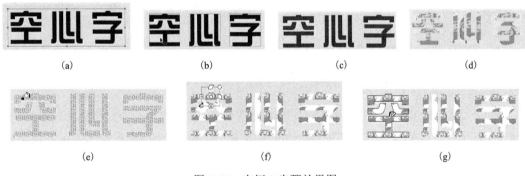

(a)　　　　　　　　(b)　　　　　　　　(c)　　　　　　　　(d)

(e)　　　　　　　　　　　(f)　　　　　　　　　　　(g)

图 7-85　实例 3 步骤效果图

实例 4：绘制如图 7-86 所示的水晶按钮形状。

实验目的：熟练掌握渐变变形、柔滑填充边缘、图层叠加等基本操作，并为后续的知识，即按钮元件的创建奠定基础。

操作步骤：

（1）选择椭圆工具，按着 Shift 键，在"图层 1"的舞台上绘制一个大小合适作为按钮的圆，并设置这个圆的属性为无线条色、填充色为由白色到紫色"#993399"的径向渐变，其中白色的透明

图 7-86　实例 4 效果图

度为 0%，紫色透明度为 100%；使用渐变变形工具进行渐变调整，此时舞台效果如图 7-87（a）所示。

（2）在当前图层的下方创建"图层 2"，将"图层 1"的圆原位置复制到"图层 2"上；将"图层 2"的圆填充色修改为浅紫色"#E6B5E6"的纯色填充；对这个圆进行柔化填充边缘操作，在弹出的"柔化填充边缘"对话框中将"距离"设置为 30 像素、"步长数"设为 30、"方向"为"扩展"，效果如图 7-87（b）；此时，两个图层叠加后的舞台效果如图 7-87（c）所示。

为了方便绘制白色的椭圆，在这里将舞台背景修改为非白色的背景，以便进行下一步的操作。

（3）在"图层 1"的上方创建"图层 3"；在"图层 3"的舞台上，圆下方的位置绘制一个宽椭圆，并设置其属性为无线条色，填充色为线性渐变从透明度为 0% 的白色过渡到透明度为 100% 的白色，效果如图 7-87（d）所示；此时 3 个图层叠加的效果如图 7-87（e）所示。

（4）在"图层 3"的上方创建"图层 4"；在"图层 4"的上方再创建"图层 5"；选择"图层 5"，在圆的上方绘制一个纵向椭圆，并设置其属性和步骤（3）的椭圆属性一样，效果如图 7-87（f）所示；此时 4 个图层叠加的效果如图 7-87（g）所示。该步骤完成后，可将舞台背景重新修改为白色背景。

（5）添加文字。选择"图层 4"，单击文本工具，输入深紫色"#571E57"的 PLAY，字体为 Showcard Gothic，若是没有该种字体，可以根据用户的喜好选择合适的字体效果。在"字体"属性面板中为字体添加"投影"滤镜，在"投影"滤镜中设置投影"颜色"为淡紫色"#EEB9FF"，字体效果如图 7-87（h）所示。所有图层叠加后，按钮图形效果如图 7-86 所示。

提示：该图形是直接在舞台上进行绘制，以后可以将其运用到按钮元件的绘制中。

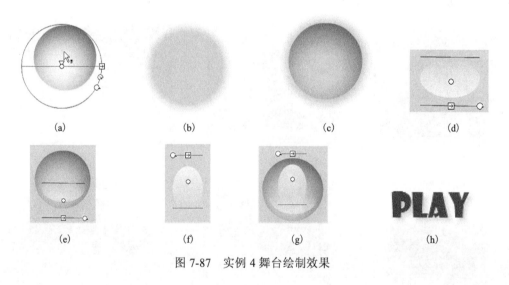

　　　　(a)　　　　　　　　　　(b)　　　　　　　　　　(c)　　　　　　　　　　(d)

　　　　(e)　　　　　　　　　　(f)　　　　　　　　　　(g)　　　　　　　　　　(h)

图 7-87　实例 4 舞台绘制效果

7.3.2　综合实践

实例 5：绘制如图 7-88 所示的圣诞树雪景图。

实验目的：在模板文件的基础上运用图形绘制工具绘制相应效果的图形。

操作步骤：

（1）创建雪景文件。利用 Flash CS5 的模板创建一个雪景动画文件，并进行保存。此时文件中共有 4 个图层，如图 7-89（a）所示。保留"雪的图形"和"动作"图层，删除其他图层，保留下来的图层就形成了雪花飘落的效果。

（2）绘制天空和雪地背景。在"雪的图形"图层下方创建一个名为"天空"的新图层，在"天空"图层的第 1 帧上绘制一个没有线条和舞台一样大的矩形；在"颜色"面板中，

图 7-88　实例 5 效果图

设置矩形的填充颜色为线性渐变由蓝色到白色，效果如图 7-89(b)所示。在"天空"图层的上方创建一个名为"雪地"的新图层，在"雪地"图层的第 1 帧上绘制一个如图 7-98(c)的形状，最上边的曲线可以使用铅笔工具绘制，其余 3 条边使用线条工具绘制，利用这个形状要覆盖住舞台的下半部分，填充为线性渐变从透明度为 0%的白色过渡到透明度为 100%的白色，绘制完成后，将形状周围的轮廓线删除。此时，"天空"和"雪地"两个图层的叠加效果如图 7-89(d)所示。

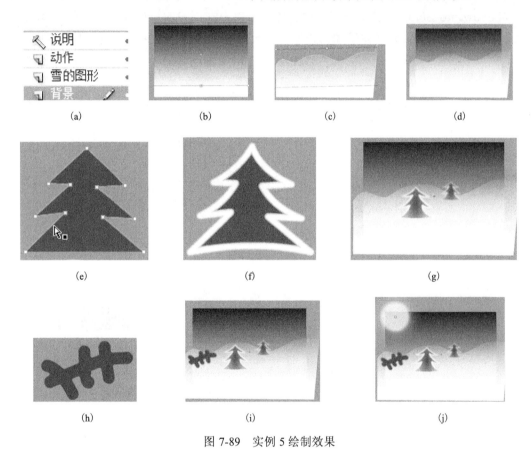

图 7-89　实例 5 绘制效果

(3) 绘制圣诞树和栅栏。

① 在"天空"图层的上方创建一个名为"圣诞树"的新图层，在"圣诞树"图层上用钢笔工具或者线条工具绘制圣诞树的轮廓，如图 7-89(e)所示，然后使用选择工具将线条拖动成弧线，设置线条色为白色、填充色为绿色；调整完形状后，将白色线条笔触设置的稍微大些，为 4 像素；选择白色线条，执行"修改"→"形状"→"将线条转化为填充"命令，将圣诞树上白色的轮廓线转换为白色填充；继续对白色填充进行操作，执行"修改"→"形状"→"柔化填充边缘"命令，对白色填充进行柔化，效果如图 7-89(f)所示。选择

圣诞树并右击鼠标，在弹出的快捷菜单中选择"转换为元件"命令，将其转换为影片剪辑类型的元件。此时舞台上的圣诞树就是一个元件实例，在元件实例的属性面板中，为这个实例添加模糊滤镜，并设置色彩效果的 Alpha 值为 80%。

②　打开"库"面板，找到刚转换为元件的圣诞树，用鼠标将其拖动到舞台，舞台上就多了一个圣诞树实例；利用任意变形工具，对圣诞树实例进行形状调整；调整完成后，在属性面板中为其添加模糊滤镜和设置 Alpha 透明度，效果如图 7-89（g）所示。

③　在"圣诞树"图层上，使用刷子工具绘制深红色栅栏；选择刷子工具，设置填充颜色为深红色"#CC0000"，调整笔刷大小和笔刷的形状，绘制如图 7-89（h）所示的图形，选择图形并右击鼠标，在弹出的菜单中选择"转换为元件"命令，此时舞台上的栅栏成为影片剪辑元件实例，在元件实例的属性面板中为其添加投影滤镜和模糊滤镜，让栅栏更加逼真。所有图层叠加的舞台效果如图 7-89（i）所示。

（4）绘制月亮。在"圣诞树"图层上新建一个名为"月亮"的新图层，在"月亮"图层上绘制一个填充为黄色、没有线条的正圆，为这个正圆进行柔化填充边缘的操作，将柔化距离和步长设的比较大些，如均设为 30；选择黄色正圆和柔化的填充边缘，转换为月亮元件，此时舞台上的月亮就成为元件实例；在元件的属性面板中设置它的色彩模式的 Alpha 为 70%，添加发光滤镜和模糊滤镜，调整滤镜的相关参数让月亮更加逼真，其中发光滤镜的"发光"颜色设为黄色。将月亮移动到舞台左上角，效果如图 7-89（j）所示。

（5）绘制雪人。在"月亮"图层上新建一个名为"雪人"的新图层，仿照例 7-11 绘制雪人。如需要对雪人添加模糊效果，则要将雪人转换为影片剪辑元件以后，再为其添加模糊滤镜。

（6）装饰圣诞树。在"圣诞树"图层上，选择刷子工具，设置黄色或者红色的填充，使用刷子在圣诞树上刷出装饰花带，再点出白色的圆点，最终效果如上图 7-88 所示。

（7）保存文件，按 Ctrl+Enter 快捷键测试影片效果。

实例 6：绘制如图 7-90 所示的卡通风景图。

实验目的：能够熟练运用各种绘制工具。

操作步骤：

（1）创建并保存文件。新建一个 Flash 文件，设置其舞台大小为 800×450 像素，并保存文件。

（2）绘制蓝天和草地。蓝天和草地的绘制可以仿照前面的例题来进行。蓝天和草地分别绘制在两个图层上，其中蓝天是一个没有线条的大矩形，填充色为

图 7-90　实例 6 效果图

线性渐变从 Alpha 为 80%的蓝色"#2599CC"过渡到 Alpha 为 80%的白色；草地可以使用铅笔工具进行绘制，绘制的图形要盖住舞台下方，绘制完成后要删除草地的线条，草地的填充色为线性渐变从 Alpha 为 80%的绿色"#66CC00"过渡到 Alpha 为 80%的浅绿色"#00C624"。填充设置好后，使用渐变变形工具对渐变效果进行调整，效果如图 7-91（a）所示。

（3）绘制云朵和太阳。在"草地"图层的上方新建一个图层，用来绘制云朵和太阳；有关云朵和太阳的绘制方法，可以参考例 7-16；可以将绘制好的太阳转换为影片剪辑元件，对其设置透明度、发光滤镜和模糊滤镜，使效果更逼真。舞台效果如图 7-91（b）所示。

（4）绘制绿树和小鸟。在"云朵和太阳"图层的上方新建一个图层，用来绘制大树。大树的绘制方法参考例 7-10，对绘制好的大树进行复制、变形，或者多绘制几个不同形状的大树，使其分散到草地上。舞台效果如图 7-91(c)所示。

仿照 7.3.1 小节实例 2 绘制小鸟，并将其放置在舞台合适的位置。或者直接将实例 2 中的小鸟转换为元件，并进行调用。在这里也可以对小鸟进行拓展绘制，将其绘制为一只会飞的小鸟。舞台效果如图 7-91(d)所示。

（5）保存文件并测试影片效果，如图 7-90 所示。

　　(a)　　　　　　　　　(b)　　　　　　　　　(c)　　　　　　　　　(d)

图 7-91　实例 6 舞台绘制效果

实例 7：绘制如图 7-92 所示的古诗卷轴画。

图 7-92　实例 7 效果

实验目的：能够熟练运用绘制工具和文本工具。

操作步骤：

（1）创建并保存文件。新建一个 Flash 文件，设置舞台大小为 800×450 像素，并保存文件。

（2）设置画布和画轴。

① 将当前"图层 1"更名为"画轴"，在 Flash 中绘制画轴，也可以从图片素材中导入画轴。这里不再进行绘制步骤的讲解，执行"文件"→"导入"→"导入到舞台"命令，将准备好的画轴位图文件导入到 Flash 中，效果如图 7-93(a)所示。

② 选择舞台上的图片，执行"修改"→"分离"命令，将图片分离打散；选择套索工具，在其工具选项中选择"魔术棒"，用魔术棒将周围的空白部分选中删除掉，只留下画轴和边框，用选择工具和任意变形工具适当地调整画轴的位置和大小，效果如图 7-93(b)所示。

③ 在"画轴"图层的下方创建一个名为"画布"的新图层，在"画布"图层上绘制一个没有线条的矩形，并且让矩形的 4 条边刚好被画轴所覆盖，矩形的填充色可根据自己的喜好设置，这个颜色就是画布的颜色，这里设置颜色为"#FFFFDD"，舞台效果如图 7-93(c)所示。

（3）绘制竹林。在"画布"图层的上方创建一个名为"竹林"的新图层，仿照例 7-15 绘制竹林，也可以将例 7-15 的竹林全部选中转换为影片剪辑元件后进行调用。这里直接将竹林转换为影片剪辑元件，对竹林实例进行两次复制，并利用任意变形工具进行适当地翻转和调整。由于竹林是影片剪辑元件实例，所以可在其属性面板中设置其"色彩模式"的 Alpha 为 60%，舞台效果如图 7-93(d)所示。

（4）添加文字。在"竹林"图层上输入古诗。单击文本工具在画轴左边空白处输入古诗内容"一节复一节，千枝攒万叶。我自不开花，免撩蜂与蝶。"，在文本的属性面板中设置文本的方向为"垂直"，字体为"叶根友毛笔行书"、大小为 32 点、行距为 130、字距调整为 320、颜色为黑色。在竹林的位置创建一个文本框，输入古诗的名字"竹"，设置其属性字体为"叶根友毛笔行书"、大小为 225 点、颜色为黑色，同时，设置其色彩模式的 Alpha 为 60%，并为这个字添加投影滤镜，舞台效果如图 7-93（e）所示。

（5）设置印章。选择刷子工具，设置填充颜色为红色，同时调整笔刷的大小和形状，然后在画轴的左下方进行涂抹，效果如图 7-93（f）所示。为了让其更加逼真，可选择红色形状并右击转换为影片剪辑元件；并在其属性面板中为其添加模糊滤镜和设置透明度，效果如图 7-93（g）所示。单击文本工具，在红印章的位置处输入文本"清 郑燮"，并设置文本的颜色为深灰色、字体为"叶根友毛笔行书"、大小为 9 点、字距调整为 0，效果如图 7-93（h）所示。

（6）保存文件并测试影片效果，如图 7-92 所示。

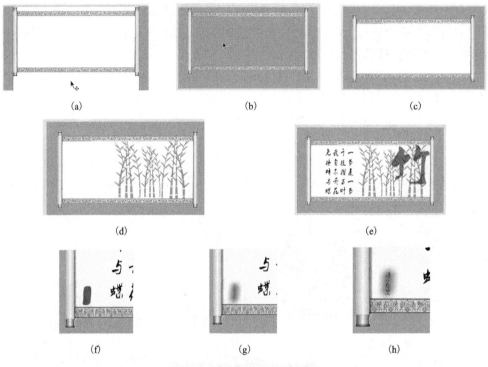

图 7-93　实例 8 舞台绘制效果

实例 8：绘制如图 7-94 所示的卡通和尚。

实验目的：能够熟练使用工具栏中的线条工具、铅笔工具、选择等工具，绘制卡通人物。

操作步骤：

（1）绘制头部。

① 使用椭圆工具绘制一个椭圆，作为和尚的头部；绘制两个眼睛，放置在合适位置，然后使用放大工具将眼睛部分放大，使用椭圆工具绘制一个圆，填充色为黑色，作为眼珠；再绘制几个点，作为和尚的受戒点，效果如图 7-95（a）所示。

图 7-94　卡通和尚

② 使用铅笔工具，设置铅笔模式为"平滑"，绘制头部的耳朵、鼻子和嘴，效果如图 7-95（b）所示。

③ 为头部填充颜色。设置填充颜色为"#FFC8A6"（皮肤颜色），使用颜料桶工具为耳朵部分和面部填充颜色，填充后效果如图 7-95（c）所示。

④ 选择绘制好的部分，单击"修改"→"组合"命令，将头部图片进行组合。

（2）绘制身体部分。

① 利用线条工具和选择工具绘制身体部分，绘制好后如图 7-95（d）所示。

② 利用颜料桶工具，设置领口部分的填充颜色和面部的颜色一样，衣服填充颜色设置为"#006699"，填充好后的躯体部分如图 7-95（e）所示。

③ 选择绘制好的身体部分按 Ctrl+G 快捷键，对躯体部分进行组合。

（3）绘制双脚。

① 利用线条工具和选择工具，细致地绘制脚步的形状。绘制后如图 7-95（f）所示。

② 对鞋面和腿部进行上色。选择鞋面，用颜料桶工具为其上色，颜色和衣服颜色一致。选择腿部，设置颜料桶颜色为"#FEF4D8"，为腿部上色。上过色的脚如图 7-95（g）所示。

③ 选择做好的左脚，复制一份，放在右边，然后执行"修改"→"变形"→"水平翻转"命令，复制的左脚朝向就变成了向右，就变成了右脚，如图 7-95（h）所示。

④ 选择双脚，按 Ctrl+G 快捷键进行组合操作。

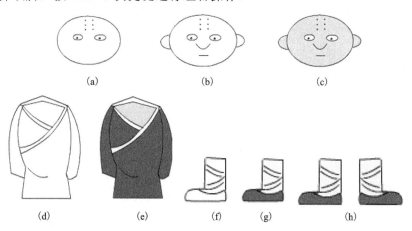

图 7-95　实例 8 步骤效果图

（4）组合绘制图形。三部分的前后位置关系为：头部在最前面，身体部分在中间，脚部分在后面。如果脚部分的上部没有被身体部分挡住，可以选择脚部分并右击，在快捷菜单中选择"排列"→"移至底层"命令，就将脚部分移到最底层了。最终效果如图 7-94 所示。

实例 9：按照 2.3.2 小节综合实践的脚本设计，在"古诗三首.fla"文件中绘制相关的元件、图形、文字。（前接 6.5.2 小节实例 6，后续 8.6.2 小节实例 10）

操作步骤：

（1）打开 6.5.2 小节综合实践中实例 6 创建的文件——"古诗三首.fla"文件。

（2）仿照本章实例 7 的步骤（2）创建画布和画轴，将创建好的画布、画轴分别放置在相应图层的合适位置。其中"左画轴"图层和"右画轴"图层分别为一个单独的画轴；"画框"图层的对象是上下的画布边框；"底色"图层是一个颜色为"#FFFFDD"且没有线条的矩形。效果如实例 7 中图 7-93（c）所示。

（3）设置"画面"图层。

① 文字背景。在该图层的第 1 帧上，创建一个垂直的 TLF 文本对象。将事先选好的文字粘贴进去。这个文本对象的大小和位置应与"底色"图层的画布矩形相同，能够布满整个画框内部。但是为了后期制作向左平移的动画，可以通过增加文字，将文本对象变宽至画布的 2 倍、高度维持不变，效果如图 7-96（a）所示。设置字体、大小、颜色、间距等属性，使整个画面更加协调。这里设置文本字体为"叶根友毛笔行书修正版"、大小为 9 点、字体颜色为"#CCCCCC"、行距为 261、字距为 240。设置字体效果，其中"色彩样式"为 Alpha，值为 50%；添加"模糊"滤镜，模糊值为 2；添加"投影"滤镜，模糊值为 24 像素，强度为 100，距离为 3 像素，颜色为白色。

② 课件名称。在"画布"图层的第 1 帧上创建一个水平的 TLF 的文本对象，输入"古诗三首"，设置文本字体为"叶根友毛笔行书修正版"、大小为 90 点、字体颜色为"#4D4435"、行距 120、字距 180。为它添加"发光"滤镜，其属性设置如图 7-96（b）所示。其中"模糊 X"和"模糊 Y"均为 21，发光"颜色"比字体颜色浅为"#958466"。此时所有图层叠加效果如图 7-96（c）所示。

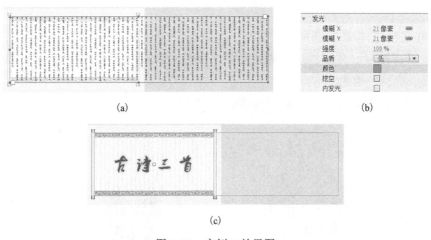

(a) (b)

(c)

图 7-96　实例 9 效果图

需要注意的是，文字背景和课件名称都是放置在"画布"图层的第 1 帧，这两个对象的排列叠放顺序是课件名称在上，文字背景在下。

（4）对文件进行保存后，关闭"古诗三首.fla"文件。

7.3.3　实践任务

任务 1：绘制场景。

实践内容：利用 Deco 工具，绘制如图 7-97 所示的场景。

任务 2：制作图文介绍页面。

实践内容：利用 TFL 文本，制作一个关于甲骨文介绍的图文页面。

图 7-97　任务 1 效果图

任务 3：绘制立方体。

实践内容：利用图形的 3D 操作绘制如图 7-98(a)所示的立方体。

提示：可先绘制立方体的 6 个平面正方形，如图 7-98(b)所示；对每个立面进行 3D 设置如图 7-98(c)所示，使其呈现立方体的立体效果。

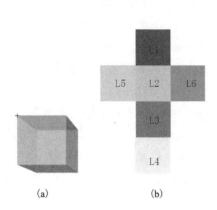

实例名称	变形面板		属性面板
	3D 中心点	3D 旋转	3D 定位 (X, Y, Z)
L2	不变	不变	0, 0, 0
L3	Y=200	绕 X 轴转 90°	0, 100, 0
L6	X=400	绕 Y 轴转-90°	100, 0, 0
L1	Y=100	绕 X 轴转-90°	0, 0, 100
L5	X=300	绕 Y 轴转 90°	0, 0, 100
L4	Y=300	绕 X 轴转 180°	0, 100, 100

(a)　　　　　　　　(b)　　　　　　　　(c)

图 7-98　任务 4 效果与设置

任务 4：制作古诗图文画面。

实践内容：给自己喜欢的一首诗词绘制一个图文画面。

任务 5：绘制卡通人物。

实践内容：绘制设计如图 7-99 所示的卡通人物。

图 7-99　卡通人物

思考练习题 7

7.1　Flash 图形绘制有几种模式，它们有什么区别？

7.2　铅笔工具有几种铅笔模式？

7.3　Deco 工具能够做什么？

7.4　Flash CS5 提供了几种选择工具，分别是什么，它们各有什么特点？

7.5　Flash CS5 支持哪几种文本引擎，它们各有什么特点？

7.6　TLF 文本如何实现文本串接？

第 8 章　Flash 库操作

本章详细讲解 Flash 中元件的概念、功能和创建方法，并结合实例讲解创建和编辑元件的实例的方法，然后介绍库的使用方法，最后讲解如何在 Flash 中导入图像、音频、视频等素材。本章的知识将为后续 Flash 动画的制作打下良好的基础。

8.1　元件、实例和库

元件、实例和库是 Flash 中最基本的也最重要的概念，它们彼此相互关联，联系紧密。使用元件可以提高工作效率和减小文件体积。

8.1.1　元件和实例概述

大家知道，自行车是由车轮、车架、链条等零件组装到一起而形成的，与之类似，也可以将 Flash 动画作品看做是由很多零件组合在一起构成的。这些零件可以是文字、图形、声音、实例等。其中实例就相当于利用模具生产出来的零件，而元件就类似于制作零件的模具。有了模具就可以很方便地制作出零件，同样有了元件也可以很方便地制作出很多实例。在 Flash 中，元件可以是一个图形、一段动画、一个按钮。

在设计 Flash 作品的过程中，用户制作的任何元件都会自动被添加到当前文档的库中，如图 8-1 所示，用户制作的"篮球"元件就存放在当前文档的库面板中。元件制作好后，即可在整个文档或其他文档中重复使用。在创作时或在运行时，还可以将元件作为共享库资源在文档之间共享。

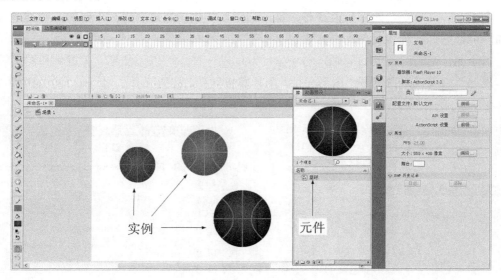

图 8-1　元件和实例

实例是由元件产生的具体对象，将某个元件从库面板拖到场景中即可生成该元件的实例，即元件的使用。实例是元件的具体应用，它继承了元件的所有特性，用户可以根据需要修改它的颜色、大小和功能等。如图 8-1 所示，将"篮球"元件拖动到场景中，重复操作 3 次就产生了 3 个实例，然后对 3 个实例分别进行颜色、大小的调整。由此看来，元件与实例的关系就好比衣服的款式设计与具体的衣服成品，元件就相当于模板。编辑元件会更新它的所有实例，但更改实例不会影响它的元件。重复使用元件产生多个实例，也不会增加文件的大小。由此可见，使用元件既可以加强对作品元素的管理，也可以减少文件的大小。

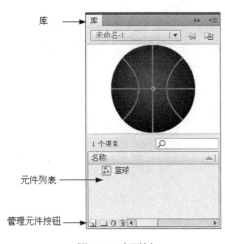

库
元件列表
管理元件按钮

图 8-2　库面板

8.1.2　库概述

库面板用来存放用户制作动画所需要的元件、位图、声音等元素。执行"窗口"→"库"命令，即可打开库面板，如图 8-2 所示。用户在库面板中对元件进行管理，可以方便地进行元件的添加、删除、复制、重命名、分类等操作。

8.2　元件的操作

元件是 Flash 动画的基本元素，使用元件可以提高制作动画的效率。本节先介绍元件的 3 种类型及其特点，再介绍元件的具体制作方法。

8.2.1　元件的分类

在 Flash CS5 中，元件分为 3 种类型：图形、按钮、影片剪辑。不同的元件类型有不同的功能，它们所能接受的动画元素也有所不同。

每个元件都有自己的时间轴，与场景的时间轴一样，可以添加帧、关键帧和图层等，以实现元件自身的动画效果。图形元件、影片剪辑元件、按钮元件的时间轴面板如图 8-3～图 8-5 所示。

图 8-3　图形元件的时间轴面板

图 8-4　影片剪辑元件的时间轴面板

1. 图形元件

图形元件◙是 Flash 中最基本的元件类型，适合于静态图像的重复使用，也常常用做影片剪辑元件或按钮元件的基础素材。图形元件可以是只含一帧的静止图片，也可以制作成由多个帧组成的动画，但它不能添加交互、行为和声音控制。

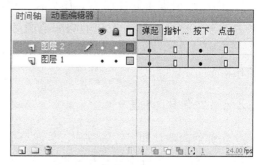

图 8-5 按钮元件的时间轴面板

图形元件与主时间轴同步运行，即图形实例(一般由图形元件产生)的播放受制于场景时间线。在图形元件中制作好由多个帧组成的动画后，回到场景中，将图形元件拖到舞台上，这时在场景的时间轴上必须给够等长于元件中动画长度的帧数，才能够完整播放元件中的动画。如果在场景中只给 1 帧，则图形实例只显示 1 帧静止画面；如果场景时间轴给的帧数少于图形元件的帧数，则只能播放场景时间轴所给予的帧数长度；如果场景时间轴给的帧数多于图形元件的帧数，则可以设置图形实例的循环播放方式。

2. 影片剪辑元件

影片剪辑元件◙是 Flash 中最重要的元件类型，适合于动态图像的重复或制作动画序列，通常在影片剪辑元件中制作 Flash 动画的一个片段，即小动画。

影片剪辑元件独立于主时间轴不断地循环运行，即影片剪辑实例(一般由影片剪辑元件产生)的播放不受场景时间线长度的制约，当播放主动画时，影片剪辑实例也在循环播放。在影片剪辑元件中制作好动画后，回到场景中，将影片剪辑元件拖到舞台上，在场景的时间轴上只需要 1 帧就能播放元件中设置的多帧动画，当然也可以给予多帧，甚至与元件中所含的帧数相同或者更多。

3. 按钮元件

按钮元件◙是 Flash 中实现交互功能的重要元件类型，借助按钮能控制动画的播放位置和顺序、链接到特定的文件或网站、播放另一个 Flash 影片或声音文件等。

Flash 为按钮设计了特殊的时间轴，它包括 4 帧信息，如图 8-5 所示，每帧信息都代表着按钮的一种状态。

• 弹起：鼠标指针在按钮响应范围以外时按钮呈现的状态。

• 指针经过：鼠标指针移到按钮响应范围内时按钮呈现的状态。

• 按下：鼠标指针在按钮响应范围内按下时按钮呈现的状态。

• 点击：它定义的是按钮的响应范围，此状态不会显示在动画中。如果此帧为空，则取前面最临近的关键帧上的形状作为按钮的响应范围；如果在此帧上绘制了一定的形状，包括填充和线条，则这些形状将作为按钮的响应范围，而不受前面关键帧上绘制的形状的影响。

除"点击"帧外，其他 3 个帧位都可以放置制作好的动画元件(图形元件或影片剪辑元件），用动画呈现不同的状态。如果在"点击"帧放置了动画元件，则取该动画元件的第 1 帧上的非空白区域作为按钮的响应范围，这个响应范围将是静态不变的。

按钮元件的时间轴不能播放，只是根据鼠标指针的动作作出简单的响应，并转到相应的帧。

8.2.2 元件的创建

元件的创建，即元件的制作。创建一个元件有两种途径：一种是直接创建一个空白元件，然后在这个空白元件中创建和编辑元件的内容；另一种是将舞台上已有的对象转换成元件。

1. 先创建空白元件，然后编辑元件内容

（1）执行"插入"→"新建元件"命令，或使用 Ctrl+F8 快捷键，打开"创建新元件"对话框，如图 8-6 所示。在"名称"框中可输入元件的名称，在"类型"栏中选择要创建的元件类型，在"文件夹"栏单击"库根目录"按钮可指定元件在库中的存放目录，单击"高级"按钮设置元件共享属性。

图 8-6 创建新元件对话框

（2）单击"确定"按钮，进入元件编辑窗口，如图 8-7 所示，在其中制作元件的内容。元件编辑窗口和场景编辑窗口的环境和功能基本一样，只是在元件编辑窗口中有一个"十"字，称为注册点。注册点有两个作用：一是在元件内部，以注册点为坐标原点；二是在使用元件产生实例时，产生的实例上也会有一个"十"字，这两个"十"字是相互对应的，而实例在舞台上的位置坐标是以该实例上的注册点离舞台左上角的距离来计算的。

图 8-7 "元件 1"编辑窗口

（3）元件内容制作完成后，单击"场景与元件"栏上的"场景 1"图标返回场景编辑状态。

例 8-1：制作图形元件——篮球。

具体操作步骤如下：

（1）新建一个 Flash 文档，采用默认的文档设置。

（2）执行"插入"→"新建元件"命令，或使用 Ctrl+F8 快捷键，打开"创建新元件"对话框。在"名称"框中输入元件名称"篮球"，在"类型"栏中选择"图形"，单击"确定"按钮。

（3）进入元件编辑窗口，设置笔触颜色为无，选择填充颜色为径向渐变红到黑，使用椭圆工具在"图层 1"第 1 帧上按住 Alt 和 Shift 以注册点为中心绘制一个圆，使用渐变变形工具调整填充颜色的角度、过渡变化等效果。

（4）新建"图层 2"，设置笔触颜色为灰色，使用线条工具调整粗细，然后在"图层 2"第 1 帧上绘制水平、垂直两条直线，如图 8-8(a)所示。

（5）新建"图层 3"，使用线条工具在"图层 3"第 1 帧上绘制两条竖线，然后使用选择工具调整它们的弯曲度，如图 8-8(b)所示。

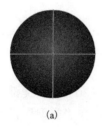 

(a)　　　　　　　　　　　　　　　(b)

图 8-8　篮球的绘制过程

（6）单击"场景与元件"栏上的"场景 1"图标返回场景编辑状态。在库面板中可以看到图形元件"篮球"，如图 8-2 所示。

（7）执行"文件"→"保存"命令，文件名为"元件练习"。

例 8-2：制作影片剪辑元件——闪烁的星星。

具体操作步骤如下：

（1）打开 Flash 文档"元件练习.fla"。

（2）执行"插入"→"新建元件"命令，或使用 Ctrl+F8 快捷键，打开"创建新元件"对话框。在"名称"框中输入元件名称"闪烁的星星"，在"类型"栏中选择"影片剪辑"，单击"确定"按钮。

（3）进入元件编辑窗口，设置笔触颜色为无，选择填充颜色为径向渐变白到黑，使用多角星形工具在"图层 1"第 1 帧上以注册点为中心绘制一个四角星，使用渐变变形工具调整填充颜色的角度、过渡变化等效果，如图 8-9(a)所示。

（4）在第 3 帧上插入关键帧，使用选择工具选择其上的四角星将其填充颜色设置为无，此时时间轴和文件窗口如图 8-9(b)所示（也可直接在第 3 帧上插入空白关键帧）。

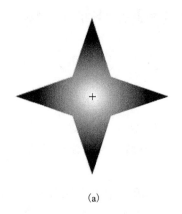

(a)

(b)

图 8-9　闪烁的星星

（5）执行"控制"→"循环播放"命令，然后执行"控制"→"播放"命令，测试制作效果。

（6）单击"场景与元件"栏上的"场景 1"图标返回场景编辑状态。在库面板中可以看到影片剪辑元件"闪烁的星星"。

（7）保存 Flash 文档。

例 8-3：制作按钮元件——红绿蓝变色按钮。

具体操作步骤如下：

（1）打开 Flash 文档"元件练习.fla"。

（2）执行"插入"→"新建元件"命令，或使用 Ctrl+F8 快捷键，打开"创建新元件"对话框。在"名称"框中输入元件名称"变色按钮"，在"类型"栏中选择"按钮"，单击"确定"按钮。

（3）进入元件编辑窗口，设置笔触颜色为无，选择填充颜色为红色，使用椭圆工具在"图层 1"的"弹起"帧上按住 Alt 键以注册点为中心绘制一个椭圆。

（4）在"指针经过"帧、"按下"帧上分别插入关键帧，修改"指针经过"帧上椭圆的颜色为绿色，修改"按下"帧上椭圆的颜色为蓝色。

（5）单击"场景与元件"栏上的"场景 1"图标返回场景编辑状态。在库面板中可以看到按钮元件"变色按钮"。

（6）保存 Flash 文档。

2. 将已有对象转换成元件

除了创建空白元件，还可以将已有的对象转换为元件。

选择舞台上的一个对象，执行"修改"→"转换为元件"命令，或者在该对象上右击，在弹出的快捷菜单中选择"转换为元件"命令，弹出"转换为元件"对话框，如图 8-10 所示。

设置相关参数后，单击"确定"按钮，即可转换对象为元件。"对齐"选项用于设置元件的注册点，即元件内部注册点在对象上的位置，有 9 个位置，用户可以任意设置。

将已有对象转换为元件还有一个快捷的方法，即直接选择对象，然后拖到库中即可。

图 8-10　"转换为元件"对话框

如果要把已经存在的动画效果转换为元件，要比把单个对象转换为元件复杂一些，需要复制所有有关动画效果的图层，新建影片剪辑元件，并在新元件中粘贴所有图层。

8.2.3　元件的使用

元件只是模板，只有创建元件的实例后，它才能在 Flash 动画中发挥作用，在文档中的任何地方都可以创建元件的实例。

创建元件的实例非常简单，选择一个关键帧，打开库面板，拖动元件到舞台中，即可创建该元件的一个实例。此时，实例上会有一个"十"字和一个小圈，"十"字是制作元件时的注册点，小圈是实例的变形中心。

例 8-4：在 Flash 文档"元件练习.fla"中创建篮球、闪烁的星星、变色按钮元件的实例。具体操作步骤如下：

（1）打开 Flash 文档"元件练习.fla"，打开库面板，如图 8-11 所示。

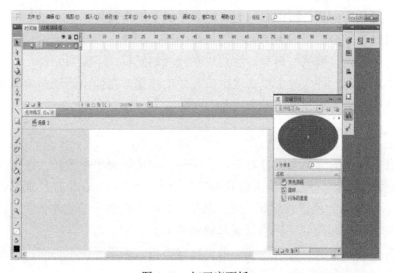

图 8-11　打开库面板

（2）将"篮球"、"闪烁的星星"、"变色按钮"元件拖到场景舞台中。

（3）使用任意变形工具调整实例到合适的大小，并移到合适的位置，如图 8-12 所示。

（4）按 Ctrl+Enter 快捷键测试动画效果，测试时鼠标指针在按钮上经过、按下试试。

（5）保存 Flash 文档。

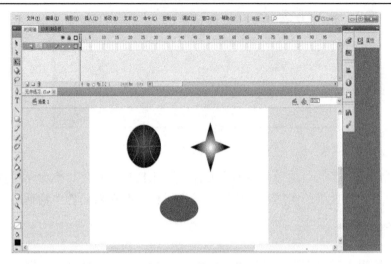

图 8-12　拖动元件

8.2.4　元件的编辑

Flash 提供了"在元件编辑模式下编辑"、"在当前位置编辑"、"在新窗口中编辑" 3 种方式编辑元件，用户可以根据自己的习惯和实际需要选择其中一种方式编辑元件。

1. 在元件编辑模式下编辑元件

选择舞台中的元件实例并右击，在弹出的快捷菜单中选择"编辑"命令，或者执行"编辑"→"编辑元件"命令，就可以在元件编辑模式下编辑元件。

打开库面板，双击需要编辑的元件的按钮图标，或者在需要编辑的元件上右击，在弹出的快捷菜单中选择"编辑"命令，也可以在元件编辑模式下编辑元件。

直接在"场景和元件"栏上单击"编辑元件"按钮，在弹出的子菜单中选择要编辑的元件，也可以在元件编辑模式下编辑元件。

2. 在当前位置编辑元件

选择舞台上元件的一个实例并右击，在快弹出的快捷菜单中选择"在当前位置编辑"命令(或者执行"编辑"→"在当前位置编辑"命令)，进入"在当前位置编辑"状态，如图 8-13 所示，对篮球元件进行编辑。此时其他内容以灰色显示的状态出现，正在编辑的元件名称出现在"场景和元件"栏中场景名称的右侧。

直接双击元件的实例也可进入在当前位置编辑模式编辑元件，再双击除元件外的其他区域可退出在当前位置编辑该元件的状态。

3. 在新窗口中编辑元件

选择舞台中元件的实例并右击，在弹出的快捷菜单中选择"在新窗口中编辑"命令，Flash 会为元件新建一个编辑窗口，用户可在该窗口中对元件进行编辑。

编辑完成后，单击窗口选项卡的"关闭"按钮，退出"在新窗口中编辑元件"状态。

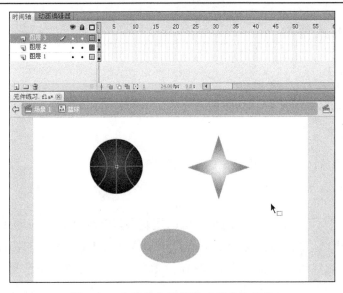

图 8-13　在当前位置编辑"篮球"元件

4. 改变元件的类型

要改变元件的类型，可以在库面板中选择该元件并右击，在弹出的快捷菜单中选择"属性"命令，弹出"元件属性"对话框，如图 8-14 所示，在"类型"栏中选择所需的类型即可。要注意的是，元件的类型修改了，之前由该元件已生成的所有实例的类型并不会随之发生改变。

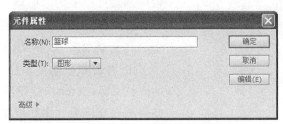

图 8-14　"元件属性"对话框

需要说明的是，在影片剪辑元件中可以使用另一个影片剪辑，在图形元件中也可以使用另一个图形元件，这称为元件的嵌套，3 种元件可以相互嵌套，但在按钮元件中一般不直接嵌套另一个按钮元件。

另外，元件的复制、移动与删除见 8.4.2 小节中的"对项目的管理"。

8.3　实例的操作

实例是元件在舞台上的具体使用，每个实例都具有自己的属性，可以利用属性面板设置单个实例的颜色、图形显示模式等信息，以及重新设定实例的类型。修改特性只会显示在当前所选的实例上，对库中的元件和场景中的其他实例没有影响。

8.3.1　实例的基本操作

1. 创建实例

创建实例，即元件的使用，具体方法见 8.2.3 小节。

2. 删除实例

删除实例很简单，选择实例，按 Delete 键即可删除。

3. 复制实例

当需要创建一个元件的多个实例时，可以重复多次从库面板中拖动元件到舞台上。也可以先创建一个实例，然后使用选择工具选择该实例并右击，在弹出的快捷菜单中选择"复制"命令(Ctrl+C)，然后在任意一个地方右击，在弹出的快捷菜单中选择"粘贴"(Ctrl+V)或"粘贴到当前位置"命令(Ctrl+Shift+V)，重复粘贴多次即可。复制实例更快捷的方法是，使用选择工具选择一个实例，然后按住 Alt 键或 Ctrl 键的同时拖动实例到一个新的位置，松开鼠标时，Flash 会在新位置粘贴一份实例副本。

例 8-5：通过复制实例制作多颗闪烁的星星。

具体操作步骤如下：

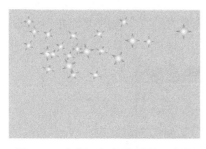

图 8-15　复制"闪烁的星星"实例

（1）打开 Flash 文档"元件练习.fla"，设置舞台背景色为蓝色。

（2）删除舞台上的"篮球"、"红色椭圆"按钮。

（3）使用任意变形工具调整"闪烁的星星"实例的大小，并复制很多个，可放大舞台比例进行制作，100%比例的舞台效果如图 8-15 所示。

（4）按 Ctrl+Enter 快捷键测试动画效果。

（5）另存文档为"多颗星星.fla"。

4. 改变实例的类型

默认情况下，从库面板中将图形元件拖到舞台上产生的实例是图形实例，将影片剪辑元件拖到舞台上产生的实例是影片实例，将按钮元件拖到舞台上产生的实例是按钮实例。3 种实例各有其特点，如图形实例可以设置播放方式，却不能设置实例名称，不可以添加动作代码(详见 8.3.2 小节)。此外，图形实例中的动画(若有动画)在场景中拖动时间轴可以预览，而影片实例中的动画却无法预览。为此，有时需要改变实例的类型，以方便动画的制作。

要改变实例的类型，操作非常简单。选择舞台中的一个实例，在其属性面板的"类型"下拉菜单中选择需要修改成的类型即可。

3 种实例都可以在属性面板中改变其类型，要特别注意实例类型改变了，其父元件的类型并不会改变。

8.3.2　实例的属性

创建实例时，实例和元件是一模一样的，可通过属性面板为实例设置不同的颜色样式等属性，让 Flash 视觉效果更为突出。

1. 图形实例

图形实例（以"篮球"为例）的属性面板如图 8-16 所示，有"位置和大小"、"色彩效果"、"循环" 3 个方面。

（1）位置和大小：位置坐标是以实例上注册点离舞台左上角的距离来计算的，大小就是实例的宽度和高度。

（2）色彩效果：有"无"、"亮度"、"色调"、"高级"、"Alpha" 5 种设置，如图 8-16 所示。

- 无：对实例不加颜色样式。
- 亮度：设置实例的亮度，100%时实例为全白色，–100%时实例为黑色，默认值为 0%。
- 色调：给实例着色。拖动"红"、"绿"、"蓝"颜色滑块，或者单击"色调"下拉按钮后的色块再在弹出的"拾色器"中选择颜色。"色调"滑块用于控制着色量的多少，0% 表示不着色，100%表示全着色。
- 高级：同时设置实例的透明度和色调。
- Alpha：设置实例的透明度，值越小实例越透明，0%时实例处于隐藏状态。

（3）循环：设置图形实例的播放方式，有"循环"、"播放一次"、"单帧" 3 种方式，均与"第一帧"的设置相关，如图 8-17 所示。本设置要求实例中有多帧动画才能起作用。

- 第一帧：设置播放实例时首先播放的帧，在文本框中输入帧编号。
- 选项："循环"按照实例在时间轴上占有的帧数来循环播放该实例内的动画；"播放一次"与"循环"类似，但实例中的动画只播放一次，即便时间轴上的帧数有剩余，可用来制作游戏的开场动画界面；"单帧"只显示实例动画中的一帧，而不论时间轴上帧数的多少。

图 8-16　图形实例的属性面板　　　　图 8-17　图形实例的播放方式

例 8-6：练习图形实例的播放方式的设置。

具体操作步骤如下：

（1）打开 Flash 文档"元件练习.fla"，删除舞台上的"篮球"实例和"变色按钮"实例。

（2）将"闪烁的星星"实例的类型改变为图形。（注意：此时实例是图形类型，而其元件仍然是影片剪辑类型，它们中都含有动画。）

（3）在第 20 帧插入帧。

（4）将"闪烁的星星"实例的播放方式依次设置为"循环"、"播放一次"、"单帧"，并依次按 Ctrl+Enter 快捷键测试动画。

（5）另存文档为"图形实例的播放.fla"。

2. 影片实例、按钮实例

影片实例和按钮实例的属性面板非常相似，这里只介绍影片实例（以"闪烁的星星"实例为例）的属性设置，如图 8-18 所示。

对于影片实例或按钮实例，可以设置实例名称（如"星星 1"，"星星 2"，"星星 3"等），以便在动作代码进行调用控制，还可以进行显示设置和滤镜设置。

（1）显示：它包含两项功能，即"混合模式"与"缓存为位图"。

· 混合模式：更改实例的混合模式，实例的颜色会和实例下方像素的颜色发生混合，呈现出独特的视觉效果。其中，实例的颜色是混合色，实例下方像素的颜色是基准色。混合模式有"一般"、"图层"、"变暗"、"正片叠底"、"变亮"、"滤色"、"叠加"、"强光"等14 种，其功能与 Photoshop 中完全一致，这里不再赘述。

· 缓存为位图：是指允许指定某个静态影片实例或按钮实例在运行时缓存为位图，优化 Flash 动画播放方式，提高播放速度。默认状态下，Flash Player 播放时会重绘舞台上的每一帧中的每个矢量项目，将影片实例或按钮实例缓存为位图可防止 Flash Player 不断重绘项目，极大地改进播放性能。例如，在 Flash 动画中背景常常是不变的，可以把背景转换为影片剪辑，在属性面板中设置"显示"属性为"缓存为位图"，提高 Flash 播放时的渲染速度。

（2）滤镜：Flash 中的滤镜可以为文本、影片实例、按钮实例增添有趣的视觉效果。Flash 中的滤镜有投影、模糊、发光、斜角、渐变发光、渐变斜角、调整颜色，如图 8-19 所示。单击相应的选项，为选择的对象添加一个相应的滤镜，此时在滤镜列表中会显示出该滤镜的参数。下面以给"闪烁的星星"实例添加滤镜效果为例，说明滤镜效果的设置。

· "投影"滤镜：用于模拟对象向一个表面投影的效果，或在背景中剪出一个相似对象的形状来模拟对象的外观，效果如图 8-20 所示，"投影"滤镜的参数如图 8-21 所示。"模糊 X"设置 X 轴方向的投影模糊大小，值越大越模糊，取值范围为 0～255；"模糊 Y"设置 Y 轴方向的投影模糊大小，值越大越模糊，取值范围为 0～255；"强度"设置投影的明暗度，值越大投影越暗，取值范围为 0～1000；"品质"设置投影的质量级别，有低、中、高 3 个选项；"角度"设置投影的角度，取值范围为 0～360 度；"距离"设置投影与对象之间的距离；"挖空"挖空原对象，并显示投影效果；"内阴影"在对象边界内应用投影；"隐藏对象"只显示其投影而不显示原来的对象；"颜色"设置投影的颜色。

图 8-18　影片实例的属性面板　　　　　　　　图 8-19　滤镜菜单

- "模糊"滤镜：用于柔化对象的边缘和细节，可以使对象产生运动或位于其他对象之后的模糊效果。
- "发光"滤镜：为对象的周边应用颜色，效果如图 8-22 所示，"发光"滤镜的参数如图 8-23 所示。"模糊 X/模糊 Y"设置 X/Y 轴方向上发光的模糊程度；"强度"设置发光的清晰度，值越大越清晰；"品质"设置发光的质量级别；"颜色"设置发光颜色；"挖空"挖空对象显示发光效果；"内发光"在对象边界内应用发光。发光品质设置为"高"，可以得到高质量的近似于高斯模糊的发光效果。

图 8-20　投影效果　　　　　图 8-21　"投影"滤镜参数　　　　　图 8-22　发光效果

- "斜角"滤镜：为对象应用加亮效果，使其看起来凸出于背景表面，产生立体的浮雕效果，如图 8-24 所示，"斜角"滤镜的参数如图 8-25 所示。"模糊 X/模糊 Y"在 X/Y 轴方向设置斜角的模糊程度；"强度"设置斜角的清晰度，也是斜角的不透明度；"品质"设置斜角的质量级别；"阴影"设置斜角阴影的颜色；"加亮显示"设置斜角高亮区域的颜色；"角度"设置斜角的角度；"距离"设置斜角与对象之间的距离；"挖空"挖空对象显示斜角效果；"类型"将斜角效果应用于对象的内侧、外侧或全部。

图 8-23　"发光"滤镜参数　　　　　图 8-24　斜角效果　　　　　图 8-25　"斜角"滤镜参数

　　● "渐变发光"滤镜：使对象在发光表面产生带渐变颜色的发光效果，不仅有渐变效果，还有逐渐向周围羽化的效果，如图 8-26 所示。在"渐变发光"滤镜参数中，"渐变"设置发光的渐变颜色，单击"渐变预览器"即可打开"渐变编辑"区域，此区域要求渐变开始处颜色的 Alpha 值为 0，并且不能移动此颜色的位置，但可以改变它的颜色。

　　● "渐变斜角"滤镜：使对象产生一种在背景上凸起，且斜角表面有渐变颜色的效果，如图 8-27 所示。渐变斜角要求渐变的中间有一种颜色的 Alpha 值为 0。

图 8-26　原图与渐变发光效果　　　　　　　图 8-27　原图与渐变斜角效果

　　● "调整颜色"滤镜：设置所选对象的颜色属性，包括亮度、对比度、饱和度、色相的设置。

　　对象应用滤镜的类型、数量和质量会直接影响到 SWF 文件的播放性能，建议对一个对象只应用有限数量的滤镜，调整所应用滤镜的强度和质量，达到效果即可。

8.3.3　分离实例与交换实例

　　1. 分离实例

　　创建实例后，如果修改了实例的外观等属性，此时若不希望实例再随着元件的改变而改变，即断开实例与元件之间的链接关系，可以对实例执行"分离"操作。

　　选择舞台中的一个实例并右击，在弹出的快捷菜单中选择"分离"命令，或者执行"修改"→"分离"命令，该实例就不会再受其父元件的影响了。用户可以使用选择工具对比分离前后实例的区别，有时还可以进行多次分离。

　　2. 交换实例

　　交换实例实际上是通过交换元件来实现的。交换实例可以保留原实例的所有属性和类型应用于新实例上，而不必在替换实例后重新对属性进行设置。

　　选择舞台中的一个实例并右击，在弹出的快捷菜单中选择"交换元件"命令，或者在其属性面板中单击"交换"按钮，弹出"交换元件"对话框，选择要交换的元件，单击"确定"按钮即完成交换实例。

例 8-7：对"闪烁的星星"实例设置滤镜效果，然后将"闪烁的星星"实例替换成"篮球"元件的实例。

具体操作步骤如下：

（1）打开 Flash 文档"元件练习.fla"。

（2）在舞台上添加多个"闪烁的星星"实例，并为这些实例设置不同的滤镜效果。

（3）将"闪烁的星星"实例替换成"篮球"元件的实例，查看交换结果后保存关闭文件。

8.4　库 的 使 用

库面板不仅可以存放动画中的所有元素，还可以对这些元素进行有效的管理。

8.4.1　库面板简介

执行"窗口"→"库"命令，或者按 Ctrl+L 快捷键，打开库面板，如图 8-28 所示。

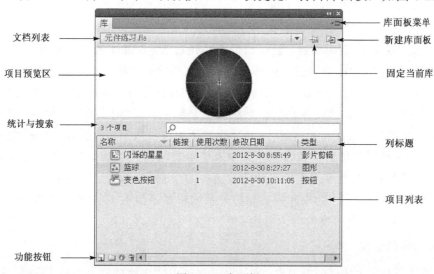

图 8-28　库面板

（1）库面板菜单：单击该按钮，打开库面板菜单，在该菜单下可执行相应的命令。

（2）文档列表：显示当前库资源的所属文档。单击该处显示出打开的文档列表，选择某一个文档可切换至该文档的库资源。

（3）固定当前库：单击该按钮可固定当前的库资源，使得在文档窗口中切换文档时库资源不随文档的改变而改变。

（4）新建库面板：常用在"固定当前库"操作之后，打开一个新的库面板。

（5）项目预览区：当选择库中的一个项目时，该区域会显示该项目的预览效果。当项目为影片剪辑元件时，单击预览区右上角的"播放"按钮，还可以播放元件中的动画。

（6）统计与搜索：左侧显示当前库中所包含的项目数，在右侧文本框中输入项目关键字可快速定位目标项目，此时左侧显示的是搜索结果的数目。

（7）列标题：包含 5 项信息，名称、链接、使用次数、修改日期和类型，拖动分界处可以调整信息的宽度，拖动信息名称可以调整它们的次序。其中"使用次数"显示每个元件在作品中的实例个数，这个信息对整理库中无用的元件非常有用。

（8）项目列表：列出指定文档下的所有资源项目。

（9）功能按钮：实现对项目的相应操作，有新建元件、新建文件夹、属性、删除 4 个按钮。

8.4.2 库面板的基本操作

库面板主要用于对资源进行有效的管理，包括对项目、元件进行管理以及文件夹的使用。

1．对项目的管理

（1）重命名库项目：选择一个项目并右击，在弹出的快捷菜单中选择"重命名"命令，或者直接在项目名称上双击，然后输入新名称，即可对其重命名。

（2）删除库项目：选择一个项目并右击，在弹出的快捷菜单中选择"删除"命令，或者单击功能按钮中的"删除"按钮，即可删除该项目。要特别注意的是，删除项目会同时删除该项目的所有实例。

（3）直接复制项目：选择一个项目并右击，在弹出的快捷菜单中选择"直接复制"命令，可在库面板中快速复制一个该项目的副本。

（4）在文档之间复制库项目：选择一个项目并右击，在弹出的快捷菜单中选择"复制"命令，或者直接按 Ctrl+C 快捷键，再打开另一个文档的库面板并右击，在弹出的快捷菜单中选择"粘贴"命令或者按 Ctrl+V 快捷键，即可将选择的项目粘贴到另一个文档中。

（5）项目排序：单击"列标题"中"名称"、"链接"、"使用次数"、"修改日期"或"类型"右侧的三角按钮，按钮会垂直翻转，可将库中所有项目按照相应的方式升序或降序排列。

（6）查找未使用的项目：若要删除库中未使用的项目，可以先打开库面板菜单，然后选择"选择未用项目"命令，再单击功能按钮中的"删除"按钮或按 Delete 键即可。

（7）手动更新库文件：如果库中资源被外部编辑器修改了，可在库面板菜单中选择"更新"命令，Flash 会把外部文件导入并覆盖库中文件。

2．对元件的管理

（1）新建元件：在项目列表中空白处右击，在弹出的快捷菜单中选择"新建元件"命令，或者直接单击功能按钮中的"新建元件"按钮，然后在弹出的对话框中即可创建新元件。

（2）编辑元件：在项目列表中选择欲修改的元件并右击，在弹出的快捷菜单中选择"编辑"命令，即可在元件编辑模式下编辑元件。

（3）播放元件：在项目列表中选择某个含有动画的元件并右击，在弹出的快捷菜单中选择"播放"命令，即可在项目预览区播放该元件中的动画。

（4）元件属性：选择一个元件并右击，在弹出的快捷菜单中选择"属性"命令，弹出"元件属性"对话框。

3．文件夹的使用

当库中的项目或元件数量很多时，可利用文件夹可对项目或元件进行分类管理，以方便使用项目或元件。

该功能可通过功能按钮栏上的"新建文件夹"、"删除"来实现，其操作非常简单，与 Windows 的文件夹操作完全一致，在此不再赘述。

8.4.3　公用库与外部库

1. 公用库

公用库里存放的是 Flash 自带的范例素材，在制作 Flash 动画的过程中可以直接使用。素材分为声音、按钮、类 3 大类，存放在 Flash 安装目录下的 Sounds.fla、Buttons.fla、Classes.fla 3 个文件中。要使用公用库中的素材，可以执行"窗口"→"公用库"命令，选择所需的类型即可打开该类公用库，如选择 "按钮"，打开的公用库面板如图 8-29 所示，拖动其中的元件到目标文档中即可创建该元件的实例。（注意 Buttons.fla 文件并没有打开。）

2. 调用外部库中的元件

与公用库类似，调用外部库中的元件是指在一个文档中直接调用另一个用户文档中的库元件，而不必打开该文档。执行"文件"→"导入"→"打开外部库"命令，弹出"作为库打开"对话框，选择一个.fla 文件，打开一个浮动的外部库资源面板，该面板中包含了所有该.fla 文件的资源，然后用户可以像使用本文档库一样使用外部库。比如，选择 "元件练习.fla"文件，外部库面板如图 8-30 所示。

图 8-29　按钮公用库　　　　　　　　图 8-30　外部库面板

8.5　多媒体素材的导入与应用

在 Flash 影片中合理运用各种媒体素材，可以更好地表达作品的含义，给 Flash 动画添加声音可以使动画更加形象，效果也更加丰富。本节将介绍如何在 Flash 文档中导入各种媒体素材，并对素材进行简单的编辑操作。

8.5.1 图像素材

在 Flash 中可以将其他软件制作的图形或者图像素材导入到影片中，从而丰富影片的内容。Flash 能够识别多种矢量图和位图格式，但导入到 Flash 中的图形文件的大小至少应该达到 2×2 像素。

执行"文件"→"导入"→"导入到库"命令，在弹出的"导入到库"对话框中选择需要导入的图片，单击"打开"按钮，即可将选择的图片导入到库中。执行"文件"→"导入"→"导入到舞台"命令，在弹出的"导入"对话框中选择需要导入的图片，单击"打开"按钮，即可将选择的图片同时导入到库中和舞台上当前关键帧中。若使用的是"导入到舞台"命令，且在选择图片时选择的是某图片序列中的一个(该图片序列文件具有相似的文件名，位于同一个文件夹中)，则 Flash 会自动识别该图像序列并弹出一个提示对话框，如图 8-31 所示，单击"是"按钮可将该图像序列导入到库中和舞台上。

注意：可以在场景中导入图片，也可以在元件中导入图片，但两者是有区别的。直接在场景中导入的图片无法进行透明度等属性设置，而先在元件中导入图片再将元件拖动到舞台上产生的实例，就可以对实例进行各种属性设置。

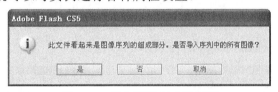

图 8-31　导入图像序列提示框

例 8-8：练习图像素材的导入。

具体操作步骤如下：

(1) 新建一个 Flash 文档。

(2) 选择第 1 帧空白关键帧，执行"文件"→"导入"→"导入到舞台"命令，在弹出的"导入"对话框中选择 "江南水乡.jpg"图片文件。

(3) 使用任意变形工具和 Alt 键调整图片大小与舞台大小一致，如图 8-32 所示。

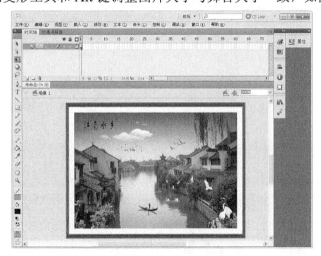

图 8-32　在舞台上导入图片

（4）保存文件为"图像素材的导入.fla"。

8.5.2　音频素材

在 Flash 中提供了多种使用声音的方式，可以使声音独立于时间轴连续播放，也可以使声音与动画同步，还可以将声音导入到按钮中，为按钮添加音效。Flash 中可以导入多种格式的音频文件，如 MP3、WAV、AIFF、WMA 等。

在 Flash 文档中使用的音频必须先导入到库中，然后再从库中拖到舞台上。执行"文件"→"导入"→"导入到库"命令，在弹出的"导入到库"对话框中选择需要导入的音频文件，单击"打开"按钮，即可将选择的音频导入到库中。

将声音添加到影片中，实际上就是将音频从库中拖到影片中欲添加声音的地方，即某一帧上。选择要添加声音的帧，打开库面板，再将音频文件拖到舞台上。

添加了音频的帧的属性面板如图 8-33 所示，利用该面板就可以对音频属性进行设置。"标签"设置帧的标签；"声音"中各选项的功能如下。

（1）名称：单击其后的下拉按钮，可以选择库面板中新的声音文件或设置为无声音。

（2）效果：单击其后的下拉按钮，可以设置声音的效果。"无"不对声音进行任何设置；"左声道"只在左声道播放；"右声道"只在右声道播放；"向右淡出"控制声音在播放时从左声道切换到右声道；"向左淡出"控制声音在播放时从右声道切换到左声道；"淡入"随着声音的播放逐渐增加音量；"淡出"随着声音的播放逐渐减小音量；"自定义"允许用户自行编辑声音的效果，选择该选项后，将弹出"编辑封套"对话框，如图 8-34 所示，可以在该对话框中创建自定义的声音淡入和淡出点。

图 8-33　添加了声音的帧的属性面板

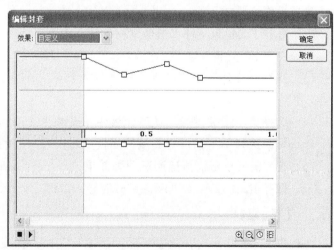

图 8-34　"编辑封套"对话框

在"编辑封套"对话框中，通过拖动封套手柄可以更改声音在播放时的音量高低，封套线显示了声音播放时的音量，单击封套线可以增加封套手柄，最多可达到 8 个手柄，如果想要删除手柄，可以将封套线拖到窗口外面。拖动"开始时间"和"停止时间"控件，可以改变声音播放的开始点和终止点的时间位置。使用"缩放"按钮可以使窗口中的声音波形图样以放大或缩小模式显示，通过这些按钮可以对声音进行微调。"秒/帧"按钮用于转换窗口中标尺的度量单位是秒还是帧数，如果想要计算声音的持续时间，则选择以秒为单位；如果要在屏幕上将可视元素与声音同步，则选择以帧为单位，这样就可以确切地显示出时间轴上声音播放的实际帧数。

（3）同步：用于设置声音跟当前帧的伴随关系。将"同步"设置为"事件"表示将声音和一个事件的发生过程同步起来。事件声音在它的起始关键帧开始显示时播放，并独立于时间轴播放整个声音，即使时间轴上的动画已经播放完，声音还会继续播放。当播放发布的 SWF 文件时，事件和声音混合在一起。例如，当单击一个按钮激活一个事件声音时，如果再次单击该按钮，则第一个声音实例继续播放，另一个声音实例同时也开始播放。"开始"与"事件"的功能相近，如果声音正在播放，使用"开始"则不会播放新的声音实例。"停止"将使指定的声音静音。"数据流"将同步声音，只要载入的前面几帧的声音数据已经能够配合时间轴上动画的播放，就可以边下载边播放，从而方便在 Web 站点上播放动画文件。该选项将强制动画和音频同步。如果 Flash 不能足够快地显示动画帧，就跳过帧。如果动画播放结束，则音频的播放也会结束。在"重复"文本框中可以指定声音播放的次数，默认情况下播放一次，输入的数值越大，声音持续播放的时间就越长。如果选择"循环"，可以连续播放声音，但文件的大小会根据声音循环播放的次数而倍增，所以通常情况下不设置为循环播放。

此外，打开包含声音文件的库面板，在声音文件上右击，在弹出的快捷菜单中选择"属性"命令，或者双击库面板中声音文件前的喇叭图标，都可以弹出"声音属性"对话框，在该对话框中可以对声音的相关属性进行设置。

例 8-9：给例题 8-8 导入背景声音。

具体操作步骤如下：

（1）打开 Flash 源文件"图像素材的导入.fla"。

（2）在第 30 帧插入帧。

（3）执行"文件"→"导入"→"导入到库"命令，选择音频文件"江南.mp3"，将其导入到库中。

（4）选择第 1 帧关键帧，从库面板中将音频"江南.mp3"拖动到舞台上。

（5）重新选择第 1 帧，在其属性面板中将声音与帧的同步关系设置为"开始"。

（6）按 Ctrl+Enter 快捷键测试动画效果。

（7）保存 Flash 文件为"声音素材的导入.fla"。

8.5.3　视频素材

在创作 Flash 动画时，除了可以使用图片文件、音频文件和 GIF 动画文件，还可以将视频剪辑导入到影片中。视频的格式有很多种，但并不是所有格式的视频都可以在 Flash 中正常播放，视频导入时，如果视频不是 Flash 可以播放的格式，Flash 会自动提醒。FLV 或 F4V 的视频格式在 Flash 中能正常播放。Flash 可将数字视频素材编入基于 Web 的演示中。FLV 或 F4V 视频格式具有技术和创意优势，允许用户将视频和数据、图形、声音和交互式控件融合在一起。通过 FLV 或 F4V 视频，用户可轻松将视频以几乎任何人都可以查看的格式放到网页上。如果视频格式不是 FLV 或 F4V 的，则使用 Adobe Media Encoder 或其他的视频格式转换软件将其转换为需要的格式。Adobe Media Encoder 是独立的编码应用程序，支持几乎所有的常见格式，这样就使 Flash 对视频文件的引用变得更加方便快捷。

1. 导入视频

执行"文件"→"导入"→"导入视频"命令，打开一个"导入视频"对话框，如图 8-35 所示。在该对话框中选择视频的来源，可以是本机上的视频，也可以指定网络上的视频。

在该对话框中提供了 3 个视频导入选项。

(1) 使用回放组件加载外部视频：导入视频并通过 FLVPlayback 组件创建视频外观，即导入的是渐进式下载的视频。渐进式下载视频方式允许用户使用脚本将外部的 FLV 格式文件加载到 SWF 文件中，并且可以在播放时控制给定文件的播放或回放。由于视频内容独立于其他 Flash 内容和视频回放控件，因此只更新视频内容而无须重复发布 SWF 文件，使视频内容的更新更加容易。使用这种方式有以下优点：①快速预览，缩短制作预览的时间；②播放时，下载完第一段并缓存到本地计算机的磁盘驱动器后，即可开始播放；③播放时，视频文件将从计算机驱动器加载到 SWF 文件上，并且没有文件大小和持续的时间限制，不存在音频同步的问题，也没有内存的限制；④视频文件的帧频可以不同于 SWF 的帧频，减少了制作的烦琐。选择该选项，单击"下一步"按钮，可以对播放视频的外观进行设置，如图 8-36 所示。再单击"下一步"按钮，完成视频的导入，按 Ctrl+Enter 快捷键可测试视频文件。

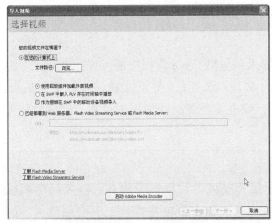

图 8-35　导入视频对话框

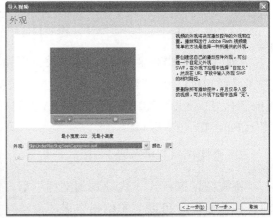

图 8-36　设置导入视频的外观

(2) 在 SWF 中嵌入 FLV 并在时间轴中播放：将 FLV 或 F4V 格式的视频文件嵌入到 Flash 文档中，导入的视频将直接置于时间轴中，可以看到时间轴所表示的各个视频帧的位置，在播放视频的同时播放动画，导入的视频成了 Flash 文档的一部分，即导入的是嵌入式视频。但是嵌入的视频是有一定限制的：①嵌入的视频文件不宜过大，否则在下载播放过程中会占用系统过多的资源，从而导致动画播放失败；②较长的视频文件通常会在视频和音频之间存在不同步的问题，不能达到很好的播放效果；③要播放嵌入的 SWF 文件的视频，必须先下载整个影片，如果嵌入的视频过大，则需要等待很长时间；④在通过 Web 发布 SWF 文件时，必须将整个视频都下载到浏览者的计算机上，然后才能开始播放视频；

⑤将视频嵌入到文档后，将无法对其进行编辑，必须重新编辑或导入其他视频文件；⑥在运行时，整个视频必须放入计算机的本地内存中；⑦导入的视频文件的长度不能超过 16000 帧；⑧视频帧速率必须与 Flash 时间轴帧速率相同，设置 Flash 文件的帧速率，以匹配嵌入视频的帧速率；⑨使用本选项还会显著增加发布文件的大小，只适合于小的视频文件。选择该选项，单击"下一步"按钮，将弹出如图 8-37 所示的对话框，再单击"下一步"按钮，即可完成视频的导入。单击"完成"按钮，按 Ctrl+Enter 快捷键即可测试导入的视频文件。

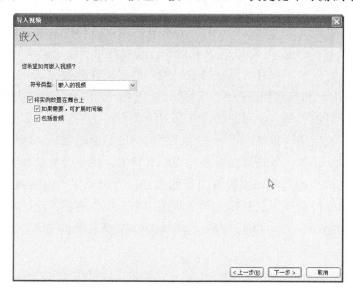

图 8-37　导入嵌入式视频

（3）作为捆绑在 SWF 中的移动设备视频导入：与在 Flash 文档中嵌入视频类似，将视频绑定到 Flash Lite 文档中，以部署到移动设备。要使用该功能，必须以 Flash Lite 2.0、Flash Lite 2.1、Flash Lite 3.0 和 Flash Lite 3.1 为目标，即在文档的属性面板中设置"播放器"类型为 Flash Lite 2.0 即可。

2. 更改视频剪辑属性

将视频以嵌入式方式导入到文档中后，在属性面板中可以更改舞台上嵌入的实例属性，在该面板中可以为实例指定名称，设置其宽度、高度，以及舞台上的坐标位置，如图 8-38 所示。单击"交换"按钮，在弹出的"交换视频"对话框中更换当前文档中新的视频。

在库面板中选择视频文件并右击，在弹出的快捷菜单中选择"属性"命令，打开"视频属性"对话框，编辑视频属性，各选项功能如下。

（1）元件：用于更改视频剪辑的元件名称。

（2）源：用于查看导入的视频剪辑的相关信息，包括视频的类型、名称、路径、创建日期、像素、长度和文件大小。

（3）导入：如果想要使用 FLV 或 F4V 文件替换视频，可以单击该按钮。

（4）更新：如果在外部编辑器中对视频剪辑进行了修改，单击该按钮可以进行更新。

（5）导出：单击该按钮，弹出"导出 FLV"对话框，在该对话框中选择文件的保存位置，并为其命名，单击"保存"按钮，即可将当前选择的视频剪辑导出为 FLV 文件。

3．使用视频提示点

使用视频提示点允许事件在视频中的特定时间触发。在 Flash 中可以使用两种提示点：编码的提示点和 ActionScript 提示点。编码提示点是指在使用 Adobe Flash Video Encoder 编码视频时添加的提示点，ActionScript 提示点是指在 Flash 中使用属性检查器添加到视频中的提示点。

将视频以渐进式下载的方式导入到文档中后，选择导入的视频实例，在属性面板中单击"添加 ActionScript 提示点"按钮，即可在其下方显示添加提示点的名称、时间及类型，如图 8-39 所示，其中提示点的名称和时间可以更改。

图 8-38　嵌入式视频实例属性面板

图 8-39　渐进式导入的视频实例属性面板

4．Adobe Flash Media Encoder

Adobe Flash Media Encoder 能将视频编码为 Flash 视频格式，将视频合并到网页或 Flash 文档中。在图 8-35 中单击"启动 Adobe Media Encoder"按钮，即可打开 Adobe Media Encoder 应用程序。Adobe Premiere Pro、Adobe Soundbooth 和 Flash 之类的程序都使用该应用程序输出某些媒体格式。根据程序的不同，Adobe Media Encoder 提供了一个专用的"导出设置"对话框。该对话框包含与某些导出格式关联的许多设置，对于每种格式，"导出设置"对话框包含为特定传送媒体定制的许多预设。

例 8-10：向舞台添加一段视频，并在视频播放时显示文字，且让文字具有滑动的动画效果。

具体操作步骤如下：

（1）准备一段视频，并提前将其转换为 FLV 格式，本例中的名为 clock.flv 的视频文件。

（2）新建一个 Flash 文档。

（3）执行"文件"→"导入"→"导入视频"命令，弹出"导入视频"对话框。

（4）单击"浏览"按钮，弹出"打开"对话框，选择要导入的视频文件 clock.flv；然后单击"打开"按钮，选择"在 SWF 中嵌入 FLV 并在时间轴中播放"单选按钮，单击"下一步"按钮。

（5）再单击"下一步"和"完成"按钮，将视频导入到舞台上。

（6）新建"图层 2"，单击"图层 2"的第 1 帧，在左上角输入文字"叮叮……"。

（7）在"图层 2"第 1 帧上右击，在弹出的快捷菜单中选择"创建传统补间"命令，效果如图 8-40 所示。

（8）在"图层 2"最后一帧上右击，在弹出的快捷菜单中选择"插入关键帧"命令，并将文字移动到右下角。

（9）按 Ctrl+Enter 快捷键测试动画效果。

（10）保存文件为"视频素材的导入.fla"。

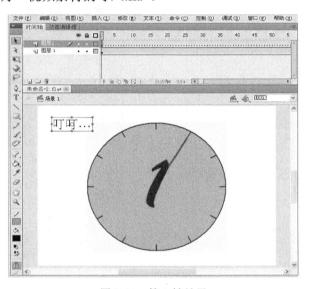

图 8-40   第 1 帧效果

8.6   实 践 演 练

8.6.1   实践操作

实例 1：利用导入的图片制作图形元件。

实践目的：掌握图像素材的导入、图形元件的制作和使用。

操作步骤：

（1）新建一个 Flash 文档。

（2）执行"插入"→"新建元件"命令，弹出"创建新元件"对话框，设置"名称"为"背景"，设置"类型"为"图形"，单击"确定"按钮。

（3）进入"背景"元件编辑窗口，执行"文件"→"导入"→"导入到舞台"命令，将"风景.jpg"导入到舞台中。

（4）返回场景中，拖动"背景"元件到舞台上。

（5）选择"背景"实例，通过属性面板设置其位置 X 为 275，Y 为 200，大小宽为 550 像素，高为 400 像素。

（6）按 Ctrl+Enter 快捷键测试动画，保存文件为"图片与元件.fla"。

注意：若图片仅仅只作为动画的背景使用，可以直接将图片导入到场景中，而不需要将图片做成元件。

实例 2：制作太阳元件、白云元件。

实践目的：掌握将绘制对象转换为元件的方法，掌握滤镜的使用。

操作步骤：

（1）新建一个 Flash 文档，设置背景色为浅灰色"#999999"。

（2）根据第 7 章所学内容在舞台上绘制一个太阳、一朵白云，并柔化其填充边缘，效果如图 8-41（a）所示。

　　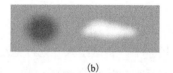

　　　(a)　　　　　　　　　　　　　(b)

图 8-41　太阳、白云

（3）选择舞台上的太阳并右击，将其转换为影片剪辑元件"太阳"；选择舞台上的白云，右击将其转换为影片剪辑元件"白云"。

（4）给"太阳"实例添加"模糊"和"发光"滤镜效果，给"白云"实例添加"模糊"滤镜效果，效果如图 8-41（b）所示。

（5）按 Ctrl+Enter 快捷键测试动画，保存文件为"太阳和白云.fla"。

实例 3：制作两只蝴蝶采花。

实践目的：掌握动态图像素材的导入、影片剪辑元件的制作和使用。

操作步骤：

（1）新建一个 Flash 文档，执行"文件"→"导入"→"导入到舞台"命令，将"花朵.jpg"导入到舞台上，调整图片大小与舞台大小一致。

（2）新建"图层 2"。

（3）执行"插入"→"新建元件"命令，新建一个影片剪辑元件"蝴蝶"。

（4）在"蝴蝶"元件中，执行"文件"→"导入"→"导入到舞台"命令，将"蝴蝶.gif"导入到舞台上。

（5）返回场景中，将"蝴蝶"元件（注意是元件）拖到舞台上，再重复拖动一次。

（6）适当调整蝴蝶的大小、位置、角度，使之与花朵相适应，效果如图 8-42 所示。

图 8-42　两只蝴蝶

（7）按 Ctrl+Enter 快捷键测试动画，然后保存文档为"两只蝴蝶.fla"。

实例 4： 制作小人跑动时的动作。

实践目的：掌握影片剪辑元件的制作和使用，深入理解影片剪辑的特点。

操作步骤：

（1）新建一个 Flash 文档。

（2）执行"插入"→"新建元件"命令，新建影片剪辑元件"小人"。

（3）进入元件编辑窗口后，在第 1 帧中绘制如图 8-43(a)所示的动作图形，其中小人的胳膊和腿可以放置在不同的图层中，以方便后续帧对动作的修改。

（4）在第 2 帧插入关键帧，在其中修改图形为图 8-43(b)所示的动作。

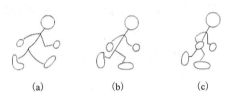

（a）　　　　　　（b）　　　　　　（c）

图 8-43　小人跑动的动作

（5）在第 3 帧插入关键帧，在其中修改图形为图 8-43(c)所示的动作。

（6）返回场景中，将"小人"元件拖动到舞台上。

（7）按 Ctrl+Enter 快捷键测试动画，并保存文件为"小人跑动.fla"。

注意： 本例制作的是人物原地跑动的动作，所以在"小人"元件中 3 帧图形的中心在同一个位置。

实例 5： 制作水晶按钮控制声音的播放。

实践目的：掌握按钮元件的制作和使用，声音素材的导入。

操作步骤：

（1）新建一个 Flash 文档。

（2）在"图层 1"第 1 帧上导入 "心.jpg"，调整图片大小与舞台大小一致。

（3）新建"图层 2"，在第 1 帧中制作文字"水"和"晶"，适当旋转文字方向，再给文字加上"模糊"滤镜效果。

（4）执行"插入"→"新建元件"命令，新建一个名称为"水晶按钮"的按钮元件。

（5）根据第 7 章所学内容，在元件的弹起帧上制作"水晶按钮"。

（6）在每个图层的"点击"帧上插入帧，找到按钮中最大区域所在的图层，将该图层的"按下"帧转换为关键帧，如图 8-44(a)所示。

（7）执行"文件"→"导入"→"导入到库"命令，将"水晶.mp3"导入到库中。

（8）将"水晶.mp3"拖到按下关键帧上，并在帧属性面板中设置声音的同步方式为"开始"。

（9）返回场景中，将"水晶按钮"元件从库面板中拖到"图层 2"上，适当更改水晶按钮的大小，并添加"发光"滤镜效果，如图 8-44(b)所示。

（10）按 Ctrl+Enter 快捷键测试动画效果，并保存源文件为"水晶按钮.fla"。

(a)

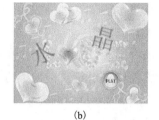
(b)

图 8-44　水晶按钮效果

8.6.2　综合实践

实例 6：制作飞翔的小鸟。

实践目的：掌握影片剪辑元件的制作和使用。

操作步骤：

(1) 新建一个 Flash 文档。

(2) 执行"插入"→"新建元件"命令，新建一个名为"小鸟"的影片剪辑元件。

(3) 根据第 7 章所学内容，在"小鸟"元件中前 4 帧上制作出小鸟的 4 个动作，如图 8-45 所示。

(4) 返回场景中，将"小鸟"元件从库面板中拖到舞台上。

图 8-45　小鸟的 4 个动作

(5) 按 Ctrl+Enter 快捷键测试动画，保存文件为"小鸟.fla"。

实例 7：利用公用库制作导航栏。

实践目的：掌握公用库中按钮元件的修改和使用。

操作步骤：

(1) 新建一个 Flash 义档。

(2) 执行"窗口"→"公用库"→"按钮"命令，打开"Buttons.fla"属性面板。

(3) 将 buttons bar 文件夹中的按钮元件 bar blue、bar brown、bar gold、bar green、bar grey 依次拖到舞台上。

(4) 适当调整各个按钮实例的大小，然后分别双击各个按钮对其进行修改。将其中的 Enter 依次换成"新闻"、"体育"、"财经"、"娱乐"、"博客"，并适当调整按钮边缘和填充区的大小（需对 rules 图层和 box 图层的每个关键帧进行调整），使之与文字相适应。

图 8-46　导航栏

(5) 将各个按钮排列整齐成一行，如图 8-46 所示。

(6) 按 Ctrl+Enter 快捷键测试动画，然后保存文件为"导航栏.fla"。

实例 8：创建"猫咪的对话"视频效果。

实践目的：掌握视频的导入，学会给视频添加文字内容。

操作步骤：

（1）新建一个 Flash 文档。

（2）执行"文件"→"导入"→"导入视频"命令，打开"导入视频"对话框，选择"在 SWF 中嵌入 FLV 并在时间轴中播放"单选按钮，然后单击"浏览"按钮，找到要导入的视频文件 MOVE.flv。

（3）单击"下一步"按钮和"完成"按钮，完成视频文件的导入。

（4）调整视频大小和文档大小为 320×240 像素，删除 120～363 帧。

（5）将"图层 1"重命名为"视频"，新建"图层 2"重命名为 fish，再新建"图层 3"，重命名为 dialog。

（6）单击 fish 图层的第 1 帧，将图形元件 fish（fish 元件事先已经绘制好）拖到舞台的左上角。由于视频在播放过程中存在位置上的晃动，因此 fish 图层要根据视频的轻微晃动不断调整鲸鱼的相对位置；针对这个问题，可以在 fish 图层制作比较多的关键帧以实现更好的效果，如图 8-47（a）所示。

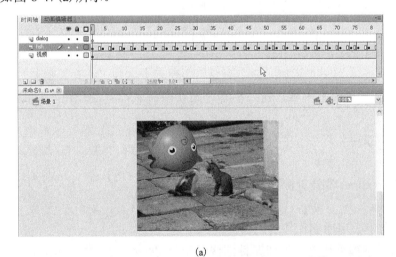

(a)

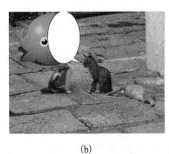

(b)

(c)

图 8-47　实例 8 效果图

（7）单击 dialog 图层的第 7 帧，插入空白关键帧，使用椭圆工具配合铅笔工具绘制一个对话框，如图 8-47（b）所示。

（8）使用文本工具输入猫咪的第 1 段对话文字"这是什么东东哦？"，在第 24 帧按 F7 键，使这段对话结束在第 23 帧，舞台效果如图 8-47(c)所示。

（9）与步骤(7)和(8)相似，在第 41～56 帧制作猫咪的第 2 段对话文字"鲸鱼？海怪？不知道哦～"。

（10）与步骤(7)和(8)相似，在第 93～109 帧制作猫咪的第 3 段对话文字"我过去看看"。

（11）按 Ctrl+Enter 快捷键测试动画，并保存文件为"猫咪的对话.fla"。

实例 9：制作洛阳牡丹花会标识。

实践目的：练习图形元件的制作和使用。

操作步骤：

（1）新建一个 Flash 文件，执行"插入"→"新建元件"命令，新建一个图形元件"洛阳牡丹花会标识"。

（2）执行"文件"→"导入"→"导入到舞台"命令，将"牡丹花.jpg"导入到舞台。

（3）调整位图的大小，并将其放置在舞台的右侧，作为绘制牡丹花的参照物。

（4）新建"图层 2"，根据牡丹花的形状，使用钢笔工具勾勒出牡丹花的简单轮廓。

（5）选择颜料桶工具，设置"填充颜色"为红色，依次在牡丹花轮廓内单击，填充图形。

（6）按 Ctrl+A 快捷键选择牡丹花，在属性面板中设置笔触颜色为无，去除轮廓，如图 8-48(a)所示。

（7）选择"图层 1"，将其中的位图删除。使用钢笔工具在牡丹花的左侧绘制 3 个具有流动性效果的闭合轮廓，并为其填充绿色"#00963E"，然后再去除轮廓，如图 8-48(b)所示。

（8）使用钢笔工具在牡丹花的右侧绘制 4 个具有流动性效果的闭合轮廓，设置其填充颜色依次为粉红色"#FD2952"、红色"#FF2A0C"、蓝色"#3998C7"、黄色"#F8D723"，并去除轮廓，如图 8-48(c)所示。

（9）选择文本工具，在属性面板中设置参数，然后在牡丹花的正下方制作"洛阳牡丹花会"文本和"LUOYANG PEONY FESTIVAL"字母，如图 8-48(c)所示。

（10）回到场景中，将图形元件"洛阳牡丹花会标识"拖动到舞台上，置于舞台中央。

（11）按 Ctrl+Enter 快捷键测试绘制效果。

（12）保存文件为"牡丹花会标识.fla"。

(a)　　　　　　　　　　(b)　　　　　　　　　　(c)

图 8-48　实例 9 效果图

实例 10：按照 2.3.2 小节综合实践的脚本设计，在"古诗三首.fla"文件中制作相关的元件、导入相关媒体素材。（前接 7.3.2 小节实例 9，后续 9.4.2 小节实例 9）

实践目的：练习各类元件的使用及各种素材的导入。

操作步骤：

（1）打开 7.3.2 小节实例 9 的"古诗三首.fla"文件。

（2）制作控制按钮元件。在这一步要制作"开始"、"目录"、"伴奏"、"朗诵"和"温习"按钮，这 5 个按钮的制作方法类似，在这里简单介绍下"开始"按钮的制作。

首先将 4.4.2 小节实例 8 中编辑处理好的按钮图片导入到库中，然后创建一个按钮元件，命名为"开始按钮"。将导入库中的"开始按钮"图片到"开始按钮"元件的第 1 帧"弹起"帧中，并调整好大小、位置，然后将第 2 帧"指针经过"帧转换为关键帧，维持原有状态，仅仅将"指针经过"帧中开始图片等比例适当放大。按照这个方法制作其他几个控制按钮元件，效果如图 8-49（a）所示。

（3）制作"古诗名按钮"元件。为了便于实现古诗画面的切换，对三首古诗分别设置了 3 个按钮元件，从而实现画面的跳转切换。其制作方法跟控制按钮的制作方法类似，在这里以古诗名"关山月"为例进行简单的介绍。

创建一个按钮元件，命名为"古诗名 1"。在"古诗名 1"按钮元件的第 1 帧"弹起"帧上输入垂直文本"关山月"，并设置文字字体为"叶根友毛笔行书修正版"，字体大小为 49 点、字体颜色为"#4D4435"、行距为 120、字距为 280。设置好第 1 帧后，将第 2 帧"指针经过"帧转换为关键帧，然后将字体变大为 57 点，颜色变为黑色"#000000"，字距缩小为 130。仿照这个按钮元件，再依此制作"古诗名 2"和"古诗名 3"按钮元件，其中"古诗名 2"按钮元件的文字为"竹"、"古诗名 3"按钮元件的文字为"春晓"。效果如图 8-49（b）所示。

（4）制作古诗静态影片剪辑元件。这一步将结合前面所学内容，分别制作 3 首古诗相应的静态影片剪辑元件。

① 关山月：创建一个影片剪辑元件，命名为"关山月"，仿照 7.1.7 小节例 7-15 制作该元件。效果如图 8-49（c）所示。

② 竹：创建一个影片剪辑元件，命名为"竹"，仿照 7.3.2 小节实例 8 制作该元件。在制作这个元件时，需要先将竹叶、竹竿、竹林等元素创建为元件，然后将这些元件导入"竹"元件中，需要添加动态效果的元件实例要放置在单独的图层中，从而方便后期为该元件添加动态效果。静态效果如图 8-49（d）所示。

③ 春晓：创建一个影片剪辑元件，命名为"春晓"，仿照 7.3.2 小节实例 7 制作该元件。在制作这个元件时，也需要先将小鸟、云彩等元素创建为元件，然后利用这些元件再制作"春晓"元件，方便后期为元件添加动态效果。静态效果如图 8-49（e）所示。

在制作这 3 个元件时，注意这 3 个元件上的画轴和画框的位置大小是一样的，不同的是画布上显示的内容。将主场景中"左画轴"、"右画轴"和"画框"图层上的帧复制到元件中，从而保持 3 个元件和主场景中的画轴和画框的位置、大小的一致性。

（5）导入声音、视频素材。将 3.5.2 小节实例 6 中编辑好的声音文件导入到 Flash 库中。在这里导入背景音乐——古筝曲山丹丹花开红艳艳、三首古诗的朗诵音频。视频素材将在动画完成后再进行导入。

（6）在主场景中创建相应元件的实例。选择"画面"图层的第 1 帧，从库中将"开始"按钮拖到画面的右下角，在属性面板中对实例命名为 btn_start；将"古诗名 1"、"古诗名 2"和"古诗名 3"拖到舞台右侧的文字背景图案上，并排列好位置。然后在属性面板中，对这 3 个实例分别命名为 btn_guansy、btn_zhu 和 btn_chunx。选择这个图层的所有对象——文字背景、课件名称"古诗三首"、"开始"按钮和三首古诗名字，通过右键菜单，将它们转换成一个名为"开始画面"的影片剪辑元件，并对舞台上"开始画面"元件实例命名为 mc_start，此时主场景第 1 帧的效果如图 8-49（f）所示。

注意：在这里对 4 个元件实例进行了命名，方便以后动作代码的编写。

（7）保存文件为"关闭古诗三首.fla"。

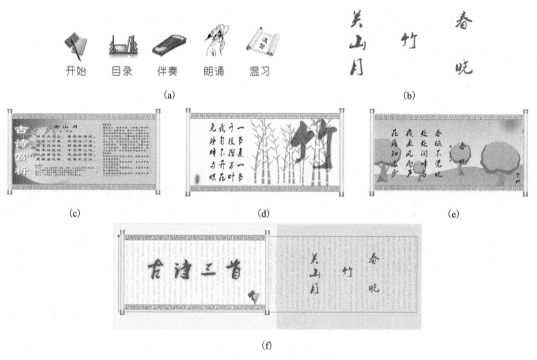

图 8-49 实例 10 效果图

8.6.3 实践任务

任务 1：制作影片剪辑元件——小猪。

实践内容：制作如图 8-50 所示的影片剪辑元件"小猪"。

任务 2：制作影片剪辑元件——小车。

实践内容：先制作影片剪辑元件"车轮"，再制作如图 8-51 所示的影片剪辑元件"小车"。

图 8-50 小猪　　　　　　　　　图 8-51 小车

思考练习题 8

8.1　什么是元件？什么是实例？它们有什么关系？

8.2　元件分成哪几类，各有什么特点？

8.3　制作元件，常用的有哪两种方法？

8.4　如何修改元件？

8.5　实例有哪些基本操作？实例有几种类型？实例的类型改变了，其父元件的类型是否会发生改变？

8.6　图形实例、影片实例、按钮实例各有什么特性？

8.7　怎样分离实例与交换实例？

8.8　什么是库面板，它有什么作用？

8.9　如何使用公用库，如何调用外部库中的元件？

8.10　如何在作品中导入图片素材、声音素材？如何控制声音素材与动画的相互关系？

8.11　如何在作品中导入视频，有几种导入的方法？

第9章 Flash 动画

　　Flash 是一款著名的动画制作软件，其动画制作功能非常强大，使用 Flash 可以轻松地创建出丰富多彩的动画效果。前几章介绍了 Flash 动画制作的基础知识，本章将具体讲述动画制作的过程，包含基本动画、高级动画、骨骼和 3D 动画 3 个方面。

9.1　基　本　动　画

　　Flash 中有两大类基本动画：一是逐帧动画；一是补间动画。逐帧动画，需要设计者制作动画过程中的每一帧，非常费时。补间动画，设计者只需制作动画中起关键作用的帧的内容，中间变化过程可由计算机自动生成，不仅省时省力，动画的过渡变化也非常自然，但不能用来制作变化非常复杂的动画。补间动画还可细分为形状补间动画、传统补间动画、属性补间动画。属性补间动画通常简称补间动画。本节将对 Flash 动画制作的基本方法进行详细讲解，并对基础动画的制作原理进行阐述，使读者可以更好地掌握 Flash 基础动画的制作方法。

9.1.1　逐帧动画

　　逐帧动画也叫"帧帧动画"，顾名思义，它需要具体定义每一帧的内容，以完成动画的创建，所以在逐帧动画中每一帧都是关键帧。例如，在 8.6.1 小节中的"实例 4：小人的跑动动作"和"实例 6：飞翔的小鸟"都是典型的逐帧动画，只是它们是在元件内制作的。

　　简单的逐帧动画并不需要用户定义过多的参数，只需要设置好每一帧，动画即可播放。逐帧动画适合于每一帧中的图像都在更改的复杂动画，如人物的转身效果等，而不仅仅是在舞台中移动的简单动画。在逐帧动画中，Flash 会保存每一个完整帧的值。

　　下面通过两个例子来加深一下对逐帧动画的理解。

　　例 9-1：制作钟摆动画。

　　具体操作步骤如下：

　　（1）新建一个 Flash 文档，在属性面板上将文档的大小设置为 400×300 像素，帧频设置为 1fps。

　　（2）在第 1 帧上制作如图 9-1（a）所示的钟摆。选择线条工具画一条适当长度的直线，选择椭圆工具，设置笔触颜色为无，设置填充颜色为灰度线性渐变（在调色板的左下角直接选择），在直线下端画一个适当大小的圆。

　　（3）选择直线和圆（即钟摆），按 Ctrl+G 快捷键将它们组合到一起。

　　（4）使用任意变形工具，调整变形的中心到钟摆顶端，然后将钟摆顺时针旋转 30°，如图 9-1（b）所示。

　　（5）在第 2 帧插入关键帧，执行"修改"→"变形"→"水平翻转"命令，此时第 2 帧上的内容如图 9-1（c）所示。

（6）按 Ctrl+Enter 快捷键测试动画，保存文件为"钟摆.fla"。

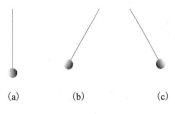

(a)　　　　　(b)　　　　　(c)

图 9-1　钟摆状态

例 9-2：制作文字逐帧动画——新年快乐。

具体操作步骤如下：

（1）新建一个 Flash 文档，帧频设置为 1fps。

（2）在"图层 1"第 1 帧上导入"灯笼.jpg"，设置舞台大小与图片大小一致。

（3）在第 5 帧插入帧。

（4）新建"图层 2"，在"图层 2"第 2 帧插入空白关键帧，然后在其上制作黄色文字"新"，如图 9-2 所示。

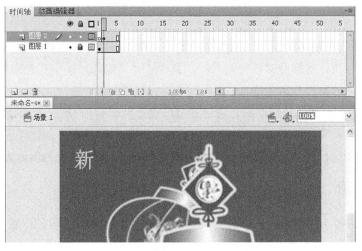

图 9-2　添加文字"新"

（5）在"图层 2"第 3～5 帧上分别插入关键帧，并修改其文字内容为"新年"、"新年快"、"新年快乐"。

（6）按 Ctrl+Enter 快捷键测试动画，保存文件为"新年快乐.fla"。

此外，还可以通过导入序列图像来创建逐帧动画，可以导入 JPG、PNG 等格式的静态图片、GIF 序列图像、SWF 动画文件或利用第三方软件产生的动画序列等。

9.1.2　形状补间动画

1. 形状补间动画的制作

在逐帧动画中，每一帧都要设计者自己制作，这样制作动画比较费时费力。对于更多的动画，创作时只需要制作少量的关键帧，而关键帧之间的其他帧由计算机自动绘制，补间动画就是这样的动画。

形状补间动画是制作由一个形状变形为另一个形状的动画。在形状补间动画的起始关键帧和结束关键帧上制作好不同的内容，通过创建形状补间动画 Flash 就可以生成中间的过渡帧。其制作步骤如下：

（1）制作起始关键帧。

（2）制作结束关键帧。

（3）创建形状补间动画：在起始关键帧与结束关键帧间右击，在弹出的快捷菜单中选择"创建补间形状"命令。

例 9-3：制作简单的矩形变为圆形动画。

具体操作步骤如下：

（1）新建一个 Flash 文档。

（2）在第 1 帧舞台左侧绘制一个矩形，线条色与填充色可以自由选择。

（3）在第 30 帧处插入空白关键帧，然后在舞台右侧绘制一个圆形，线条色与填充色也可以自由选择。

（4）在第 1～30 帧的任意一帧上右击，在弹出的快捷菜单中选择"创建补间形状"命令，时间轴如图 9-3 所示。

（5）按 Ctrl+Enter 快捷键测试动画，保存文件为"矩形变圆形.fla"。

图 9-3　形状补间动画的时间轴

例 9-4：制作文字变形的形状补间动画。

具体操作步骤如下：

（1）新建一个 Flash 文档。

（2）在第 1 帧舞台左侧添加文字"China"。

（3）在第 30 帧处插入空白关键帧，在舞台右侧添加文字"中国"。

（4）将第 1 帧上的"China"分离。使用选择工具选择文字并右击，在弹出的快捷菜单中选择"分离"命令，执行两次后，文字周围的蓝色边框消失，文字显示为掺杂白色小点的图形。

（5）与第（4）步类似，将第 30 帧上的"中国"分离。

（6）在第 1～30 帧的任意一帧上右击，在弹出的快捷菜单中选择"创建补间形状"命令。

（7）测试并保存文件为"文字的改变.fla"。

通过以上两个实例，说明形状补间动画是针对图形而言的，在变形过程中可伴随位置、颜色、大小、角度等的变化。若要使用元件实例、组、对象、位图等整体对象创建形状补间动画，必须先将它们分离。

虽然形状补间可以使具有分离属性的要素发生变化，但其变化不规则，所以无法知道其中的具体过程。

2. 形状补间动画的属性面板

选择形状补间动画中的任意一帧，其属性面板如图 9-4 所示。

（1）名称：可以标记此动画，当在其文本框中输入动画名称后，时间轴面板也会显示此名称。

图 9-4　形状补间动画的属性面板

（2）类型：有"名称"、"注释"、"锚记" 3 个选项。"名称"是帧标签的名称；"注释"一种解释，方便对文件进行修改；"锚记"动画记忆点，在发布成 HTM 文件时，在 IE 地址栏输入锚点，就可以直接跳转到对应的片段播放。

（3）缓动：用于设置补间的速度，直接输入一个 –100～100 的数值，或者通过滑杆进行调整。如果要慢慢地开始补间，然后朝着动画的结束方向加速补间过程，可以将其设置为–100～–1 的负值；如果要快速地开始补间，然后朝着动画的结束方向减速补间过程，可以将其设置为 1～100 的正值。默认情况下，补间速率是不变的。通过调节此项可以调整变化速率，从而创建更加自然的变形效果。

（4）混合："分布式"用于创建的动画，形状比较平滑和不规则；"角形"用于创建的动画，形状会保留明显的角和直线。"形状"只适合于具有锐化转角和直线的混合形状，如果选择的形状没有角，Flash 会还原到分布式补间形状。

3. 使用形状提示

在制作比较复杂的形状补间动画时，若要控制其形状变化，可以使用形状提示，确保形状的变化是符合逻辑的。形状提示会标示起始形状和结束形状中相对应的点，从而控制变形时的形状变化。

变形提示点用字母 a～z 表示，每次最多可以设定 26 个变形提示点。变形提示点在开始的关键帧中是黄色的，在结束的关键帧中是绿色的，不在曲线上的提示点是红色的。

选择形状补间动画的起始帧，执行"修改"→"形状"→"添加形状提示"命令，重复该命令可添加适量的提示点，结束帧上会自动产生相应数量的提示点。在添加提示点时，有棱角和曲线的地方，提示点会自动吸附上去。要删除某一个提示点，只需要将该提示点拖离舞台即可。

9.1.3　传统补间动画

1. 制作传统补间动画

传统补间动画是一种比较有效的产生动画效果的方式，同时还能尽量减小文件的大小。传统补间动画主要用于制作一个对象位置的变化、大小的变化、角度的变化（旋转）、颜色和透明度的变化等。与形状补间动画不同，用于制作传统补间动画的对象必须是某个元件的实例。

制作传统补间动画的方法如下：

（1）制作元件。

（2）制作起始关键帧。

（3）制作结束关键帧：一般先插入关键帧，然后再修改关键帧。

（4）在起始关键帧与结束关键帧之间右击，在弹出的快捷菜单中选择"创建传统补间"命令。

例 9-5：制作篮球的运动。

具体操作步骤如下：

（1）新建一个 Flash 文档。

（2）执行"文件"→"导入"→"打开外部库"命令，选择第 8 章中例 8-1 的源文件"元件练习.fla"，然后从库面板中将图形元件"篮球"拖到第 1 帧舞台的左侧，并适当调整实例的大小，关闭"元件练习.fla"的库面板。

（3）在第 30 帧插入关键帧，将篮球移到舞台的右侧。

（4）在第 1～30 帧的任意一帧上右击，在弹出的快捷菜单中选择"创建传统补间"命令，如图 9-5 所示。

（5）测试动画并保存文件为"篮球的运动.fla"。

基于此例，读者可自己练习制作图片的移动效果。

图 9-5　传统补间动画的时间轴面板

例 9-6：图片的放大。

具体操作步骤如下：

（1）新建一个 Flash 文档。

（2）制作"山峰"元件。执行"插入"→"新建元件"命令，新建一个名称为"山峰"的图形元件。在元件编辑窗口中执行"文件"→"导入"→"导入到舞台"命令，将"山峰.jpg"导入到舞台。

（3）返回场景中，将"山峰"元件从库中拖到第 1 帧舞台上，缩小图片为舞台大小的1/9 左右，并将图片置于舞台的正中央。

（4）在第 30 帧插入关键帧，调整图片大小比舞台大小稍大一些，调整时注意不要改变图片的中心位置，并且最好锁定图片的缩放比例。

（5）在第 1～30 帧的任意一帧上右击，在弹出的快捷菜单中选择"创建传统补间"命令。

（6）测试动画并保存文件为"图片的放大.fla"。

可对第（4）步第 30 帧中的图片再作水平翻转，测试其他效果。

图 9-6　文字影片剪辑元件

例 9-7：文字淡入淡出。

具体操作步骤如下：

（1）新建一个 Flash 文档，设置帧频为 12fps。

（2）在第 1 帧舞台上部制作文字"北京北京"，然后将其转换为影片剪辑元件"歌名"，如图 9-6 所示。

（3）在第 20 帧和第 40 帧分别插入关键帧，将第 1 帧和第 40 帧上文字实例的 Alpha 值（位于色彩效果中）均改为 0%。

（4）在第 1～20 帧的任意一帧上右击，在弹出的快捷菜单中选择"创建传统补间"命令；在第 20～40 帧的任意一帧上右击，在弹出的快捷菜单中选择"创建传统补间"命令。

（5）测试动画并保存文件为"文字淡入淡出.fla"。

2．传统补间动画的属性面板

选择传统补间动画中的任意一帧，其属性面板如图 9-7 所示。

（1）缓动：与形状补间动画中的"缓动"相似，但在传统补间动画中可以单击右侧的"编辑缓动"按钮打开"自定义缓入/缓出"对话框，自行定义缓动的方式。

（2）旋转：设置实例对象在运动等过程中是否旋转及旋转次数。"无"不旋转；"自动"有旋转，但旋转时以旋转最少为原则；"顺时针"指定旋转按顺时针进行；"逆时针"指定旋转按逆时针进行。

（3）贴紧：当对象使用辅助线时，能更好地让对象紧贴辅助线，便于绘制和调整图像。

（4）同步：如果主动画的帧数与影片剪辑类型的元件动画的帧数不同时，严格地说是不成整数倍时，影片剪辑元件动画将不能完成整个动画过程，而是停在半截，要想使影片剪辑元件动画在主动画中准确地完成循环，则需要选中此复选框。

图 9-7　传统补间动画的属性面板

（5）缩放：制作缩放动画时，当选中此复选框，对象会随着帧的移动逐渐变大或变小；当取消选择此选项，则在结束帧时直接显示放大或缩小后的对象。

例 9-8：制作篮球的自然停止动画。

具体操作步骤如下：

（1）打开例 9-5 的源文件"篮球的运动.fla"。

（2）单击第 1～30 帧的任意一帧，在其属性面板中设置缓动值为 40，旋转为顺时针 2 次。

（3）单击舞台中任意位置，修改帧频为 12fps。

（4）测试动画并保存文件为"篮球的自然停止.fla"。

例 9-9：制作旋转的风车，其效果如图 9-8 所示。

具体操作步骤如下：

（1）新建一个 Flash 文件。

（2）分别制作图形元件"风车杆"和"风车"，风车中心是与风车杆颜色一致的一个圆。

图 9-8　风车

（3）返回场景中，将"风车杆"元件从库中拖到"图层 1"第 1 帧上，置于舞台下部，然后在第 40 帧处插入帧。

（4）新建"图层 2"，锁定"图层 1"。

（5）将"风车"元件从库中拖到"图层 2"第 1 帧上，适当调整其大小和位置，使之与风车杆相匹配。

（6）在"图层 2"第 40 帧处插入关键帧。

（7）在"图层 2"第 1～40 帧的任意一帧上右击，在弹出的快捷菜单中选择"创建传统补间"命令。

（8）选择"图层 2"第 1～40 帧的任意一帧，在其属性面板中设置旋转为"顺时针"1 次。

（9）测试动画并保存文件为"风车.fla"。

此外，在传统补间动画制作好后，如果选择传统补间动画中的某一帧，更改该帧上实例对象的位置，该帧将会自动变为关键帧，并将传统补间动画分成两段动画。借助此功能，可对传统补间动画进行更详细的控制，实现更好的效果。

9.1.4　补间动画

1. 制作补间动画

补间动画是通过对一个对象在不同帧中的同一属性指定不同的值而创建的动画，即通过为一个帧中的对象属性指定一个值，并为另一个帧中的相同属性指定另一个值，Flash 再自动计算这两个帧之间该属性的值。

用来制作补间动画的对象只能是元件或文本字段，如果将补间动画应用于其他对象类型时，这些对象将会被包含在元件中。

补间的对象的属性包括如下内容：

2D X 和 Y 位置、3D Z 位置（仅限影片剪辑）、2D 旋转（绕 Z 轴）、3D X、Y 和 Z 旋转（仅限影片剪辑）、倾斜 X 和 Y、缩放 X 和 Y、颜色效果和滤镜属性。

制作补间动画的方法如下：

（1）制作元件（如果是文本字段可以不用制作成元件）。

（2）制作起始关键帧。

（3）创建补间动画：在起始关键帧上右击，在弹出的快捷菜单中选择"创建补间动画"命令。

(4) 制作结束帧：注意不是结束关键帧，而只是一个属性关键帧。在确定好结束帧的位置后，直接修改该帧上对象的属性值，或者按 F6 键插入属性关键帧后再修改对象的属性值，或者在结束帧位置右击，插入特定类型的属性关键帧。

注意： 在创建补间动画时，补间范围会自动扩充帧频数帧，但结束帧的位置可以自己设置。

例 9-10： 制作曲线运动的彩球。

具体操作步骤如下：

(1) 新建一个 Flash 文档。

(2) 制作彩球元件。执行"插入"→"新建元件"命令，新建一个名称为"彩球"的图形元件。然后在元件编辑窗口中绘制一个圆，线条色为无，填充色为颜色板中的最后一个渐变色。

(3) 返回场景中，从库面板中将"彩球"元件拖到舞台上，并适当改变彩球的大小和位置，不要太大，位于舞台左侧，如图 9-9 中第一个位置所示。

(4) 在第 1 帧上右击，在弹出的快捷菜单中选择"创建补间动画"命令，然后在第 30 帧插入帧，如图 9-10 所示。

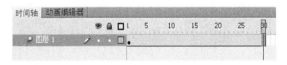

图 9-9　彩球的 4 个位置　　　　　　　　　图 9-10　在第 30 帧处插入帧

(5) 保证播放头位于第 30 帧，直接拖动舞台上的彩球到新的位置，如图 9-9 中的第 2 个位置所示，此时时间轴如图 9-11 所示。

注意： 至此，补间动画的制作已经完成，其动画效果与传统补间动画完全相同，均为直线运动。但为了与传统补间动画相区别，需要继续下面几步操作。

(6) 在第 60 帧按下 F6 键，移动播放头至第 60 帧，拖动舞台上的彩球到新的位置，如图 9-9 中的第 3 个位置所示，时间轴面板和舞台情况如图 9-12 所示。利用补间动画制作多段动画要比传统补间动画方便，这两段动画是一个整体。

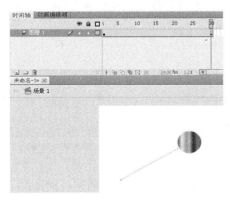
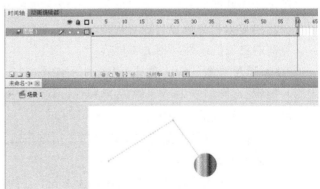

图 9-11　补间动画的时间轴面板　　　　　　图 9-12　两段补间动画是一个整体

（7）在第 90 帧右击，在弹出的快捷菜单中选择"插入关键帧"→"位置"命令，移动播放头至第 90 帧，拖动舞台上的彩球到新的位置，如图 9-9 中的第 4 个位置所示。补间动画中的关键帧是属性关键帧。

（8）使用选择工具调整舞台上补间动画的运动路径，调整路径的顶点或弯曲度，结果如图 9-13 所示。补间动画可以调整运动路径为曲线，而传统补间动画则只能是直线。

图 9-13　调整直线为曲线

（9）将播放头移到第 15 帧，选择舞台上的彩球实例，设置其透明度为 0%。按 Ctrl+Enter 快捷键测试动画会发现第 15 帧以后的所有帧其透明度均为 0%，这是因为第 30、60、90 帧在制作动画时没有改变透明度属性。

（10）单击第 60 帧，播放头会自动移到第 60 帧，选择舞台上的彩球实例，将其透明度改为 100%。按 Enter 测试动画会发现，透明度从第 1 帧到第 15 帧由 100%变为 0%，从第 15 帧到第 60 帧由 0%变回为 100%。

（11）按 Ctrl+Enter 快捷键测试动画，保存文件为"曲线运动的彩球.fla"。

在补间动画中，补间范围在时间轴中显示为具有蓝色背景的单个图层中的一组帧。将这些补间范围作为单个对象进行选择，并从时间轴中的一个位置拖到另一个位置，包括拖到另一个图层。在每个补间范围中，只能对舞台中的一个对象进行动画处理，此对象称为补间范围的目标对象。

属性关键帧是在补间范围中为补间目标对象的显示，定义一个或多个属性值的帧。定义的每个属性都有它自己的属性关键帧，如果在单个帧中设置了多个属性，则其中每个属性的属性关键帧都会驻留在该帧中，可以在动画编辑器中查看补间范围的每个属性及其属性关键帧，还可以从补间范围上下文菜单中，选择可在时间轴中显示的属性关键帧的类型。

2. 补间动画的属性面板与动画编辑器

选择补间动画中的任意一帧，其属性面板如图 9-14(a) 所示。

（1）旋转和方向：与传统补间动画相似，可以更准确的设置旋转角度。

（2）调整到路径：若要让补间目标对象随着运动路径随时调整自身方向，可以使用此选项。

（3）同步图形元件：与传统补间动画属性面板中的"同步"功能一致。

选择补间动画中的任意一帧，然后单击时间轴面板右侧的"动画编辑器"，即可在动画编辑器窗口中查看该帧的属性，动画编辑器窗口如图 9-14(b) 所示。

（1）缓动：用于添加或删除缓动的类型。

（2）基本动画：用于设置该帧上目标对象的 X 坐标、Y 坐标、旋转角度以及补间动画在该属性变化上的缓动类型。◇ 按钮用于将该帧设置为属性关键帧或删除该帧属性关键帧，◀ 按钮用于转到上一个相应属性的属性关键帧上，▶ 按钮用于转到下一个相应属性的属性关键帧上。拖动曲线图中的斜线或直线可以改变相应的属性值。

（3）转换：用于设置倾斜和缩放，操作方法与"基本动画"的设置相似。

（4）色彩效果：设置透明度、亮度、色调，操作方法与"基本动画"的设置相似。

（5）滤镜：给影片实例或按钮实例添加滤镜效果，操作方法与"基本动画"的设置相似。

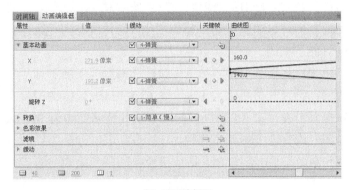

（a）补间动画属性面板　　　　　　　　　　（b）动画编辑器

图 9-14　补间动画属性面板和动画编辑器

3. 传统补间动画与补间动画的区别

传统补间动画与补间动画的区别如表 9-1 所示。

表 9-1　传统补间动画与补间动画的区别

项目	传统补间动画	补间动画
关键帧	帧上显示的是新实例	此动画的所有关键帧只具有一个与之关联的对象实例，通过改变关键帧上实例属性值形成动画
对象类型	只能使用元件的实例。若使用其他类型的对象强行创建传统补间动画，Flash 会将这些对象类型转换为图形元件	只能使用元件的实例和文本。若使用其他类型的对象强行创建补间动画，Flash 将这些对象类型转换为影片剪辑元件
时间轴	传统补间动画的时间轴包括可分别选择的帧的组	补间动画在整个补间范围上由一个对象组成，可以在时间轴中对补间动画进行拉伸和调整
运动轨迹	直线运动	曲线运动
选择帧	单击选择帧	在补间动画范围中要选择单个帧，必须按住 Ctrl 键单击选择帧
缓动	用于补间内关键帧之间的帧组	用于补间动画范围的整个长度
色彩效果	在两种不同的色彩效果（如色调和透明度）之间创建动画	只能对每个补间应用一种色彩效果
脚本	允许帧脚本	在补间动画范围上不允许帧脚本，补间目标对象上的任何帧脚本都无法在补间动画范围的过程中更改
3D 对象	无法为 3D 对象创建动画效果	为 3D 对象创建动画效果
动画预设	不能保存为动画预设	保存为动画预设
交换元件	使用这些技术制作动画	无法交换元件或设置属性关键帧中显示的图形元件的帧数

此外，在同一图层中可以使用多个传统补间或补间动画，但是在同一图层中不能出现两种补间类型。

9.1.5　使用动画预设

Flash 将动画中一些经常用到的效果制作成简单的命令，使用户只需选择要添加动画的对象再执行相关的命令即可，从而省去了大量重复、机械的操作，提高动画的开发效率。

动画预设是 Flash 预配置的补间动画，可以将它们应用于舞台上的对象（元件的实例或文本）。用户只需选择要添加动画的对象，然后选择动画预设面板中的某个预设效果，再单击面板底部的"应用"按钮即可运用该动画预设。

执行"窗口"→"动画预设"命令，动画预设面板如图 9-15 所示。"默认预设"在此文件夹中可以选择 Flash 中自带的动画预设，如 2D 放大、3D 放大等；"自定义预设"用于设置自己制作好的补间动画保存为动画预设，置于此文件夹中。

每个对象只能应用一个动画预设，如果对同一个对象应用两个动画预设，在使用第 2 个动画预设时，会弹出提示框，询问"是否要用新选择项替换当前动画对象"。

图 9-15　动画预设面板

一旦将预设应用于舞台中的对象后，在时间轴中创建的补间动画就不再与预设动画面板有任何关系。在动画预设面板中删除或重命名某个预设，对于以前使用该预设创建的所有补间动画没有任何影响。如果在面板中的现有预设上保存新预设，它对使用原始预设创建的补间动画没有任何影响。

每个动画预设都包含特定数量的帧，在应用预设时，在时间轴中创建的补间范围将包含此数量的帧。如果目标对象已应用了不同长度的补间，补间范围将进行调整，以符合动画预设的长度。可以在应用预设后调整时间轴中补间范围的长度。

9.2　高　级　动　画

使用 Flash 可以制作出很多效果奇特的动画，仅仅使用形状补间动画、传统补间动画和补间动画远远不够。在现实的 Flash 动画制作中，制作超精美动画时，占据重要地位的还是引导线动画和遮罩动画。

9.2.1　引导线动画

基本的传统补间动画只能使对象产生直线方向的运动，若要使对象曲线运动，就必须为运动指定路线。在补间动画中，系统会自动生成一条运动路径，元件实例将沿着运动路径运动，并且运动路径的形状可以任意调整。

在 Flash 中，还可以在传统补间动画的基础上，添加引导层来制作引导线动画，让对象沿着指定的路线运动。这种方法将运动对象与运动路径分开制作，更加方便灵活。

让元件实例沿着一条路径运动，即为引导线动画。制作引导线动画，需要两个图层：一个是用于绘制运动路径的引导层；一个是用于制作传统补间动画的被引导层。引导层位于被引导层的上方，用于指定元件实例的运动轨迹，如图 9-16 所示。

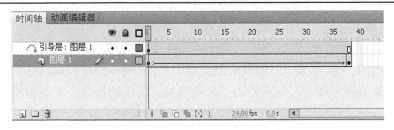

图 9-16　引导线动画的时间轴

制作引导线动画的一般方法如下：

（1）在"图层 1"上制作传统补间动画。

（2）给"图层 1"添加引导层：在"图层 1"上右击，在弹出的快捷菜单中选择"添加传统运动引导层"命令。

（3）在引导层第 1 帧上绘制运动路线：注意不要绘制到"图层 1"（被引导层）上。

（4）返回被引导层，将起始关键帧和结束关键帧上运动对象的中心点移到引导路径上。（为了操作方便，可以暂时锁定引导层。）

注意：制作引导线动画时，通常会在传统补间动画（被引导层）的属性面板中选择"调整到路径"选项，使元件实例随着路径的变化而旋转角度。

例 9-11：制作篮球的跳动。

具体操作步骤如下：

（1）新建一个 Flash 文档。

（2）在"图层 1"第 1 帧舞台底部绘制一个浅褐色"#996633"的台子，比舞台较宽一些，如图 9-17 所示，并在第 60 帧插入帧。

（3）锁定"图层 1"，新建"图层 2"。

（4）执行"文件"→"导入"→"打开外部库"命令，选择例 9-5"篮球的运动.fla"文件。从"篮球的运动.fla"的库面板中将"篮球"元件拖到"图层 2"第 1 帧舞台上，并适当改变篮球的大小和位置，不要太大，位于舞台的左上角，然后关闭"篮球的运动.fla"的库面板。

（5）在"图层 2"第 1～60 帧制作传统补间动画，让篮球从舞台左上角直线运动到右下角。

（6）在"图层 2"上右击，在弹出的快捷菜单中选择"添加传统运动引导层"命令。

（7）锁定"图层 2"，在引导层第 1 帧上使用铅笔工具或钢笔工具绘制运动路径，如图 9-18 所示，可以将网格线显示出来。

图 9-17　篮球跳动的台子

图 9-18　篮球运动轨迹

（8）锁定引导层，返回"图层 2"，解锁"图层 2"。将起始关键帧和结束关键帧上篮球的中心点移到引导路径上。

（9）选择"图层 2"第 1～60 帧的任意一帧，在属性面板中选择"调整到路径"选项。

（10）测试动画效果，保存文件为"篮球的跳动.fla"。

例 9-12：制作蝴蝶采花动画。

具体操作步骤如下：

（1）新建一个 Flash 文档。

（2）执行"文件"→"导入"→"打开外部库"命令，选择第 8 章实例 3"两只蝴蝶.fla"，打开"两只蝴蝶.fla"的库面板。

（3）将"花朵.jpg"拖到舞台上，并调整图片大小与舞台大小一致，并在第 60 帧插入帧，锁定"图层 1"。

（4）新建"图层 2"，在"图层 2"第 1～60 帧使用"蝴蝶"元件制作传统补间动画，使蝴蝶从舞台左侧外面飞到舞台右侧的外面，完成后关闭"两只蝴蝶.fla"的库面板。

（5）为"图层 2"添加引导层，并在引导层上绘制运动路径。

（6）返回"图层 2"，将起始关键帧和结束关键帧上蝴蝶的中心点移到引导路径上。

（7）与例 9-11 相似设置"调整到路径"。

（8）对"图层 2"起始关键帧和结束关键帧上的蝴蝶进行旋转，使其自然地飞入和飞出，如图 9-19 所示。

（9）按 Enter 键测试动画效果，可适当调整帧频和蝴蝶元件。

（10）制作让蝴蝶在花朵上停留一会儿的效果。在"图层 2"第 15 帧插入关键帧，将蝴蝶移到第一朵花上（注意不要脱离运动路径），旋转蝴蝶到合适的角度；然后复制该帧到第 30 帧粘贴帧，再去掉第 15～

图 9-19　旋转蝴蝶

30 帧的"调整到路径"（或者直接删除第 15～30 帧的传统补间动画）；最后再加上第 30～60 帧的"调整到路径"，这样蝴蝶在第 1 朵花上停顿的效果就做好了，读者可以自己制作蝴蝶在第 2 朵花上的停顿效果。

（11）按 Ctrl+Enter 快捷键测试动画，保存文件为"蝴蝶采花.fla"。

在制作引导线动画时，若将被引导层向左下角拖离引导层（按住图层名称拖动），则该图层不再受引导层的限制；若将某个正常图层向右上角拖到引导层下方（按住图层名称拖动），则该图层将成为被引导层。还可以将多个图层让一个引导层引导，使多个对象沿着同一条路径运动。在引导层上右击，去掉"引导层"前面的"√"，则该图层变为正常图层；若在某个正常图层上右击，在弹出的快捷菜单中选择"引导层"命令，则该图层成为引导层。

Flash 引导层中的内容不会显示在发布的 SWF 文件中，引导层中的路径，只是在 Flash 文件中起辅助功能。

需要注意的是，从绘制引导线的关键帧到引导结束的位置之间必须有帧，如果是空白就必须在引导结束的位置插入帧，使运动路径的作用持续到这一帧。

引导线动画与补间动画都可以用来制作曲线运动效果，但引导线动画是基于传统补间动画，侧重于运动路径的详细描述，而补间动画侧重于动画对象属性值的改变，整个补间动画是一个整体。相对而言，补间动画要比引导线动画简单得多。

9.2.2　遮罩动画

1. 遮罩的概念

利用遮罩动画可以制作出很多具有创意的动画效果，在 Flash 中遮罩动画是非常重要的动画类型，很多效果丰富的动画都是通过遮罩动画来完成的。

通过一个例子来理解遮罩的含义。在"图层 1"上导入一幅图片，调整其大小与舞台一致，然后新建"图层 2"，在"图层 2"上绘制一个圆(笔触色"无"，填充色"白色")，通常情况下的时间轴与舞台效果如图 9-20 所示。在"图层 2"上右击，在弹出的快捷菜单中选择"遮罩层"命令，此时"图层 2"成为了遮罩层，而"图层 1"则称为被遮罩层，时间轴与舞台效果如图 9-21 所示。

图 9-20　创建遮罩前

图 9-21　创建遮罩后

遮罩的作用是可以透过遮罩图层中的图形看到其下面图层中的内容。在遮罩图层上绘制的图形或输入的文字，相当于在图层中挖掉了相应形状的镂空区域，而遮罩图层中没有绘制图形的区域成了遮挡物，遮盖了被遮罩图层中的内容。

因此，创建遮罩动画需要两个图层，即遮罩层和被遮罩层。遮罩层在上方，用于指定显示范围，被遮罩层在下方，用于指定显示的内容。创建遮罩动画后，遮罩层与被遮罩层都将呈现锁定状态，若用户还要对它们进行编辑，取消其锁定状态即可。

遮罩层中的内容可以是填充的形状、文字对象、元件的实例，但笔触不可用于遮罩层，即线条不能直接作为遮罩形状，除非将其转化为填充。

在制作遮罩动画时，若将被遮罩层向左下角拖离遮罩层(按住图层名称拖动)，则该图层不再受遮罩层的影响；若将某个正常图层向右上角拖动至遮罩层下方(按住图层名称拖动)，则该图层将成为被遮罩层。在遮罩层上右击，去掉"遮罩层"前面的"√"，则该图层变为正常图层；若在某个正常图层上右击，在弹出的快捷菜单中选择"遮罩层"命令，则该图层成为遮罩层。

　　遮罩层也可以与任意多个被遮罩层关联,但是仅那些与遮罩层相关联的图层会受影响,其他所有图层将不受影响, 即遮罩层只对被遮罩层起作用。

　　一个遮罩层只能含有一个遮罩项目,按钮内部不可以有遮罩层,也不能将一个遮罩应用于另一个遮罩。其次,不能对遮罩层上的对象使用 3D 工具,包含 3D 对象的图层也不能用做遮罩层。

　　2. 制作遮罩动画

　　理解了遮罩的相关概念后,遮罩动画的制作就非常简单了,可以归纳为以下四步:

　　(1) 准备被遮罩层。

　　(2) 准备遮罩层。

　　(3) 设置遮罩关系。

　　(4) 对遮罩层和被遮罩层上的内容进行微调。

　　其中,遮罩层与被遮罩层均可以设置动画。对于一些比较细微的地方,可以使用逐帧动画作为遮罩层,使动画效果更加细致。

　　例 9-13:细看图片。

　　具体操作步骤如下:

　　(1) 新建一个 Flash 文档。

　　(2) 制作影片剪辑元件 “风景”,在其中导入 “风景.jpg”。

　　(3) 返回场景中,将 “风景” 元件拖到 “图层 1” 第 1 帧舞台上,调整其大小与舞台大小一致,在第 40 帧插入关键帧。

　　(4) 新建 “图层 2”,在第 1 帧舞台中心绘制一个较小的圆,笔触颜色为无,填充颜色随意。然后在第 40 帧插入关键帧,使用任意变形工具将圆放大,注意保持圆的中心不动。再在第 1～40 帧创建形状补间动画。此时时间轴面板如图 9-22(a)所示、舞台效果如图 9-22(b)所示。

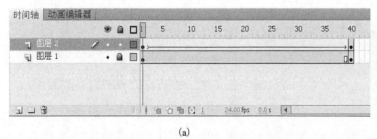

　　　　　　　　　(a)　　　　　　　　　　　　　　　　　(b)

图 9-22　完成第一段动画

　　(5) 在 “图层 2” 第 80 帧插入帧。

　　(6) 在 “图层 1” 第 80 帧插入关键帧,将图片放大为原来的两倍,注意保持图片中心不要动。然后为第 40～80 帧添加传统补间动画。此时的时间轴面板和第 40 帧的效果如图 9-23 所示。

图 9-23　两段动画均完成

（7）在"图层 2"上右击，在弹出的快捷菜单中选择"遮罩层"命令，"图层 1"会自动作为被遮罩层。

（8）测试动画效果，保存文件为"细看图片.fla"。

例 9-14：制作彩色闪光文字。

具体操作步骤如下：

（1）新建一个 Flash 文档。

（2）制作图形元件"矩形条"，如图 9-24 所示，设置笔触颜色为无，填充颜色为颜色面板中最后一个七彩渐变条纹，并适当旋转角度。

（3）回到场景中，在"图层 1"第 1～50 帧使用"矩形条"元件制作补间动画，使矩形条从舞台左侧移动到舞台右侧，时间轴面板如图 9-25 所示，制作时适当调整矩形条的大小和角度。

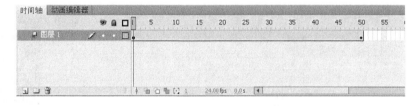

图 9-24　矩形条　　　　　　　　　　图 9-25　完成矩形条运动的时间轴

（4）新建"图层 2"，在"图层 2"第 1 帧上制作文字"精彩多媒体世界"，在竖直方向上文字要位于矩形条的中央，如图 9-26 所示，文字颜色设置为浅灰色。

（5）新建"图层 3"，将"图层 3"移到"图层 1"的下方，将"图层 2"第 1 帧复制帧到"图层 3"第 1 帧，"图层 3"上的内容作为背景使用。

（6）在"图层 2"上右击，在弹出的快捷菜单中选择"遮罩层"命令，"图层 1"自动作为被遮罩层。

（7）测试动画效果，保存文件为"彩色闪光文字.fla"。

一般情况下，在有文字遮罩效果的动画中，文字都是作为遮罩层。

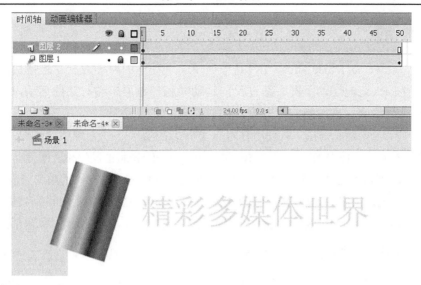

图 9-26　添加文字

9.2.3　多场景动画

在制作持续时间较长的 Flash 动画时，通常会有多个不同的背景效果，即由多段动画组合而成。此时，若将所有动画都在同一时间轴上展开制作，则既要注意时间关系，也要注意各图层之间的相互关系，如引导路径、遮罩等，会非常麻烦。对于这种情况，可在制作过程中使用多个"场景"来组织各段动画，分别实现不同主题的动画片段，方便管理。

执行"窗口"→"其他面板"→"场景"命令，打开"场景"面板，如图 9-27 所示。"场景"面板下方有 3 个按钮，依次是"添加场景"、"重制场景"、"删除场景"。

添加场景：单击该按钮，可添加一个场景。

重制场景：单击该按钮，可复制选择的场景。

删除场景：单击该按钮，可删除选择的场景。

图 9-27　场景面板

如果一个文档中有多个场景，则文档中的各个场景将按照场景面板中所列的顺序进行播放。当播放头到达一个场景的最后一帧后，播放头将前进到下一个场景。在场景面板中，按住场景名称拖动可以更改场景的顺序，动画的播放顺序也随之改变。

当多个场景依次播放完之后，再次回到第一个场景开始播放，在最后一个场景的最后一帧上插入停止脚本 stop()，可以使动画停止在最后一个场景的最后一帧。

9.3　骨骼动画和 3D 动画

使用骨骼工具和 3D 工具可以快速制作出自然流畅的动画效果，使动画更具立体空间感。本节讲解骨骼动画和 3D 动画的制作方法及技巧，对于参数较多的骨骼工具，在使用时要多加思考，以便熟练运用。

9.3.1　骨骼动画

反向运动(Inverse Kinematics，IK)是依据反向运动学的原理对层次连接后的复合对象进行运动设置。与正向运动不同，通过反向运动系统控制层末端对象的运动，计算机将自动计算此变换对整个层次的影响，并据此完成复杂的复合动画。

在 Flash 中，反向运动是指一种使用骨骼的有关节结构，对一个对象或彼此相关的一组对象进行动画处理的方法，使得当一个骨骼移动时，与其相关的骨骼也发生相应的移动。具体而言，利用骨骼工具，可以使元件实例或形状对象按复杂而自然的方式移动，而用户只需做很少的设计工作。例如，通过反向运动轻松地创建人物动画，如胳膊、腿的动作和面部表情的变化等。

可以通过两种方式使用 IK：①在元件实例之间添加骨骼。②在形状对象内部添加骨骼。

1．向元件实例间添加骨骼制作骨骼动画

在 Flash 中可以在影片剪辑、图形和按钮元件实例间添加 IK 骨骼。在添加骨骼之前，元件实例即可以位于不同的图层，也可以位于同一个图层，在使用骨骼工具添加骨骼后，Flash 会将不同图层上的元件实例添加到一个新的图层中，此新图层称为姿势图层。图 9-28 所示为向分别位于"图层 1"和"图层 2"上的两个元件添加一段骨骼的时间轴及舞台效果。

在多个元件实例之间添加骨骼时，可以根据用户的需要添加多条骨骼，形成一个骨骼链，称为骨架，如图 9-29 所示。骨架必须是一个简单的线性链或者树状结构，其中第 1 根骨骼称为根骨骼，根骨骼的起点称为根节点，骨骼之间的连接点称为关节。需要注意，一个骨架(或者说一个姿势图层)只能有一个根节点。

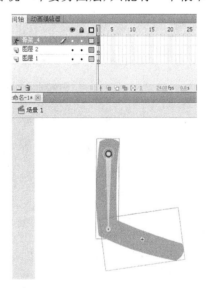
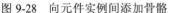
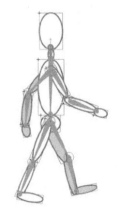

图 9-28　向元件实例间添加骨骼　　　　图 9-29　在多个元件间添加骨骼

在舞台上创建不同的元件实例，如图 9-30(a)所示，单击骨骼工具，将鼠标指针移至舞台中的一个实例上方，单击并拖动鼠标到另一个实例创建骨骼，如图 9-30(b)所示。继续单击第 1 个骨骼的尾部，并拖动鼠标到另一个元件实例，创建第 2 根骨骼，如图 9-30(c)所示，第 2 次创建的骨骼将成为根骨骼的子级。

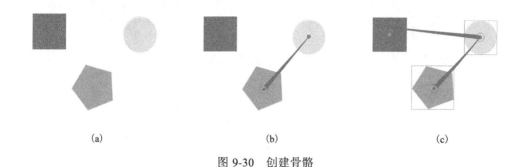

<table>
<tr><td>(a)</td><td>(b)</td><td>(c)</td></tr>
</table>

图 9-30 创建骨骼

为元件实例添加骨骼后，使用选择工具拖动实例可以移动实例并相对于其骨骼进行旋转，拖动骨骼可以旋转骨骼并移动其关联实例的位置；使用任意变形工具选择某个实例，可以对该实例进行移动(或使用选择工具选择该实例再按住 Alt 键拖动，会更方便)、缩放、倾斜、旋转等操作，变形中心即为相应骨骼的端点，移动变形中心即可改变骨骼端点的位置；使用任意变形工具选择所有的实例，再将鼠标指针移到某个实例上，对实例整体进行移动、缩放、旋转、倾斜等操作。

在创建骨架之后，仍然可以向该骨架添加来自不同图层的新实例。在将新骨骼拖到新实例后，Flash 将该实例移动到骨架的姿势图层。

若要使用反向运动进行动画处理，只需在时间轴上指定骨架的开始和结束状态与位置，Flash 自动在起始帧与结束帧之间对骨架中骨骼的位置进行内插处理。

例 9-15：制作人物的跑动。

具体操作步骤如下：

(1) 新建一个 Flash 文档。

(2) 制作人物的头、左胳膊、右胳膊、上身、左腿、右腿、盆股等元件，最终组合成的人物形状如图 9-31 所示。

(3) 制作好元件后，返回场景中，将各元件置于时间轴的各个图层，如图 9-32 所示，舞台效果如图 9-31 所示。

图 9-31 动画人物

图 9-32 时间轴效果

(4) 单击工具面板中的骨骼工具，给各元件实例之间添加骨骼，如图 9-33 所示，时间轴面板如图 9-34 所示。其中第 1 根骨骼是从上身到盆股，总共 6 根骨骼，7 个元件实例，在添加骨骼的过程中或者骨骼添加好以后，要使用任意变形工具选择各个元件实例排列它们的层次顺序。

图 9-33　添加骨骼

图 9-34　时间轴效果

（5）在"姿势"图层第 60 帧上右击，在弹出的快捷菜单中选择"插入姿势"命令。

（6）在"姿势"图层第 30 帧上右击，在弹出的快捷菜单中选择"插入姿势"命令，然后拖动骨骼调整左腿实例、右腿实例的位置，如图 9-35 所示。再拖动左胳膊实例、右胳膊实例，使其围绕骨骼旋转，效果如图 9-36 所示。完成后时间轴面板如图 9-37 所示。

（7）测试动画，保存文件为"人物跑动.fla"。

图 9-35　旋转腿部骨骼

图 9-36　旋转胳膊

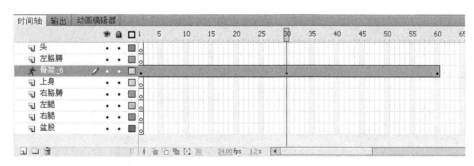

图 9-37　最后的时间轴效果

2. 向形状内添加骨骼制作骨骼动画

除了可以在元件实例之间添加骨骼，还可以向同一图层中的单个形状或一组形状添加骨骼，如图 9-38 所示，注意在添加骨骼之前必须先选择所有形状。向形状中添加骨骼后，形状变为骨骼的容器，Flash 会将所有形状和骨骼转换为一个 IK 形状对象，并将该对象移至一个新的"姿势"图层。与在元件实例间添加骨骼不同的是，在单个形状内部可以添加多个骨骼(而每个实例只能具有一个骨骼)，并且骨骼还可以互逆。

在形状中添加骨骼后，使用选择工具拖动骨骼可以旋转骨骼，IK 形状也会发生相应的改变；使用任意变形工具可以移动整个 IK 形状在舞台中的位置，但不能对 IK 形状进行缩放、旋转、倾斜等变形操作。

在形状中添加骨骼后，使用部分选择工具单击 IK 形状的笔触显示出其边界控制点，拖动控制点调整形状的外观，单击控制点按 Delete 键将控制点删除，在笔触上没有控制点的地方单击添加新的控制点；使用部分选择工具拖动骨骼的端点调整骨骼端点的位置，但要求在整个姿势图层中只有 1 帧姿势，若有多帧姿势（如在制作骨骼动画之后），则需在编辑之前从时间轴中删除第 1 个姿势之后的所有附加姿势。

图 9-38 向形状内添加骨骼

在添加骨骼之前，如果形状太复杂，Flash 会弹出提示框，提示将其转换为影片剪辑。在给形状添加骨骼后，IK 形状将不能再与外部的其他形状进行合并。

此外，还可以使用骨骼工具的附属工具——绑定工具调整 IK 形状对象中各个骨骼与形状控制点之间的关系，精确控制动画。

例 9-16： 向形状内添加骨骼。

具体操作步骤如下：

（1）新建一个 Flash 文档。

（2）在"图层 1"上绘制如图 9-39 所示的形状。

（3）使用选择工具将图形全选，然后使用骨骼工具在形状中添加多根骨骼，如图 9-40 所示。

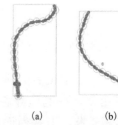

（a） （b）

图 9-39 绘制形状 　　　　图 9-40 添加骨骼 　　　　图 9-41 调整骨骼位置

（4）在姿势图层第 30 帧上右击，在弹出的快捷菜单中选择"插入姿势"命令，使用选择工具拖动骨骼调整 IK 形状，如图 9-41(a)所示。同样，在第 50 帧上插入姿势，调整 IK 形状如图 9-41(b)所示。（拖动骨骼时若不想影响其父级骨骼，可以按住 Shift 键。）

（5）测试动画，保存文件为"向形状内添加骨骼.fla"。

3. 编辑 IK 骨架

在制作骨骼动画时，经常需要对骨架进行修改，例 9-15 和例 9-16 中已经用到了这部分内容。

（1）选择骨骼。要选择单个骨骼，使用选择工具单击该骨骼即可，按住 Shift 键选择多块骨骼；如果要选择当前选中骨骼的相邻骨骼，则在属性面板中单击相应地级别按钮；如果要选择所有骨骼即骨架，则双击骨架中的任意一根骨骼。

（2）旋转骨骼。通常情况下，使用选择工具拖动骨骼即可旋转该骨骼，但其父级和子级骨骼都会跟随着旋转。若要将某个骨骼与其子级骨骼一起旋转却不影响父级骨骼，可按住 Shift 键拖动该骨骼。

图 9-42　IK 骨架的属性面板

（3）删除骨骼。要删除某个骨骼，选择该骨骼按 Delete 键，此时其子级骨骼也会随之删除；如果要删除整个骨架，选择骨架中最高级别的骨骼按 Delete 键，或在时间轴面板的姿势图层中右击任意一帧，在弹出的快捷菜单中选择"删除骨架"命令。

4．IK 骨架的属性面板

制作骨骼动画时，在时间轴面板的姿势图层中任意一帧上单击，属性面板如图 9-42 所示。

（1）骨架名称：在该文本框中输入文本可以为骨架命名。

（2）缓动：用于设置姿势帧上的动画速度，实现加速或减速的效果。强度用于设置缓动强度，其值为–100～100；类型用于设置缓动的方式，一共有 8 种缓动类型。

（3）选项："类型"下拉列表包括两个选项，"创作时"和"运行时"。"创作时"可以在一个姿势图层中包含多个姿势，"运行时"则不能在一个姿势图层中包含多个姿势。"样式"用于设置骨骼的显示方式，包括线框、实线、线 3 个选项。

（4）弹簧：只有在 IK 骨架的属性面板中选中"启用"复选框，才能在骨骼的属性面板中对骨骼设置弹簧属性。

5．骨骼的属性面板

要创建骨架更多的逼真运动，还可以控制特定骨骼的运动自由度。在制作骨骼动画时，选择骨架中的任意一根或多根骨骼，其属性面板如图 9-43 所示。选中各选项的"约束"复选框，即可在激活的参数中更改数值，限制骨骼的运动。最好在向姿势图层添加新姿势之前设置这些属性。

（1）速度：用于设置选定骨骼的运动速度。

（2）联接:旋转：用于设置当前骨骼在舞台中的旋转，选中"启用"复选框，当前骨骼可环绕连接点旋转。选中"约束"复选框，"最小"和"最大"文本框被激活，设置当前骨骼旋转的最小和最大度数。

（3）联接:X 平移/联接:Y 平移：用于设置当前骨骼在舞台中的位移；选中"启用"复选框，当前骨骼可在舞台

图 9-43　骨骼的属性面板

中沿 X 轴/Y 轴平移；选中"约束"复选框，"最小"和"最大"文本框被激活，设置当前骨骼在 X 轴/Y 轴平移的最小值和最大值。

（4）弹簧："强度"用于设置弹簧强度，该值越高，创建的弹簧效果越强；"阻尼"用于设置弹簧效果的衰减速率，该值越高，弹簧属性衰减得越快。如果值为 0，则弹簧属性在姿势图层的所有帧中保持其最大强度。

9.3.2　3D 动画

在 Flash 中可以通过在 3D 空间中移动或旋转影片剪辑实例来创建 3D 效果。使用 3D 平移工具和 3D 旋转工具使影片剪辑实例沿 X、Y 或 Z 轴移动及旋转，创建逼真的透视效果。要使用 Flash 的 3D 功能，FLA 文件的发布设置必须设置为 Flash Player 10 和 ActionScript 3.0。

1．3D 平移动画

在三维空间中移动影片剪辑实例，可以使用 3D 平移工具，也可以在实例的属性面板"3D 定位和查看"中精确定位。使用选择工具选择多个影片剪辑实例后，使用 3D 平移工具移动其中任意一个对象，其他对象也会随着移动。

例 9-17：制作奔驰的汽车。

具体操作步骤如下：

（1）新建一个 Flash 文档，设置文档大小为 635×190 像素。

（2）制作影片剪辑元件"汽车"，在元件中导入图片"汽车.png"。

（3）返回场景中，在"图层 1"第 1 帧上导入图片"街道.jpg"。调整图片与舞台重合，并在第 30 帧插入帧。

（4）新建"图层 2"，选择第 1 帧，将"汽车"元件拖到舞台上，适当调整其位置和大小，如图 9-44 所示。

（5）在"图层 2"第 1 帧上右击，在弹出的快捷菜单中选择"创建补间动画"命令。

（6）单击第 30 帧，使用 3D 平移工具调整汽车实例的位置，如图 9-45 所示。

图 9-44　"图层 2"第 1 帧效果　　　　　图 9-45　"图层 2"第 30 帧效果

（7）测试动画，保存文件为"奔驰的汽车.fla"。

2．3D 旋转动画

在三维空间中旋转影片剪辑实例，可以使用 3D 旋转工具，也可以在变形面板"3D 旋转"和"3D 中心点"中详细设置(先定旋转中心点，再定旋转角度)。使用选择工具选择多个影片剪辑实例后，使用 3D 旋转工具旋转其中一个，其他对象将以相同的方式旋转。

例 9-18：制作立方体的旋转动画。

具体操作步骤如下：

(1) 新建一个 Flash 文档。

(2) 绘制 7.3.3 小节任务 3 的 3D 立方体。

(3) 选择立方体的所有面并右击，将其转换为影片剪辑元件"立方体"，注册点在元件中心。

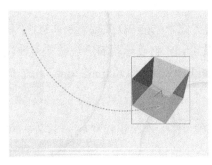

图 9-46　第 60 帧效果

(4) 在图层 L3 第 1 帧上导入图片"背景.jpg"，设置图片大小与舞台大小一致，并在第 60 帧插入帧，再将图层 L6、L1、L5、L4 删除。

(5) 返回图层 L2 第 1 帧并右击，在弹出的快捷菜单中选择"创建补间动画"命令，并在第 60 帧插入帧。

(6) 单击第 60 帧，使用 3D 平移工具改变立方体在舞台上的位置，使用 3D 旋转工具旋转立方体，调整一下立方体的运动路径，如图 9-46 所示。

(7) 测试动画，保存文件为"立方体的旋转.fla"。

9.4　实　践　演　练

9.4.1　实践操作

实例 1：美女眨眼睛。

实践目的：理解逐帧动画的使用，掌握形状补间动画的制作方法。

操作步骤：

(1) 新建一个 Flash 文档，设置舞台大小为 363×361 像素，背景色为橙色"#FF9900"。

(2) 将"背景.jpg"导入到舞台上，设置图片大小与舞台大小一致，并在第 35 帧插入帧。

(3) 使用线条工具、选择工具等制作图形元件"美女"，眼睛除外，如图 9-47 所示。

(4) 制作好图形元件"美女"后，返回场景中，新建"图层 2"，从库面板中将"美女"元件拖到第 1 帧空白关键帧上。

图 9-47　"美女"元件

(5) 使用线条工具、颜料桶等工具制作图形元件"眼睛 1"，如图 9-48(a)所示，其中第 2 只眼睛可以通过复制第 1 只眼睛后水平翻转得到。

(6) 与第(5)步相似，制作图形元件"眼睛 2"，如图 9-48(b)所示。

(7) 返回场景中，新建"图层 3"，从库面板中将元件"眼睛 1"拖到第 1 帧空白关键帧上，并调整眼睛的位置使之与人物相适应，效果如图 9-49 所示。

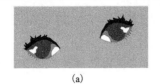　　　　　　　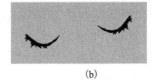

(a)　　　　　　　　　　　　　　　(b)

图 9-48　眼睛状态

(8) 在"图层 3"第 30 帧插入空白关键帧，从库面板中将
元件"眼睛 2"拖到第 30 帧上。

(9) 锁定"图层 1"、"图层 2"、"图层 3"，新建"图层 4"，
在第 1 帧上绘制一颗心形。

(10) 在"图层 4"第 35 帧插入关键帧，将心形放大并移至
右上角舞台之外。

(11) 在"图层 4"第 1 帧上右击，在弹出的快捷菜单中选
择"创建补间形状"命令。

图 9-49　加上眼睛

(12) 新建"图层 5"，在其上导入歌曲"sound.mp3"，并设置歌曲与动画的同步方式
为"开始"和"循环"。

(13) 测试动画，保存文件为"美女眨眼睛.fla"。

实例 2：衣服滚动。

实践目的：掌握传统补间动画的制作方法。

操作步骤：

(1) 新建一个 Flash 文档。

(2) 新建影片剪辑元件"衣服"，在元件中导入图片"衣服.jpg"。

(3) 返回场景中，修改文档大小为 1008×166 像素。

(4) 从库面板中将"衣服"元件拖到"图层 1"第 1 帧上，使图片与舞台重合。

(5) 新建"图层 2"，再从库面板中将"衣服"元件拖到"图层 2"第 1 帧上，位于"图
层 1"第 1 帧上衣服的右侧，并保持顶端对齐。

(6) 分别在"图层 1"和"图层 2"的第 60 帧插入关键帧。

(7) 同时选择第 60 帧"图层 1"和"图层 2"上的衣服(单击第 60 帧，按 Ctrl+A 快捷
键)，使它们同时向左移动至"图层 2"上的衣服与舞台重合。

(8) 分别在"图层 1"第 1 帧上和"图层 2"第 1 帧上右击，在弹出的快捷菜单中选择
"创建传统补间"命令。

(9) 测试动画，调整帧频为 4fps 或 6fps，保存文件为"衣服滚动.fla"。

注意：本例也可以使用补间动画来完成。

实例 3：飘落的花瓣。

实践目的：掌握补间动画的制作方法。

操作步骤：

(1) 新建一个 Flash 文档。

(2) 在"图层 1"第 1 帧上导入图片"背景.jpg"，设置图片与舞台重合，然后在第 80
帧插入帧，并锁定"图层 1"。

（3）新建一个图形元件"花瓣"，在元件中绘制花瓣形状，或者将图片"背景.jpg"拖入元件中，然后分离，再截取一片叶子，如图 9-50 所示。

（4）返回场景中，新建"图层 2"，从库面板中将"花瓣"元件拖到第 1 帧上，适当调整其大小、位置和角度。

（5）在"图层 2"第 1 帧上右击，在弹出的快捷菜单中选择"创建补间动画"命令。

（6）依次单击第 30 帧、第 50 帧、第 80 帧，移动花瓣改变其位置，再使用选择工具调整运动的路径，如图 9-51 所示。

图 9-50　花瓣　　　　　　　　图 9-51　花瓣的运动路径

（7）在补间动画属性面板中选中"调整到路径"复选框。

（8）重复步骤(4)～(7)，在"图层 3"中再制作一块花瓣的飘落效果。

（9）测试动画，保存文件为"飘落的花瓣.fla"。

实例 4：小人跑步。

实践目的：掌握引导路径动画的制作方法。

操作步骤：

（1）新建一个 Flash 文档。

（2）在"图层 1"第 1 帧舞台中心绘制一个大的椭圆(作为运动场)，笔触颜色为黑色，填充颜色为绿色，在第 60 帧插入帧。

（3）新建"图层 2"，执行"文件"→"导入"→"打开外部库"命令，选择第 8 章中实例 4 的源文件"小人跑动.fla"，将影片剪辑元件"小人"从库面板中拖到"图层 2"第 1 帧上，关闭"小人跑动.fla"的库面板。

（4）使用任意变形工具适当调整小人的大小及角度，如图 9-52 所示。

（5）在"图层 2"上右击，在弹出的快捷菜单中选择"添加传统运动引导层"命令。

（6）将"图层 1"上椭圆的轮廓线剪切至引导层的第 1 帧上，轮廓线的位置不变。使用任意变形工具按住 Alt 键将椭圆放大，使得小人实例的中心落在椭圆上。

（7）在"图层 2"第 20 帧、第 40 帧上插入关键帧，将第 1 帧复制到第 60 帧处，再调整第 20 帧、第 40 帧上小人的位置和角度，如图 9-53 和图 9-54 所示。

（8）分别在第 1 帧、第 20 帧、第 40 帧上右击，在弹出的快捷菜单中选择"创建传统补间"命令。

（9）测试动画，修改帧频为 12fps，保存文件为"小人跑步.fla"。

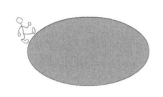　　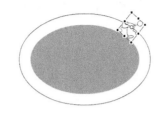　　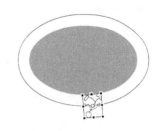

图 9-52　"图层 2"第 1 帧效果　　　图 9-53　"图层 2"第 20 帧效果　　　图 9-54　"图层 2"第 40 帧效果

实例 5：百叶窗。

实践目的：掌握遮罩动画的制作方法。

操作步骤：

(1) 新建一个 Flash 文档。

(2) 在"图层 1"第 1 帧上导入图片"向日葵.jpg"，调整图片大小与舞台重合。

(3) 新建"图层 2"，在第 1 帧上导入图片"樱花.jpg"，调整图片大小与舞台重合。

(4) 新建影片剪辑元件"矩形条"，在元件内第 1～40 帧使用形状补间动画制作矩形条（设置矩形条的笔触色为无，填充色为青色，宽度稍大于场景舞台的宽度）的收缩动画，第 1 帧与第 40 帧的形状如图 9-55 和图 9-56 所示，在图 9-56 中矩形条收缩成了一条直线。

图 9-55　矩形条元件第 1 帧效果　　　　　　图 9-56　矩形条元件第 40 帧效果

(5) 新建影片剪辑元件"窗户"，从库面板中将"矩形条"拖到元件内，并复制多份从上至下紧密排列，直至总高度稍大于场景舞台的高度。

(6) 返回场景中，新建"图层 3"，从库面板中将"窗户"元件拖到舞台上。

(7) 在"图层 3"上右击，在弹出的快捷菜单中选择"遮罩层"命令。

(8) 测试动画，保存文件为"百叶窗.fla"。

实例 6：古诗——游子吟。

实践目的：掌握文字作为遮罩层时遮罩动画的制作方法。

操作步骤：

(1) 新建一个 Flash 文档。

(2) 在"图层 1"上导入图片"背景.jpg"，调整其大小与舞台一致，并在第 160 帧插入帧，然后锁定"图层 1"。

(3) 新建"图层 2"和"图层 3"，在"图层 3"第 1 帧舞台上使用文字工具制作古诗文字，舞台效果如图 9-57 所示，锁定"图层 3"。

图 9-57　第 1 帧舞台效果

(4) 新建图形元件"矩形条"，在元件内绘制一个与诗句的行大小相当的矩形；设置笔触色为无，填充色为绿色。

（5）返回场景中，单击"图层 2"第 1 帧，从库面板中将"矩形条"元件拖到舞台上，置于标题文字"游子吟"左侧，如图 9-58 所示。

（6）在"图层 2"第 1 帧上右击，在弹出的快捷菜单中选择"创建补间动画"命令。

（7）单击"图层 2"第 20 帧，选择矩形条，使用方向键向右移动矩形条的位置，如图 9-59 所示，然后锁定"图层 2"。

图 9-58 "图层 2"第 1 帧舞台效果　　　图 9-59 "图层 2"第 20 帧舞台效果

（8）在"图层 1"与"图层 2"之间插入新图层，即"图层 4"，在第 21 帧插入空白关键帧。仿照第(5)～(7)步在第 21～40 帧给文字"孟郊"添加矩形条的移动。完成后的时间轴如图 9-60 所示。

（9）同理，分别给古诗的 6 句诗句添加矩形条的移动，还需 6 个图层，假设依次为"图层 5"～"图层 10"，它们位于"图层 4"与"图层 1"之间，补间动画的属性关键帧分别为第 41 和 60、61 和 80、81 和 100、101 和 120、121 和 140、141 和 160 帧。

（10）在"图层 3"上右击，在弹出的快捷菜单中选择"遮罩层"命令，再依次按住"图层 4"～"图层 10"的图层名称向右上角拖动，使它们都成为被遮罩层。

（11）测试动画，修改帧频为 12fps，保存文件为"古诗渐显.fla"。

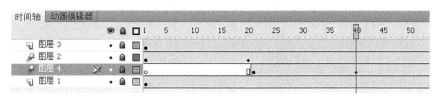

图 9-60 给古诗标题和作者添加矩形条移动后的时间轴

9.4.2 综合实践

实例 7：制作卡通风景动画。

实践目的：熟练掌握补间动画的制作方法。

操作步骤：

（1）新建一个 Flash 文档，设置背景色为浅灰色"#999999"。

（2）根据第 7 章实例 6 制作出蓝天、草地和树木，在第 60 帧插入帧。

（3）根据第 8 章实例 2 和实例 6，制作太阳、白云、小鸟元件，或者将它们从相应文件中复制到当前库面板中。

（4）新建一个图层，命名为"太阳"，从库面板中将"太阳"元件拖到该图层第 1 帧上。给太阳实例添加"模糊"和"发光"滤镜效果。此时时间轴面板如图 9-61 所示。

（5）制作一朵白云向右飘动。新建一个图层，命名为"云朵 1"，从库面板中将"白云"元件拖到该图层第 1 帧上，适当调整其位置，并给它添加"模糊"滤镜效果。在第 1 帧上右击，在弹出的快捷菜单中选择"创建补间动画"命令，然后在第 30 帧改变一下白云在舞台上的位置，在第 60 帧将白云改回原位置。

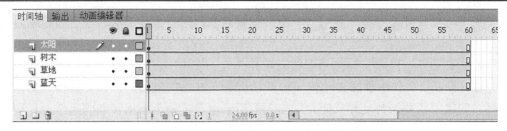

图 9-61　太阳、树木、草地、蓝天时间轴

（6）与步骤（5）相似，再制作一朵白云向左飘动。

（7）制作小鸟飞翔。新建一个图层，命名为"小鸟飞翔"，从库面板中将"小鸟"元件拖到该图层第 1 帧上，适当调整小鸟实例的大小、位置和色彩效果。在第 1 帧上右击，在弹出的快捷菜单中选择"创建补间动画"命令，分别在第 30 帧和第 60 帧改变小鸟在舞台上的位置。调整一下小鸟飞翔的路径。

（8）将"小鸟飞翔"图层移到"树木"图层的下方。

（9）测试动画，保存文件为"卡通风景动画.fla"。

实例 8：制作画卷的展开动画。

实践目的：熟练掌握多图层操作及遮罩动画的制作方法。

操作步骤：

（1）新建一个 Flash 文档，设置舞台大小为 800×450 像素，背景色为浅灰色"#999999"，帧频为 6fps。

（2）根据第 7 章实例 8 制作画轴、画布、文字、竹林、红印章，并在第 80 帧插入帧，此时时间轴面板如图 9-62 所示。

图 9-62　画轴、画布等时间轴

（3）选择"画轴"图层中右侧的卷轴（为方便操作可以暂时锁定其他图层），将其转换为图形元件"右轴"，产生图形元件"右轴"。将该"右轴"实例与其元件分离，使得"画轴"图层不受后续制作的影响。

（4）新建一个图层，命名为"右轴移动"。从库面板中将"右轴"元件拖到该图层第 1 帧舞台上，与画卷左轴重合在一起。然后在第 1 帧上右击，在弹出的快捷菜单中选择"创建补间动画"命令。单击第 80 帧，移动舞台上的右轴实例与画卷右轴重合。

（5）新建一个图层，命名为"矩形放大"。在第 1 帧空白关键帧上绘制一个与画卷左轴一样大小的矩形，笔触颜色为无，填充色任意，右击将其转换为影片剪辑元件。然后在第 80 帧插入关键帧，改变该帧上矩形实例的大小与画卷的大小相同。在第 1 帧上右击，在弹出的快捷菜单中选择"创建传统形状"命令。

（6）在"矩形放大"图层上右击，在弹出的快捷菜单中选择"遮罩层"命令。按住"画轴"、"文字"、"竹林"、"红印章"、"画布"图层的名称向右上角拖动，使它们都成为被遮罩层。

（7）测试动画，保存文件为"画卷展开.fla"。

注意：若以后文件中要添加动作代码，则步骤（5）中，绘制的矩形需要转换成元件再制作动画；如果不需要添加动作代码，则绘制的用来遮罩的矩形不用转换成元件，直接使用"创建补间形状"命令，即可实现矩形由窄变宽的动态效果。

实例 9：按照 2.3.2 小节综合实践的脚本设计，在"古诗三首.fla"文件中制作主场景动画、相关元件的动画效果。（前接 8.6.2 小节实例 10，后续 10.4.2 小节实例 5）

实践目的：掌握各种动画的制作方法。

操作步骤：

（1）打开 8.6.2 小节实例 10 的"古诗三首.fla"文件。

（2）创建主场景的卷轴徐徐展开的动画。

主场景的初始画面如图 9-63（a）所示，其动画效果为舞台中央的画轴分别向两侧徐徐运动，慢慢显示出画布上的"古诗三首"的课件名称，此时画面效果如图 9-63（b）所示。可以将这个动画过程分解为 3 个同步小动画：左画轴由中间向左侧运动；右画轴由中间向右侧运动；画面由中间向两侧慢慢显示出来。左右画轴的运动可以用传统补间或补间动画来实现，画面由内向外慢慢地显示可以用遮罩动画来实现。

左右画轴的运动：①在所有图层的第 40 帧的位置插入帧，使画面能持续到第 40 帧。②利用补间动画创建左画轴的运动，右击"左画轴"图层的第 1 帧，在弹起的快捷菜单中选择"创建补间动画"命令；选择左画轴，切换到时间轴上的"动画编辑器"选项卡；拖动"动画编辑器"的滚动条，将红色的播放头移动到第 40 帧处，然后单击"基本动画"的"X"属性后的"添加或删除关键帧"按钮 ◇，在第 40 帧处添加一个关键帧；将播放头移动到第 1 帧，修改"动画编辑器"的"X"属性，使左画轴移到舞台中央的合适位置，至此左画轴的向左平移的动画完成。③仿照上一步，利用补间动画创建右画轴的动画，此时第 1 帧的静态效果如图 9-63（c）所示，第 40 帧的静态效果如图 9-63（d）所示。

画面显示动画：这个动画效果的设置，可以参考本章实例 8 的步骤（5）来实现，这里不再赘述。

（3）创建标题画面和目录画面切换的动画效果。

这个动画效果是标题画面向左平移出去，同时目录画面从右侧切入进来。因为在 8.6.2 小节实例 10 中，已经将标题画面和目录画面做成了一个元件——"开始画面"，并已经将其放置在舞台的合适位置。所以在这里只需要对"画面"图层上的"开始画面"实例设置从右向左的平移动画即可。

具体操作：①在所有图层第 60 帧的位置插入帧，使画面能持续到第 60 帧。标题画面和目录画面切换的动画效果将从第 40 帧开始到第 60 帧。②右击"画面"图层第 1 帧，创建补间动画，选择"画面"图层上的"开始画面"实例，切换到时间轴上的"动画编辑器"面板上，在"基本动画"的"X"属性的第 40 帧处和第 60 帧处添加关键帧，并修改第 60 帧的"X"属性值，使"开始画面"实例向左平移至目录画面居中。

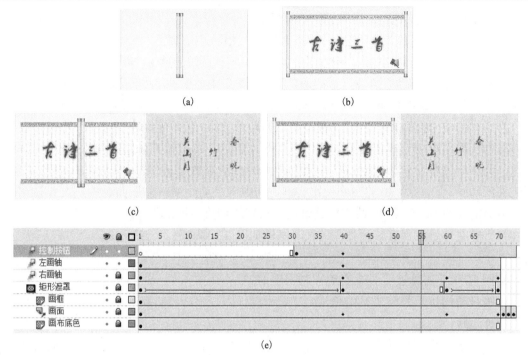

图 9-63　实例 9 效果图

（4）创建主场景画轴卷起的动画。

这个动画位于 60～70 帧，其效果是画面从右侧画轴向左平移，画面随着画轴移动而消失，直至移动到左侧画轴处，是目录画面和古诗画面切换时的效果。它可以分解成两个同步动画：右画轴由右向左平移，画面由右侧慢慢消失。可利用补间动画来实现右画轴的平移，利用遮罩动画来实现画面消失的效果，具体操作过程可以参考步骤(2)。

（5）创建 3 个古诗元件的动画效果。

仿照本章实例 8 制作 3 个古诗元件的动画效果，它们均是平移右画轴，画面从左侧徐徐展开。元件具体的动画效果，可根据本章所学内容自行设计创造。其中"关山月"元件可以参考本章实例 6，设置古诗文字的动态显示；"竹"元件可以使用逐帧动画，使竹林、竹叶轻微摆动；"春晓"元件可以参考本章实例 7，再通过调整元件的大小、位置、色调等属性的变化，实现画面的动画效果。其中"春晓"元件动画制作完成后，需在该元件最后添加一个关键帧，导入事先准备好的视频素材。

注意：3 个古诗元件初始画面中的画轴应与主场景步骤(4)中第 70 帧合拢的画轴外观保持一致，3 个古诗元件中的画轴外观、动画也应保持一致。

（6）在主场景中创建古诗元件实例。

在"画面"图层的第 71 帧插入空白关键帧，并将步骤(5)中制作好的古诗"关山月"元件拖到舞台上，调整其位置，使其初始画面上的画轴与"左画轴"和"右画轴"图层上的画轴相吻合。接下来分别将"画面"图层的第 72 帧、第 73 帧设置为空白关键帧，将其他两个古诗元件分别拖到这两帧相同的舞台位置上。这样"画面"图层的第 71 帧是实例"关山月"，第 72 帧是实例"竹"，第 73 帧是实例"春晓"。最后，对这 3 个影片剪辑实例分别命名为 mc_guansy、mc_zhu、mc_chunx，为后期编写动作代码做准备。

（7）添加课件控制按钮，并设置出现动画。

在"左画轴"图层的上方新建一个"控制按钮"图层，用于放置控制按钮，这个图层和"画面"图层帧数一样多，共 73 帧，其他图层为 70 帧。将该图层的第 30 帧设置为空白关键帧，在舞台右下角建立"目录"、"伴奏"、"朗诵"和"温习" 4 个按钮元件实例，分别在按钮实例的属性面板中给它们命名为 btn_mul、btn_banz、btn_langs、btn_wenx，以便后期编写动作代码。

为了对这 4 个按钮做一个出现在舞台上的动画效果，选择排好位置的 4 个按钮并右击，在弹出的快捷菜单中选择"转换为元件"命令，将这 3 个按钮整体转换为一个影片剪辑的元件，为这个元件命名为控制按钮，为舞台上的实例命名为 mc_kzay。然后右击第 30 帧，创建补间动画，选择第 30 的控制按钮实例，切换到"动画编辑器"面板中，设置第 30 帧透明度 Alpha 为 0，在第 40 帧添加关键帧，设置透明度 Alpha 为 100。

（8）对文件进行保存，此时主场景时间轴如图 9-63（e）所示，最后关闭"古诗三首.fla"文件。

实例 10：使用骨骼工具来实现人物手臂的摆动。

实践目的：练习骨骼工具的使用。

操作步骤：

（1）绘制人物。下面绘制一个和尚，绘制时将各个部分分开。新建一个影片剪辑元件，命名为"头部"，利用椭圆工具和线条等工具绘制头部，绘制好后如图 9-64 所示。新建"躯体"影片剪辑元件，然后进行绘制，绘制好后如图 9-65 所示。接下来绘制"上臂"、"小臂"和"手影"片剪辑元件，绘制好后如图 9-66（a）所示。接着绘制"左脚"和"右脚"影片剪辑元件，绘制好后如图 9-67（c）所示。

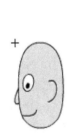

图 9-64　头部　　　　　　图 9-65　躯体

（2）新建一个影片剪辑元件，命名为"和尚"，在影片剪辑元件内进行编辑。新建 7 个图层，从底层到高层分别命名为"后脚"、"前脚"、"躯体"、"头部"、"手"、"上臂"和"小臂"，然后将各部分影片剪辑元件放在对应的图层内组成一个完整的人，如图 9-67 所示。

（3）建立头和躯体骨骼动画。单击工具面板中的骨骼工具，在舞台中沿着和尚躯体上部向头拖动，在舞台中就显示一条骨骼样的粗线，如图 9-68 所示。同时，系统将"头部"图层和"躯体"图层合并成为"骨架_1"图层。单击选择工具，在"骨架_1"图层中单击第 10 帧，轻微调整躯体位置，头部会随着小幅度的调整；接着在第 20 帧和第 30 帧处调整躯体位置，就形成了头部随着躯体运动的骨骼动画。

图 9-66　影片剪辑元件

（4）建立上臂、小臂和手的骨骼动画。在工具面板中单击骨骼工具，从上臂处往小臂拖动，再从小臂处向手部拖动，就制作 3 段骨骼效果，如图 9-69 所示。建立过后，系统将上臂、小臂和手图层自动合并，合并在了"骨架_2"图层上。单击选择工具，在"骨架_2"图层中调整手部状态，在该图层中的第 7 帧、第 15 帧、第 22 帧和第 30 帧处分别拖动骨骼，制作和尚手臂的不同变化，其中，第 30 帧的画面和第 1 帧相同。这样，时间轴中出现了多个关键帧，关键帧的画面如图 9-70 所示，和尚手臂的摆动效果也将出现。

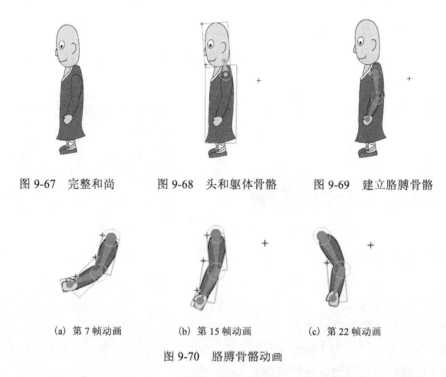

图 9-67　完整和尚　　　　图 9-68　头和躯体骨骼　　　　图 9-69　建立胳膊骨骼

（a）第 7 帧动画　　　　　（b）第 15 帧动画　　　　　（c）第 22 帧动画

图 9-70　胳膊骨骼动画

（5）左脚和右脚建立动画。在"左脚"图层，将元件中心拖到上方，在第 5 帧处插入关键帧，使用任意变形工具改变脚的位置，如图 9-71 所示，然后在第 1～5 帧处创建传统补间动画；在第 10 帧、第 15 帧、第 20 帧、第 25 帧和第 30 帧处添加关键帧，改变脚的位置，并在其间创建动画。参照"左脚"图层，在"右脚"图层也创建类似动画，最终使得左右脚在走路时交替前进。

（6）将"和尚"影片剪辑元件拖到主场景中，保存该 Flash 文件为骨骼动画并测试，测试结果截图如图 9-72 所示。

图 9-71　脚的形状　　　　　　　　　　　图 9-72　和尚行走

9.4.3　实践任务

任务 1：制作飞机飞行动画。

实践内容：使用补间动画制作飞机飞过山峰，慢慢消失，如图 9-73 所示，参见"飞机过山.swf"。

任务 2：制作小猪运动动画。

实践内容：使用补间动画制作小猪亲亲，如图 9-74 所示，参见"小猪亲亲.swf"。

图 9-73　飞机过山　　　　　　　　　　　图 9-74　小猪亲亲

任务 3：制作花轮遮罩动画。

实践内容：使用遮罩动画制作旋转的花轮，花轮在旋转过程中由小变大，如图 9-75 所示，参见"旋转花轮.swf"。

任务 4：制作文字遮罩动画。

实践内容：制作"你好 Flash"文字遮罩，如图 9-76 所示，参见"你好 Flash.swf"。

任务 5：制作月亮绕地球旋转动画。

实践内容：制作月亮绕地球旋转，如图 9-77 所示，参见"月亮绕地球旋转.swf"。

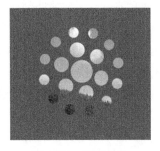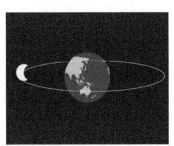

图 9-75　旋转花轮　　　　图 9-76　文字遮罩　　　　图 9-77　月亮绕地球转动

思考练习题 9

9.1　Flash 基本动画有哪几种，有什么区别？

9.2　什么是逐帧动画，它有什么特点？

9.3　形状补间动画有什么特点，其制作方法是怎样的？

9.4　传统补间动画有什么特点，其制作方法是怎样的？

9.5　补间动画有什么特点，其制作方法是怎样的？

9.6　补间动画与传统补间动画有什么区别？

9.7　怎样使用动画预设？

9.8　什么是引导线动画，它有什么特点，其制作方法是怎样的？什么是引导层，什么是被引导层？

9.9　什么是遮罩动画，它有什么特点，其制作方法是怎样的？什么是遮罩层，什么是被遮罩层？

9.10　什么是多场景动画，如何制作多场景动画？

9.11　什么是骨骼动画，它有什么特点，怎样制作骨骼动画？

9.12　怎样编辑 IK 骨架，IK 骨架有哪些属性，骨骼又有哪些属性？

9.13　什么是 3D 动画，它有什么特点，怎样制作 3D 动画？

第 10 章　Flash 脚本与交互的初级使用

脚本是动画制作者在帧、按钮元件或影片剪辑元件上添加的一些特殊的程序片段，通过脚本可制作具有复杂效果和交互功能的动画。具有交互操作的动画可以为用户参与和控制动画提供便利，用户通过鼠标进行操作，执行 Flash 动作脚本，使动画产生特殊效果、跳转变化或完成其他操作。

10.1　ActionScript 3.0 简介

10.1.1　ActionScript 3.0 概述

ActionScript 是 Flash 的脚本语言，简称 AS。ActionScript 3.0 是一种基于 Flash、Flex 等多种开发环境、面向对象编程的脚本语言。其主要用于控制 Flash 影片播放、为 Flash 影片添加各种特效、实现用户与影片的交互和开发各种网络动画程序。与早期版本 ActionScript 2.0 相比，ActionScript 3.0 全面采用了面向对象的思想，它是一个完全基于 OOP 的标准化面向对象语言。

1. 对象

对象(Object)是人们要进行研究的任何事物，从最简单的整数到复杂的飞机等均可看做对象，它不仅能表示具体的事物，还能表示抽象的规则、计划或事件。它是一组属性和有权对这些属性进行操作的一组服务的封装体。简单来说，一个人就是一个对象，一把尺子也可以说是一个对象。当这些对象可以用数据直接表示时，则称它为属性，尺子的度量单位可以是厘米、公尺或英尺，这个度量单位就是尺子的属性。

2. 类

类是一批对象的共同特征(称为"属性")和共同行为(称为"方法")的描述。类是对象的抽象。一般的把对象称为类的实例。类实际上就是一种数据类型。类具有属性，它是对象状态的抽象，用数据结构来描述类的属性。类具有操作，它是对象行为的抽象，用操作名和实现该操作的方法来描述。例如，人类、整数类、桌子类、元件类。任何类都可以包含 3 种类型的特性：属性、方法、事件。例如，人类(特征属性：生理特征、年龄特征、性别特征等；行为方法：呼吸、吃饭、说话、行走、睡觉；事件：天黑了)。

1) 属性

类的属性指类中对象共有的特性、特征。例如，影片剪辑(MovieClip)类的属性有：宽度(width)、高度(height)、位置(x, y)、透明度(alpha)、旋转度(rotation)等。把影片剪辑元件放到舞台中，形成了一个具体的对象，称为影片剪辑元件的实例，在不产生混淆的情况下也简称为影片剪辑。对象的属性可以在属性面板上设定，也可以用代码设置。属性的代码表示形式为：对象名.属性名。

2）方法

类的方法指可以由类中所有对象执行的操作。一般由系统内已经定义好的一段有特定功能的代码来实现，需要时直接调用这样的方法。方法的代码表示形式为：对象名.方法名(),它与对象属性的代码表示形式类似,其中小括号表示要"调用"某个方法,如"t1.play();"就是影片剪辑 t1 的方法。有时，为了传递执行动作所需的额外信息，将值(或变量)放入小括号中，这些值称为方法"参数"，如"mc1.gotoAndPlay(10);"。

3）事件

事件是确定计算机执行哪些指令以及何时执行的机制。本质上，事件就是所发生的、ActionScript 能够识别并可响应的事情。

3. 面向对象

面向对象是把数据及对数据的操作方法放在一起,作为一个相互依存的整体——对象。对同类对象抽象出其共性，形成类。类中的大多数数据，只能用本类的方法进行处理。类通过一个简单的外部接口与外界发生关系，对象与对象之间通过消息进行通信。程序流程由用户在使用中决定。简单地说，面向对象，就是把同类问题打包了，随时调用。

10.1.2　工作环境

作为开发环境，Flash CS5 中有一个具备强大功能的 ActionScript 代码编辑器——"动作"面板。使用该编辑器，初学者和熟练的程序员都可以迅速而有效地编写出功能强大的程序。Flash CS5 的程序编辑器提供代码提示、代码格式自动识别及搜索替换功能。打开"动作"面板的方法有以下几种：

方法 1：按 F9 快捷键。

方法 2：执行"窗口"→"动作"命令。

方法 3：右击时间轴上的某一帧，在弹出的快捷菜单中选择"动作"命令。

"动作"面板大致可以分为动作工具箱、脚本导航器、工具栏和脚本编辑窗口 4 部分，如图 10-1 所示。

(1) 动作工具箱：位于"动作"面板的左侧，用于浏览 ActionScript 语言元素(函数、类、类型等)的分类列表。用户可以借助此工具箱添加代码。方法是：双击动作工具箱列表中的相应方法、属性，或直接拖动该元素到脚本编辑窗口中。初学者可以借助动作工具箱，将脚本元素插入到脚本编辑窗口中，还可以使用"动作"面板工具箱中的"添加"(+) 按钮来将语言元素添加到脚本中。

(2) 脚本导航器：位于"动作"面板的左下方，显示包含脚本的 Flash 元素(影片剪辑、帧和按钮)的分层列表。使用脚本导航器可在 Flash 文档中的各个脚本之间快速切换。单击脚本导航器中的某一选项，则与该项目关联的脚本将显示在脚本编辑窗口中，并且播放头将移到时间轴的相应位置。

(3) 工具栏：提供创建代码时常用的一些工具。其中有两个主要的工具：自动套用格式工具和语法检查工具。自动套用格式工具主要用于规范、整理已完成的编码的代码格式。语法检查工具主要用于检查代码中存在的问题。

(4) 脚本编辑窗口：提供了必要的代码编辑工具，用于编辑脚本。该编辑器是编写代码的主要平台。可以在这里输入要执行的命令代码并编辑和调试代码。

图 10-1 "动作"面板

10.1.3 编程基础

1. 变量和常量

变量和常量，都是为了储存数据而创建的。变量和常量就像是一个容器，用于容纳各种不同类型的数据。变量的值在程序中可以根据需要改变，对变量进行操作变量的数据就会发生改变，而常量的值则不会发生变化。

变量必须要先声明后使用，否则编译器会报错。道理很简单，如现在要去喝水，首先要有一个杯子，否则怎么去装水呢？要声明变量的原因与此相同。

1) 变量的声明

在 ActionScript 3.0 中，使用 var 关键字来声明变量。格式如下：

```
var 变量名：数据类型；
var 变量名：数据类型=值；
```

var 是一个关键字，用来声明变量。变量的数据类型是写在冒号后。其次，如果要赋值，则值的数据类型必须和变量的数据类型一致。例如：

```
var i:int;
var startName:String="Tom";
```

2) 变量的命名规则

变量名可以是一个单词或几个单词写在一起的字符串，变量命名必须遵循以下规则：

(1) 变量名的第 1 个字符必须是字母、下划线或$，其后的字符必须是字母、数字、下划线或$。注意：不能使用数字作为变量名称的第 1 个字母。

(2) 变量不能是一个关键字或逻辑常量(true、false、null 或 undefined)。

(3) 变量在其范围内不能重复定义。

2. ActionScript 3.0 数据类型

数据类型是对不同种类信息的表达方式。ActionScript 3.0 支持的数据类型分为：简单数据类型和复杂数据类型。

（1）简单数据类型：构成数据的最基本元素，如数字、文字、条件真假等。ActionScript 3.0 中预定义的数据类型有 Boolean、int、Number、String 和 uint。其中，int、Number 和 uint 是数字类型，int 表示整数，Number 类型是 64 位浮点值，表示很大或很小且有小数的数字，uint 表示 32 位的正整数；String 表示字符串；Boolean 又称布尔值，用来表示真假，这种类型的数据只有两个：真（true）和假（false）。

（2）复杂数据类型：相对于简单数据类型而言的。ActionScript 3.0 中经常用到的复杂数据类型有 Void、Array、Date、Error、Function、RegExp、XML 和 XMLList，其中，Void 数据类型仅有一个值 Undefined，用来在函数定义中指示函数不返回值。另外，开发者自己定义的类也全部属于复杂数据类型。

3. 常用函数

1）常用全局函数

ActionScript 3.0 为开发者提供了若干个常用的全局函数，这些函数可以在程序的任何位置使用。在 ActionScript 3.0 的包架构中定义了一个顶级包，这些函数都是在顶级包里面声明，并且访问类型都设定为 public，即公有的意思。全局函数中包括了很多有用的函数。例如，信息输出、数值判断、数据类型转换、XML 节点名称判断等。以下是全局函数中的部分常用函数。

（1）trace（）信息输出函数。

这个函数是应用最频繁的函数之一，该函数用于向"输出"面板输出信息，供开发者了解程序运行过程中的各种状态信息。trace（）函数可以在程序调试时将表达式的值显示在"输出"面板上，调试在编写程序时非常重要，因此 trace（）函数的使用在编写 ActionScript 程序时非常重要。trace（）函数的语法如下：

```
trace(…arguments):void
```

从 trace（）的声明形式可以看出它使用的是不定参数，可以接收用逗号隔开的多个参数值。如果传递到 trace（）函数的参数不是 String 类型，它会自动调用和参数类型相关联的 toString（）方法将参数先转换为 String 再输出。

例如，下面的代码中参数的值为布尔型，调用后函数将布尔型值转换为字符串并输出。

```
trace(5>3);  // true
```

程序中常在特定的位置用这个函数输出信息，用以判断程序运行状态，或者输出某个变量的值来判断程序运行是否正确。灵活使用这个函数是调试程序的基本手段。

（2）Date（）日期时间函数。

这个全局函数可以返回一个字符串，其中包括当前的日期和时间，这个函数的声明如下：

```
public function Date():String
```

Date（）函数返回的时间格式为：

```
Day Mon Date HH:MM:SS TZD YYYY
```

例如，下面的代码可以得到表示当前时间信息的字符串：

```
trace(Date())  //Mon Sep 3 00:22:51 GMT+0800 2012
```

（3）基本类型转换函数。

这类函数共包括 5 个，对应 5 个基本数据类型，它们是 uint()、int()、Number()、String() 和 Boolean()。这 5 个函数的作用就是将参数指定的数据转换为与函数名相同的数据类型。

2）其他常用函数

这里介绍的函数可称为方法，因为它们都是在某个对应的类中定义的。当调用这些方法时，通常需要使用"对象.方法名()"的形式，如果调用的位置就在这个类中，可以不写对象名(如在影片剪辑的关键帧中调用时间轴函数)。其中，时间轴函数是较为常用的函数，它们可以控制影片剪辑对象的播放头动作。

只有影片剪辑才有时间轴，所以只有影片剪辑类(MovieClip)的对象才有时间轴函数。MovieClip 类包括如下方法：

```
public function gotoAndPlay(frame:object,scene:string=null):void
                                          //跳转到指定位置并播放
public function gotoAndStop (frame:object,scene:string=null):void
                                          //跳转到指定位置并停止
public function nextFrame():void        //跳转到下一帧并停止
public function prevFrame():void        //跳转到上一帧并停止
public function play():void             //从当前位置开始播放
public function stop():void             //停止播放
public function nextScene():void        //跳转到下一个场景
public function prevScene():void        //跳转到上一个场景
```

前两个方法中，参数 frame 的类型为 Object，这个参数指定时间轴上的某个位置。可以使用数值表示某个帧，也可以使用一个字符串表示帧标签。第 2 个参数可选，当参数 frame 是数值时，可以用这个参数指定场景名，否则跳转至当前场景的指定帧。

这些方法都是通常所说的时间轴函数，调用它们的对象都是影片剪辑实例，如舞台上有一个影片剪辑 mc1，可以用下面的语句控制 mc1 的播放头动作：

```
mc1.play();
mc1.gotoAndPlay(10);
```

4. 使用函数

1）函数的定义

函数是封装运算的一种工具，ActionScript 中的函数有两种：有返回值的函数和无返回值的函数。以下是函数的定义语法：

```
function myfunc(var_1:Type,var_2:Type,…,var_n:Type):Type{
//执行一些语句
return "一些数据或者变量";}
```

说明：function 为关键字，myfunc 是函数名，可以是任何的 ActionScript 标识符。

括号内是该函数的参数，var_1、var_n 等都是该函数使用的参数，参数之间使用逗号隔开。如果该函数没有参数，则也必须包含空括号()。

函数参数的类型和返回值的类型可以是 ActionScript 支持的所有变量类型，如数组、字符串或整数等。当函数无返回值时，数据类型为 void。

参数后的大括号即为整个函数内容。函数如果有返回值，可使用 return 语句将值返回。例如，下面定义的函数 add，它定义了两个参数，再将两个参数相加的值作为返回值。

```
function add(x:Number,y:Number):Number{
return(x+y); //执行加法并返回结果}
```

2）函数的调用

要调用自定义函数，直接使用"函数名(参数 1，…，参数 n)"方式调用就可以了，并且参数是有先后顺序的，就像使用预定义函数那样。

对于前面定义的加法函数，可以使用下面的方法调用，假设要计算 3+4。

```
add(3,4);
```

5. 常用属性

在 Flash 中，利用属性语句可对影片剪辑的属性进行设置(如位置、大小、透明度等)。

1）侦听器

在 ActionScript 3.0 中，如要让特定的事件发生，执行预先设定的某个交互动作(如单击"播放"按钮时开始播放动画)，就需要使用侦听器来实现。若要确保程序响应特定的事件，必须先将侦听器添加到对应的事件目标中。侦听器的基本结构如下：

```
function eventResponse(eventobject:EventType):void{
    //要执行的脚本}
eventTarget.addEventListener(EventType.EVENT_NAME,eventResponse);
```

以上结构执行两个操作：①定义一个函数；②addEventListener()语句对源对象进行侦听。当特定指定的事件发生时，就执行先前定义的函数。以上代码各部分的具体含义如下：eventResponse 定义的函数名称；EventType 为侦听所调度的事件对象指定的类名称，如 MouseEvent；EVENT_NAME 为特定事件指定的常量，如 MouseEvent 对应的 Click 事件常量。

2）x 属性

x 主要用于设置对象在舞台中的水平坐标。例如，将动画中的 mc 影片剪辑放置到舞台中水平坐标为 100 的位置，只需在关键帧中添加如下语句"mc.x=100;"。

3）y 属性

y 主要用于设置对象在舞台中的垂直坐标。例如，将动画中的 mc 影片剪辑放置到舞台中垂直坐标为 50 的位置，只需在关键帧中添加如下语句"mc.y=50;"。

4）scaleX 属性

scaleX 用于设置对象的水平缩放比例，其默认值为 1，表示按 100%缩放。例如，将动画中的 mc 影片剪辑的水平缩放比例放大 1 倍显示，只需在关键帧中添加如下语句"mc.scaleX=2;"。

5) scaleY 属性

scaleY 用于设置对象的垂直缩放比例，其默认值为 1，表示按 100％缩放。例如，将动画中的 mc 影片剪辑的垂直缩放比例缩小 1 倍显示，只需在关键帧中添加如下语句"mc.scaleY=0.5;"。

6) alpha 属性

alpha 用于设置对象的透明度。其有效值为 0(完全透明)～1(完全不透明)，默认值为 1。例如，将 mc 影片剪辑的透明度设为 50％，只需在关键帧中添加语句"mc.alpha=0.5;"。

7) rotation 属性

rotation 用于设置对象的旋转角度，其取值以度为单位。例如，将 mc 影片剪辑的顺时针旋转 60°，只需在关键帧中添加语句"mc.rotation=60;"。

8) visible 属性

visible 用于设置对象的可见属性，该属性有两个值 true 和 false。例如，要将 mc 影片剪辑设置为不可见，只需在关键帧中添加语句"mc.visible=false;"。

9) height 属性

height 用于设置对象的高度，以像素为单位。这里的高度是根据显示对象内容的范围来计算的。如果设置了 height 属性，则 scaleY 属性会自动进行相应的调整。例如，将 mc 影片剪辑的高度设置为 200 像素，只需在关键帧中添加语句"mc.height=200;"。

10) width 属性

width 用于设置对象的宽度，以像素为单位。这里的宽度是根据显示对象内容的范围来计算的。如果设置了 width 属性，则 scaleX 属性会自动进行相应的调整。例如，将 mc 影片剪辑的宽度设置为 300 像素，只需在关键帧中添加语句"mc.width=300;"。

6. 常用事件处理类型

ActionScript 3.0 使用单一事件模式来管理事件，所有的事件都位于 flash.events 包内，其中构建了 20 多个 Event 类的子类，用于管理相关的事件类型。下面介绍常用的鼠标事件(MouseEvent)类型、键盘事件(KeyboardEvent)类型和时间事件(TimerEvent)类型和帧循环事件(ENTER_FRAME)。

1) 鼠标事件

在 ActionScript 3.0 之前的语言版本中，常常使用 on(press)或者 onClipEvent(mousedown)等方法来处理鼠标事件。而在 ActionScript 3.0 中，统一使用 MouseEvent 类来管理鼠标事件。在使用过程中，无论是按钮还是影片事件，统一使用 addEventListener 注册鼠标事件。此外，若在类中定义鼠标事件，则需要先引入(import)flash.events. MouseEvent 类。

MouseEvent 类定义了 10 种常见的鼠标事件，具体如下：

MouseEvent.CLICK：定义鼠标单击事件。

MouseEvent.DOUBLE_CLICK：定义鼠标双击事件。

MouseEvent.MOUSE_DOWN：定义鼠标按下事件。

MouseEvent.MOUSE_MOVE：定义鼠标移动事件。

MouseEvent.MOUSE_OUT：定义鼠标移出事件。

MouseEvent.MOUSE_OVER：定义鼠标移过事件。

MouseEvent.MOUSE_UP：定义鼠标提起事件。

MouseEvent.MOUSE_WHEEL：定义鼠标滚轴滚动触发事件。

MouseEvent.ROLL_OUT：定义鼠标滑出事件。

MouseEvent.ROLL_OVER：定义鼠标滑入事件。

2）键盘事件

键盘操作也是 Flash 用户交互操作的重要事件。在 ActionScript 3.0 中使用 KeyboardEvent 类来处理键盘操作事件。它有两种类型的键盘事件，具体如下：

KeyboardEvent.KEY_DOWN：定义按下键盘时事件。

KeyboardEvent.KEY_UP：定义松开键盘时事件。

3）时间事件

在 ActionScript 3.0 中使用 Timer 类来取代 ActionScript 之前版本中的 Setinterval()函数。而执行对 Timer 类调用的事件进行管理的是 TimerEvent 事件类。要注意的是，Timer 类建立的事件间隔要受到 SWF 文件的帧频和 Flash Player 的工作环境（如计算机的内存大小）的影响，会造成计算的不准确。

Timer 类有两个事件，具体如下：

TimerEvent.TIMER：计时事件，按照设定的事件发出。

TimerEvent.TIMER_COMPLETE：计时结束事件，当计时结束时发出。

4）帧循环 ENTER_FRAME 事件

帧循环 ENTER_FRAME 事件是 ActionScript 3.0 中动画编程的核心事件。该事件能够控制代码跟随 Flash 的帧频播放，在每次刷新屏幕时改变显示对象。

使用该事件时，需要把该事件代码写入事件侦听函数中，然后在每次刷新屏幕时，都会调用 Event. ENTER_FRAME 事件，从而实现动画效果。

7. ActionScript 3.0 基础语法

ActionScript 定义了一组在编写可执行代码时必须遵循的规则，即语法。要想学好 ActionScript 语句，首先要了解 ActionScript 语句中的语法规则。ActionScript 语句中的基本语法有区分大小写、点语法、大括号、分号、圆括号、注释、关键字等。

1）区分大小写

与其他高级编程语言一样，ActionScript 3.0 也是一种区分字母大小写的编程语言。比如，b 和 B 可以同时定义为两个不同的变量，ball 和 Ball 可以同时定义为两个不同的实例。函数也有严格的大小写，如果在书写时没有使用正确的格式，脚本代码就会出现错误。例如，语句"gotoandplay(50);"是错误的，正确的书写应该是"gotoAndPlay(50);"。

2）点语法

在 ActionScript 中，"."用于指明与某个对象或影片剪辑相关的属性和方法。它也用标识指向影片剪辑或变量的目标路径。点语法表达式由对象或影片剪辑名开始，接着是一个点，最后是要指定的属性、方法或变量。例如，表达式 aaa._x 是指影片剪辑实例 aaa 的 X 坐标，_x 是影片剪辑属性，它指出编辑区中影片剪辑的 X 轴位置。

3）大括号

ActionScript 语句用大括号"{}"分块，如下面的代码，使用大括号来括住函数代码。

```
function myFunction():void {
var myDate:Date=new Date();
var currentMonth:Number=myDate.getMonth();}
```

4）分号

ActionScript 语句用分号";"结束，如果省略语句结尾的分号，编译器也不会报错，而是假设每一行代码由一条语句组成。不过，建议使用分号来结束程序语句，这样符合很多程序员的编程习惯，使代码更易于阅读。

5）圆括号

主要用于定义函数的参数，所有的函数参数都要放在圆括号中。例如：

```
function myFunction(myWidth:Number ,myHeight:Number):void {}
myFunction(10,10);
```

圆括号的另一个作用是改变运算符的优先级，这与数学中的圆括号有相同的作用。例如：

```
trace(4+8/2);                          //输出 8
trace(((4+8)/2));                      //输出 6
```

6）注释

需要标注一个动作的作用时，可在动作脚本中使用注释语句给脚本代码添加注释。添加注释有助于别人正确理解编写的脚本代码，增强代码的可读性。

在动作脚本中，从符号"//"开始到该行末尾之间的内容被作为注释内容，注释内容不会被当做程序指令执行。注释内容用灰色显示，它们的长度不限，也不影响导出文件的大小。例如：

```
var myDate:Date = new Date();               //建立新的日期对象
var currentMonth:Number=myDate.getMonth(); //从 myDate 中取出当前月份的值
```

7）关键字

ActionScript 保留一些单词，专用于脚本语言中。因此，不能用这些保留字作为变量、函数或标签的名字。下面列出了 ActionScript 中所有的关键字：

break、continue、delete、else、for、function、if、in、new、return、this、typeof、var、void、while、with。

注意：这些关键字都是小写形式，不能写成大写形式。

10.1.4 脚本实例

例 10-1：实现动画在第 1 帧停止，单击按钮跳转到第 2 帧并开始播放动画。

此实例是为按钮添加侦听器，当按钮事件发生时，就执行自定义函数。

具体操作步骤如下：

（1）创建一个新的 Flash（ActionScript 3.0）文档。

（2）制作动画，该动画不能少于 2 帧。

（3）添加一个新图层，命名为"按钮"，选择第 1 帧，在舞台上创建一个按钮，也可以使用公共库中的按钮(执行"窗口"→"公用库"→"按钮"命令),在按钮实例的属性面板中设置实例名称为 bt1。

(4) 新建一个图层,命名为 Action,选择该图层的第 1 帧,然后打开"动作"面板,输入以下动作脚本:

```
stop();
bt1.addEventListener(MouseEvent.CLICK,f1);
function f1(event:MouseEvent){
gotoAndPlay(2);}
```

(5) 按 Ctrl+Enter 快捷键,测试动画效果。

例 10-2:求圆形面积。

此实例为常用函数的使用,通过本例初步学习函数的使用和函数返回值的获取方法。

具体操作步骤如下:

(1) 创建一个新的 Flash (ActionScript 3.0)文档。

(2) 选择"图层 1"的第 1 帧,然后打开动作面板,输入以下代码:

```
function 圆面积(r:Number):Number{
var s:Number=Math.PI*r*r;
return s;}
trace(圆面积(5))
```

(3) 按 Ctrl+Enter 快捷键,测试动画效果。

例 10-3:改变影片剪辑实例的属性。

此实例为控制影片剪辑属性的一个效果演示,能够改变影片剪辑实例的大小、位置、颜色、形状等属性,通过本例初步学习控制影片剪辑属性的方法。

具体操作步骤如下:

(1) 创建一个新的 Flash (ActionScript 3.0)文档。

(2) 制作影片剪辑元件 bird,将 bird 从库中拖到舞台上,并给该实例命名为 bird_mc。

(3) 新建一个图层,命名为 Action,选择该图层第 1 帧,然后打开"动作"面板,输入以下动作脚本:

```
bird_mc.addEventListener(MouseEvent.CLICK,moveBird)
function moveBird(event:MouseEvent):void{
bird_mc.x+=20;
bird_mc.y+=20;
bird_mc.height+=20;
bird_mc.width+=20;}
```

该段代码意为影片剪辑实例 bird_mc 添加鼠标单击事件侦听器,事件侦听函数是 moveBird,鼠标单击事件一旦发生,便执行函数 moveBird,更改 bird_mc 实例的 x、y、height、width 值。

(4) 按 Ctrl+Enter 快捷键,测试影片,单击舞台上的小鸟,小鸟便会向右下方移动,并且变大。也可通过改变对象的 Alpha 属性值来改变对象的透明度。

例 10-4:单击按钮控制动画播放和实现超链接。

具体操作步骤如下:

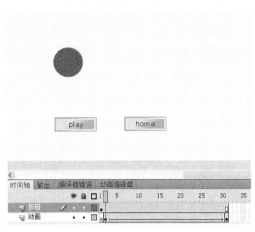

图 10-2　创建两个按钮

（1）创建一个新的 Flash(ActionScript 3.0)文档。

（2）将"图层1"重新命名为"动画"。在这个图层上，在第 2～31 帧创建一个小球从左向右运动的补间动画。

（3）新建一个图层，将其命名为"按钮"。在该图层上放置两个按钮，如图 10-2 所示。

（4）选择 play 按钮，在属性面板中定义它的实例名为 playButton。选择 home 按钮，在属性面板中定义它的实例名为 homeButton。

（5）新建一个图层，命名为 Action，选择该图层的第 1 帧，打开"动作"面板。输入以下代码：

```
stop();                                   //播放影片时，先停止在第1帧，等待事件发生
function startMovie(event:MouseEvent):void{    //定义事件处理函数
this.play();}
playButton.addEventListener(MouseEvent.CLICK,startMovie); //添加侦听器
```

该代码首先定义一个名为 startMovie()的事件处理函数。调用 startMovie()时，该函数会导致主时间轴动画开始播放，只要单击名字为 playButton 的按钮，就会调用 startMovie()函数。

（6）输入和 home 按钮相关的事件处理代码：

```
function gotoHomePage(event:MouseEvent):void{        //定义事件处理函数
var targetURL:URLRequest=new URLRequest("http://jpkc.aynu.edu.cn/jszx/
                                    media/index.asp");
navigateToURL(targetURL);}
homeButton.addEventListener(MouseEvent.CLICK,gotoHomePage); //添加侦听器
```

该代码定义一个名字为 gotoHomePage()的函数。该函数首先创建一个代表 URL "http://jpkc.aynu.edu.cn/jszx/media/index.asp" 的 URLRequest 实例，然后将该 URL 传递给 navigateToURL()函数，使用户浏览器打开该 URL。接着的代码行将 gotoHomePage()函数注册为 homeButton 的 Click 事件的侦听器。也就是说，只要单击名字为 homeButton 的按钮，就会调用 gotoHomePage 函数。

最后保存文件并测试影片，单击 play 按钮，可以让动画开始播放；单击 home 按钮可以启动浏览器并打开 http://jpkc.aynu.edu.cn/jszx/media/index.asp 网站。

10.2　代码片段的使用

10.2.1　代码片段的基本用法

1. "代码片段"面板简介

Flash CS5 的代码编辑有了一种新的功能——"代码片段"面板，它更加方便非专业编程人员的操作使用，很大程度上提高了他们的代码编写效率。使用"代码片断"面板，可

以添加能够影响对象行为的代码，也可以添加能够控制播放头移动的代码，还能将创建的新代码片断添加到"代码片段"面板。

"代码片段"面板如图 10-3 所示，打开它的方法有两种：

方法 1：执行"窗口"→"代码片断"命令。

方法 2：执行"窗口"→"动作"命令，打开"动作"窗口，然后单击右上角的"代码片断"标签。

图 10-3　"代码片断"面板

"代码片断"面板中，依据不同的作用将代码片段分成了 6 大类，分别是"动作"、"时间轴导航"、"动画"、"加载和卸载"、"音频和视频"和"事件处理函数"。

2．"代码片段"面板使用

将代码片段添加到对象或时间轴帧，需要执行以下操作：

（1）选择舞台上的对象或时间轴中的帧。其中，选择的对象必须是拥有实例名称的对象，它可以是影片剪辑的实例、按钮的实例、TLF 文本、动态文本或输入文本等对象，这些对象的共同特征就是它们的属性面板上都有"实例名称"选项，利用这个选项就可以为对象进行命名。如果选择的对象不是这类对象，则在应用该代码片段时，Flash 会有提示，如图 10-4 所示，单击"确定"按钮 Flash 会将该对象转换为影片剪辑元件。

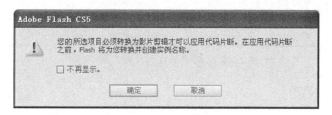

图 10-4　操作提示

如果选择的对象是这类对象，但是没有命名实例名称，Flash 在应用代码片断时会弹出给元件添加实例名称的提示框，如图 10-5 所示，单击"确定"按钮 Flash 会为元件创建实例名称。

图 10-5　操作提示

（2）打开"代码片断"面板，选择要实现的效果，双击对应的代码片断。如果选择了舞台上的对象，Flash 将代码片断添加到包含所选对象的帧中的"动作"面板。如果选择了时间轴帧，Flash 会将代码片断添加到那个帧。

（3）在"动作"面板中，查看添加的代码框架，添加的代码片段会有更改代码的提示，用户可根据需要进行更改。

3. 将新代码片断添加到"代码片断"面板

用户可以将经常使用的代码添加"代码片断"面板中。具体操作如下：

（1）在"代码片断"面板中，单击"选项"按钮，选择"创建新代码片段"命令。

（2）在弹出的对话框中，输入标题、工具提示文本和 ActionScript 3.0 代码，如图 10-6 所示。其中标题将会显示在"代码片段"面板上，工具提示是当鼠标指针移到标题上的操作提示。也可以单击"自动填充"按钮，将当前"动作"面板中选择的代码添加进来。如果代码中包含字符串"instance_name_here"，并且希望在应用代码片段时 Flash 将其替换为正确的实例名称，则选中"应用代码片断自动替换 instance_name_here"复选框。

（3）单击"确定"按钮，即可将输入的代码添加到"代码片段"面板中，方便以后随时重复使用。

图 10-6　"创建新代码片段"对话框

10.2.2　代码片段实例

例 10-5：使用 ActionScript 3.0 给一个按钮添加 Web 导航功能。

分析：此实例是使用代码片段控制动作。在"代码片段"面板"动作"列表下共有 13 个代码片段，使用这些代码可以完成类似拖动对象、播放对象和显示隐藏对象的操作。

具体操作步骤如下：

（1）创建一个新的 Flash（ActionScript 3.0）文档。

（2）新建一个按钮元件，在舞台上创建该元件的实例，并给其命名。

（3）选择按钮实例，打开"代码片段"面板，单击"动作"文件夹前面的三角，展开文件夹。双击"单击以转到 Web 页"，系统将自动添加一个名为 Actions 的图层，而代码片段将添加到 Actions 图层中与按钮实例所在帧号相同的帧上。添加具体的代码片段内容可在"动作"面板中进行查看。

（4）根据更改代码提示，按需要更改 Web 页地址。

（5）按 Ctrl+Enter 快捷键，测试动画效果。

例 10-6：使用 ActionScript 3.0 实现帧的跳转。

分析：此实例是使用代码片段控制时间轴。使用动作代码可以控制动画的播放停止，在某一帧停止、跳转到某一帧或者某一场景等操作。在"代码片段"面板中包含了时间轴导航代码，使用这些代码可以轻松实现时间轴导航动画。时间轴导航代码片段，共有 8 个命令。

具体操作步骤如下：

(1) 创建一个新的 Flash(ActionScript 3.0)文档。

(2) 在主场景中制作动画，并制作按钮元件"重新播放"。

(3) 添加图层，移动播放头到动画的最后一帧并右击在弹出的快捷菜单中选择"插入空白关键帧"命令，将元件"重新播放"拖到场景中，调整大小位置，输入按钮实例名称"button"。

(4) 选择最后一帧，打开"代码片段"面板，单击"时间轴导航"文件夹前面的三角，展开文件夹双击"在此帧停止"命令。

(5) 选择按钮元件"重新播放"，打开"代码片段"面板，单击"时间轴导航"文件夹前面的三角，展开文件夹双击"单击以转到帧播放"命令，将默认的 gotoAndPlay(5)命令改为"gotoAndPlay(1);"。

(6) 按 Ctrl+Enter 快捷键，测试动画效果。

例 10-7：制作图片淡入效果。

分析：此实例是使用代码片段制作动画。"代码片段"面板中的"动画"文件夹下包含了 9 个代码片段。使用这些代码可以完成一些常见的动画制作。例如，使用方向键控制元件、水平移动、垂直移动、不断旋转等。

具体操作步骤如下：

(1) 创建一个新的 Flash(ActionScript 3.0)文档。

(2) 导入图片到舞台。

(3) 选择图片，转换为影片剪辑元件，在属性面板为影片剪辑实例命名。

(4) 选择舞台上的实例，打开"代码片段"面板。

(5) 单击"动画"文件夹前面的三角，展开文件夹双击"淡入影片剪辑"命令，代码已写入时间轴。

(6) 按 Ctrl+Enter 快捷键，测试动画效果。

10.3　组件的使用

10.3.1　组件简介

组件是带参数的影片剪辑。用户可以方便地自定义这些组件的外观，从而使其适合用户的应用程序设计。每个组件都有预定义参数，可以对组件的每一个实例指定不同的参数值，根据参数值的不同，组件实例的性质也不同。这些可以指定的参数用于描述某些自定义的属性，就像影片剪辑的预定义属性一样，可以在属性面板的参数面板中对它们进行修改。

10.3.2　组件添加

使用组件时，用户不必知道某个影片剪辑到底是如何实现的，只需要通过参数面板，对一个组件实例的参数进行初始化。组件的使用提高了影片剪辑的通用性。

组件的使用方法很简单。执行"窗口"→"组件"命令打开"组件"面板，如图 10-7 所示，从"组件"面板中拖动一个组件到舞台上或双击某组件，然后在属性面板中设置参数的参数值，最后使用"动作"面板编写动作脚本来控制组件。

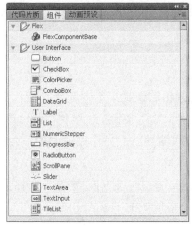

图 10-7　"组件"面板

10.3.3　常用组件

常见的用户界面组件主要包括 Button、CheckBox、ColorPicker、ComboBox、RadioButton、ListBox、PushButton、ScrollBar 和 ScrollPane 等。

1. Button（按钮）

按钮组件是最常见的用户界面组件之一，单击按钮后可以触发不同的事件。按钮组件参数如图 10-8 所示。

- emphasized：获取或设置一个布尔值，指示当按钮处于弹起状态时，Button 组件周围是否绘有边框。true 值表示当按钮处于弹起状态时其四周带有边框；false 值表示当按钮处于弹起状态时其四周不带边框。
- enabled：设置按钮是否可用。
- label：设置按钮上的文字。
- labelPlacement：设置标签放置的位置。
- selected：设置默认是否选中。
- toggle：设置为 true，则在鼠标按下、弹起、经过时，改变按钮外观。
- visible：设置按钮是否可见。

2. CheckBox（复选框）

复选框组件是表单中最常见的成员之一，它的主要目的在于判断使用是否选择该方块。一个界面中可以有许多不同的复选框，因此复选框大多数用在有许多选择且可以多项选择的情况下。复选框组件参数如图 10-9 所示。

图 10-8　按钮组件参数

图 10-9　复选框组件参数

- enabled：设置复选框是否可用。
- label：设置的字符串代表复选框旁边的文字说明，通常位于复选框的右侧。

• labelPlacement：指定复选框说明标签的位置。默认情况下，标签将显示在复选框的右侧。

• selected：设置默认是否选中。

• visible：设置复选框是否可见。

3. ColorPicker（颜色拾取器）■

颜色拾取器组件将显示包含一个或多个样本的列表。用户可以从中选择颜色。默认情况下，该组件在方形按钮中显示单一颜色样本。当用户单击此按钮时，将打开一个面板，其中显示样本的完整列表。颜色拾取器组件参数如图 10-10 所示。

• enabled：设置颜色拾取器是否可用。

• selectedColor：获取或设置在颜色拾取器组件的调色板中当前加亮显示的样本。

• showTextField：获取或设置一个布尔值，表示是否显示颜色拾取器组件的内部文本字段。

• visible：设置颜色拾取器是否可见。

4. RadioButton（单选按钮）○ Label

单选按钮组件可以强制用户在一组 RadioButton 组件中仅选择一个选项。使用该组件时至少要创建两个 RadioButton 组件的对象，在任何时刻同一组的 RadioButton 组件对象中只能选择一个 RadioButton 组件的对象。单选按钮组件参数如图 10-11 所示。

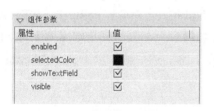

图 10-10　颜色拾取器组件参数

图 10-11　单选按钮组件参数

• enabled：获取或设置一个值，表示组件能否接受用户输入。

• groupName：单选按钮的组名称，一组单选按钮有一个统一的名称。

• label：设置单选按钮上的文本内容。

• labelPlacement：确定单选按钮上文本的方向。该参数可以是以下 4 个值之一：left、right、top 或 bottom，其默认值为 right。

• selected：设置单选按钮的初始值为被选中或取消选中。被选中的单选按钮中会显示一个圆点，同一组单选按钮内只有一个可以被选中。

• value：设置选中单选按钮后传递的数据值。

• visible：设置组件是否显示，默认为显示。

10.3.4　组件实例

例 10-8：使用 ColorPicker 组件。

具体操作步骤如下：

(1) 创建一个新的 Flash 文件（ActionScript 3.0）文档。

(2) 将一个 ColorPicker 组件从"组件"面板拖到舞台的中央，为其指定实例名 aCp。

(3) 打开"动作"面板，在主时间轴中选择第 1 帧，然后输入以下 ActionScript 代码：

```
import fl.events.ColorPickerEvent;
var aBox:MovieClip = new MovieClip();
drawBox(aBox, 0xFF0000);
addChild(aBox);
aCp.addEventListener(ColorPickerEvent.CHANGE,changeHandler);
function changeHandler(event:ColorPickerEvent):void {
drawBox(aBox, event.target.selectedColor);}
function drawBox(box:MovieClip,color:uint):void {
box.graphics.beginFill(color, 1);
box.graphics.drawRect(100, 150, 100, 100);
box.graphics.endFill();    }
```

(4) 按 Ctrl+Enter 快捷键，测试动画效果。

例 10-9：使用 RadioButton 组件。

具体操作步骤如下：

(1) 创建一个新的 Flash（ActionScript 3.0）文档。

(2) 从"组件"面板将 RadioButton 组件拖到舞台上，拖动两次，产生两个 RadioButton。

(3) 选择第 1 个单选按钮。在"属性"检查器中，为其指定实例名称 yesRb 和组名称 rbGroup。

(4) 选择第 2 个单选按钮。在"属性"检查器中，为其指定实例名称 noRb 和组名称 rbGroup。

(5) 将一个 TextArea 组件从"组件"面板拖到舞台上，并为其指定实例名称 aTa。

(6) 打开"动作"面板，在主时间轴中选择第 1 帧，然后输入以下 ActionScript 代码：

```
yesRb.label = "Yes";
yesRb.value ="是";
noRb.label = "No";
noRb.value ="否";
yesRb.move(50, 100);
noRb.move(100, 100);
aTa.move(50, 30);
noRb.addEventListener(MouseEvent.CLICK, clickHandler);
yesRb.addEventListener(MouseEvent.CLICK, clickHandler);
function clickHandler(event:MouseEvent):void {
aTa.text = event.target.value;    }
```

(7) 按 Ctrl+Enter 快捷键，测试动画效果。

10.4 实 践 演 练

10.4.1 实践操作

实例 1：使用 ActionScript 3.0 替换鼠标光标。

实例目的：熟练掌握代码片断的使用。

操作步骤：

（1）创建一个新的 Flash（ActionScript 3.0）文档。

（2）新建一个名称为"光标"的影片剪辑元件，在元件编辑窗口导入一幅将要替换鼠标的素材图片。

（3）返回主场景中，将元件"光标"从库面板中拖到场景中，并调整其大小，在实例属性面板中为实例命名。

（4）执行"窗口"→"代码片段"命令，打开"代码片断"面板，单击"动作"文件夹前面的三角，展开文件夹。

（5）双击"自定义鼠标光标"命令，代码已写入时间轴。

（6）按 Ctrl+Enter 快捷键，测试动画效果。

实例 2：使用 ActionScript 3.0 制作课件。

实验目的：熟练掌握使用代码片段触发事件，实现交互性。

操作步骤：

（1）创建一个新的 Flash（ActionScript 3.0）文档。

（2）按照授课内容制作逐帧动画，如图 10-12 所示。

图 10-12 逐帧动画

（3）选择第 1 帧，打开"代码片段"面板，单击"时间轴导航"文件夹前面的三角，展开文件夹双击"在此帧处停止"命令。

（4）单击"事件处理函数"文件夹前面的三角，展开文件夹双击"Key Pressed"命令，如图 10-13 所示。将原输出代码删除。

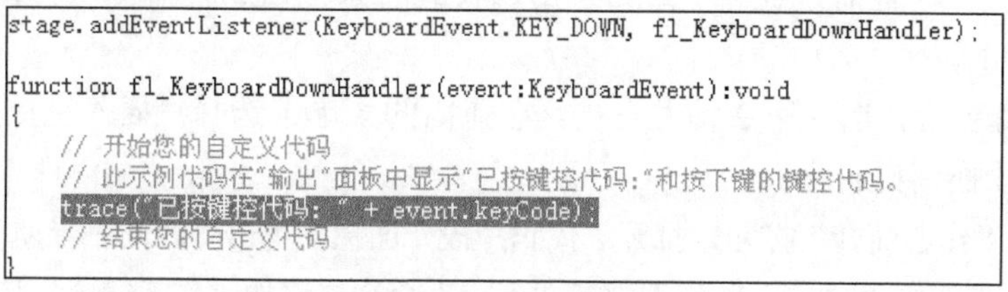

```
stage.addEventListener(KeyboardEvent.KEY_DOWN, fl_KeyboardDownHandler);

function fl_KeyboardDownHandler(event:KeyboardEvent):void
{
    // 开始您的自定义代码
    // 此示例代码在"输出"面板中显示"已按键控代码:"和按下键的键控代码。
    trace("已按键控代码: " + event.keyCode);
    // 结束您的自定义代码
}
```

图 10-13 原输出代码

（5）输入如图 10-14 所示的脚本，实现当按下键盘时，动画自动跳转到下一帧。

```
stage.addEventListener(KeyboardEvent.KEY_DOWN, fl_KeyboardDownHandler);

function fl_KeyboardDownHandler(event:KeyboardEvent):void
{
    // 开始您的自定义代码
    // 此示例代码在"输出"面板中显示"已按键控代码:"和按下键的键控代码。
    nextFrame();
    // 结束您的自定义代码
}
```

图 10-14　新代码

（6）按 Ctrl+Enter 快捷键，测试动画效果。

10.4.2　综合实践

实例 3：制作课件导航菜单。

实验目的：灵活使用代码片段实现交互。

操作步骤：

（1）创建一个新的 Flash（ActionScript 3.0）文档。

（2）将一幅图片导入舞台作为背景。

（3）新建一个名称为"题目"的影片剪辑元件，编辑元件，创建遮罩动画效果。

（4）回到主场景中，新建"图层 2"，打开库面板，将"题目"元件拖到舞台上，调整到合适位置。

（5）新建"图层 3"，执行"窗口"→"公用库"→"按钮"命令，选择其中一种按钮，拖到舞台上，双击该按钮，对按钮元件进行编辑修改，并将此元件重命名为"作者简介"。

（6）在库面板中将"作者简介"直接复制 3 次，分别命名为"诗歌朗诵"、"诗词注释"、"扩展学习"，根据需要对按钮元件进行编辑修改，并将 3 个元件拖到舞台"图层 3"上。界面效果如图 10-15 所示。

图 10-15　界面效果

（7）选择第 1 帧，打开"代码片段"面板，单击"时间轴导航"文件夹前面的三角，展开文件夹双击"在此帧处停止"命令。

（8）新建一个名称为"简介"的影片剪辑元件，编辑元件，创建动画效果。选择此元件动画的结束帧，双击"代码片段"面板中"时间轴导航"中的"在此帧处停止"命令。同时，创建按钮元件"返回"，将"返回"按钮放到独立的图层上，选择"返回"按钮，双击"代码片段"面板中"时间轴导航"中的"单击以转到场景并播放"命令，将代码中的"场景 3"改为"场景 1"。

（9）回到舞台上，选择第 2 帧并右击，在弹出的菜单中选择"插入空白关键帧"命令，将"简介"元件拖到舞台上。

（10）选择"作者简介"按钮，打开"代码片段"面板，单击"时间轴导航"文件夹前面的三角，展开文件夹双击"单击以转到下一帧并停止"命令，添加"作者简介"按钮的代码片段。

（11）做其余 3 个导航，方法与上述类似，在此不再赘述。

（12）按 Ctrl+Enter 快捷键，测试动画效果。

实例 4：按照 2.3.2 小节综合实践的脚本设计，在文件"古诗三首.fla"中添加动作代码，使课件上的按钮能够正常使用。（前接 9.4.2 小节实例 9）

操作步骤：

（1）打开文件"古诗三首.fla"，新建一个 Action 图层，放置在所有图层上方。测试影片，会发现所有动画自动播放，没有任何控制和交换，按钮也没有起到相应的作用。下面将对文件添加动作代码来实现对动画的控制。

（2）场景代码。

课件播放的效果首先是画轴自动展开，全部展开后会在第 40 帧停止下来，等待用户单击"开始"按钮；单击"开始"按钮后，影片继续播放，显示出古诗目录画面后停止，此时是第 60 帧。用户单击对应的古诗名称后，影片继续播放，画面慢慢卷起，然后自动跳转到放置相应古诗元件的帧。画面卷起是第 70 帧，三首古诗的元件分别放置在第 71 帧、第 72 帧和第 73 帧。

第 40 帧：影片停止，出现开始按钮、目录按钮、伴奏按钮、朗诵按钮和温习按钮，这 5 个按钮的单击事件也要添加在第 40 帧。其中开始按钮用于播放影片；目录按钮用于使画面重新跳转到目录所在的帧第 60 帧；伴奏按钮用于控制背景音乐的播放或停止；朗诵按钮用于控制古诗朗诵声音的播放或停止；温习按钮用于切换到温习元件所在的帧。

第 60 帧：影片停止，这个比较简单。直接将 Action 图层的第 60 帧设置为空白关键帧，在其代码面板中输入"stop();"代码行即可。

第 70 帧：根据用户的选择，跳转到对应古诗元件所在的帧，播放对应的古诗元件，并停止场景时间轴影片继续往下播放。为了方便对用户在第 60 帧处单击的按钮进行记录，要提前在第 40 帧定义一个变量，当用户在第 60 帧处单击按钮时，改变这个变量的值。这样，当影片播放到第 70 帧时，就可以根据这个变量的值进行判断，然后跳转到相应帧。

第 40 帧代码结构基本如下：

```
stop();                    //影片停止
var _intC:int = 0;         //定义一个变量，用来记录单击的古诗按钮
//开始按钮
mc_kaishm.btn_start.addEventListener(MouseEvent.CLICK,btn_start_Click);
function btn_start_Click(event:MouseEvent):void
{play();                   //继续播放影片 }
//目录按钮
mc_kzay.btn_mul.addEventListener(MouseEvent.CLICK, btn_mul_Click);
function btn_mul_Click(event:MouseEvent):void
{//此处编写重新跳转到目录画面的代码
gotoAndStop(60);}
//伴奏按钮
mc_kzay.btn_banz.addEventListener(MouseEvent.CLICK,btn_banz_Click);
function btn_banz_Click(event:MouseEvent):void
{//此处编写控制背景声音的代码}
//朗诵按钮
mc_kzay.btn_langs.addEventListener(MouseEvent.CLICK, btn_langs_Click);
function btn_langs_Click(event:MouseEvent):void
{//此处编写控制朗诵声音的代码}
//温习按钮
mc_kzay.btn_wenx.addEventListener(MouseEvent.CLICK, btn_wenx_Click);
function btn_wenx_Click(event:MouseEvent):void
{//此处编写跳转到温习画面的代码}
```

第 70 帧代码如下：

```
switch (_intC)
{   case 0 :
        gotoAndPlay(60);
        break;
    case 1 :
        gotoAndStop(71);
        break;
    case 2 :
        gotoAndStop(72);
        break;
    case 3 :
        gotoAndStop(73);
        break;}
```

（3）元件代码。

为了简化程序，有些代码可以直接添加在元件中。下面将把 3 个古诗名按钮的事件直接写在它所处的"开始画面"元件中。

在主场景的第 60 帧，用户要单击古诗名按钮，进行古诗的选择。通过第 70 帧的分析，已经知道古诗名按钮的功能就是——当用户单击古诗名时，改变一个变量的值，使这个变量能够记录下来用户单击的是哪一个古诗名称，并让影片继续播放。

具体操作如下：双击打开库中的"开始画面"元件，为这个元件添加一个新图层，并在此图层的第 1 帧添加 btn_guansy、btn_zhu 和 btn_chunx 3 个按钮的单击事件。

```
btn_guansy.addEventListener(MouseEvent.CLICK, btn_guansy_Click);
function btn_guansy_Click(event:MouseEvent):void
{   MovieClip(this.root)._intC = 1;     //修改变量_intC 的值
    MovieClip(this.root).gotoAndPlay(61);
                                //跳转到主场景的第 61 帧，让影片继续播放    }
btn_zhu.addEventListener(MouseEvent.CLICK, btn_zhu_Click);
function btn_zhu_Click(event:MouseEvent):void
{   MovieClip(this.root)._intC = 2;
    MovieClip(this.root).gotoAndPlay(61);    }
btn_chunx.addEventListener(MouseEvent.CLICK, btn_chunx_Click);
function btn_chunx_Click(event:MouseEvent):void
{   MovieClip(this.root)._intC = 3;
    MovieClip(this.root).gotoAndPlay(61);    }
```

（4）声音代码。

为了能使按钮更好地控制声音，需要将声音文件导出成类，就可以用代码来控制。具体做法：右击库中的声音文件，在弹出的快捷菜单中选择"属性"命令，在弹出"声音属性"对话框中选择"为 ActionScript 导出（X）"和"在帧 1 中导出"两个复选框，并在"类（C）"文本框中输入类的名称。这里设置背景音乐的类名为 banzhou，其他 3 个古诗朗诵声音的类名依次分别为 gsy、zhu 和 cx。背景音乐在动画一开始就要响起，所以在主场景的第 1 帧中，编写导入背景音乐的代码。其他的古诗朗诵，应该在其元件中的画轴完全展开，古诗画面全部显示后再朗诵，所以相应的声音代码不用写在第 1 帧，这里都写在各个古诗元件第 56 帧中。

背景音乐代码：将主场景 Action 图层的第 1 帧设为空白关键帧，为其添加如下代码。

```
import flash.media.Sound;          //导入声音类
var fl_SC:SoundChannel;            //创建声音通道
var fl_ToPlay:Boolean = false;     //此变量可跟踪要对声音进行播放还是停止
var s:Sound = new banzhou();       //创建背景音乐类 banzhou 对象
fl_SC = s.play();                  //播放声音
//播放完后再次重播
fl_SC.addEventListener(Event.SOUND_COMPLETE,rePlaySound);
                                   //侦听声音播放完成事件
function rePlaySound(e:Event):void{ s.play();}
```

"关山月"古诗朗诵代码：双击库中的"关山月"元件，进入元件编辑界面；添加一个新图层，将第 56 帧设置为空白关键帧。在该帧上添加如下代码。

```
import flash.media.Sound;
var f11_SC:SoundChannel; //此变量可跟踪要对声音进行播放还是停止
var f11_ToPlay:Boolean = false;
var g:Sound = new gsy();
f11_SC = g.play();
```

其他两个元件的声音代码的与此雷同，具体如下。

"竹"朗诵代码
```
var f12_SC:SoundChannel;
var f12_ToPlay:Boolean = false;
var g:Sound = new zhu();
f12_SC = g.play();
```

"春晓"朗诵代码
```
var f13_SC:SoundChannel;
var f13_ToPlay:Boolean = false;
var g:Sound = new cx();
f13_SC = g.play();
```

主场景按钮对声音的控制就是通过这几个声音对象来实现的。主场景第 40 帧中目录按钮、伴奏按钮、朗诵按钮的单击侦听事件的具体代码内容如下：

```
mc_kzay.btn_mul.addEventListener(MouseEvent.CLICK, btn_mul_Click);
function btn_mul_Click(event:MouseEvent):void
{   switch (this.currentFrame)
    {       case 71 :
            if (mc_guansy.currentFrame >= 56)
            { mc_guansy.f11_SC.stop();}
            break;
        case 72 :
            if (mc_zhu.currentFrame >= 56)
            {mc_zhu.f12_SC.stop(); }
            break;
        case 73 :
            if (mc_chunx.currentFrame >= 56)
            {mc_chunx.f13_SC.stop();
              if (mc_chunx.currentFrame >= 111)
                {mc_chunx.spcx.pause();  }          }
            break;  }
```

```
       gotoAndStop(60);      }
//(控制按钮元件的伴奏按钮)单击伴奏按钮
mc_kzay.btn_banz.addEventListener(MouseEvent.CLICK,btn_banz_Click);
function btn_banz_Click(event:MouseEvent):void
{   var position = fl_SC.position;
    if (fl_ToPlay)
    {   fl_SC = s.play(position);   }
    else
    {   fl_SC.stop();   }
    fl_ToPlay = ! fl_ToPlay;   }
//(控制按钮元件的朗诵按钮)单击朗诵按钮
mc_kzay.btn_langs.addEventListener(MouseEvent.CLICK, btn_langs_Click);
function btn_langs_Click(event:MouseEvent):void
{   switch (this.currentFrame)
    {   case 71 :
            if (mc_guansy.currentFrame >= 56)
            {   var position1 = mc_guansy.f11_SC.position;
                if (mc_guansy.f11_ToPlay)
                {   mc_guansy.f11_SC = mc_guansy.g.play(position1);}
                else
                {   mc_guansy.f11_SC.stop();}
                mc_guansy.f11_ToPlay = ! mc_guansy.f11_ToPlay;    }
            break;
        case 72 :
            if (mc_zhu.currentFrame >= 56)
            {   var position2 = mc_zhu.f12_SC.position;
                if (mc_zhu.f12_ToPlay)
                {   mc_zhu.f12_SC = mc_zhu.g.play(position2);  }
                else
                {   mc_zhu.f12_SC.stop();   }
                mc_zhu.f12_ToPlay = ! mc_zhu.f12_ToPlay;
            }
            break;
        case 73 :
            if (mc_chunx.currentFrame >= 56)
            {   var position3 = mc_chunx.f13_SC.position;
                if (mc_chunx.f13_ToPlay)
                {   mc_chunx.f13_SC = mc_chunx.g.play(position3);}
                else
                {   mc_chunx.f13_SC.stop();}
                mc_chunx.f13_ToPlay = ! mc_chunx.f13_ToPlay;        }
            break;  }}
```

至此，整个课件基本完成，最后进行影片测试。

10.4.3　实践任务

任务 1：制作课件。

实践内容：参照综合实践的实例，围绕一个主题制作课件。要求：内容充实，有导航条，交互性强。

任务 2：创作媒体作品。

实践内容：自行设计一个感兴趣的媒体作品。

思考练习题 10

10.1　如何理解面向对象编程？

10.2　鼠标事件有哪些？各有什么功能？

10.3　如何将用户自己定义的代码片段添加到"代码片断"面板？

10.4　使用组件有什么优点？

第 11 章　Flash 动画实例

本章通过制作几个综合例子，可以系统地掌握 Flash 作品的制作步骤。

11.1　导航条的制作

在网站中，导航条是非常常见的，下面通过 Flash 中的按钮来实现导航条制作。制作好的导航条如图 11-1 所示，当鼠标指针移到"新闻"导航条上，子菜单会自动打开，单击"新闻"导航条，子菜单会收缩。

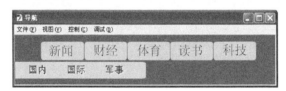

图 11-1　导航条

具体操作步骤如下：

（1）新建一个 ActionScript 3.0 文件，设置大小为 550×100 像素，并设置背景为蓝色。制作一个按钮。执行"插入"→"新建元件"命令，类型选择"按钮"，并命名为"新闻"。利用矩形工具画一个矩形，填充色为灰色，并利用文本工具写上"新闻"两个字，如图 11-2 所示。

（2）利用直接复制方法制作"财经"按钮。在库中右击"新闻"按钮，在弹出的快捷菜单中选择"直接复制"命令，打开"直接复制元件"对话框，将名字修改为"财经"，并单击"确定"按钮。然后在库中双击"财经"按钮，对按钮内部的文字改为"财经"。

（3）按照步骤（2）继续制作"体育"、"读书"和"科技"按钮。

（4）制作新闻子菜单。利用步骤（1）方法制作"国内"按钮，然后利用步骤（2）制作"国际"和"军事"按钮。

（5）新建一个影片剪辑元件，命名为"新闻组"。利用矩形工具画一个矩形框，填充色和按钮的填充色一样，为灰色。然后将库中的"国内"、"国际"和"军事"元件拖到舞台，放置在灰色矩形框上面合适的位置，并分别命名为 b1、b2 和 b3，如图 11-3 所示。

图 11-2　新闻按钮

图 11-3　新闻组子菜单

（6）添加一个图层，默认名字为"图层 2"，在该图层上绘制一个黑色矩形框，将其转换为影片剪辑元件，然后在第 10 帧位置插入关键帧，将矩形框拉长，完全覆盖下面的灰色矩形框。然后在该图层中右击，在弹出的快捷菜单中选择创建传统补间动画。

（7）在"图层 2"上右击，在弹出的快捷菜单中选择"遮罩层"命令，如图 11-4 所示。经过步骤(6)和步骤(7)可以实现导航子菜单的动态出现。

（8）在"图层 2"的第 1 帧和第 10 帧处添加动作代码"stop();"。

（9）为 3 个导航子菜单按钮添加动作链接。选择"国内"按钮，单击"代码片段"按钮，在"动作"文件夹中双击"单击以转到 Web 页"选项，如图 11-5 所示，系统自动新建了一个 Actions 图层，并在第 1 帧处添加了代码。接着对代码中的网址进行更改，将默认的 www.adobe.com 更改为自己的网址，如在此更改为 www.abc.com/china/。该处的代码如下：

```
b1.addEventListener(MouseEvent.CLICK, fl_ClickToGoToWebPage);
function fl_ClickToGoToWebPage(event:MouseEvent):void
{ navigateToURL(new URLRequest("http://www.abc.com/china/"), "_blank");
        //在该处修改网址 }
```

按照上面的操作步骤为"国际"和"军事"按钮添加动作代码。

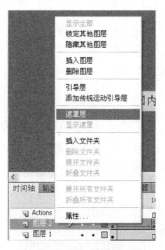

图 11-4 遮罩层

图 11-5 代码片段

（10）按照上面步骤制作财经组、体育组、读书组和科技组影片剪辑元件，各元件里面也分别包含子导航菜单。

（11）回到"场景 1"，将主导航按钮"新闻"、"财经"、"体育"、"读书"和"科技"按钮拖到舞台。并分别命名为 btn1、btn2、btn3、btn4 和 btn5。将影片剪辑元件"新闻组"拖到舞台，命名为 xw，放在"新闻"按钮下面；将"财经组"命名为 cj，放在"财经"按钮菜单下面；将"体育组"命名为 ty，放置在"体育"按钮下面；将"读书组"命名为 ds，放置在"读书"按钮下面；将"科技组"命名为 kj，放置在"科技"按钮下面。

（12）为"新闻"按钮添加动作代码，使得鼠标指针经过"新闻"按钮后，该按钮子菜单动态出现。选择"新闻"按钮，打开"代码片段"面板，双击"事件处理函数"文件夹中的"Mouse Over 事件"命令，如图 11-6 所示。系统新建一个 Actions 图层，并在第 1 帧处添加事件代码，然后对代码进行编辑，编辑后的代码如下：

```
btn1.addEventListener(MouseEvent.MOUSE_OVER,yr1); //当鼠标指针经过btn1按钮时
function yr1 (event:MouseEvent){
xw.gotoAndPlay(2);                              //新闻组子菜单出现
cj.gotoAndStop(1);                              //财经组子菜单不出现
ds.gotoAndStop(1);                              //读书组子菜单不出现
ty.gotoAndStop(1);                              //体育组子菜单不出现
kj.gotoAndStop(1);                              //科技组子菜单不出现   }
```

图 11-6　代码片段

(13) 为"新闻"按钮添加代码，使单击该按钮后，新闻组子菜单隐藏。选择该按钮，打开"代码片段"面板，双击"动作"文件夹下的"单击以隐藏对象"选项，就为"新闻"按钮添加了单击后的响应代码。下面对代码进行修改，修改后的代码如下：

```
btn1.addEventListener(MouseEvent.CLICK, fl_ClickToHide_2);
                                            //当单击btn1按钮时
function fl_ClickToHide_2(event:MouseEvent):void
{  xw.gotoAndStop(1);                        //新闻组子菜单不出现   }
```

(14) 按照上面步骤，为其他按钮添加代码。
(15) 将该文件保存为"导航"，发布并进行测试。

11.2　课件制作

11.2.1　应用组件开发

在课件中，经常需要有课堂练习题目。练习题目中常会包含一些选择题、填空题和判断题。下面分别使用 Flash 中的 RadioButton 组件、TextInput 组件和 ComboBox 组件制作单项选择题、填空题和判断题，并进行测试。

1．用 RadioButton 组件制作单项选择题

在各种练习题目中，单项选择题目是必不可少的题型。下面通过 RadioButton 组件来实现该功能。界面效果如图 11-7 所示。

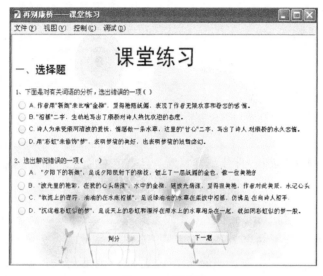

图 11-7　判断题

具体操作步骤如下：

（1）新建一个影片剪辑元件，命名为"选择题"。

（2）在"选择题"影片剪辑元件中，新建一个图层，命名为"背景"，导入准备好的背景图片，放置在舞台中，并设置其适应舞台大小，如图 11-8 所示。

（3）新建一个影片剪辑元件，命名为"判定"，在第 1 帧处绘制一个红色的对号，如图 11-9 所示。在第 2 帧处插入空白关键帧，并绘制一个叉号，如图 11-10 所示。在第 3 帧处插入空白关键帧，在"代码"面板中添加"stop();"代码段。

图 11-8　背景

图 11-9　对号

图 11-10　叉号

（4）在"组件"面板中选择 User Interface 中的 Button 组件，如图 11-11 所示，将其拖到舞台后再删除。该组件就显示在库当中。然后选择 RadioButton 组件，如图 11-12 所示，也将其拖到舞台后再删除。此时，打开库面板，里面就存在这两个组件，如图 11-13 所示。

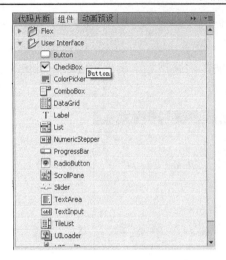 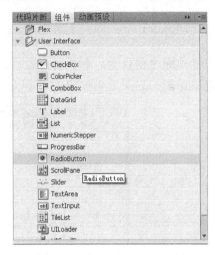

图 11-11 加入 Button 按钮　　　　　图 11-12　加入 RadioButton 按钮

（5）新建一个图层，命名为"内容"，先以静态文本形式，输入内容，如图 11-14 所示。然后从库中拖入一个 RadioButton 组件，并设置其属性，groupName 属性为 T1，label 属性为选项内容，如本选项设置内容为：A.作者用"新娘"来比喻"金柳"，显得艳丽妩媚，表现了作者无限欢喜和眷恋的感情。value 属性设置为 1，设置好后的属性栏如图 11-15 所示。舞台内容如图 11-16 所示。

 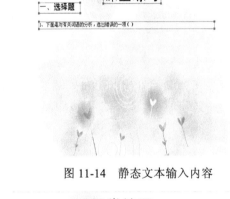

图 11-13　库中组件　　　　　　图 11-14　静态文本输入内容

图 11-15　选项 A 的"属性"面板　　　　图 11-16　舞台内容

（6）参照选项 A 的制作步骤，继续设置选项 B，设置 groupName 为 T1，label 属性为 B 的内容，value 属性设置为 2；然后制作选项 C 和 D，单选题 1 制作好后的效果如图 11-17 所示。

（7）依照步骤(5)和(6)，继续制作单选题 2，做好后的舞台如图 11-18 所示。

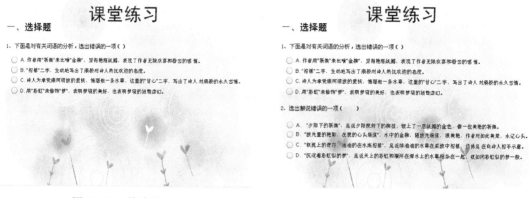

图 11-17　单选题 1　　　　　　　　　　　图 11-18　加入单选题 2

（8）在库中拖入两个 Button 按钮到舞台，放置在合适位置，并分别设置其 label 属性为"判分"和"下一题"，如图 11-19 所示。

（9）将库中的"判定"影片剪辑元件拖到舞台，拖入两个，并分别命名为 check1_xz 和 check2_xz，如图 11-20 所示。

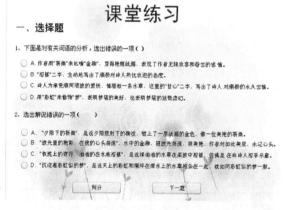

图 11-19　放置按钮后的舞台

图 11-20　"属性"面板

（10）新建一个图层，命名为"背景音乐"，将准备好的背景音乐先导入到库，然后将该音乐拖到舞台。

（11）选择"判分"按钮，为其添加代码片段，在"动作"文件夹下选择一个交互代码，在此选择"单击以定位对象"选项，如图 11-21 所示。

并双击该选项，这样就为"判分"按钮添加了代码。对该代码要继续进行编辑，在代码段最上面加入"import fl.controls.RadioButtonGroup; //用来导入 radiobutton 类"，删去函数内代码段，加入如下代码段：

```
if (RadioButtonGroup.getGroup("T1").selectedData==4) {
                                                //第一题如果选择的是第 4 项
```

```
        check1_xz.gotoAndStop(1);              //正确答案，显示对号
    } else {                                   //否则是错误答案，显示叉号
        check1_xz.gotoAndStop(2);
    }
    if (RadioButtonGroup.getGroup("T2").selectedData==2) {
                                               //第二题如果选择的是第 2 项
        check2_xz.gotoAndStop(1);              //正确答案，显示对号
    } else {                                   //否则是错误答案，显示叉号
        check2_xz.gotoAndStop(2);
    }
```

图 11-21 "代码片段"面板

（12）选择"下一题"按钮，选择"代码片段"面板中的"时间轴导航"文件夹下的"单击以转到场景并播放"选项，如图 11-22 所示。然后双击该选项，并修改代码如下：

```
MovieClip(this.root).gotoAndStop(2);
```

最终的动作代码如图 11-23 所示。

图 11-22 代码片段

图 11-23 代码

2. 用 TextInput 组件制作填空题

填空题在课件中的测试题目中很常见，下面利用 TextInput 组件制作填空题目。制作好的页面如图 11-24 所示。

具体操作步骤如下：

（1）执行"插入"→"新建元件"命令，插入一个影片剪辑元件，命名为"填空题"。

（2）打开该影片剪辑元件，输入静态文本，输入内容后如图 11-25 所示。

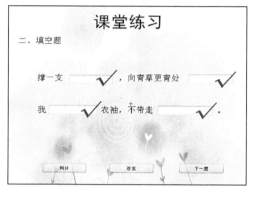

图 11-24　填空题界面

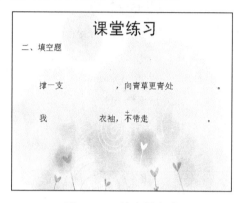

图 11-25　填空题文本

（3）新建一个图层，将该图层放在最下层，然后从库中将前面已经导入的背景图片 bg.jpg 拖到舞台中，并调整其大小和位置。

（4）打开"组件"面板，将 TextInput 组件拖到舞台，如图 11-26 所示，然后删除。该组件就出现在库中。将库中的 TextInput 组件拖到舞台，并命名为 a1，然后继续拖入 3 个 TextInput 组件，并分别命名为 a2、a3 和 a4。将其放置在合适位置。放置好的效果如图 11-27 所示。

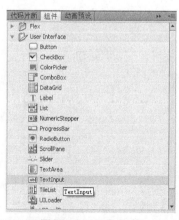

图 11-26　添加组件

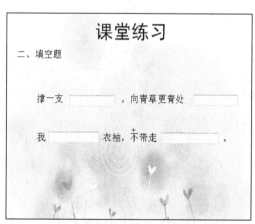

图 11-27　添加文本组件

（5）新建一个影片剪辑元件，重命名为"答案"，编辑该影片剪辑元件，在该影片剪辑元件中输入静态文本，如图 11-28 所示。

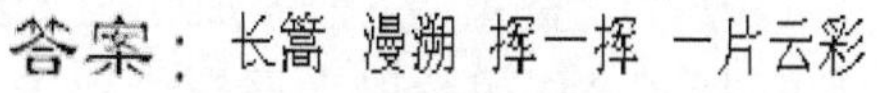

答案：长篙 漫溯 挥一挥 一片云彩

图 11-28　答案界面

（6）打开"填空题"影片剪辑元件，将"答案"影片剪辑元件拖到舞台，命名为 daan，在属性中的色彩效果中设置其 Alpha 值为 0，即完全透明，并将其放置在合适位置。设置好的效果如图 11-29 所示。

（7）将前面制作好的"判定"影片剪辑元件拖到舞台，命名为 check1_tk，继续拖入 3 个"判定"影片剪辑元件，分别命名为 check2_tk，check3_tk 和 check4_tk。并放置在合适位置，如图 11-30 所示。

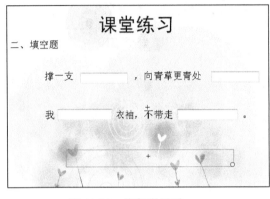

图 11-29　填空题界面　　　　　　　　　　　图 11-30　填空文本

（8）拖入 3 个 Button 组件，分别命名为 bu1、bu2 和 bu3，然后设置其 label 属性分别为"判分"、"答案"和"下一题"。设置好的效果如图 11-31 所示。

（9）为按钮添加代码。选择"判分"按钮，打开"代码片段"面板，双击"动作"文件夹中的"单击以定位对象"选项，如图 11-32 所示，新建 Actions 图层并打开，修改函数内的代码，添加以下代码：

```
if(a1.text=="长篙")          //如果第一个空格内容为答案"长篙"
    check1_tk.gotoAndStop(1);  //显示对号
else                          //否则，显示为叉号
    check1_tk.gotoAndStop(2);
if(a2.text=="漫溯")
     check2_tk.gotoAndStop(1);
else
  check2_tk.gotoAndStop(2);
if(a3.text=="挥一挥")
     check3_tk.gotoAndStop(1);
else
  check3_tk.gotoAndStop(2);
if(a4.text=="一片云彩")
  check4_tk.gotoAndStop(1);
else
  check4_tk.gotoAndStop(2);
```

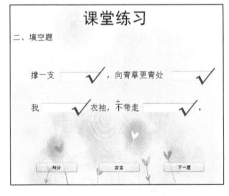

图 11-31　添加按钮

（10）为"答案"按钮添加代码。选择"答案"按钮，打开"代码片段"面板，双击"动作"文件夹下的"单击以隐藏对象"选项，如图 11-33 所示。在代码页中删除隐藏函数中的内容，添加以下代码：

`daan.alpha=100;` 　　//设置答案影片剪辑元件的透明度为不透明，即答案由隐藏变显示

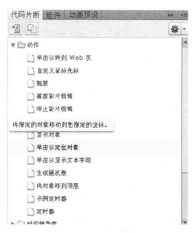 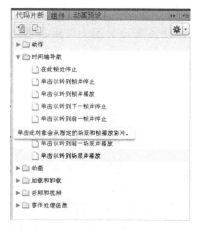

<table>
<tr><td>图 11-32　添加代码片段(1)</td><td>图 11-33　添加代码片段(2)</td></tr>
</table>

（11）为"下一题"按钮添加代码。选择"下一题"按钮，打开"代码片段"面板，双击"时间轴导航"文件夹下的"单击以转到场景并播放"选项，在代码页中删除原来函数内的内容，添加以下代码：

`MovieClip(this.root).gotoAndStop(3);`

最后代码页如图 11-34 所示。

图 11-34　代码

3. 用 ComboBox 组件制作判断题

判断题也是课件测试题目中的常见题型，下面将学习判断题的制作。制作好后的效果如图 11-35 所示。

具体操作步骤如下：

（1）执行"插入"→"新建元件"命令，新建一个影片剪辑元件，命名为"判断题"。

（2）打开该影片剪辑元件进行编辑，输入静态文本，如图 11-36 所示。

（3）新建一个图层，命名为"背景"，把该图层放入最下层，将前面库中导入的 bg.jpg 拖到舞台，并设置其适合舞台大小。

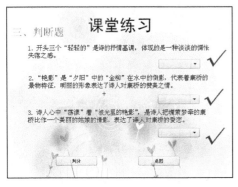

图 11-35　判断题页面

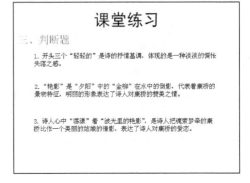

图 11-36　判断题文本

（4）在"组件"面板中将 ComboBox 组件拖到舞台，如图 11-37 所示，然后删除，这时库中就有了该组件。拖入一个 ComboBox 组件，放在第 1 个判断题的右下测，命名为 com1，如图 11-38 所示。

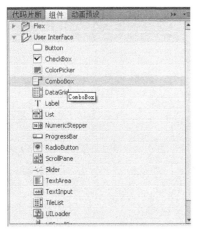

图 11-37　添加组件

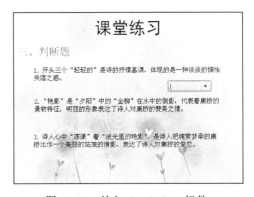

图 11-38　放入 ComboBox 组件

（5）对 ComboBox 属性进行设置。选择 com1 组件，单击"属性"，在"组件属性"中的 dataprovider 属性的"值"部分单击，弹出"值"对话框，分别设置正确的 label 属性为"正确"，错误的 label 属性为"错误"，如图 11-39 所示，单击"确定"按钮。然后设置 editable 属性为选中状态，如图 11-40 所示。

（6）再依次拖到两个 ComboBox 控件到舞台，分别命名为 com2 和 com3，并依照步骤（5）进行设置。然后拖入两个 button 控件，分别命名为 bu1_pd 和 bu2_pd，并分更设置其 label 属性为"判分"和"返回"。设置好后的舞台效果如图 11-41 所示。

图 11-39　设置值

图 11-40　设置组件属性

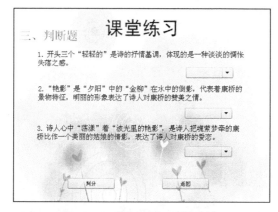

图 11-41　判断题完成后的效果

（7）将库中的"判断"影片剪辑元件拖到舞台，命名为 check1_pd，放在 com1 控件后面，然后分别在 com2 和 com3 控件后面拖入"判断"硬件剪辑元件，并命名为 check2_pd 和 check3_pd。

（8）为按钮添加动作。选择"判分"按钮，打开"代码片段"面板，双击"动作"文件夹下的"单击以隐藏对象"选项，新建一个 Actions 图层并打开，删去函数内的语句，添加以下代码：

```
if (com1.selectedItem.label=="正确")      //如果选择的答案是正确
  check1_pd.gotoAndStop(1);               //显示对号
else
  check1_pd.gotoAndStop(2);               //否则显示叉号
if (com2.selectedItem.label=="正确")
  check2_pd.gotoAndStop(1);
else
  check2_pd.gotoAndStop(2);
if (com3.selectedItem.label=="错误")
  check3_pd.gotoAndStop(1);
else
  check3_pd.gotoAndStop(2);
```

（9）选择"返回"按钮，打开"代码片段"面板，双击"时间轴导航"文件夹下的"单击以转到场景并播放"选项，并修改代码如下：

```
MovieClip(this.root).gotoAndStop(1);
```

最终的动作代码如图 11-42 所示。

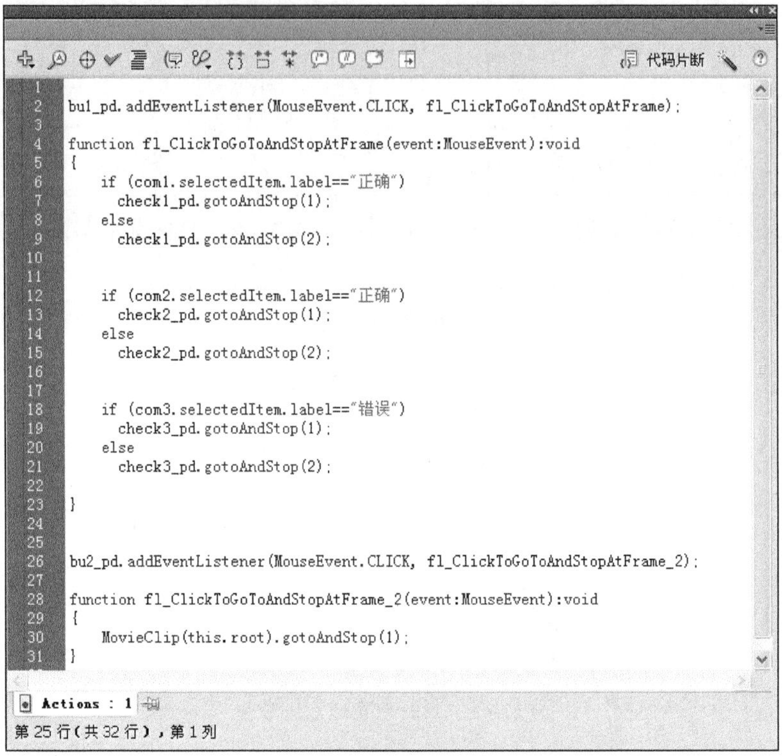

```
1
2    bu1_pd.addEventListener(MouseEvent.CLICK, fl_ClickToGoToAndStopAtFrame);
3
4    function fl_ClickToGoToAndStopAtFrame(event:MouseEvent):void
5    {
6        if (com1.selectedItem.label=="正确")
7            check1_pd.gotoAndStop(1);
8        else
9            check1_pd.gotoAndStop(2);
10
11
12       if (com2.selectedItem.label=="正确")
13           check2_pd.gotoAndStop(1);
14       else
15           check2_pd.gotoAndStop(2);
16
17
18       if (com3.selectedItem.label=="错误")
19           check3_pd.gotoAndStop(1);
20       else
21           check3_pd.gotoAndStop(2);
22
23   }
24
25
26   bu2_pd.addEventListener(MouseEvent.CLICK, fl_ClickToGoToAndStopAtFrame_2);
27
28   function fl_ClickToGoToAndStopAtFrame_2(event:MouseEvent):void
29   {
30       MovieClip(this.root).gotoAndStop(1);
31   }
```

Actions : 1
第 25 行（共 32 行），第 1 列

图 11-42　最终代码

4. 测试

返回 Flash 主场景，将"选择题"元件拖入第 1 帧，在第 2 帧位置插入空白关键帧，将"填空题"元件拖入舞台，在第 3 帧处插入空白关键帧，将"判断题"元件拖入舞台。保存文件，并按 Ctrl+Enter 快捷键进行测试。

11.2.2　制作课件

在本书的第 2 章，写出了课文"赤壁之战"的脚本设计，下面就对设计的模块进行一一实现。主界面如图 11-43 所示。具体操作步骤如下。

1. 主界面

（1）新建一个 Flash 文档，在打开的"新建文档"对话框，选择 ActionScript 3.0 类型，单击"确定"按钮，并保存为"赤壁之战.fla"。

图 11-43　"赤壁之战"主页面

（2）设置界面背景。将"图层 1"重命名为"背景"，执行"文件"→"导入"命令，导入一幅准备好的"赤壁之战"图片，将其拖到舞台，并设置其适合舞台大小。由于色彩太亮，所以需要设置其 Alpha 值。在舞台中选择该图片并右击，在弹出的快捷菜单中选择"转换为元件"命令，将其转化为影片剪辑元件，命名为"舞台背景"。然后在舞台中选择该元件，在"属性"面板的"色彩效果"→"样式"→Alpha 命令，将 Alpha 值调整为 75%。在第 24 帧处插入帧。

（3）制作立体动态标题。新建一个影片剪辑元件，命名为"主题文本"，在该元件编辑窗口，用文本工具写上"赤壁之战"，字号为 60，字体为隶书。然后为其设置滤镜效果，单击图 11-44 中红色部分按钮，选择"投影"和"发光"选项。设置后的效果如图 11-45 所示。接着为其设置动画效果。新建一个影片剪辑元件，命名为主题，将主题文本元件拖入，在第 60 帧的位置右击，选择"插入帧"，然后右击，选择"创建补间动画"命令；在第 20 帧的位置右击，在快捷菜单中选择插入关键帧，然后利用 3D 旋转工具，让元件顺时针旋转 180°，然后在 40 帧插入关键帧；继续利用 3D 旋转工具，让元件顺时针选装 180°。回到主场景，新建一个图层，命名为"标题"，将"主题"元件拖到"场景 1"中的舞台，并放在合适位置，如图 11-46 所示。

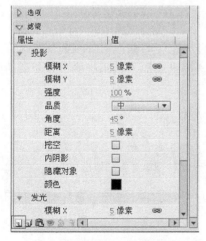

图 11-44　设置主页面文本

图 11-45　文本

（4）制作按钮。执行"插入"→"新建元件"命令，新建按钮元件，命名为"历史背景"。在元件内用矩形工具绘制矩形，绘制前适当调整属性当中的矩形选项，使绘制的矩形四角有弧度，然后用文本工具写上文字"历史背景"，效果如图 11-47 所示。

（5）按照步骤（4），继续制作"三国影像"、"人物传记"、"课文分析"、"巩固练笔"和"退出"按钮。然后把这些按钮拖到主场景中，并分别命名为 btn1、btn2、btn3、btn4、btn5 和 tc。最终效果如图 11-43 所示。

图 11-46　主页面文本

（6）添加背景音乐。新建一个图层，命名为"背景音乐"，将准备好的背景音乐导入到库中，然后将库中音乐拖入场景，并对音乐属性进行设置，如图 11-48 所示。

图 11-47　"历史背景"按钮　　　　　　　　图 11-48　设置背景音乐

（7）添加动作。选择"历史背景"按钮，在"代码片段"面板内的音频和视频文件夹中双击"单击以停止所有声音"选项，系统就自动为该按钮添加了代码；接下来对其进行编辑，编辑后的代码如下：

```
btn1.addEventListener(MouseEvent.CLICK, fl_ClickToStopAllSounds_4);
function fl_ClickToStopAllSounds_4(event:MouseEvent):void
{    SoundMixer.stopAll();              //停止所有声音
     gotoAndStop(2);                    //跳转到第 2 帧并停止   }
```

（8）其他按钮都按照步骤（7）进行操作和编辑，每个按钮都对应了主窗口中不同的关键帧。

2. 历史背景

（1）在"标题"图层中的第 2 帧处插入空白关键帧，利用文本工具输入静态文本，并对字体和字号进行设置，效果如图 11-49 所示。

（2）建立三国疆域图渐现动画。新建一个影片剪辑元件，命名为"三国疆域图"，将下载好的疆域图导入库中，然后将图片从库中拖入该元件，将其转换为影片剪辑元件，在属性中设置该元件的 Alpha 值为 0；在第 20 帧处插入帧，并创建补间动画，然后在第 20 帧处右击，在弹出的快捷菜单中执行"插入关键帧"→"颜色"命令，选择图片元件，设置其 Alpha 值为 100。这样就形成了图片的渐现动画。添加一个新图层，并在第 1 帧和第 20 帧分别添加动作代码"stop();"。效果如图 11-50 所示。

图 11-49　三国简介文本

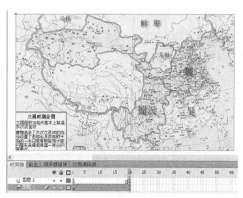

图 11-50　三国局势图

（3）回到主场景，用文本工具输入"三国疆域图"，右击将其转化为按钮元件，并命名为 dt。将"三国疆域图"元件拖入场景中，命名为 sgdt。效果如图 11-51 所示。

（4）为"三国疆域图"按钮添加代码。实现功能为：当鼠标指针经过按钮时，疆域图片逐渐显示出来。添加代码过程：选择该按钮，在片段代码片段框中双击"事件处理函数"中的"Mouse Over 事件"选项，系统自动为按钮添加了代码，对代码进行修改，修改后的内容如下：

```
dt.addEventListener(MouseEvent.MOUSE_OVER, fl_MouseOverHandler);
function fl_MouseOverHandler(event:MouseEvent):void    //当鼠标经过该按钮
{ sgdt.gotoAndPlay(2);        //疆域图动画从第 2 帧开始播放渐现动画}
```

接下来为按钮添加代码，实现如下功能：当鼠标指针离开按钮时，疆域图消失。步骤与上面的类似，区别在于这里要选择时间处理函数中的"Mouse Out 事件"。该代码如下：

```
dt.addEventListener(MouseEvent.MOUSE_OUT, fl_MouseOutHandler);
function fl_MouseOutHandler(event:MouseEvent):void //当鼠标指针离开该按钮
{ sgdt.gotoAndStop(1);   //动画停留在第 1 帧，即不显示该动画内容}
```

（5）为页面添加导航按钮。新建一个按钮元件，命名为"下一页"，对其进行编辑，利用矩形工具绘制一个矩形框，利用文本工具输入内容"下一页"。用同样方法制作"上一页"和"返回"按钮。从库中把"下一页"按钮和"返回"按钮拖到到舞台，分别命名为 n01 和 n02。效果如图 11-52 所示。

图 11-51 三国简介

图 11-52 为"三国简介"页面加导航

(6) 为导航按钮添加代码。选择"下一页"按钮，在代码片段框中双击"时间轴导航"文件夹下的"单击以转到帧并停止"选项，在打开的代码框中对已有的代码进行修改，修改后代码如下：

```
n01.addEventListener(MouseEvent.CLICK, fl_ClickToGoToAndStopAtFrame_4);
function fl_ClickToGoToAndStopAtFrame_4(event:MouseEvent):void
                              //当单击该按钮时
{  gotoAndStop(3);           //打开第 3 帧并停下来}
```

用相似的方法给"返回"按钮添加代码。

(7) 为该部分内容添加背景音乐。将准备好的音乐 back.mp3 导入库中，选择"背景音乐"图层，在第 2 帧中插入关键帧，把库中的 back.mp3 音乐拖入场景中。

(8) 制作"三国演义简介"和"赤壁之战简介"页面。在"标题"图层的第 3 帧和第 4 帧分别插入空白关键帧。然后对其进行编辑，并添加动作代码。页面分别如图 11-53 和图 11-54 所示。

图 11-53 "三国演义简介"页面

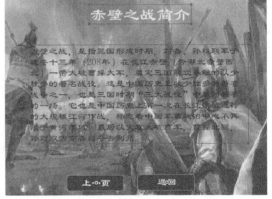

图 11-54 "赤壁之战简介"页面

3. 三国影像

(1) 在主窗口中"标题"图层的第 5 帧处插入空白关键帧，导入已经编辑好的"赤壁大战.flv"视频，将其拖入场景中，命名为 sp；然后制作"播放"按钮和"暂停"按钮，并将"播放"按钮、"暂停"按钮和"返回"按钮拖入舞台，分别命名为 bf、zt 和 spfh，写上静态文本，效果如图 11-55 所示。

（2）为"播放"按钮、"暂停"按钮和"返回"按钮添加动作代码。选择"播放"按钮，在"代码片段"面板中双击"音频和视频"文件夹下的"单击以播放视频"选项，然后在"代码片断"面板中对刚生成的代码进行编辑，编辑后的代码如下：

```
bf.addEventListener(MouseEvent.CLICK, fl_ClickToPlayVideo_2);
function fl_ClickToPlayVideo_2(event:MouseEvent):void
{ sp.play(); }
```

为"暂停"按钮和"返回"按钮添加代码并进行修改。修改后的代码分别如下：

```
zt.addEventListener(MouseEvent.CLICK, fl_ClickToPauseVideo_3);
                                    // "暂停" 按钮
function fl_ClickToPauseVideo_3(event:MouseEvent):void
{ sp.pause();}
spfh.addEventListener(MouseEvent.CLICK, fl_ClickToStopAllSounds_2);
                                    // "返回" 按钮
function fl_ClickToStopAllSounds_2(event:MouseEvent):void
{ SoundMixer.stopAll();          //停止播放所有声音
gotoAndStop(1);                  //返回到主窗口第 1 帧     }
```

4. 人物传记

（1）在主场景中"标题"图层的第 6 帧处插入空白关键帧，用文本工具输入静态文本，并将库中的"返回"按钮拖入舞台，如图 11-56 所示。给按钮命名，为其添加动作代码，使其链接到第 1 帧。

图 11-55　三国影像

图 11-56　人物传记

（2）制作图片按钮。新建一个按钮元件，命名为"曹操"，将下载好的曹操图片导入库中，然后将其拖入舞台上，并调整大小。在按钮元件的"指针经过"帧处插入关键帧，并用文本工具输入"曹操"二字，效果如图 11-57 所示。

（3）按照这种方法继续制作其他图像按钮。魏国有曹操、司马懿和曹植，蜀国有刘备、关羽和诸葛亮，吴国有孙权、周瑜和鲁肃。

（4）返回到主场景，将这些按钮一一拖入舞台，对按钮大小进行调整，并分别为其命名。例如，"曹操"按钮命名为 ctncc，"司马懿"按钮命名为 ctnsmy，效果如图 11-58 所示。

图 11-57　制作图片连接　　　　　　　图 11-58　人物传记

（5）为每个人物添加人物简介。在主场景的"标题"图层中的第 7 帧处插入空白关键字，输入静态文本，并从库中拖入一个"返回"按钮，为其命名并添加代码，使其返回到第 6 帧人物传记窗口，效果如图 11-59 所示。

（6）按照上面的步骤，继续插入空白关键帧，为剩下 8 位历史人物分别添加简介内容。

（7）为第 6 帧中的图片按钮添加代码，连接到与其对应的人物简介页面。选择"曹操"按钮，在"代码片段"面板中双击"时间轴导航"文件夹下的"单击以转到帧并停止"选项，系统自动添加代码，然后对代码进行简单修改，修改后的代码如下：

```
ctncc.addEventListener(MouseEvent.CLICK, fl_ClickToGoToAndStopAtFrame_5);
function fl_ClickToGoToAndStopAtFrame_5(event:MouseEvent):void
{  gotoAndStop(7);}
```

（8）按照步骤（7）为其他按钮元件添加代码。

5. 课文分析

（1）在第 16 帧处插入空白关键帧，输入课文分析时需要给出的问题，问题以静态文本的形式出现。同样需要一个"返回"按钮，单击后可以返回到第 1 帧。

（2）新建一个按钮元件，命名为"答案提示"。使用矩形工具画一个矩形，在上面输入文本答案提示。然后将按钮元件拖入主场景，并为各个按钮元件命名，如图 11-60 所示。

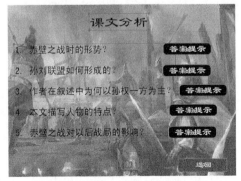

图 11-59　曹操简介　　　　　　　　图 11-60　课文分析

(3) 制作赤壁之战时的战局形势图。在 17 帧处插入空白关键帧，输入静态文本，导入下载好的赤壁之战时的地图，并从库中添加一个"返回"按钮。舞台效果如图 11-61 所示。为"返回"按钮设置代码使其链接到第 16 帧。

(4) 参考步骤(3)为剩余题目制作答案提示并给出返回链接。

6. 巩固练笔

巩固练笔的主界面如图 11-62 所示。

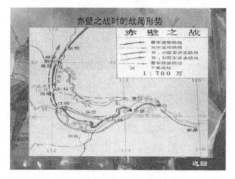

图 11-61　战局形式页面

图 11-62　巩固练笔界面

参照课本 11.2.1 小节制作单选题、填空题和判断题，将其制作成为影片剪辑元件，分别放在主场景的第 23 帧、第 24 帧和第 25 帧，用前面制作课文分析时的方法制作图片中第 4 和第 5 题，并放在主场景的第 26 帧和第 27 帧中。

7. 退出

功能：当单击图片时，退出窗口。

(1) 制作"退出"按钮。在"场景 1"的"背景"图层中的第 28 帧处插入一个空白关键帧，将图片"桃园三结义.jpg"导入舞台，设置其适合舞台大小。将该图转换为按钮元件，命名为"退出场景"，命名为 tccj，并在色彩效果中设置样式的 Alpha 值为 60。设置后的效果如图 11-63 所示。

(2) 制作退出文本。插入一个影片剪辑元件，命名为"退出文本"，输入静态文本，如图 11-64 所示。

图 11-63　退出页面图片

| 教材：人教版 |
| 脚本编辑：某某某 |
| 制作人：某某某 |
| 制作时间：2012.08 |
| 作者单位：**** |

图 11-64　文本内容

(3) 制作动态退出文本。新建一个影片剪辑元件，命名为"退出动画"，将建好的"退出文本"元件拖入舞台，选择该元件，单击"动画预设"按钮，在"动画预设"面板中选择默认预设中的 3D 文本滚动，如图 11-65 所示。接着单击"应用"按钮，系统为该元件建立了动画。

（4）在主窗口中"标题"图层的第 28 帧处，插入空白关键帧，将"退出动画"元件拖入场景中适当位置，效果如图 11-66 所示。

图 11-65　设置文本动画

图 11-66　退出页面

（5）为图片按钮添加动作代码。选择主场景中的"图片按钮"元件，在"代码片段"面板中双击"动作"文件夹下的"单击以隐藏对象"选项，系统自动为按钮添加代码。对代码进行修改，修改后的代码如下：

```
tccj.addEventListener(MouseEvent.CLICK, fl_ClickToHide_3); //当单击图片按钮
function fl_ClickToHide_3(event:MouseEvent):void
{
    flash.system.fscommand("quit");                        //退出播放界面
}
```

11.3　制作 MTV——三个和尚

本例子以传统故事《三个和尚》为原型，以动画的形式展现出来。动画首页如图 11-67 所示。

具体的操作步骤如下：

（1）新建 Flash 文档，在"新建文档"对话框中的"常规"选项卡中选择"ActionScript3.0"，并设置文档属性参数，如图 11-68 所示。

图 11-67　"三个和尚"首页

图 11-68　文档属性

（2）新建"图层 1"，命名为"声音"。在第 2 帧处插入关键帧，添加声音文件"三个和尚.wav"。设置其"同步"属性为"数据流"，如图 11-69 所示。通过图 11-69 中"效果"选项中的"自定义"选项可以看到，该声音需要 1500 帧，因此在 1500 帧处插入普通帧。

（3）新建一个图层，命名为"背景"，将图片"首页.jpg"导入舞台，并设置其适合舞台大小；添加标题文本"三个和尚"，设置其字体为"华文隶书"，大小为 60，为文本添加滤镜效果，在这里添加"发光"和"投影"两种滤镜，将"发光"滤镜的"颜色"由"红色"更改为"白色"，如图 11-70 所示。

图 11-69　声音属性设置　　　　　　　　　图 11-70　滤镜效果设置

（4）制作一个"进入"按钮，将其拖入场景当中，命名为 jr，并为按钮设置动作。选择该按钮，单击"代码片段"按钮，在打开"代码片段"面板中双击"时间轴导航"文件夹下的"单击以转到帧并播放"选项，并对其进行修改，修改后如图 11-71 所示。首页效果如图 11-67 所示。

（5）在主场景的"背景"图层中第 1 帧处右击，在弹出的快捷菜单中选择"动作"命令，为第 1 帧添加动作语句"stop();"。

（6）在"背景"图层中第 2 帧处插入空白关键帧，将图片"草坪.jpg"导入舞台，使其适应舞台大小。在舞台底部区域用矩形工具绘制一个黑色的矩形框，作为后面写歌词的背景，效果如图 11-72 所示。

图 11-71　按钮动作代码　　　　　　　　　图 11-72　第 2 帧背景

（7）新建影片剪辑元件"大和尚"、"二和尚"和"小和尚"并进行绘制，绘制后的效果分别如图 11-73～图 11-75 所示。

图 11-73　大和尚

图 11-74　二和尚

图 11-75　小和尚

（8）将第 9 章中制作好的逐帧动画"大和尚侧面走"转换为影片剪辑元件，命名为"大和尚侧面走"。用同样技术制作"二和尚侧面走"影片剪辑元件。制作好后的"二和尚侧面走"元件如图 11-76 所示。

（9）新建影片剪辑元件"水桶"和"扁担"，分别如图 11-77 和图 11-78 所示。

图 11-76　二和尚侧面走

图 11-77　水桶

图 11-78　扁担

（10）新建影片剪辑元件，命名为"大和尚挑水"。双击打开该元件，新建一个图层，命名为"身体"，将"大和尚侧面走"影片剪辑元件拖入；再新建一个图层，命名为"挑水"，该图层编辑的是扁担和水桶随着身体走动时，水桶和扁担的上下起伏状态，将该图层放在"身体"图层的下层；再新建一个图层，命名为"后臂"，该图层编辑的是当大和尚侧面挑水时，右手臂会随着水桶的上下起伏而跟着摆动，该图层放在最下层。建好后元件的一个画面如图 11-79 所示，元件时间轴如图 11-80 所示。

图 11-79　和尚挑水画面

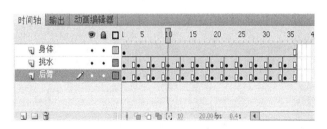

图 11-80　大和尚挑水时间轴

（11）新建一个影片剪辑元件，命名为"两个和尚抬水"。打开该元件进行编辑。首先新建一个图层，命名为"大和尚"，将"大和尚侧面走"元件拖入该图层；然后新建一个图层，命名为"二和尚"，将"二和尚侧面走"影片剪辑元件拖入该图；接着新建一个图层，命名为"挑水"，该图层放在前面两个图层的下层，通过关键帧画面调整扁担和水桶的状态，从而让人和扁担、水桶协调运动；再新建两个图层，分别命名为"大和尚后臂"和"二和尚后臂"，这两个图层分别是两个和尚的右臂，依次放在最下层，并在不同关键帧中呈现不同状态，让手臂和身体运动协调。编辑后的一个画面如图 11-81 所示，时间轴如图 11-82 所示。

图 11-81　两个和尚抬水

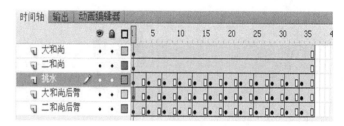

图 11-82　两个和尚抬水时间轴

（12）新建一个影片剪辑元件，命名为"大和尚摆手"。打开该元件，新建一个图层，命名为"身体"，绘制图像如图 11-83 所示，并在第 10 帧插入普通帧；再建一个图层，命名为"右臂"，在该图层中绘制如图 11-84 所示图形，在第 6 帧处插入关键帧，调整手臂状态如图 11-85 所示，并在第 10 帧处插入普通帧。做好后的第 1 帧如图 11-86 所示，时间轴如图 11-87 所示。

图 11-83　大和尚身体

图 11-84　第 1 帧手臂

图 11-85　调整后的手臂

图 11-86　第 1 帧和尚

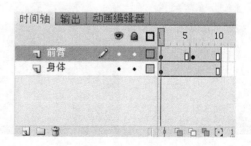

图 11-87　大和尚摆手时间轴

（13）参照步骤(12)，新建两个影片剪辑元件，分别命名为"二和尚摆手"和"小和尚摆手"，并分别给每个元件绘制图画，绘制完成后如图 11-88 和图 11-89 所示。

（14）返回主场景，在"背景"图层的第 2 帧处插入空白关键帧，将图片"草坪.jpg"导入舞台，并调整其适应舞台大小。

（15）新建一个图层，命名为"人物 1"，在第 2 帧处插入关键帧，将"大和尚挑水"元件拖入场景中，调整合适位置，如图 11-90 所示。在第 194 帧处插入空白关键帧，将"两个和尚抬水"元件拖入场景中，并将元件放大，如图 11-91 所示。

图 11-88　二和尚摆手

图 11-89　小和尚摆手

图 11-90　和尚挑水

（16）在"人物 1"图层中的第 264 帧处插入关键帧，并将抬水元件缩小，如图 11-92 所示。在第 388 帧处插入空白关键帧，将"大和尚摆手"、"二和尚摆手"和"小和尚摆手"元件拖入场景，并将"水桶"和"扁担"元件拖入，如图 11-93 所示。将这些对象转换为影片剪辑元件，命名为"摆手"。

图 11-91　抬水元件放大

图 11-92　缩小后的抬水元件

图 11-93　第 388 帧处图像

（17）在第 412 帧处插入关键帧，移动"摆手"元件位置并创建补间动画，在第 412～478 帧制作依次出现每个和尚摆手及全部出现的画面，每个和尚摆手画面如图 11-94 所示。

图 11-94　每个和尚摆手画面

（18）在"人物 1"层的第 578 帧、第 602 帧和第 627 帧处分别插入空白关键帧，分别绘制图形，如图 11-95 所示。

图 11-95　在 3 帧中分别插入的图片

（19）在第 662 帧插入空白关键帧，将"大和尚挑水"、"两和尚抬水"元件拖入舞台，如图 11-96 所示。

图 11-96　和尚抬水　　　　　　　　　　图 11-97　询问

（20）在"人物 1"图层的上层，新建一个图层，命名为"问号"，在第 707 帧处插入关键帧，绘制图形"？"并转化为影片剪辑元件，命名为"问号"。绘制好的舞台效果如图 11-97 所示。在第 712 帧处将"问号"元件缩小，如图 11-98 所示，并在第 707～712 帧创建传统补间动画。然后在第 719 帧处插入空白关键帧。

图 11-98　挑水加问号　　　图 11-99　抬水加问号　　　图 11-100　三个和尚加问号

（21）参照大和尚加问号的方法，分别在"问号"图层的第 726 帧和第 743 帧处插入关键帧，分别在这些关键帧处拖入"问号"元件，并制作动画效果。效果如图 11-99 和图 11-100 所示。该处的时间轴如图 11-101 所示。

（22）分别在"背景"和"人物 1"图层的第 766 帧处插入空白关键帧，添加"首页.jpg"作为背景，输入文字"完"并参考第 1 帧处的题目文本添加滤镜效果，将"进入"按钮拖入舞台，如图 11-102 所示。并给按钮元件添加动作。动作语句如图 11-71 所示。在"背景"图层的第 766 帧处添加动作语句"stop();"。

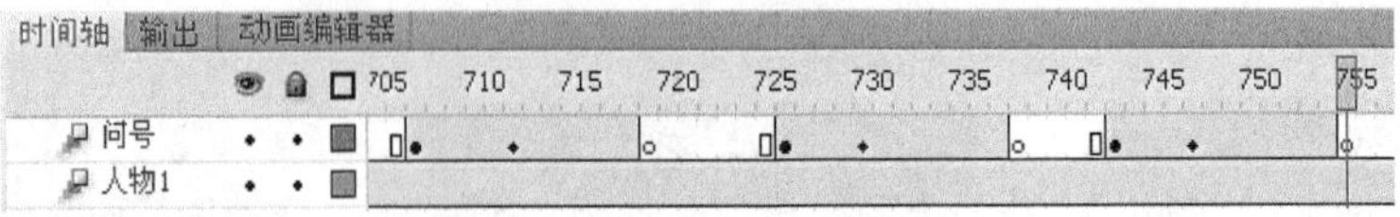

图 11-101 加问号时间轴

（23）添加歌词。在主场景中添加一个新图层，命名为"歌词"，将该图层作为最上面的图层。在"歌词"图层的第 2 帧处插入关键帧，在舞台下面黑色区域写上歌词"一个和尚呀么挑水喝"，如图 11-103 所示。根据声音播放速度，继续在"歌词"图层合适的位置插入空白关键帧，写下后续歌词。例如，在第 87 帧处插入空白关键帧，写上歌词"嘿嘿"。

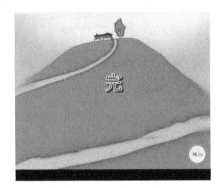

图 11-102　结束画面

图 11-103　添加歌词后第 2 帧画面

（24）保存影片，并按 Ctrl + Enter 快捷键测试影片。

11.4　制作视频播放器

制作一个视频播放器，当要看不同视频时，可以通过按钮进行切换。制作好的播放器效果如图 11-104 所示。

图 11-104　视频播放器效果

操作步骤如下：

（1）新建一个 Flash 文档，在"新建文档"对话框中选择"ActionScript 3.0"，然后单击"确定"按钮。并对其进行保存，命名为"视频播放"。

（2）制作播放器外观。到网上下载一幅电视正面图片，作为播放器的背景。执行"文件"→"导入"命令，将下载的图片导入舞台。设置其适合舞台大小。

（3）导入视频。执行"文件"→"导入"→"导入视频"命令，打开"导入视频"对话框，在该对话框中单击"浏览"按钮，在打开对话框中选择要导入的视频，单击"打开"按钮，就将准备好的视频导入舞台，将导入的视频命名为 sp。

（4）制作按钮。新建按钮元件，命名为"视频 1"，利用矩形工具绘制一个以黑色为填充色的矩形，设置矩形的边角半径，使其边角呈现圆弧状；然后用文本工具在矩形区域写上文字"视频 1"。参照该步骤继续制作"视频 2"、"视频 3"和"退出"按钮。接着制作"暂停"按钮和"播放"按钮，和制作"视频 1"按钮类似，只是矩形填充色由黑色改变为褐色。

（5）在主场景中用矩形工具在舞台右侧绘制一个以褐色为填充色的大矩形作为视频频道的背景，用文本工具输入静态文本，然后拖入"视频 1"、"视频 2"、"视频 3"、"退出"、"暂停"和"播放"按钮，并分别命名为 stsp1、stsp2、stsp3、sttc、stzt、stbf，制作好的效果如图 11-104 所示。

（6）为按钮添加代码。将"视频 1"、"视频 2"和"视频 3"的播放内容放在和保存本文档相同的目录下。选择"视频 1"按钮，在"代码片段"面板中双击"音频和视频"文件夹下的"单击以设置视频源"选项，如图 11-105 所示，系统为按钮自动添加代码，对代码进行编辑。编辑后的代码如下：

```
stsp1.addEventListener(MouseEvent.CLICK, fl_ClickToSetSource_2);
                                      //当单击视频 1 按钮时
function fl_ClickToSetSource_2(event:MouseEvent):void
{   sp.source = "视频 1.flv";        //将原来视频置换为视频 1.flv}
```

图 11-105　代码片段

参照"视频1"按钮添加代码方法，为"视频2"和"视频3"按钮添加代码并修改。

为"暂停"按钮添加代码。选择"暂停"按钮，在"代码片段"面板中双击"音频和视频"文件夹下的"单击以暂停视频"选项，系统为按钮自动添加了代码，然后对其进行编辑。编辑后的代码如下：

```
stzt.addEventListener(MouseEvent.CLICK, fl_ClickToPauseVideo_2);
function fl_ClickToPauseVideo_2(event:MouseEvent):void
{   sp.pause();                            //视频暂停}
```

参照"暂停"按钮添加代码方法，为"播放"按钮添加代码并修改。

为"退出"按钮添加代码。选择"退出"按钮，在"代码片段"面板中双击"动作"文件夹下的"单击以隐藏对象"选项，系统自动为按钮添加代码，然后对代码进行编辑。修改后的代码如下：

```
sttc.addEventListener(MouseEvent.CLICK, fl_ClickToHide);
function fl_ClickToHide(event:MouseEvent):void
{   fscommand("quit");                     //单击"退出"按钮，将退出窗口}
```

（7）对文件进行保存，按 Ctrl+Enter 快捷键进行测试。

11.5　制作拼图游戏

拼图游戏是一种常见的简单游戏，它是将组成图片的几部分散乱放置，然后将其拼接成一幅完整的图片。本例将介绍用 Flash 制作拼图游戏。制作好后的游戏界面如图 11-106 所示。

图 11-106　拼图游戏

具体操作步骤如下：

（1）新建一个 Flash 文档，在"新建文档"对话框中选择"Action Script 3.0"。

（2）将拼图小图片 01.jpg、02.jpg、03.jpg、04.jpg、05.jpg、06.jpg 和背景.jpg 导入库中。新建一个图层，命名为"背景"，从库中拖入图片"背景.jpg"到舞台，并设置其适合舞台大小，设置好的效果如图 11-107 所示。

（3）新建一个影片剪辑元件，命名为 pic1，打开该元件，将库中的 01.jpg 拖入舞台，并将图片放入中心位置，如图 11-108 所示。

图 11-107　背景图片

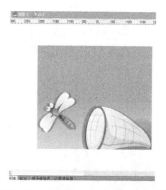

图 11-108　pic1 影片剪辑元件

（4）参照步骤（3）方法，分别建立名称为 pic2～pic6 的影片剪辑元件，并依次将库中图片 02.jpg～06.jpg 拖入相应的影片剪辑元件中。

（5）新建一个影片剪辑元件，命名为 blockmc1，打开该元件，在第 1 帧处用矩形工具绘制一个矩形，该矩形即无填充颜色，边框也没有颜色，如图 11-109 所示。为第 1 帧添加标签，选择该帧，在"属性"面板的"标签属性"名称框中输入"none"，此时在时间轴上的第 1 出现一个小红旗。

（6）在第 2 帧处插入关键帧，将库中的 pic1 影片剪辑元件拖入舞台，调整元件大小，让其刚好覆盖第 1 帧中的矩形框，如图 11-110 所示。为第 2 帧添加标签，选择该帧，在"属性"面板的"标签属性"名称框中输入"num1"。

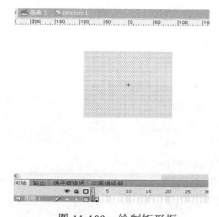

图 11-109　绘制矩形框

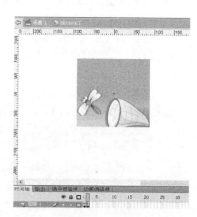

图 11-110　导入 pic1

（7）新建一个图层，给第 1 帧添加动作代码"stop();"。

（8）参照步骤（5）、（6）和（7），制作影片剪辑元件 blockmc2～blockmc6。

（9）新建一个影片剪辑元件，命名为 empty，该影片剪辑元件内容为空。

（10）返回到主场景，新建一个图层，命名为 emptySwap，将 empty 影片剪辑元件拖入，并命名为 empty。

（11）新建一个图层，命名为"拼图素材"，将元件 pic1 拖入，并命名为 num1；继续将元件 pic2～pic6 拖入，分别命名为 num2～num6。拖入后的效果如图 11-111 所示。

（12）新建一个图层，命名为"拼图框"。用线条绘制一个拼图框，该框由 6 个由黑线条的方块组成，放入主场景中的右侧，将"拼图框"转换为影片剪辑元件。在库中将元件 blockmc1 拖入场景，命名为 block1，调整元件大小，使其和拼图框中的小方块大小一致。调整后的效果如图 11-112 所示。

图 11-111　加入拼图素材

图 11-112　拼图框中放入元件

（13）在"拼图框"图层中，继续拖入元件 blockmc2～blockmc6，分别放入拼图框中的另外 5 个小方块中，依次命名为 block2～block6。

（14）添加一个新的图层，命名为 as。在第 1 帧处添加代码。具体的代码如下：

```
import flash.events.MouseEvent;
import flash.display.MovieClip;
import flash.display.DisplayObject;
stop();       //影片停止
var oriPosition:Array = new Array();
            //oriPosition对象用来保存拖入目标的初始属性
for (var index:int=1; index<=6; index++){
    oriPosition[index-1] = new Object();
    oriPosition[index-1].numName = "num"+index;
    oriPosition[index-1].x = this["num"+index].x;
    oriPosition[index-1].y = this["num"+index].y;}
var hitObjArray1:Array = new Array();       //各个方框内的正确值
var block1Value:String = "num1";
var block2Value:String = "num2";
var block3Value:String = "num3";
var block4Value:String = "num4";
var block5Value:String = "num5";
var block6Value:String = "num6";
var rightHit:Boolean = false;
var tempObj:MovieClip = new MovieClip();
```

```
//drag布尔变量用于判断图标是否是第1次单击(即是否处于被拖拽状态)
var drag:Boolean = false;
//初始化舞台内容: ---------;
init();
function init():void
{
    numPosition();
    hitObjArray1 = [block1, block2, block3, block4, block5, block6];
    drag = false;
    addListenerToPic();    }
function numPosition():void
{    for (var k:int=1; k<=6; k++){
        this["num"+k].x = oriPosition[k-1].x;
        this["num"+k].y = oriPosition[k-1].y; }    }
//图标注册侦听函数,运行后开始侦听
function addListenerToPic():void
{    for (var i:int=1; i<= 6; i++)
    {
        this["num" + i].addEventListener(MouseEvent.CLICK,
            clickNum1); }    }
function removeListenerToPic1():void
{    for (var i:int=1; i<= 6; i++)
    {    this["num" + i].removeEventListener(MouseEvent.CLICK,
            clickNum1); }}
function clickNum1(evt:MouseEvent):void    //定义单击图标后的处理函数
{    tempObj = MovieClip(evt.currentTarget);
    this.swapChildren(empty, tempObj);
    drag = ! drag;
    if (drag)
    {        tempObj.startDrag(true);    }
    else
    {    tempObj.stopDrag();
        rightHit = false;
        for (var n:int=0; n<hitObjArray1.length; n++)
        {    if (hitObjArray1[n].hitTestPoint(tempObj.x, tempObj.y, false))
            {    if (tempObj.name == this[hitObjArray1[n].name+"Value"]){
                    tempObj.removeEventListener(MouseEvent.CLICK,
                                            clickNum1);
                    tempObj.x = hitObjArray1[n].x;
                    tempObj.y = hitObjArray1[n].y;
                    hitObjArray1.splice(n, 1);
                    rightHit = true;    }
                break;  }    }
        if (! rightHit)
        {    tempObj.x = oriPosition[int(tempObj.name.
```

```
                        substring(3))-1].x;
        tempObj.y = oriPosition[int(tempObj.name.
                        substring(3))-1].y;      }}}
```

（15）新建一个图层，命名为"背景音乐"；导入"背景音乐.mp3"到库中，在"属性"面板中设置其同步内容为"开始"和"循环"，如图 11-113 所示。

图 11-113　设置背景音乐属性

（16）保存该文件，按 Ctrl + Enter 快捷键，测试并播放影片。

11.6　实　践　任　务

任务 1：制作课件练习题。

实践内容：参照本章中应用组件开发的实例，围绕"古诗三首"制作课件练习题。要求：练习题中至少要有填空题、选择题和判断题，还可以加入连线题、问答题等。内容要充实，有导航，能显示正确答案，甚至可以得到测试分值，如图 11-114 所示。

任务 2：将练习题加入"古诗三首"课件中。

实践内容：任务 1 中制作的练习题目是在元件中完成的。要求将这些题目加入到课件"古诗三首"中。要求：将制作好的元件放在"古诗三首"课件的"习题"元件中，使其和课件内风格一致，如图 11-115 所示。

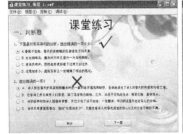 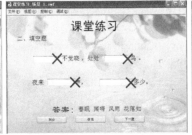 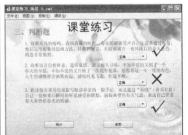

图 11-114　课堂练习题

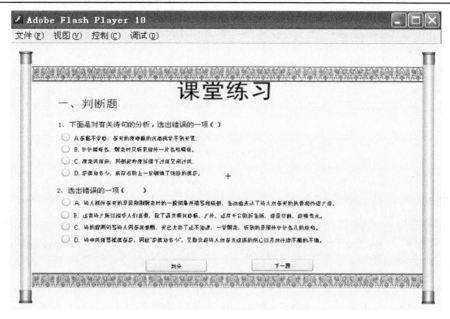

图 11-115　练习题目加入"古诗三首"

思考练习题 11

11.1　在课件中如果加入其他题目，如连线题目和猜谜题目(当鼠标指针放在谜面上，谜底会显示出来)，该如何做？

11.2　在制作较大型动画项目时，由于用到的图片、声音等素材很多，在库中显示得很乱，如何对这些杂乱的素材进行归类，让其井井有条。

第 12 章　网页制作 Dreamweaver

12.1　Dreamweaver 概述

　　Dreamweaver 是著名的网站开发工具，其最初由 Macromedia 公司开发研制，随着 Macromedia 公司被 Adobe 公司收购后，成为 Abode 公司旗下主打网页设计的一款软件，目前其最新版本为 Adobe Dreamweaver CS6。本章将以主流的 Adobe Dreamweaver CS5 为基础进行介绍。

　　Adobe Dreamweaver CS5 是一款集网页制作和管理网站于一身的所见即所得网页编辑器，也是针对专业网页设计师特别发展的视觉化网页开发工具，利用它可以轻而易举地制作出跨越平台限制和跨越浏览器限制的充满动感的网页。它支持"所见即所得"模式设计网页，还支持代码提示功能和多种类型标记语言与编程语言，可用于开发网站程序或开发基于 AIR 技术的网络应用。

12.1.1　Dreamweaver CS5 界面环境

　　Dreamweaver CS5 主窗口包括标题栏、菜单栏、插入工具栏、文档编辑窗口、属性面板、浮动面板 6 部分，如图 12-1 所示。

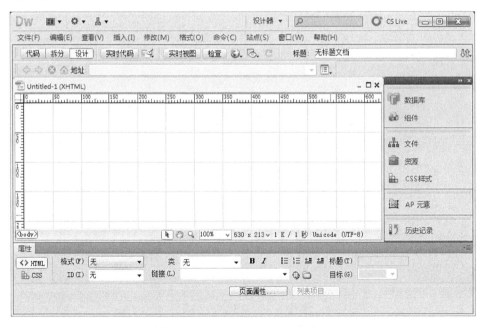

图 12-1　Dreamweaver CS5 主窗口

12.1.2　Dreamweaver 站点的创建

要制作一个能够被公众浏览的网站，首先要在本地磁盘上制作这个网站(本地站点)，然后把这个网站上传到 Internet 的 Web 服务器上，Dreamweaver CS5 提供了强大的站点管理功能。

使用向导创建本地站点的具体步骤如下：

（1）打开 Dreamweaver CS5，执行"站点"→"新建站点"命令，弹出"站点设置对象"对话框，输入站点名称，并设置"本地站点文件夹"的路径和名称，单击"保存"按钮，如图 12-2 所示。

（2）本地站点创建后，在"文件"面板的"本地文件"窗格中显示该站点的根目录，如图 12-3 所示。

图 12-2　创建本地站点

图 12-3　本地站点文件

12.1.3　创建网页文档

制作网页应该从创建空白文档开始。创建网页文档的步骤如下：

（1）执行"文件"→"新建"命令，打开"新建文档"对话框，如图 12-4 所示。

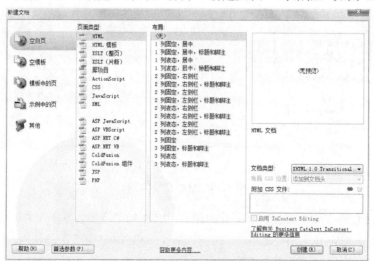

图 12-4　创建空白文档

（2）选择"空白页"选项，在"页面类型"列表框中选择 HTML 选项，在右侧的列表框中选择"<无>"选项，然后单击"创建"按钮，即可创建一个空白文档。

（3）页面属性的设置，即设置整个网站页面的外观效果。执行"修改"→"页面属性"命令，或按 Ctrl+J 快捷键，打开"页面属性"对话框，从中可以设置外观、链接、标题、编码和跟踪图像等属性。

（4）保存文档。

12.2　Dreamweaver 基本操作

12.2.1　插入网页文本与图像

浏览网页时，文本和图像是最直接的表达信息方式。文本是基本的信息载体，不管网页内容如何丰富，文本自始至终都是网页中最基本的元素。图像能使网页的内容更加丰富多彩、形象生动。

1. 输入文本内容

在网页中输入文本有 4 种方法。

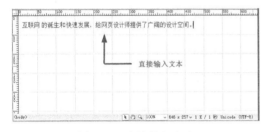

图 12-5　直接输入文本

（1）直接输入法：在网页编辑窗口的空白区域单击，窗口中出现闪烁的光标，这表示输入文字的位置，此时直接输入文本即可，如图 12-5 所示。

（2）复制粘贴法：首先在其他窗口中选择文本，按 Ctrl+C 快捷键复制，然后将光标定位到 Dreamweaver CS5 窗口中要插入文本的地方，按 Ctrl+V 快捷键，将其粘贴到指定位置，如图 12-6 所示。

（a）复制文本

（b）粘贴文本

图 12-6　复制粘贴文本

（3）导入已有的 Word 文档，将其作为网页。将光标定位到要导入文本的位置，执行"文件"→"导入"→"Word 文档"命令，这时导入的文本格式与 Word 中的相同，如图 12-7 所示。

（4）将文本文件或经过文字处理的文件转换为 HTML 文件，然后在 Dreamweaver 中打开。

2．插入图像

在网页中插入图像，可以使网页的内容更加丰富，更加吸引浏览者浏览网页。此外，还可以在"属性"面板中对插入的图像进行一系列的编辑操作。过多的图像也会影响网页的下载速度，因此在设计网页时要整体考虑图像的数目和大小。网页中通常使用的图像格式有 3 种，即 GIF、JPEG 和 PNG。

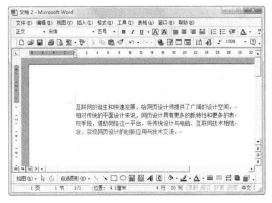
(a) Word 文档

(b) 导入 Word 文档后

图 12-7　导入 Word 文档

在网页中插入图像的方法如下：在文档空白位置单击，执行"插入"→"图像"命令，在打开的"选择图像源文件"对话框中选择要插入的图像，单击"确定"按钮。

3．插入鼠标经过图像

鼠标经过图像是一种在浏览器中查看并使用鼠标指针移过它时发生变化的图像。鼠标经过图像实际上是由两个有纹理和亮度区别的图像组成：主图像(首次载入网页时显示的图像，如图 12-8(a)所示)和次图像(当鼠标指针移过主图像时显示的图像，如图 12-8(b)所示)。鼠标经过图像中的这两个图像应大小相等；如果这两个图像大小

(a)　　　(b)

图 12-8　图像对比

不同，Dreamweaver 将自动调整第 2 个图像的大小以匹配第 1 个图像的属性。

例 12-1：制作图文并茂的诗歌欣赏网页，预览效果如图 12-9 所示。

图 12-9　图文并茂网页效果

具体操作步骤如下：

（1）在 Dreamweaver 中，执行"文件"→"新建"命令，在弹出的"新建文档"对话框中选择"页面类型"为 HTML；"布局"为"<无>"，创建一个 HTML 网页文档。

（2）在"文档"栏的"标题"文本框中输入"诗歌"文本。

（3）执行"文件"→"保存"命令，保存文件名为 shige 的 HTML 文档。

（4）单击"属性"面板的"页面属性"按钮，打开"页面属性"对话框。选择"外观（CSS）"选择，单击"背景图像"右侧的"浏览"按钮，在弹出的对话框中选择 bg.jpg 背景图像，设置"左边距"、"右边距"、"上边距"和"下边距"均为 0px，单击"应用"按钮，将其应用到网页文档中，如图 12-10 所示。

图 12-10　页面属性设置

（5）打开"诗歌.txt"文本文件，选择其中的诗歌文本，按 Ctrl+C 快捷键复制内容。将光标放置在文档窗口中，按 Ctrl+V 快捷键粘贴内容。

（6）选择"诗歌欣赏"文本，单击 CSS 按钮，设置字体为"隶书"，字号为 36。

（7）选择"竹"和"唐.杜甫"文本，单击 CSS 按钮，设置字体为"隶书"，字号为 28；单击 HTML 按钮，单击"属性"中的"内缩区块"按钮，将文本向右缩进。

（8）设置诗句的字体为"隶书"、字号为 24，使文本向右缩进。

（9）执行"插入"→"图像"命令，在打开的"选择图像源文件"对话框中选择要插入的图像，单击"确定"按钮；在"属性"面板中设置图像的宽、高，调节图像的大小；设置图像的"对齐"为"右对齐"、垂直距离为 40，如图 12-11 所示。

图 12-11　图像属性设置

（10）同步骤（6），设置"赏析"的字体为默认字体、字号为 24。

（11）设置赏析内容的字体为默认字体，字号为 18。在段落前插入空格，方法：将光标插入在段落前，执行"插入"→"HTML"→"特殊字符"→"不换行空格"命令。

（12）保存文档,按 F12 键即可预览页面效果。

例 12-2：通过鼠标经过图像功能制作网页导航条,如图 12-12 所示。

图 12-12　导航效果图

具体操作步骤如下：

（1）在 Dreamweaver 中，执行"文件"→"新建"命令，在弹出的"新建文档"对话框中选择"页面类型"为 HTML；"布局"为"<无>"，创建一个 HTML 网页文档。

（2）在"文档"栏的"标题"文本框中输入"导航"文本。

（3）执行"文件"→"保存"命令，保存文件名为 daohang 的 HTML 文档。

（4）单击"属性"面板的"页面属性"按钮，打开"页面属性"对话框。选择"外观（CSS）"选项，单击"背景图像"文本框右侧的"浏览"按钮，在弹出的对话框中选择网页背景图像，设置"左边距"、"右边距"、"上边距"和"下边距"均为 0px，单击"应用"按钮，将其应用到网页文档中。

（5）将光标放置在文档窗口中，按 Enter 键换行；在"插入"面板中单击"图像：鼠标经过图像"按钮。

（6）打开"插入鼠标经过图像"对话框，在"图像名称"文本框中输入"Shouye"；分别单击"原始图像"和"鼠标经过图像"右侧的"浏览"按钮，选择原始图像和鼠标经过图像；在"替换文本"框中输入"首页"，并在"按下时，前往的 URL"文本框中输入链接的 URL 地址"daohang.html"，单击"确定"按钮，即可在文档窗口中插入一个鼠标经过图像，如图 12-13 所示。

图 12-13　插入鼠标经过图像

（7）选择图像，在"属性"面板中设置图像的"垂直边距"为 200、"水平边距"为 40，如图 12-14 所示。

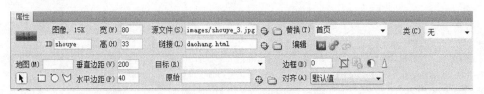

图 12-14　图像属性设置

（8）将光标放置在导航图像的后侧，使用相同的方法，打开"插入鼠标经过图像"对话框，继续插入"公司新闻"、"产品展示"、"技术支持"和"关于我们"等导航项目的原始图像和鼠标经过图像。

（9）保存文档，按 F12 键即可预览页面效果。

12.2.2　插入 SWF 动画

Flash 动画是网上最流行的动画格式之一，被大量用于网页页面的创作中。

插入 Flash 动画的方法：执行"插入"→"媒体"→"SWF"命令，在打开的"选择 SWF"对话框中，选择要打开的 Flash 动画文件；在"属性"面板中设定 Flash 动画的属性。

例 12-3：在引导网页中插入 SWF 文件，并为 Flash 动画设置透明背景，如图 12-15 所示。

具体操作步骤如下：

（1）在 Dreamweaver 中，执行"文件"→"新建"命令，在弹出的"新建文档"对话框中选择"页面类型"为 HTML，"布局"为"<无>"，创建一个 HTML 网页文档。

（2）在"文档"栏的"标题"框中输入"引导页"。

（3）执行"文件"→"保存"命令，保存文件名为 flash 的 HTML 文档。

（4）单击"属性"面板的"页面属性"按钮，打开"页面属性"对话框。选择"外观（CSS）"选项，单击"背景图像"右侧的"浏览"按钮，在弹出的对话框中选择网页背景图像，设置"左边距"、"右边距"、"上边距"和"下边距"均为 0px，单击"应用"按钮，将其应用到网页文档中。

（5）在"插入"面板中单击"常用"分类中的"媒体"按钮，然后在弹出的下拉列表中选择 SWF 选项，在"选择 SWF"对话框中选择 flash.swf 文件，单击"确定"按钮。在页面中相应的位置插入 Flash 动画，这时只能看见插入的 Flash 动画标签，如图 12-16 所示。

　　　图 12-15　插入 Flash 效果　　　　　　　　　图 12-16　插入 Flash 后

（6）选择 Flash 动画标签，在属性面板中 Wmode 下拉列表中选择"透明"选项，设置 Flash 动画的大小、对齐方式，如图 12-17 所示。单击"播放"按钮就会在文档窗口中播放动画。

图 12-17　Flash 动画属性设置

（7）保存文档，按 F12 键在浏览器中浏览，这时可以看到 Flash 动画的背景色已经变成透明形式。

除了在网页中使用 Flash 动画外，还可以插入其他多媒体元素，如 Java Applet 小程序、ActiveX 控件、视频等，这样可从视觉、听觉多角度丰富网页的效果。

12.2.3　创建表格

表格是网页设计制作中不可缺少的重要元素，它以简洁明了和高效快捷的方式将数据、文本、图片、表单等元素有序地显示在页面上，从而设计出版式漂亮的页面。

网页文件的布局制作当中最常使用的就是表格，制作并编辑表格是网页设计的基本操作。

表格由 3 个主要元素构成：行、列及单元格。行从左到右横过表格；列则是上下走向；单元格是行和列的交界部分，它是用户输入信息的地方，单元格会自动扩展到与输入的信息相适应的大小。如果用户已启动了表格边框，浏览器中会显示表格边框和其中包含的所有单元格。

创建表格的步骤如下：

（1）将光标移至要插入表格的地方。

（2）执行"插入"→"表格"命令，或单击"插入"面板"常用"分类中的"表格"按钮，打开如图 12-18 所示的"表格"对话框，在这里可以设置表格的行数、列数、表格宽度、单元格间距、边框粗细等。

（3）在单元格中输入相应的内容。

例 12-4：使用表格制作一个企业站的新闻列表，如图 12-19 所示。

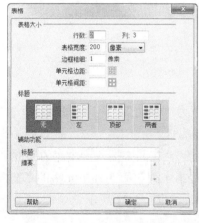

图 12-18　"表格"对话框　　　　　图 12-19　新闻列表效果图

具体操作步骤如下：

（1）在 Dreamweaver 中，执行"文件"→"新建"命令，在弹出的"新建文档"对话框中选择"页面类型"为 HTML；"布局"为"<无>"，创建一个 HTML 网页文档。

（2）在"文档"栏的"标题"框中输入"表格"。

（3）执行"文件"→"保存"命令，保存文件名为 biaoge 的 HTML 文档。

（4）单击"插入"面板中的"表格"按钮，在页面最上方插入一个宽为 1002 像素的 1

行×11 列的表格用于制作导航条，在"属性"面板中设置第 2～10 个单元格的宽度为 100、高度为 30；背景颜色为浅灰色"#ECEBED"；水平为"居中对齐"，如图 12-20 所示；最后在单元格中分别输入"首页"、"企业简介"等文本。

图 12-20　导航条单元格属性设置

（5）在导航条下插入 2 行×1 列的表格。

（6）在表格第 1 行中插入图片，在"属性"面板中设置垂直为"顶端"。

（7）选择表格第 2 行并右击，将单元格拆分为 2 列。

（8）选择第 1 列单元格，在"属性"面板中设置水平为"居中对齐"，垂直为"顶端对齐"，宽为 200，高为 240。将光标放在第 1 列中，执行"插入"→"表格"命令，插入一个宽为 90%的 4 行×1 列的表格，并设置间距为 3。

（9）选择嵌套表格的第 1 行单元格，在"属性"面板中设置高为 30。在其中插入一个宽为 100%的 1 行×2 列的表格。在各个单元格中插入图像及导航文本，如图 12-21 所示。

图 12-21　插入左侧嵌套表格

（10）选择第 2 列单元格，在"属性"面板中设置垂直为"顶端"；在其中插入一个宽为 100%的 3 行×1 列的表格。

（11）选择第 1 行单元格，在"属性"面板中设置高为 30，在其中插入一个宽为 100%的 1 行×3 列的表格；设置所有单元格的"高"为 30；设置第 1 列和第 3 列单元格的"宽"分别为 30 和 260。然后，在各个单元格中插入图像及文本，如图 12-22 所示。

图 12-22　右侧单元格设置

（12）选择第 2 行单元格，在"属性"面板中设置水平为"居中对齐"，高为 140；在该单元格中插入一个宽为"96%"的 5 行×2 列的表格。

（13）选择所有单元格，在"属性"面板中设置"高"为 35，在第 1 列单元格中输入新闻标题，在第 2 列单元格中输入新闻的发布时间，如图 12-23 所示。

（14）选择第 3 行单元格，在"属性"面板中设置水平为"居中对齐"，高为 35；在该单元格中输入"首页 上一页 下一页 尾页 共 1 页"文本。

（15）保存文档，按 F12 键即可预览页面效果。

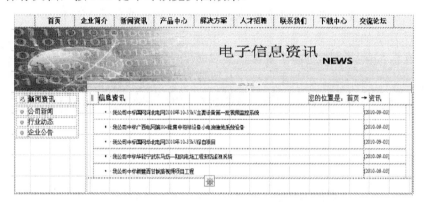

图 12-23　信息资讯列表

12.2.4　创建超链接

网站中各个页面之间有一定的从属或链接关系，这就需要在页面之间建立超链接。超链接是构成网站最重要的部分之一，一个完整的网站往往包含很多链接。

1. 文本和图像链接

在网页文件中，当光标移动到文本或图像上方时，光标有时会变成手形。出现手形光标时，说明当前光标所在位置的文本或图像上已应用了链接，单击该文本或图像就可以跳转到其他文档或网页中。

创建超链接的方法如下：在文档的设计窗口中选择要添加链接的文字或图像，单击"插入"面板"常用"分类中的"超级链接"按钮，或在"属性"面板的"链接"文本框中直接输入链接地址，如图 12-24 所示。如果链接文件位于本地站点目录，可单击"浏览文件"按钮，在硬盘上查找文件。

图 12-24　设置超链接

2. 锚点链接

超链接除了可以链接到文件外，还可链接到本页中的任意位置，这种链接方式称为"锚点链接"。

锚点链接的作用是当页面的内容较多、页面较长时，为了方便用户浏览网页，可以在页面某个分项内容的标题上设置锚点，然后在页面上设置锚点的链接，用户就可以通过链接快速地跳转到感兴趣的内容。

创建锚点链接先要设置一个命名锚点，然后建立到命名锚点的链接。

具体操作方法如下：

（1）将光标插入点放在页面中需要插入锚点的位置，单击工具栏中"命名锚记"按钮，打开"命名锚记"对话框，提示用户输入锚记的名称，设置完毕后单击"确定"按钮，页面的相应位置便会出现一个锚点标志，表示该位置有一个锚点，如图 12-25 所示。

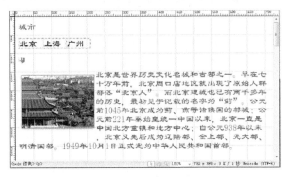

图 12-25　添加锚点的页面

（2）按照同样的方法，在页面中的不同位置插入多个锚点。

（3）创建完锚点后便可为锚点添加链接。在文档编辑窗口选择要定义锚点链接的元素，在"属性"面板中为其定义链接。需要注意的是，链接到锚点除了需在"链接"文本框中输入锚点名称外，还要在名称前加一个"#"，表示该链接是锚点链接，如图 12-26 所示。

图 12-26　设置锚点链接

3. 图像热点链接

在网页中，可以单击整幅图像跳转到链接文档，也可以单击图像中的不同区域而跳转到不同的链接文档。通常将一副图像上的多个链接区域称为热点。

Dreamweaver 提供了 3 种创建热区的工具，包括矩形热点工具▭、椭圆形热点工具◯和多边形热点工具▷，用户可以根据需要创建多种形状的热区。

（1）打开文档，向网页中插入一副图像。选择图像，单击"属性"面板中的"热点工具”按钮，在图像上需要创建热点的位置拖动鼠标，即可创建热点。此时，指定热点区域呈透明蓝色，如图 12-27 所示。

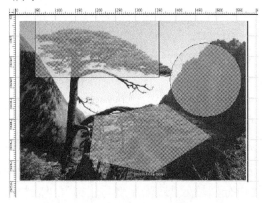

图 12-27　图像热点区域

单击“属性”面板上的“指针热点工具”按钮，将鼠标指针恢复为标准箭头状态，可以在图像上选择热点。被选择的热点边框上会出现控点，拖动控点可以改变热点的形状，选择热点后，按 Delete 键可以删除热点。

（2）选择图像中的热点，在“属性”面板上可以给图像热点设置超链接、目标、替换等参数，如图 12-28 所示。

（3）按 F12 键预览页面，当鼠标指针指向热点区域时，单击可以访问定义的链接地址。

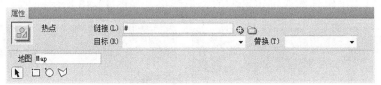

图 12-28　图像热点链接属性设置

例 12-5：“中华服饰文化”网页的制作。

具体操作步骤如下：

（1）在 Dreamweaver 中，执行“文件”→“新建”命令，在弹出的“新建文档”对话框中选择“页面类型”为 HTML；“布局”为“<无>”，创建一个 HTML 网页文档。

（2）执行“文件”→“保存”命令，文件名为“fswh.html”。

（3）单击“插入”面板中的“表格”按钮，插入一个宽为 1002 像素的 3 行×1 列的表格。

（4）选中第 1 行单元格，在“属性”面板中设置垂直为“顶端”；单击　CSS　按钮，单击　编辑规则　按钮编辑 CSS 规则，在“新建 CSS 规则”对话框中的“选择器名称”文本框中输入“导航背景”，为添加设置单元格/表格背景图片的 CSS 规则，单击“确定”按钮。在打开的“导航背景 CSS 规则定义”对话框中“分类”列表中选择“背景”，单击“Background-image”右侧的 “浏览”按钮，设置单元格的背景图片，单击“确定”按钮。

（5）在第 1 行单元格中插入 1 行×7 列的表格作为导航条，在“属性”面板中设置表格的宽度为 877；设置各单元格均为的宽度为 120，水平为“居中对齐”；在单元格中分别输入“首页”、“中华服饰文化”、“古代服饰”等导航文本并设置超链接。

（6）在第 3 行中输入版权信息。

（7）在第 2 行单元格中执行"插入"→"表格"命令，插入 1 行×2 列的表格。

（8）选择左侧第 1 列单元格，在"属性"面板中设置背景为"#999999"，单击"插入"→"表格"，插入 3 行×1 列的表格。

（9）选择第 1 行单元格，在"属性"面板中设置背景颜色为"#999999"，执行"修改"→"表格"→"拆分单元格"命令将第 1 行的单元格拆分为 2 列，选择第 1 行第 1 列的单元格，执行"插入"→"图像"命令，插入图片；选择第 2 列单元格，输入"中华服饰文化"，在"属性"面板中设置大小为 24。

（10）选择第 2 行单元格，执行"插入"→"表格"命令，插入 5 行×1 列的表格,在"属性"面板中，单击 ▣ CSS 按钮，单击 编辑规则 按钮编辑 CSS 规则，设置单元格的背景图片（同步骤（4））。在单元格中分别输入"政治制度与服饰"、"宗教与服饰"、"艺术思潮与服饰"、"中国传统服饰审美"。

（11）选择第 3 行单元格，执行"插入"→"图像"命令，插入图片，如图 12-29 所示。

（12）选择右侧单元格，复制文本内容。分别在"政治制度与服饰"、"宗教与服饰"、"艺术思潮与服饰"、"中华传统服饰审美"标题前单击"插入"→"命名锚记"命令，为每段相应文本设置命名锚记 zhengzhi、zongjiao、wenhua、shenmei。

（13）选中左侧导航中的"政治制度与服饰"，在"属性"面板"链接"的文本框中输入"#zhengzhi"，设置"政治制度与服饰"锚记链接；同样设置导航中"宗教与服饰"、"艺术思潮与服饰"、"中国传统服饰审美"的锚记链接，如图 12-30 所示。

图 12-29　左侧导航效果图

图 12-30　左侧导航设置锚记链接

（14）保存文档，按 F12 键预览页面效果。

思考练习题 12

12.1　简述 Dreamweaver CS5 的新增功能？

12.2　在 Dreamweaver CS5 中，可以通过几种方式输入文本内容？

12.3　如何插入透明 Flash 动画？

12.4　如何拆分或者合并单元格？

12.5　在 Dreamweaver CS5 中可以创建哪些类型的超链接？

第 13 章　课件制作 Authorware

Authorware 是美国 Adobe 公司的多媒体系列产品之一,采用面向对象的程序设计思想,基于设计图标和程序流程线的设计结构,适用于 Windows 和 Macintosh 双平台开发环境。

13.1　Authorware 概述

用户使用 Authorware 提供的应用工具可以创建包含丰富媒质、具有交互性、跟踪电子化学习(e-learning)进程的综合媒体应用系统,如多媒体教学系统、多媒体信息浏览系统、多媒体电子出版系统和多媒体模拟训练系统等。

13.1.1　Authorware 7 集成环境

Authorware 是典型的 Windows 应用程序,其窗口组成与 Windows 应用程序类似,包括标题栏、菜单栏、常用工具栏、图标面板、程序设计窗口和运行展示窗口等,如图 13-1 所示。

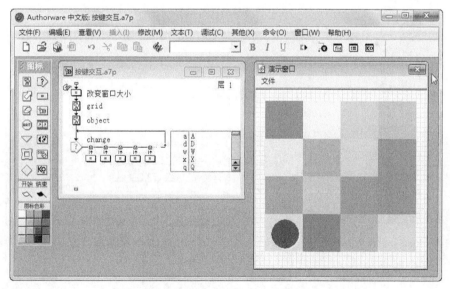

图 13-1　Authorware 7 窗口界面

1. 标题栏

标题栏是 Authorware 程序窗口最上面的一栏,依次显示程序控制图标、Authorware 标题名以及应用程序文件名、三个 Windows 标准按钮。

2. 菜单栏

菜单栏位于标题栏之下，设有 11 组命令选项。每个菜单选项可以完成某个特定的指令或设置特殊的控制，某些菜单选项的右侧还提示有相应的快捷键操作。

3. 常用工具栏

常用工具栏如图 13-2 所示，用于快速访问一些常用的系统功能；使用系统提供的查看 (View)菜单项可以显示或隐藏常用工具栏。

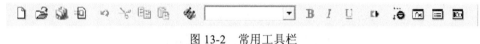

图 13-2　常用工具栏

4. 图标面板

图标面板是 Authorware 程序设计的重要组成部分，共包括显示图标等 14 个程序设计图标、2 个流程起止标志以及图标调色板，如图 13-3 所示，一个程序文件中最多可以包含 327618 个设计图标。

5. 程序设计窗口

设计窗口是程序编制的主要工作区，包括主流程线、支流程线和程序指针，如图 13-4 所示。程序设计窗口也有标题栏，程序保存后标题栏中显示的即为程序文件名。

图 13-3　Authorware 7 图标面板

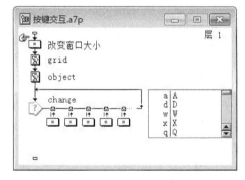

图 13-4　程序设计窗口

6. 运行展示窗口

展示窗口用于显示程序的运行效果，单击常用工具栏中的 按钮，或按下数字小键盘中的 Ins 键，或按 Ctrl+1 快捷键，均可在打开的演示窗口中运行程序。

7. 关于面板

Authorware 7 中所有文件、图标和交互响应属性面板缺省停泊在窗口底部，函数、变量、知识对象属性面板缺省停泊在窗口右侧呈级联式排列，如图 13-5 所示。

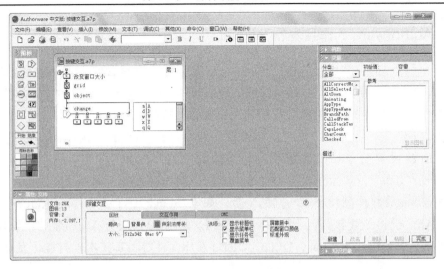

图 13-5　Authorware 7 面板布局

13.1.2　Authorware 7 程序调试

多媒体应用程序在设计过程中以及设计完成后，需要不断地进行调试工作，以验证程序设计的正确性以及功能的完备性。程序调试(Debug)对于任何一种计算机语言程序都是至关重要和不可或缺的重要组成部分。

1. 使用起止标志

起始位置标志 🔖 与终止位置标志 🏴 是一对相互配合使用的图标，也可以单独使用。如果在开发中测试某一个功能模块，可以使用起止标志指定程序运行的起始与终止位置，从而实现对一段程序的单独调试。

2. 使用控制面板

单击常用工具栏中的 按钮，执行"窗口"→"控制面板"命令或按 Ctrl+2快捷键，系统将打开如图13-6所示的"控制面板"对话框，其功用是为程序员提供程序调试的各种便捷工具和程序运行信息。

打开"控制面板"对话框，其中只包含了对话框最上部的6个主控按钮；单击最右边的"显示跟踪"按钮 ，可以打开跟踪窗口并显示其他调试按钮。

图 13-6　"控制面板"对话框

如果跟踪窗口中的相关信息很多，用户可缩放"控制面板"对话框以控制面板显示信息的容量。

3. 程序运行中调试

程序运行过程中，双击展示窗口显示的对象，可以使运行的程序中断，并打开相应的编辑窗口或对话框，允许重新进行编辑。这种编辑模式不包括一些能对鼠标操作产生响应的显示对象，如等待按钮等。

13.1.3　Authorware 7 作品发布

为了确保程序的正常运行，在打包发布时，应该注意要包含的文件并指定文件的存放位置。包含的文件主要有 7 个：Xtras 文件、外部媒体文件、外部函数文件、外部数据文件、字体文件、安装程序的文件以及与程序使用和发布相关的文件。

执行"文件"→"发布"→"发布设置"命令或按 Ctrl+F12 快捷键，在打开的"一键发布"面板设置发布相关参数后，只需执行"文件"→"发布"→"发布设置"或"文件"→"发布"→"批量发布"命令，就可以将作品发布于网络或 CD。

一键发布允许将作品发布于不同的平台，如 IE 浏览器(HTM 文件)、Authorware Web 播放器(AAM 文件)或直接打包于硬盘(A7R 或 EXE 文件)，且全自动搜索并组织作品所使用的大部分支撑系统，如 Xtras、DLLs、UCDs 及库文件等，真正实现智能化发布。

13.2　Authorware 应用

13.2.1　Authorware 初级应用

1. 显示图标

显示图标 用于接收用户输入的文字、绘制的图形以及导入的外部文本、图形、图像，并在运行过程中将这些对象显示在演示窗口中。

显示图标的创建可以将显示图标拖动至程序流程线上，同时可以给图标命名。如果在程序编辑过程中需要更改或删除图标名称，应在选择图标状态下(图标反色显示)进行删除或更改。

要向显示图标中添加对象或编辑已有的对象，必须打开显示图标。Authorware 在打开"显示图标"编辑窗口的同时打开"工具"面板(该面板仅在打开显示、交互图标进行编辑时可见)，"工具"面板中有 8 个工具按钮，以及其下罗列的色彩、线型、模式、填充 4 个分栏如图 3-17 所示。通过这些工具，用户可以输入文字或绘制简单图形。

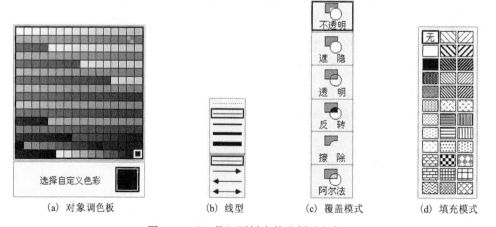

(a) 对象调色板　　　　(b) 线型　　　　(c) 覆盖模式　　　　(d) 填充模式

图 13-7　"工具"面板中的分栏选择框

选择或打开显示图标后，在"属性"面板中可以对它的属性进行设置，主要包括：对象显示层次的设置、过渡效果的设置、使用变量的设置、显示对象的展示位置、用户能否控制、如何控制等。执行"修改"→"图标"→"属性"命令或按 Ctrl+I 快捷键，可以打开"显示图标"属性面板，如图 13-8 所示。

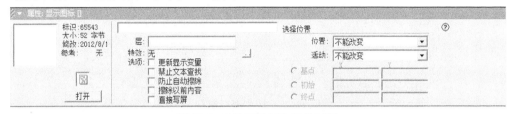

图 13-8　"显示图标"属性面板

2. 擦除图标

擦除图标 用于程序运行时画面的切换过程中，其主要作用是清除显示、交互、框架以及 Digital Movie 等图标所展示的内容。

拖动一个擦除图标到程序流程线上，双击流水线上的擦除图标，在"擦除图标"属性面板中进行擦除对象和相应的擦除过渡效果等相关设置，如图 13-9 所示。

图 13-9　"擦除图标"属性面板

需要说明的是，Authorware 提供了若干种擦除媒体元素的方法。除使用擦除图标外，还包括在交互、决策以及框架图标中设置对象自动擦除属性，以及使用系统函数 EraseAll()、EraseIcon() 和 EraseResponse() 进行擦除对象。

3. 等待图标

等待图标 用于暂停程序运行，以便用户能够看清楚程序的演示效果；直到用户干预事件（按键、按鼠标或经过指定时间的延迟）发生后，程序继续运行。等待图标在程序流程线上没有默认的名称，通常不给等待图标命名，以免图标名称系统过于繁杂。

在程序执行过程中，如果要调整"等待"按钮出现的位置，可以在程序运行到等待画面时，按 Ctrl+P 快捷键暂停程序执行，将等待按钮拖到合适位置。

若需要修改等待按钮的属性（如大小、文字），可以执行"修改"→"文件"→"属性"命令进行修改。

4. 计算图标

程序流程线上的任何位置都可以放置计算图标。计算图标 具有定义用户使用的变量、调用系统函数、计算函数或表达式的值、添加程序注释等功能。另外，程序中还可以将计算图标附着在其他图标上，使计算成为其他图标运行时功能的一部分。

拖动一个计算图标到程序流程线上；双击即可打开计算图标窗口，如图 13-10 所示。

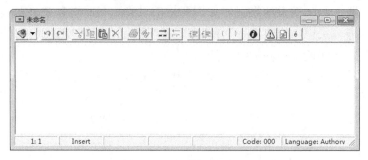

图 13-10 计算图标窗口

Authorware 7 使用了新的脚本引擎，单击常用工具栏中的 按钮，可以进行 Authorware 脚本语言(AWS)或 JavaScript(JS)脚本语言的切换；单击常用工具栏中的 按钮，在打开的"计算图标参数定制"对话框中可以建立独立的参照体系分别标识 AWS 脚本代码和 JS 脚本代码，对计算图标窗口进行各种参数设置。

5. 群组图标

群组图标用于组织程序中的某个功能模块，它是使程序模块化的一种操作方式。将多个图标组合成群组的好处：①将完成某项任务的图标放置在一个群组图标中，便于编辑和管理；②程序设计窗口流程线的长度是有限的，采用群组的方法，可以将程序代码容纳在有限的窗口空间内。

群组图标 有自己的程序设计窗口和流程线，当程序运行到群组图标时，Authorware 将进入该群组图标，由上而下顺序执行其中的各个图标；执行完最后一个图标后，退出群组图标，继续执行上一级流程线上该群组图标下面的图标。

群组图标的使用通常有以下 4 种方式：

(1) 将图标组合成群组。如果要将流程线上部分连续的图标组合成一个群组图标，按住鼠标左键在程序设计窗口拖出一个虚线方框，使得要组合的图标都被框住；或者按 Ctrl+A 快捷键选择某一级窗口内的所有图标；然后执行"修改"→"群组"命令或按 Ctrl+G 快捷键将选择的图标组成一个群组图标，同时对该群组图标指定名称。

(2) 将群组图标解组。如果要将一个群组图标解组，选择该群组图标，执行"修改"→"群组"命令或按 Ctrl+G 快捷键解组，解组后的图标自动连接在上一级程序设计窗口的流程线上。

(3) 新建群组图标。拖动一个群组图标到流程线上的合适位置并命名，双击该群组图标，打开一个新的二级程序设计窗口；在其中的流程线上按照通常的程序设计方法设置各种功能的图标。设置完成后关闭二级窗口返回到一级窗口。

二级程序设计窗口右上方的标志为"层 2"，以区分于一级程序设计窗口右上方的标志"层 1"。

(4) 将单个图标转换成群组。选择该图标，执行"修改"→"群组"命令或按 Ctrl+G 快捷键，即可将单个图标组成一个群组图标，该群组图标自动以原图标名称命名。

13.2.2　Authorware 中级应用

1. 移动图标

Authorware 中的移动是由移动图标 ☑ 驱动包含在显示图标、交互图标或数字电影图标中的显示对象来实现的，移动路径是基于对应图标中的所有显示对象的中心点而定义的。

移动图标一般紧随流程线上要驱动的图标放置。一个移动图标一次只能驱动一个显示图标或一个交互图标中的对象；而同一个对象却可以在不同时刻由不同的移动图标进行驱动且移动类型也可以不同。

Authorware 中的移动类型分为以下 5 种：

(1) 指向固定点(点到点移动)：Authorware 移动方式中最简单的一种，对象按照定义由起始点沿直线移动到终止点，然后结束移动。

(2) 指向固定直线上的某点(沿直线定位)：将对象从屏幕的当前位置沿直线移动到指定的直线路径上的指定位置停止；如果恰巧要移动的对象就在指定的直线路径上，则对象将沿着该直线路径移动到指定位置。

(3) 指向固定区域内的某点(沿区域定位)：类似于沿直线定位，它是将移动对象从屏幕的当前位置开始沿直线移动到一个矩形区域内的指定位置停止。

(4) 指向固定路径的终点(沿路径到终点移动)：将对象沿着一条自定义的任意形状(直线、折线、曲线)的路径，由起点移至终点。

(5) 指向固定路径上的任意点(沿路径定位)：与沿路径到终点移动非常相似，不同的是沿路径定位可以将对象定位在一条自定义路径上的任意位置。

需要特别注意的是，移动图标设置有两个关键元素：①建立移动链接对象；②设置移动属性。链接对象不正确将达不到预期的效果，属性设置不正确也会产生事与愿违的结果。

2. 交互图标

交互是多媒体应用系统最关键，也是最具特色的功能之一，Authorware 环境下交互功能的编程需要使用交互图标来控制实现。交互图标的作用是：事先设定好程序分支及其响应类型，运行时经由用户交互控制程序转入相应的交互分支执行。

1) 交互结构

Authorware 交互结构由一个交互图标 ⟨?⟩ 和下挂在它下面的若干个由其他图标构成的交互分支组成。它的 4 个组成元素分别是：交互图标、交互类型符号、交互分支以及交互后的程序走向，如图 13-11 所示。

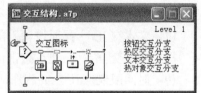

图 13-11　Authorware 交互图标

(1) 交互图标：是构成交互结构最基本的元素。它的作用可以归结为以下两点：①对交互结构中的交互分支进行统一管理；②其本身具有显示图标和擦除图标的功能，也可以设置各种显示过渡方式和擦除过渡方式。

(2) 交互类型符号：位于每一个交互分支的上方。Authorware 提供了 11 种交互类型，每种类型都有固定的交互类型符号。例如，按钮交互类型符号为圆角矩形 ，热对象交互类型符号为 等。双击交互类型符号可以打开"响应"属性面板，在"响应"属性面板中可以修改交互类型、设置响应属性。

（3）交互分支：下挂在一个交互图标下由其他图标组成的分支称为交互分支，它们既可以有相同的交互类型，也可以由用户为每个分支设置一种不同的交互类型。Authorware 只允许为每个交互分支设置一个图标，当需用多个图标时，可以使用群组图标。

（4）交互后的程序走向：Authorware 执行完交互分支图标中的程序流程后，系统按照预先设定的程序走向继续执行。Authorware 提供了 4 种交互后程序的分支走向类型，即 Try Again（ ）、Continue（ ）、Exit Interaction（ ）和 Return（ ）。

2）交互类型

Authorware 交互图标提供了 11 种交互类型，每种类型可以通过不同条件和控制产生多种形式的交互。

（1）按钮交互 ：按钮交互的功能是在展示窗口中显示一个按钮，供用户交互。用户可以为此按钮重命名、定位或设置大小，也可以使用自定义按钮。

（2）热区交互 ：热区交互是在展示窗口的某个位置上建立一个矩形区域（该区域用虚线围成，运行时在展示窗口中不可见），程序运行时由用户通过鼠标单击、双击或进入该矩形区域来实现交互。

（3）热对象交互 ：通过单击展示窗口中显示或运动的某个对象来实现交互。

热对象交互与热区交互的不同之处在于：热对象交互是对展示窗口中呈现的对象作出的交互，该对象可以是一个不规则的形状；当对象移动时，热对象交互位置也在不断变化。热区交互是对展示窗口中的固定区域产生的交互，用户只能通过改变定义时的矩形区域才能改变热区交互的位置和大小。热对象交互可以是动态的，而热区交互只能是静态的。

（4）目标区域交互 ：目标区域交互是一种动态交互模式，用户通过将对象移到程序指定的目标区域中以实现交互。当最终用户将交互对象移到正确位置时，对象停留在正确位置；若移动位置不正确，则对象自动返回原位置。

（5）下拉菜单交互 ：Authorware 允许用户自定义应用程序下拉菜单，程序运行过程中，可以通过执行菜单中的命令实现交互。

（6）条件交互 ：通过条件的匹配实现交互。条件交互在程序运行过程中，只有当设定条件为真时才能实现交互。

（7）文本交互 ：通过输入的文本产生交互。

（8）按键交互 ：通过敲击键盘上的指定键产生交互。

（9）时间限制交互 ：程序运行时，只有当规定的时间到时，系统才会自动执行该时间限制交互分支的内容。时间限制交互类型很少单独使用，通常与其他交互方式配合执行，如控制答题时间、限制密码交互时间等。

（10）尝试限制交互 ：通过限制用户交互次数来实现的交互。该方式很少单独使用，通常与其他交互类型配合使用。

（11）事件交互 ：所谓事件，是由 Sprite Xtras、Scripting Xtras 和 ActiveX 控件所产

生的一种事件。事件交互则是在程序执行过程中，由用户操作或 Sprite Xtras、Scripting Xtras 和 ActiveX 控件自身所触发的交互。

3）设置交互类型

在交互图标下设置第 1 个交互分支时，系统弹出"交互类型"对话框，如图 13-12 所示。

在"交互类型"对话框中选择所需的交互类型后，设计窗口中该分支的上方即出现

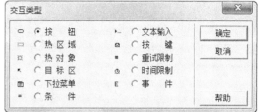

图 13-12　"交互类型"对话框

了一个对应的交互类型符号。若要改变一个分支的交互类型，可以双击此交互类型符号，在弹出的"响应"属性面板（注意与"交互图标"属性面板相区分）的"类型"下拉列表中可以重新选择所需要的交互类型。

需要注意的是，只要用户为第 1 个分支选择某种交互类型及其属性后，则在第 1 个分支右侧的所有其他分支会被系统自动赋予相同的交互类型及其属性，除非人为地在"响应"属性面板中加以改变。

3. 媒体动画

1）Gif 动画

Gif 格式的动画文件因其效果丰富、样式灵活，因而在 Internet 网页中得到广泛应用。在 Authorware 7 中，执行"插入"→"媒体"→"Animated GIF"命令可以打开 Animated GIF Asset Properties 对话框，如图 13-13 所示。在此对话框中可以直接加载 Gif 格式的动画文件，并允许使用系统函数及变量对其进行控制，简单且高效。

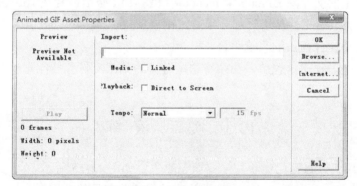

图 13-13　Animated GIF Asset Properties 对话框

2）Flash 动画

在 Authorware 7 中加载 Flash 动画非常方便，执行"插入"→"媒体"→"Flash Movie"命令即可打开 Flash Asset Properties 对话框，如图 13-14 所示，通过该对话框可以方便地加载并设置控件属性。

3）数字声音

数字声音图标主要用于在多媒体应用程序中添加背景音乐和文字解说，Authorware 支持的数字声音文件格式有 AIFF、MP3、PCM、SWA、VOX 和 WAV。使用 Authorware 7 可

以在声音图标中加载 MP3 格式的音频文件，但包含有 MP3 音乐的作品发行时一定要带上 awmp3.x32 Xtras 文件。

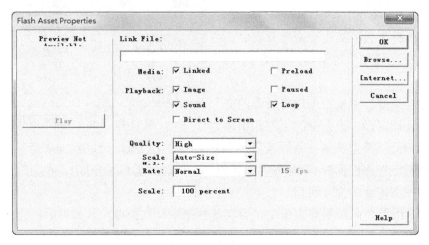

图 13-14　Flash Asset Properties 对话框

4）数字电影

Authorware 支持播放的数字电影文件格式有 Bitmap Sequence（BMP 位图动画播放，扩展名.bmp）、FLC/FLI（Autodesk 公司出品的动画软件制作的文件格式）、Director/Director (protected)（Macromedia 公司出品的多媒体制作软件制作的文件格式（DIR））、MPEG（VCD 格式的数字电影文件（MPG））、Video for Windows（标准的 Windows 系统动画文件格式（AVI））和 Windows Media Player（Windows 媒体播放器使用的文件）。

以上 6 种类型的文件除 Bitmap Sequence 和 FLC/FLI 必须内置在 Authorware 应用系统内部以外，其他类型的文件使用时都必须通过链接放置在 Authorware 应用系统外部，且必须有支持该种类型文件播放的系统平台。

特别注意的是，程序打包后，必须将这些链接的外部文件存放在打包文件所在的文件夹中。

13.3　实　践　演　练

实例 1：使用工具按钮绘制小房子并填充颜色，如图 13-15 所示。

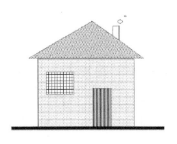

图 13-15　小房子

实验目的：掌握绘图工具的使用。

操作步骤：

（1）新建一个文件，拖动显示图标到主流程线上。

（2）双击该显示图标，弹出演示窗口和绘图工具栏。

（3）单击直线工具，绘制地面，如图 13-16(a)所示。

（4）单击矩形工具，绘制一个矩形，单击颜色填充工具，弹出色彩工具栏，选择砖色。双击矩形工具或者单击填充工具，选择砖块填充，如图 13-16(a)所示。

（5）单击矩形工具，在房子左侧的上部绘制一个窗户并进行填充；在房体的右侧绘制房门，选择如图 13-16（a）中所示的图案填充。

（6）单击多边形绘制工具，在房子上方单击起始点，并在房子两侧绘制拐点，单击起始点进行图形的封闭。选择斜线及蓝色填充房顶；单击矩形工具，在房顶出绘制烟囱。选择所绘制的矩形，设置为无填充并执行"修改"→"置于下层"命令，将烟囱至于房顶后方；单击椭圆工具，绘制如图 13-16（b）所示的圆形并设置为无填充。

(a)　　　　　　　　　　　　　　(b)

图 13-16　利用工具绘制小房子

实例 2：图片过渡赏析。

实验目的：显示图标、擦除图标的综合使用。

操作步骤：

（1）新创建一个文件，在其主流程线上添加显示图标，并命名为 pic1。流程图如图 13-17 所示。

（2）双击显示图标，执行"文件"→"导入和导出"→"导入媒体"命令，选择需要导入的图片。在"显示图标"属性面板中设置显示特效，如图 13-18 所示。

图 13-17　流程图

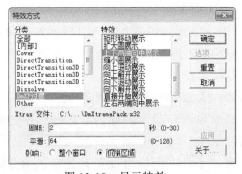

图 13-18　显示特效

（3）在主流程线添加擦除图标，命名为"擦除 1"。

（4）运行程序，在程序暂停时单击"演示窗口"中的图片对象，或在主流程线上将 pic1 显示图标拖到擦除图标上再释放鼠标，为擦除图标添加擦除对象。在"擦除图标"属性面板上设置擦除特效，设置方法与显示图标相同。

（5）添加等待图标并设置属性，如图 13-19 所示。

图 13-19　等待图标属性设置

（6）按照主流程图继续添加相应的图标，设置完成后，保存文件并运行。

实例3：按照图 13-20 所示流程图掌握逐字动画的制作。

实验目的：掌握文件背景的设置，显示图标中文本的设置及显示对象的覆盖模式设置、移动图标，等待图标的使用及设置。

操作步骤：

（1）添加显示图标并编辑内容，命名为"诗句1"。

（2）添加显示图标并命名为"覆盖1"，使用矩形工具绘制矩形，填充颜色，调整大小和位置，使其刚好能覆盖"诗句1"。

（3）添加移动图标并命名为"移动覆盖1"。为显示图标"覆盖1"中的显示对性与"移动覆盖1"移动图标建立关联，拖动矩形将其移动到诗句右侧，设置其他移动属性，如图 13-21 所示。

（4）重复进行步骤（1）～（3），直到移动图标"移动覆盖 4"完成设置。

（5）设置文件背景颜色与矩形覆盖块相同。

（6）运行程序，观看效果，保存文件。

图 13-20　流程图

图 13-21　属性设置

实例4：音乐欣赏。

实验目的：掌握按钮交互、声音图标的使用及属性设置。

操作步骤：

（1）按图 13-22 拖动图标并命名。

（2）"背景画面"显示图标内导入一幅事先制作好的背景图片。

（3）"背音条件"图标内设置背景音乐的开始播放条件"byst:=1"，其他为默认设置。

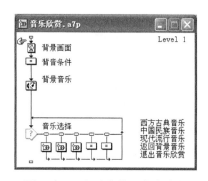

图 13-22　"音乐欣赏"程序流程

（4）"背景音乐"图标内导入 WAV 声音文件并在"计时"选项卡中设置，如图 13-23 所示。"执行方式"选项设置为"永久"，该模式下若希望重复播放背景音乐，需要设置开始、结束开关操作；"播放"选项设置为"直到为真"，下面的文本框内设置结束声音播放的条件"byst=0"；"开始"选项内设置开始播放声音的条件"byst=1"；其他为默认设置。

（5）在交互图标下挂的 3 个群组图标内分别添加一个数字声音图标，其中分别导入对应的音乐并在"计时"选项卡中统一设置："执行方式"选项设置为"同时"；"播放"选项设置为"播放次数"，默认值为 1；其他属性默认设置。按 Ctrl+=快捷键为每个数字声音图标附着一个计算图标，在计算图标中设置内容"byst:=0"，如图 13-24 所示。

图 13-23 背景音乐属性设置

图 13-24 声音属性设置

（6）在交互图标最右侧的两个计算图标中分别设置内容为"byst:=1"和"quit()"。

（7）保存文件，运行程序。节目播放界面如图 13-25 所示。

图 13-25 音乐欣赏界面

思考练习题 13

13.1 Authorware 7 集成环境包括哪些窗口元素？

13.2 简述图标面板的功能、特性与组成。

13.3 简述"工具"面板的功能与使用方法，如何应用填充模式选择框。

13.4 如何理解显示"图标"属性面板中层值的意义？

13.5 如何擦除展示对象？

13.6 等待图标中可使用的用户干预方式有几种？

13.7 简述移动图标的功能与使用方法。

13.8 Authorware 显示图标中设置的静态显示与移动图标中设置的动态移动层号在概念上有何不同？

13.9 理解 Authorware 中数字声音、数字电影图标的媒体同步功能。

13.10 如何理解 Authorware 中交互结构及其 4 个组成元素的功能与意义？

13.11 对比"交互图标"属性面板中的"擦除"选项与"响应"属性面板中的"擦除"选项的不同之处？

13.12 如何设置交互响应类型，共有几种方式可用，何时应用？

参 考 文 献

段新昱. 2009. 多媒体基础与课件创作. 2 版[M]. 北京：高等教育出版社.

胡崧，于慧. 2011. 中文版 Flash CS5 从入门到精通[M]. 北京：中国青年出版社.

蒋国强. 2009. ActionScript 3.0 完全自学手册[M]. 北京：机械工业出版社.

李方捷. 2009. ActionScript 3.0 开发技术大全[M]. 北京：清华大学出版社.

李天飞. 2008. 多媒体技术应用[M]. 西安：西北工业大学出版社.

缪亮. 2011. Flash 多媒体课件制作实用教程. 2 版. [M]. 北京：清华大学出版社.

牛红惠，王超英，孙膺. 2011. Dreamweaver CS5 中文标准教程[M]. 北京：清华大学出版社.

庞姗. 2010. 中文版 Flash 从入门到精通[M]. 北京：北京艺术与科学电子出版社.

王爽. 2010. 网站设计与网页配色[M]. 北京：科学出版社.

温俊芹. 2008. Flash CS3 动画制作基础与案例教程[M]. 北京：北京理工大学出版社.

文东，周向东. 2010. Flash CS5 动画设计基础与项目实训[M]. 北京：科学出版社.

许华虎. 2008. 多媒体应用系统技术[M]. 北京：机械工业出版社.

张勤，张春虎，左超红. 2008. 中文版 Photoshop CS3 从入门到精通[M]. 北京：清华大学出版社.

张晓景. 2010. 网页配色万用宝典[M]. 北京：电子工业出版社.

朱治国，缪亮，陈艳丽. 2008. Flash ActionScript 3.0 编程技术教程[M]. 北京：清华大学出版社.